第4章　绘画与图像修饰
实战案例：使用魔术橡皮擦工具轻松为美女更换背景

第7章　图像颜色调整

本书精彩案例欣赏

第2章　掌握Photoshop的基本操作
综合案例：增大画面制作网站广告

第3章 选区的创建与编辑
实战案例：使用磁性套索工具换背景

第6章　路径与矢量工具
实战案例：使用圆角矩形制作LOMO照片

第2章　掌握Photoshop的基本操作
视频陪练：相似背景照片的快速融合法

第2章　掌握Photoshop的基本操作
实战案例：使用“裁剪工具”调整画面构图

第10章　通道
视频陪练：为毛茸茸的小动物换背景

第1章　初识Photoshop
视频陪练：使用置入命令制作混合插画

第2章　掌握Photoshop的基本操作
视频陪练：利用缩放和扭曲制作饮料包装

本书精彩案例欣赏

第4章　绘画与图像修饰
视频陪练：使用画笔制作火凤凰

第4章　绘画与图像修饰
视频陪练：使用颜色替换工具改变沙发颜色

第6章　路径与矢量工具
实战案例：使用钢笔工具为建筑照片换背景

第3章 选区的创建与编辑
实战案例：利用边缘检测抠取美女头发

第3章 选区的创建与编辑

本书精彩案例欣赏

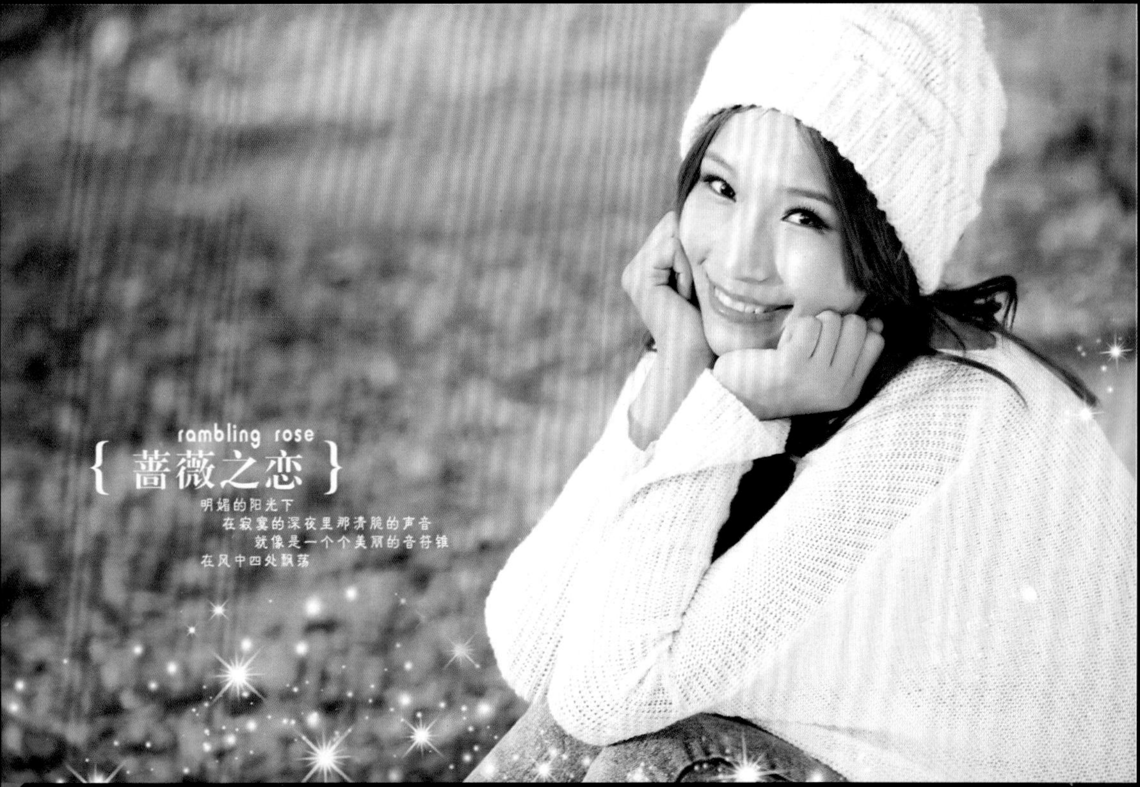

rambling rose
{ 蔷薇之恋 }
明媚的阳光下
在寂寞的深夜里那清脆的声音
就像是一个个美丽的音符锥
在风中四处飘荡

第7章　图像颜色调整
实例练习——金秋炫彩色调

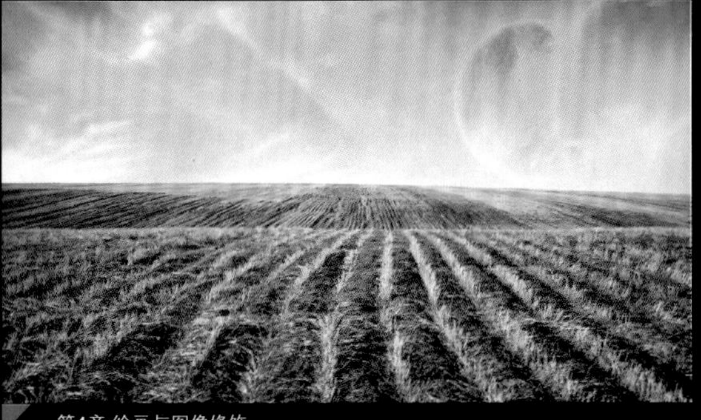

第4章 绘画与图像修饰
实战案例：使用颜色替换工具改变季节

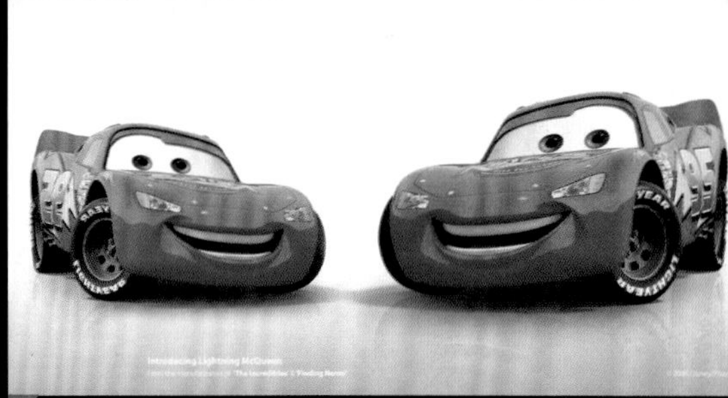

第4章 绘画与图像修饰
视频陪练：使用仿制源面板与仿制图章工具

INDACLUB
always party

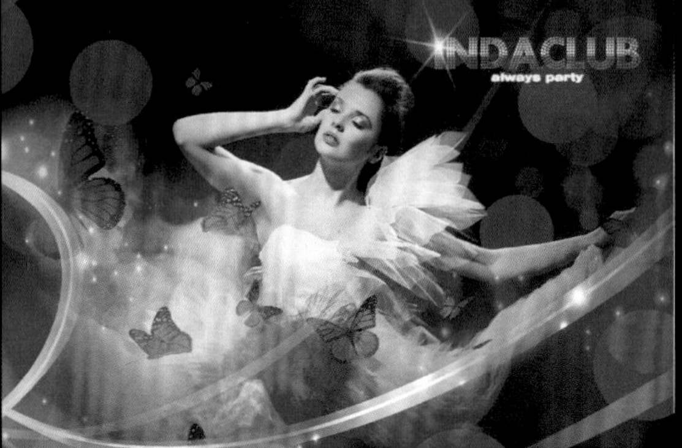

第4章　绘画与图像修饰
综合案例：使用多种画笔设置制作散景效果

SHADOW
WATER

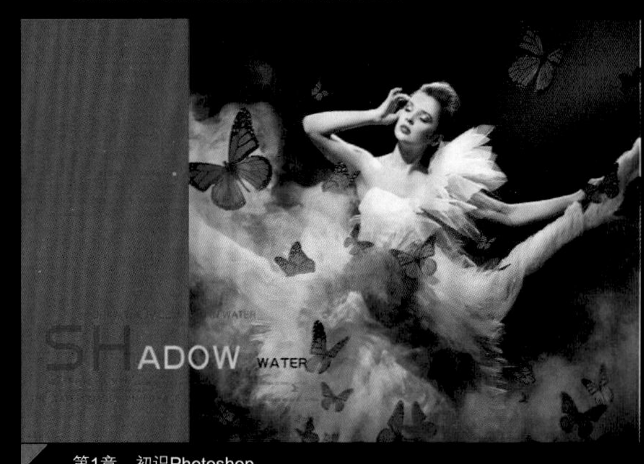

第1章　初识Photoshop
综合实例——完成文件处理的整个流程

第8章　图层操作与高级应用
视频陪练：将风景融入旧照片中

第5章　使用文字工具
实例练习——白金质感艺术字

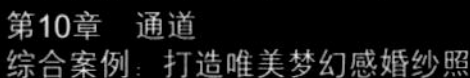

第10章　通道
综合案例：打造唯美梦幻感婚纱照

第7章　图像颜色调整
实战案例：唯美童话色调

本书精彩案例欣赏

第13章 Photoshop 综合应用
包装设计——月饼礼盒包装

第5章 使用文字工具
综合案例：喜庆中式招贴

第11章 滤镜
视频陪练：冰雪美人

第12章　视频编辑与动画制作
实战案例：创建帧动画

第9章　蒙版
视频陪练：使用"剪贴蒙版"制作另类水果

第8章　图层操作与高级应用
实战案例：使用图层样式制作质感晶莹文字

本书精彩案例欣赏

第4章　绘画与图像修饰
实战案例：去除面部瑕疵

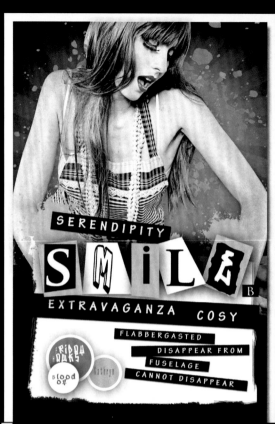

SERENDIPITY
SMiLE
B
EXTRAVAGANZA　COSY
FLABBERGASTED
DISAPPEAR FROM
FUSELAGE
CANNOT DISAPPEAR
Blood of
Kathryn

第5章　使用文字工具
练习实例——使用文字工具制作欧美风海报

第7章　图像颜色调整
21.5沉郁的青灰色调

Cosmo Upfront

Everyone's TALKING ABOUT...

Cosmo's guide to this month's hottest sounds, books and films

... NEW MUSIC

The 2010 music scene was all about addictive raps from bad-ass boys Tinie Tempah, Plan B and Professor Green, and pop-tastic dance-floor fillers thanks to Gaga, Katy Perry and The Saturdays. So what does 2011 have in store for us? Well, expect more attitude-packed pop from the likes of SoundGirl. They're three ladies from London channelling Rihanna's sound and hitting the airwaves in April. We love. Also new to the music scene is 22-year-old Jessie J, whose pop/R 'n' B dance tracks will get you in the mood for a party. Justin Timberlake's already a fan, so listen out for her debut single *Do It Like A Dude*. Slip some Party Feet in your stilettos and hit the dance floor, girls – pop is well and truly here to stay!

... THE MUSICALS WE NEVER THOUGHT WE'D SEE

When Take That's *Never Forget: The Musical* was announced, we nearly passed out with excitement. The Spice Girls' *Viva Forever* was the icing on the cake. But now that *Anna Nicole: The Opera* and *Big: The Musical* (based on the Tom Hanks film) are both hitting the stage this year, we're wondering whatever's coming next. *Kerry Katona: The Musical*? No doubt we'll be first in line to buy our tickets… we do love a singalong.

Will Lady Gaga become so last year?

... SELF-HELP GURUS *January sees bookshelves across the land groaning under the weight of self-help books. Here are three of the best – from experts with proven track records – to help achieve a shinier, happier you*

1 *I Can Make you Happy* by Paul McKenna (£10.99, Bantam Press)
Hypnotist Paul McKenna is Britain's best-selling non-fiction author, and everyone's favourite purveyor of the 'look into my eyes, not around the eyes' school

2 *Adore Yourself Slim* by Lisa Jackson (£12.99, Simon & Schuster)
A rounded programme of hypnotherapy, nutrition and exercise designed to get you into your swimsuit without the usual agonies that go with shedding

3 *Get The Job You Really Want* by James Caan (£12.99, Portfolio Penguin)
We don't need to shout about *Dragon's Den* entrepreneur James Caan's credentials – he's got his fingers in so many pies, it's surprising his fingers aren't permanently

第4章 绘画与图像修饰
实战案例：使用变化命令制作视觉杂志

本书精彩案例欣赏

第3章 选区的创建与编辑
视频陪练：使用多种选区工具制作宣传招贴

第5章　使用文字工具
实战案例：使用文字蒙版工具制作公益海报

第5章　使用文字工具
视频陪练：多彩花纹立体字

第11章 滤镜
实战案例：奇妙的极地星球

本书精彩案例欣赏

第11章 滤镜
综合案例：使用丰富多彩的滤镜处理照片

第10章 通道
实战案例：使用通道制作水彩画效果

第8章 图层操作与高级应用
视频陪练：艳丽花朵风格彩妆

本书精彩案例欣赏

第7章　图像颜色调整
实例练习——自然饱和度打造高彩外景

第8章　图层操作与高级应用
实战案例：使用混合模式合成愤怒的狮子

第3章 选区的创建与编辑
视频陪练：利用多边形套索工具选择照片

第8章　图层操作与高级应用
实战案例：快速为艺术字添加样式

第4章 绘画与图像修饰
使用海绵工具进行局部去色

第4章 绘画与图像修饰
视频陪练：橡皮擦抠图制作水精灵

第5章　使用文字工具
实例练习——激情冰爽广告字

第6章　路径与矢量工具
综合案例：使用钢笔工具制作质感按钮

本书精彩案例欣赏

第9章　蒙版
综合案例：巴黎夜玫瑰

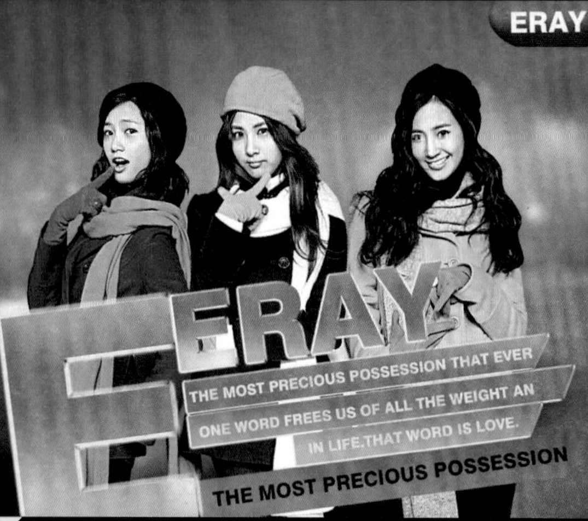

第12章　视频编辑与动画制作
实战案例：宣传动画的制作

第8章　图层操作与高级应用
综合案例：打造朦胧的古典婚纱版式

第9章　蒙版
实战案例：使用蒙版合成瓶中小世界

第9章　蒙版
视频陪练：光效奇幻秀

本书精彩案例欣赏

第11章 滤镜
视频陪练：使用液化滤镜为美女瘦身

第8章　图层操作与高级应用
视频陪练：月色荷塘

Gösser
Gösser
Gösser
You know my loneliness is only kept for you,
my sweet songs are only sung for you.

第13章 Photoshop 综合应用
广告设计——创意饮品广告

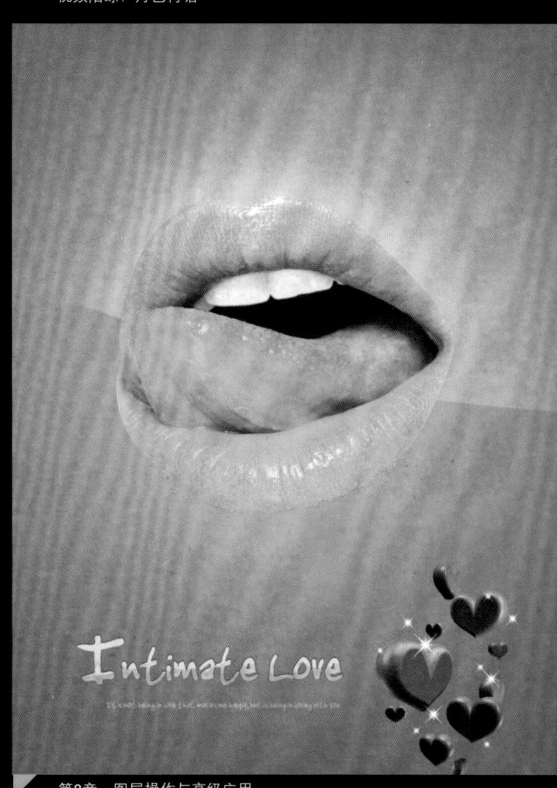

第8章　图层操作与高级应用
视频陪练：使用混合模式制作水果色嘴唇

本书精彩案例欣赏

第13章 Photoshop 综合应用
海报设计——卡通风格星球世界海报

第13章 Photoshop 综合应用
创意合成——夜的祈祷

AQUA

liberty

never catched

SMILE

to feel the flame of dreaming and to feel the mome nt of dancing,when all the romance is far away?

ALL THE SHINING STARS

Every day I miss you. It is a hard time fomr me to miss you but it iseve n harder not to do so. In such a contrary mood, I

I will make you

Because of loving you so much fithat I stood aside. Although igure left you away, my heart didn't. T made up my nd to

As long as you are willing, please let me know what I can do for you. When you are unhappy Today I have made up

第5章 使用文字工具
实战案例：使用点文字、段落文字制作杂志版式

第9章 蒙版
视频陪练：使用剪贴蒙版制作花纹文字版式

Photoshop CC 中文版基础培训教程

亿瑞设计 瞿颖健 编著

清華大學出版社
北 京

内 容 简 介

《Photoshop CC 中文版基础培训教程》全面、系统地介绍了 Photoshop CC 的基本操作方法和图形图像处理技巧，包括初识 Photoshop CC、Photoshop CC 基本操作、绘制和编辑选区、绘制图像、修饰图像、编辑图像、绘制图形及路径、调整图像的色彩和色调、图层的应用、应用文字与蒙版、使用通道与滤镜，以及商业案例实训等内容。

本书内容均以课堂案例为主线，通过对各案例的实际操作，使学生可以快速上手，熟悉软件功能和艺术设计思路。书中的软件功能解析部分能够使学生深入学习软件的使用方法；视频陪练和实战案例可以拓展学生的实际应用能力，提高软件操作技巧；综合案例实训可以帮助学生快速地掌握商业图形图像的设计理念和设计元素，顺利达到实战水平。

本书适合 Photoshop 的初学者阅读，同时可作为相关教育培训机构的教学用书。

图书在版编目（CIP）数据

Photoshop CC 中文版基础培训教程 / 亿瑞设计，瞿颖健编著 . —北京：清华大学出版社，2018 (2018. 9重印)
ISBN 978-7-302-47005-2

Ⅰ. ① P… Ⅱ. ①亿… ②瞿… Ⅲ. ①图象处理软件－教材 Ⅳ. ① TP391. 413

中国版本图书馆 CIP 数据核字（2017）第 102008 号

责任编辑：杨静华
封面设计：刘洪利
版式设计：文森时代
责任校对：何士如
责任印制：李红英

出版发行：清华大学出版社
网　　址：http://www.tup.com.cn，http://www.wqbook.com
地　　址：北京清华大学学研大厦 A 座　　**邮　　编：**100084
社 总 机：010-62770175　　**邮　　购：**010-62786544
投稿与读者服务：010-62776969，c-service@tup.tsinghua.edu.cn
质量反馈：010-62772015，zhiliang@tup.tsinghua.edu.cn
印 装 者：北京亿浓世纪彩色印刷有限公司
经　　销：全国新华书店
开　　本：185mm×260mm　　**印　　张：**17　　**插　　页：**8　　**字　　数：**399 千字
（附 DVD 光盘 1 张、附小册子一本）
版　　次：2018 年 1 月第 1 版　　**印　　次：**2018 年 9 月第 5 次印刷
印　　数：40001 ～ 60000
定　　价：59.80 元

产品编号：074083-01

前　言

Preface

Photoshop 作为 Adobe 公司旗下著名的图像处理软件，其应用范围覆盖数码照片处理、平面设计、视觉创意合成、数字插画创作、网页设计、交互界面设计等几乎所有设计方向，深受广大艺术设计人员和电脑美术爱好者喜爱。

本书内容编写特点

1. 零起点，入门快

本书以入门者为主要读者对象，通过对基础知识细致入微的介绍，辅以对比图示效果，结合中小实例，对常用工具、命令、参数等做了详细的介绍，同时给出了技巧提示，确保读者零起点、轻松快速入门。

2. 内容细致、全面

本书内容涵盖了 Photoshop CC 几乎全部工具、命令的相关功能，是市场上内容最为全面的图书之一，可以说是入门者的百科全书、基础者的参考手册。除此之外，针对急需在短时间内掌握 Photoshop 使用方法的读者，本书提供了一种超快速入门的方式。在本书目录中标示重点的小节为 Photoshop 的核心主干功能，通过学习这些知识能够基本满足日常制图工作需要，急于使用的读者可以优先学习这些内容。当然 Photoshop 其他的强大功能所在章节可以在时间允许的情况下继续学习。

3. 实例精美、实用

本书的实例均经过精心挑选，确保例子在实用的基础上精美、漂亮，一方面能够熏陶读者朋友的美感，另一方面能够让读者在学习中享受美的世界。

4. 编写思路符合学习规律

本书在讲解过程中采用了"知识点 + 理论实践 + 实例练习 + 综合实例 + 技术拓展 + 技巧提示"的模式，符合轻松易学的学习规律。

本书显著特色

1. 同步视频讲解，让学习更轻松、高效

66 节大型高清同步视频讲解，涵盖全书几乎所有实例，让学习更轻松、更高效！

2. 资深讲师编著，让图书质量更有保障

作者系经验丰富的专业设计师和资深讲师，确保图书"实用"和"好学"。

3. 大量中小实例，通过多动手加深理解

讲解极为详细，中小型实例达到 66 个，为的是能让读者深入理解、灵活应用！

4. 多种商业案例，让实战成为终极目的

书中给出的各种不同类型的综合商业案例，有助于读者积累实战经验，为工作就业搭桥。

5. 超值学习套餐，让学习更方便、快捷

为帮助读者真正融会贯通，本书额外附赠 Photoshop 新手学精讲视频 104 集，Camera RAW 影像文件处理精讲视频 18 集，11 个不同设计方向的商业综合案例，21 类经常用到的设计素材，以及滤镜、构图、色彩搭配等实用电子书。

本书光盘

本书附带一张 DVD 教学光盘，内容包括：

（1）本书中实例的视频教学录像、源文件、素材文件，读者可看视频，调用光盘中的素材，完全按照书中操作步骤进行练习。

（2）6 种不同类型的笔刷、图案、样式等库文件以及 21 类经常用到的设计素材，总计 1122 个，方便读者使用。

（3）104 集 Photoshop 新手学视频精讲课堂，囊括 Photoshop 基础操作所有基础操作。

（4）18 集 Camera RAW 新手学精讲课堂视频，数码影像文件处理一学就会。

（5）Photoshop 各设计方向商业案例 11 个，包括视频教学、素材和源文件、效果图。

（6）附赠滤镜使用手册、构图技巧手册、色彩设计搭配手册等 4 本电子书以及常用颜色色谱表，设计色彩搭配不再烦恼。

本书服务

1.Photoshop CC 软件获取方式

本书提供的光盘文件包括教学视频和素材等，不包括进行图像处理的 Photoshop CC 软件，读者朋友需获取 Photoshop CC 软件并安装后，才可以进行图像处理等，可通过如下方式获取 Photoshop CC 简体中文版。

（1）购买正版或下载试用版：登录 http://www.adobe.com/cn/。

（2）可到当地电脑城咨询，一般软件专卖店有售。

（3）可到网上咨询、搜索购买方式。

2. 交流答疑 QQ 群

为了方便解答读者提出的问题，我们特意建立了 Photoshop 技术交流 QQ 群：251866481（如果群满，我们将会建其他群，请留意加群时的提示）。

3. 微课扫描学习

扫描书中对应知识点及案例旁的二维码，可在手机中观看对应的教学视频，随时随地学习。扫描图书封底的二维码，可下载各类学习资源及对应微课二维码的 PDF 文件，打印出来，随时学习。

PS 高手速成之路

学习 Photoshop，最佳的学习模式为：扎实的基础知识 + 大量的中小实例练习 + 有针对性的综合案例实战 + 同行业交流 + 视野拓展。

设计之路无止境，学会软件只是第一步。要想成为一名设计高手，需要特别注意：

（1）找准兴趣，良好的兴趣是学好设计的基础。

（2）保持好奇心，让大脑时刻处于活跃状态。

（3）多观摩优秀设计作品，激发设计灵感。

（4）多收集素材，分门别类，为我所用。

（5）注意培养自己的美术修养和审美意识。

（6）多思考，享受学习，学会总结，尝试创新。

（7）软件只是设计工具，是学好设计的第一步。

（8）设计理念和设计思想才是打造优秀作品的关键。

关于作者

本书由亿瑞设计工作室组织编写，瞿颖健和曹茂鹏参与了本书的主要编写工作。在编写的过程中，得到了吉林艺术学院校长郭春方教授的悉心指导，以及吉林艺术学院设计学院院长宋飞教授的大力支持，在此向他们表示诚挚的感谢。

另外，由于本书工作量巨大，以下人员也参与了本书的编写及资料整理工作，他们是：柳美余、李木子、葛妍、曹诗雅、杨力、王铁成、于燕香、崔英迪、董辅川、高歌、韩雷、胡娟、矫雪、鞠闯、李化、瞿玉珍、李进、李路、刘微微、瞿学严、马啸、曹爱德、马鑫铭、马扬、瞿吉业、苏晴、孙丹、孙雅娜、王萍、杨欢、曹明、杨宗香、曹玮、张建霞、孙芳、丁仁雯、曹元钢、陶恒兵、瞿云芳、张玉华、曹子龙、张越、李芳、杨建超、赵民欣、赵申申、田蕾、仝丹、姚东旭、张建宇、张芮等，在此一并表示感谢。

由于时间仓促，加之水平有限，书中难免存在错误和不妥之处，敬请广大读者批评和指正。

编者

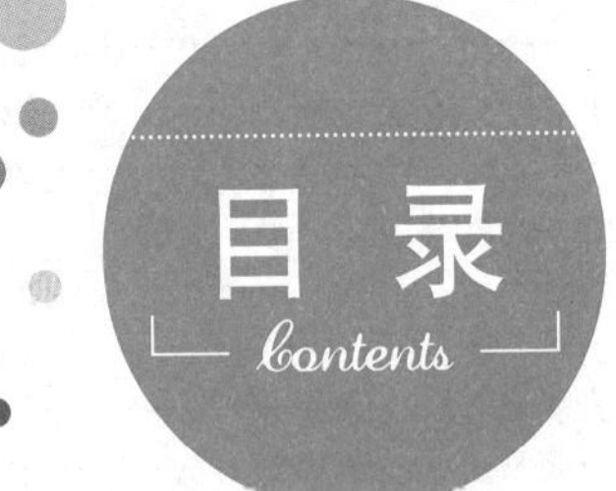

第1章 初识Photoshop……1
1.1 认识Photoshop……2
重点 1.1.1 安装与卸载Photoshop……2
重点 1.1.2 启动Photoshop……4
重点 1.1.3 退出Photoshop……4
重点 1.1.4 熟悉Photoshop的工作界面……4
1.1.5 选择不同的工作区……5
1.2 文件的基本操作……6
重点 1.2.1 新建文件……6
重点 1.2.2 打开文件……7
重点 1.2.3 置入文件……8
视频陪练：使用置入命令制作混合插画……9
重点 1.2.4 储存文件……9
1.2.5 复制文件……10
重点 1.2.6 关闭文件……10
1.3 打印图像文件……10
重点 1.3.1 打印机设置……10
1.3.2 色彩管理……11
1.3.3 设置打印位置和大小……11
1.3.4 指定打印标记……12
1.3.5 设置函数选项……12
1.4 文件显示的设置……12
1.4.1 调整图像显示比例……12
1.4.2 查看图像特定区域……13
1.4.3 更改图像窗口排列方式……13
1.5 辅助工具的使用……14
重点 1.5.1 标尺与参考线……14
1.5.2 使用网格……15
综合案例：完成文件处理的整个流程……16
第2章 掌握Photoshop的基本操作……18
2.1 调整图像与画布的大小……19
重点 2.1.1 修改图像大小……19
重点 2.1.2 修改画布大小……19
重点 2.1.3 使用“裁剪工具”……20
实战案例：使用“裁剪工具”调整画面构图……21
2.1.4 使用“透视裁剪工具”……22
2.1.5 使用“裁切”命令……22
重点 2.1.6 旋转图像……23
2.2 图层的基本操作……23
重点 2.2.1 认识“图层”面板……23

重点 2.2.2 新建图层 ······25
重点 2.2.3 选择图层 ······25
重点 2.2.4 显示与隐藏图层 ······26
重点 2.2.5 删除图层 ······26
重点 2.2.6 复制图层 ······26
2.2.7 修改图层基本属性 ······27
重点 2.2.8 调整图层的排列顺序 ······27
重点 2.2.9 剪切、复制与粘贴 ······27
重点 2.2.10 清除图像 ······28
2.3 移动与变换 ······29
重点 2.3.1 移动图像 ······29
重点 2.3.2 自由变换 ······30
视频陪练：利用缩放和扭曲制作饮料包装 ······32
2.3.3 内容识别比例 ······32
2.3.4 操控变形 ······33
2.3.5 自动对齐图层 ······34
2.3.6 自动混合图层 ······35
视频陪练：相似背景照片的快速融合法 ······35
2.4 撤销错误操作 ······35
重点 2.4.1 撤销操作与返回操作 ······35
重点 2.4.2 使用历史记录面板 ······36
综合案例：增大画面，制作网站广告 ······37
第 3 章 选区的创建与编辑 ······38
3.1 选区工具 ······39
重点 3.1.1 矩形选框工具 ······39
重点 3.1.2 椭圆选框工具 ······40
3.1.3 单行 / 单列选框工具 ······40
重点 3.1.4 套索工具 ······41
重点 3.1.5 多边形套索 ······41
视频陪练：利用多边形套索工具选择照片 ······42
3.2 抠图常用工具 ······42
重点 3.2.1 快速选择工具 ······42
3.2.2 魔棒工具 ······43
重点 3.2.3 磁性套索工具 ······43
实战案例：使用磁性套索工具换背景 ······44
3.2.4 色彩范围 ······45
3.3 选区的基本操作 ······47
重点 3.3.1 全选与反选 ······47
重点 3.3.2 取消选择与重新选择 ······48
重点 3.3.3 移动选区 ······48
重点 3.3.4 变换选区 ······48
3.3.5 选区的运算 ······48
3.3.6 载入与储存选区 ······49
3.3.7 编辑选区 ······50
重点 3.3.8 调整选区边缘 ······51
实战案例：利用边缘检测抠取美女头发 ······53
3.4 填充与描边 ······54
重点 3.4.1 填充 ······54
视频陪练：使用多种选区工具制作宣传招贴 ······55
重点 3.4.2 描边 ······55
综合案例：制作婚纱照版式 ······56

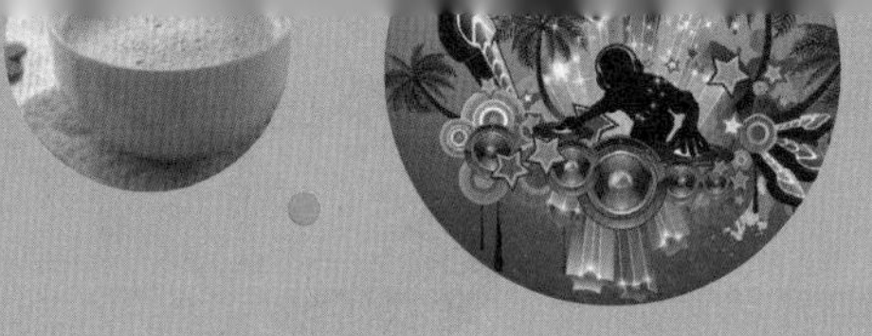

第 4 章 绘画与图像修饰 …… 59

4.1 设置颜色 …… 60
重点 4.1.1 设置前景色与背景色 …… 60
重点 4.1.2 使用吸管工具选取颜色 …… 60
4.1.3 使用颜色面板 …… 61
4.1.4 认识“色板”面板 …… 61
4.2 画笔工具组 …… 62
重点 4.2.1 画笔工具 …… 62
4.2.2 铅笔工具 …… 63
4.2.3 颜色替换工具 …… 63
实战案例：使用颜色替换工具改变季节 …… 64
4.2.4 混合器画笔工具 …… 65
视频陪练：使用颜色替换工具改变沙发颜色 …… 66
4.3 使用画笔面板设置画笔动态 …… 66
重点 4.3.1 认识“画笔”面板 …… 66
重点 4.3.2 笔尖形状设置 …… 66
重点 4.3.3 形状动态 …… 67
重点 4.3.4 散布 …… 68
4.3.5 纹理 …… 68
4.3.6 双重画笔 …… 69
重点 4.3.7 颜色动态 …… 69
重点 4.3.8 传递 …… 70
4.3.9 画笔笔势 …… 70
4.3.10 其他选项 …… 70
视频陪练：使用画笔制作火凤凰 …… 71
4.4 修复工具组 …… 71
重点 4.4.1 污点修复画笔 …… 72
重点 4.4.2 修复画笔 …… 72
重点 4.4.3 修补工具 …… 73
4.4.4 内容感知移动工具 …… 74
4.4.5 红眼工具 …… 74
4.5 图章工具组 …… 75
重点 4.5.1 仿制图章 …… 75
视频陪练：使用仿制源面板与仿制图章工具 …… 76
4.5.2 图案图章 …… 76
实战案例：去除面部瑕疵 …… 77
4.6 历史记录画笔工具 …… 78
4.6.1 历史记录画笔 …… 78
4.6.2 历史记录艺术画笔 …… 79
4.7 橡皮擦工具组 …… 79
重点 4.7.1 橡皮擦 …… 79
4.7.2 背景橡皮擦 …… 80
重点 4.7.3 魔术橡皮擦 …… 81
实战案例：使用魔术橡皮擦工具轻松为美女更换背景 …… 81
视频陪练：橡皮擦抠图制作水精灵 …… 82
4.8 渐变与油漆桶工具组 …… 82
重点 4.8.1 渐变工具 …… 83
4.8.2 油漆桶工具 …… 85
4.9 模糊、锐化、涂抹 …… 86
重点 4.9.1 模糊工具 …… 86
重点 4.9.2 锐化工具 …… 86

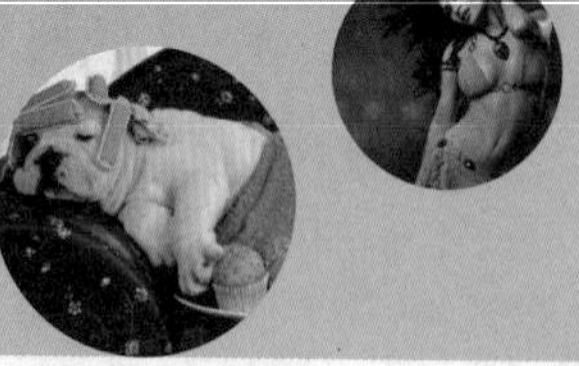

4.9.3 涂抹工具……87
4.10 减淡、加深、海绵……87
重点 4.10.1 减淡工具……87
重点 4.10.2 加深工具……88
重点 4.10.3 海绵工具……88
综合案例：使用多种画笔设置制作散景效果……89
第5章 文字的创建与编辑……91
5.1 使用文字工具创建文字……92
重点 5.1.1 创建点文字……92
视频陪练：使用文字工具制作欧美风海报……93
重点 5.1.2 创建段落文字……93
重点 5.1.3 制作路径文字……94
5.1.4 制作区域文字……94
实战案例：使用点文字、段落文字制作杂志版式……95
视频陪练：多彩花纹立体字……96
5.2 文字蒙版工具：创建文字选区……96
实战案例：使用文字蒙版工具制作公益海报……97
5.3 修改文字属性……98
重点 5.3.1 使用"字符"面板编辑文字……98
重点 5.3.2 使用"段落"面板编辑段落……100
5.4 编辑文字……101
5.4.1 修改文本属性……101
5.4.2 制作文字变形效果……102
5.4.3 "拼写检查"与"查找和替换文本"……103
5.4.4 将文字图层转换为普通图层……104
5.4.5 将文字图层转化为形状……104
视频陪练：白金质感艺术字……105
5.4.6 创建文字的工作路径……105
视频陪练：激情冰爽广告字……105
综合案例：喜庆中式招贴……106
第6章 路径与矢量工具……110
6.1 使用钢笔工具……111
重点 6.1.1 绘图模式……111
重点 6.1.2 钢笔工具……113
6.1.3 自由钢笔 / 磁性钢笔……114
重点 6.1.4 添加和删除锚点……115
重点 6.1.5 转换点工具……115
实战案例：使用钢笔工具为建筑照片换背景……115
6.2 路径选择工具……116
重点 6.2.1 路径选择工具：移动路径……116
重点 6.2.2 直接选择工具：移动锚点……116
6.3 认识路径面板……117
6.4 编辑路径……117
6.4.1 变换路径……118
重点 6.4.2 路径与选区的转换……118
6.4.3 填充路径……118
6.4.4 描边路径……119
6.4.5 储存工作路径……119
视频陪练：可爱甜点海报……120
6.5 形状工具组……120

6.5.1 矩形工具……120
重点 6.5.2 圆角矩形工具……121
实战案例：使用圆角矩形制作 LOMO 照片……121
6.5.3 椭圆工具……122
重点 6.5.4 多边形工具……123
视频陪练：制作趣味输入法皮肤……123
6.5.5 直线工具……124
重点 6.5.6 自定形状工具……124
视频陪练：使用矢量工具制作儿童网页……125
综合案例：使用钢笔工具制作质感按钮……125

第 7 章 图像颜色调整……129

7.1 调色相关知识……130
重点 7.1.1 什么是“调色”……130
重点 7.1.2 更改图像颜色模式……130
重点 7.1.3 调整图像的两种方法……130
7.2 自动调整图像……131
重点 7.3 亮度 / 对比度……132
重点 7.4 色阶……133
重点 7.5 曲线……134
实战案例：唯美童话色调……136
重点 7.6 曝光度……137
重点 7.7 自然饱和度……138
视频陪练：自然饱和度打造高彩外景……139
重点 7.8 色相 / 饱和度……139
视频陪练：沉郁的青灰色调……140
重点 7.9 色彩平衡……141
重点 7.10 黑白……141
7.11 照片滤镜……142
7.12 通道混合器……143
7.13 颜色查找……144
重点 7.14 反相……144
7.15 色调分离……144
7.16 阈值……145
7.17 渐变映射……145
重点 7.18 可选颜色……146
视频陪练：夕阳火烧云……146
7.19 阴影 / 高光……147
7.20 HDR 色调……148
7.21 变化……148
实战案例：使用“变化”命令制作视觉杂志……149
7.22 去色……150
7.23 匹配颜色……150
7.24 替换颜色……151
7.25 色调均化……152
综合案例：金秋炫彩色调……153

第 8 章 图层操作与高级应用……156

8.1 图层的管理……157
8.1.1 链接图层……157
重点 8.1.2 栅格化图层内容……157
8.1.3 对齐与分布……157

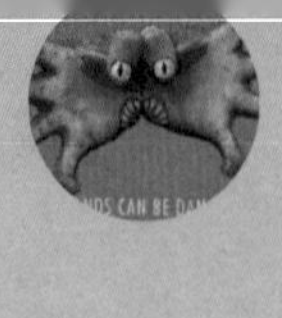

重点 8.1.4 使用图层组管理图层 …… 158
重点 8.1.5 合并多个图层 …… 158
8.2 调整图层不透明度与混合模式 …… 159
重点 8.2.1 调整图层的不透明度和填充 …… 159
视频陪练：将风景融入旧照片中 …… 160
重点 8.2.2 认识图层“混合模式” …… 160
实战案例：使用混合模式合成愤怒的狮子 …… 164
视频陪练：使用混合模式制作水果色嘴唇 …… 165
视频陪练：艳丽花朵风格彩妆 …… 165
视频陪练：月色荷塘 …… 166
8.3 使用图层样式 …… 166
重点 8.3.1 为图层添加样式 …… 166
重点 8.3.2 认识图层样式 …… 167
实战案例：使用图层样式制作质感晶莹文字 …… 172
8.3.3 使用“样式”面板 …… 174
实战案例：快速为艺术字添加样式 …… 174
综合案例：打造朦胧的古典婚纱版式 …… 175
第 9 章 蒙版 …… 177
9.1 剪贴蒙版 …… 178
9.1.1 认识剪贴蒙版 …… 178
重点 9.1.2 创建与使用剪贴蒙版 …… 178
实战案例：使用“剪贴蒙版”制作另类水果 …… 180
视频陪练：使用剪贴蒙版制作花纹文字版式 …… 181
9.2 图层蒙版 …… 181
9.2.1 认识图层蒙版 …… 181
重点 9.2.2 创建图层蒙版 …… 182
实战案例：使用蒙版合成瓶中小世界 …… 183
9.2.3 复制与转移图层蒙版 …… 184
9.2.4 应用图层蒙版 …… 184
9.2.5 停用图层蒙版 …… 185
9.2.6 删除图层蒙版 …… 185
视频陪练：光效奇幻秀 …… 185
9.3 矢量蒙版 …… 185
9.3.1 创建矢量蒙版 …… 185
9.3.2 栅格化矢量蒙版 …… 186
9.3.3 删除矢量蒙版 …… 186
9.4 快速蒙版 …… 186
9.5 在“属性”面板中编辑蒙版 …… 187
综合案例：巴黎夜玫瑰 …… 188
第 10 章 通道 …… 192
10.1 认识通道 …… 193
10.1.1 通道是什么 …… 193
10.1.2 认识“颜色通道” …… 193
重点 10.1.3 认识“Alpha 通道” …… 193
10.1.4 认识“通道”面板 …… 194
10.2 通道的基本操作 …… 194
10.2.1 显示和隐藏通道 …… 194
10.2.2 新建 Alpha 通道 …… 195
10.2.3 复制通道 …… 195
实战案例：使用通道制作水彩画效果 …… 195

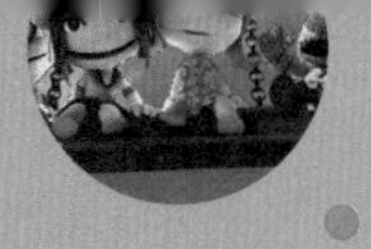

10.3 专色通道 …… 197
重点 10.3.1 什么是“专色通道” …… 197
重点 10.3.2 新建和编辑专色通道 …… 197
重点 10.4 通道抠图 …… 198
视频陪练：为毛茸茸的小动物换背景 …… 199
综合案例：打造唯美梦幻感婚纱照 …… 200

第 11 章 滤镜 …… 203
11.1 滤镜的使用方法 …… 204
重点 11.1.1 使用“滤镜库” …… 204
重点 11.1.2 使用“液化”滤镜 …… 205
视频陪练：使用液化滤镜为美女瘦身 …… 206
11.1.3 其他滤镜的使用方法 …… 206
11.2 认识滤镜组 …… 207
11.2.1 风格化 …… 207
视频陪练：冰雪美人 …… 208
【重点】11.2.2 模糊 …… 208
11.2.3 扭曲 …… 210
实战案例：奇妙的极地星球 …… 211
重点 11.2.4 锐化 …… 213
11.2.5 视频滤镜组 …… 213
11.2.6 像素化 …… 214
11.2.7 渲染 …… 215
11.2.8 杂色 …… 215
综合案例：使用滤镜库制作插画效果 …… 216

第 12 章 视频编辑与动画制作 …… 218
12.1 认识“时间轴”面板 …… 219
重点 12.2 创建与编辑视频时间轴动画 …… 219
12.2.1 “视频时间轴”面板 …… 219
实战案例：制作不透明度动画 …… 220
12.2.2 导入视频文件和图像序列 …… 222
视频陪练：制作位移动画飞翔的鸟 …… 223
12.2.3 保存视频文件 …… 223
重点 12.2.4 渲染视频 …… 224
重点 12.3 创建与编辑帧动画 …… 224
12.3.1 “帧动画”时间轴面板 …… 224
12.3.2 创建帧动画 …… 225
实战案例：创建帧动画 …… 227
重点 12.3.3 储存为 GIF 格式动态图像 …… 229
综合案例：宣传动画的制作 …… 229

第 13 章 Photoshop 综合应用 …… 233
13.1 广告设计——创意饮品广告 …… 234
13.2 海报设计——卡通风格星球世界海报 …… 239
13.3 包装设计——月饼礼盒包装 …… 244
13.4 创意合成——夜的祈祷 …… 253

初识 Photoshop

首次接触 Adobe Photoshop 可以从软件的安装与启动开始学习，逐渐熟悉 Photoshop 界面，掌握软件界面的操作方法，为进一步学习使用 Photoshop 的编辑功能做准备。

本章学习要点：

- 熟悉 Photoshop 的工作界面
- 掌握查看图像窗口的方法
- 了解常见辅助工具的使用方法

1.1 认识 Photoshop

Photoshop 是 Adobe 公司旗下人们所熟知的设计制图软件之一，集图像扫描、编辑修改、图像制作、广告创意、图像输入与输出于一体，深受广大平面设计人员和电脑美术爱好者的喜爱。随着计算机技术的普及，Photoshop 的应用不但可以是专业人员的制图工具，也常被非专业人员热捧为“修图神器”，经常被人们亲切地称为“PS”。越来越多的人意识到 Photoshop 功能的强大，震撼于它给图像带来的变化，如图 1-1 和图 1-2 所示。

图 1-1

图 1-2

Photoshop 诞生于 1987 年，至今经历了 30 年的发展与改进，出现过 Adobe Photoshop 0.63（1988 年）、Adobe Photoshop 4.0（1996 年）、Photoshop CS（2003 年）、Photoshop CS5（2010 年）等版本。每次版本的升级，Photoshop 的功能和运行性能都得到了极大的提升，如图 1-3 所示为 Photoshop 近年来发布的版本。

2013 年 6 月，Adobe 在 MAX 大会上推出了 Photoshop CC（Creative Cloud），至此 Photoshop 进入了“云”时代。如图 1-4 所示为 Photoshop CC 的启动界面。

图 1-3

图 1-4

不同版本的 Photoshop 虽然在个别功能上可能会有些许的差异，但基本操作思路和使用方法是没有太大区别的，使用不同的版本并不会对学习和使用有太大的影响。本书讲解的内容是基于 Adobe Photoshop CC 版本的，对 Adobe Photoshop CS5、Adobe Photoshop CS6、Adobe Photoshop CC2014、Adobe Photoshop CC2015、Adobe Photoshop CC2016 等版本的学习都适用，个别工具或命令的差异可以跳过，并不会过多影响 Photoshop 的使用。

1.1.1 安装与卸载 Photoshop

Adobe Creative Cloud 是一种基于订阅的服务，用户需要通过 Adobe Creative Cloud 来下载 Photoshop CC 软件。

（1）打开 Adobe 的官方网站 www.adobe.com，单击导航栏的 Products（产品）按钮，然后选择 Adobe Creative Cloud 选项，如图 1-5 所示。在打开的页面中选择产品的使用方

式，单击 Join 按钮可进行购买，单击 Try 按钮可免费试用，试用期为 30 天。在这里单击 Try 按钮，如图 1-6 所示。

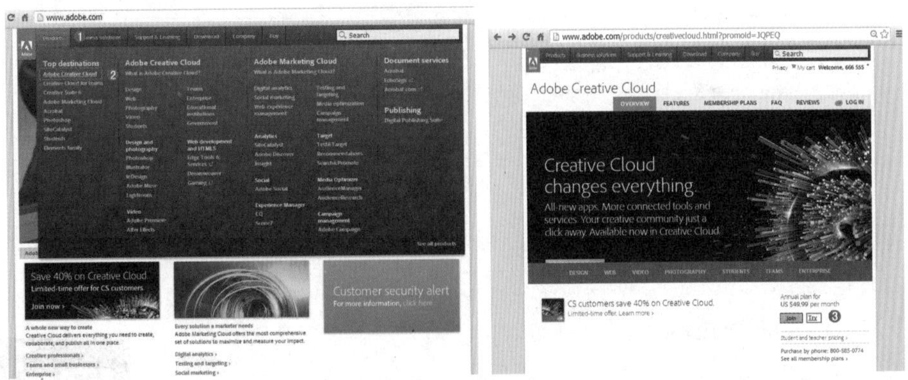

图 1-5　　图 1-6

（2）在打开的页面中单击 Creative Cloud 右侧的“下载”按钮，如图 1-7 所示。在接下来打开的窗口中继续单击“下载”按钮，如图 1-8 所示。

图 1-7　　图 1-8

（3）接着会弹出一个登录界面，这里需要用户登录 AdobeID，如果没有账号可以免费注册一个，如图 1-9 所示。登录 AdobeID 后就可以开始下载并安装 Creative Cloud，启动 Creative Cloud 即可看见 Adobe 的各类软件，可以直接选择【安装】或【试用】软件，也可以更新已有软件。单击相应的按钮后即可自动完成软件的安装，如图 1-10 所示。

图 1-9　　图 1-10

（4）Photoshop 的卸载与其他软件的卸载相同，可以打开“控制面板”，然后双击“添加或删除程序”图标，打开“添加或删除程序”窗口，接着选择 Adobe Photoshop，最后单击“删除”按钮，即可卸载 Photoshop，如图 1-11 和图 1-12 所示。

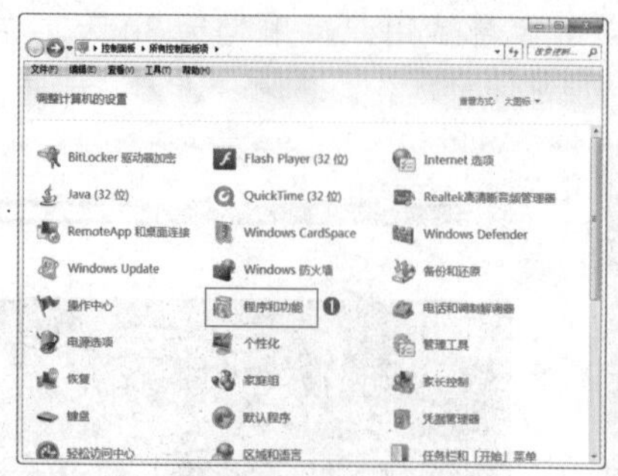

图 1-11

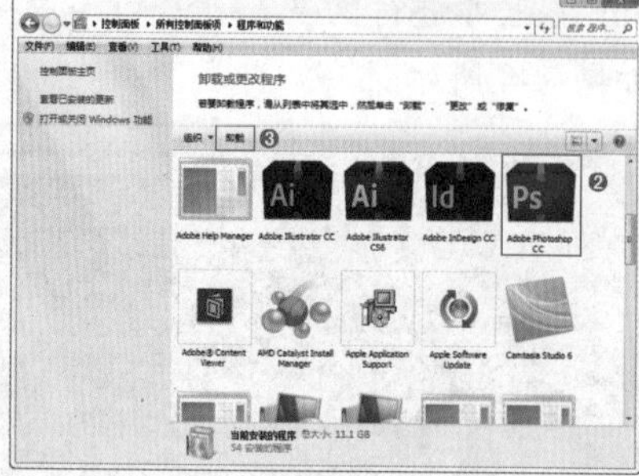

图 1-12

1.1.2 启动 Photoshop

成功安装 Photoshop 之后，可以单击桌面左下角的“开始”按钮，打开程序菜单并选择 Adobe Photoshop 选项，即可启动 Photoshop。如果桌面有 Adobe Photoshop 的快捷方式，也可以双击其快捷方式图标启动软件，如图 1-13 所示。

图 1-13

1.1.3 退出 Photoshop

若要退出 Photoshop，可以像其他应用程序一样单击右上角的关闭按钮；或选择“文件”→“退出”命令也可以退出 Photoshop；另外使用 Ctrl+Q 快捷键同样可以快速退出，如图 1-14 所示。

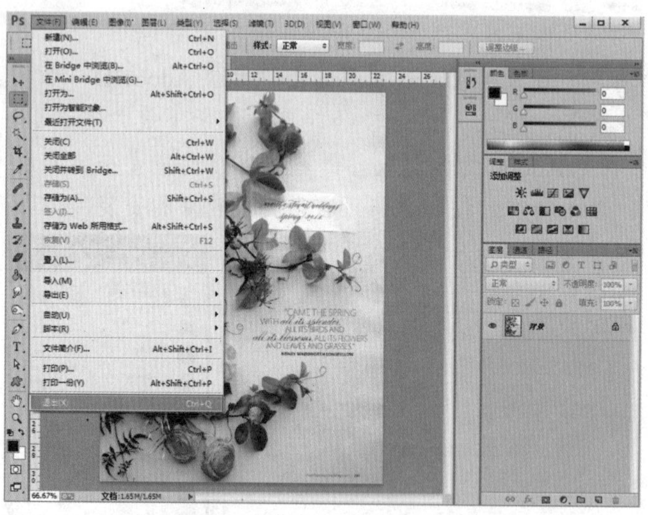

图 1-14

1.1.4 熟悉 Photoshop 的工作界面

随着版本的不断升级，Photoshop 的工作界面布局也更加合理、更加人性化。Photoshop 的工作界面主要由菜单栏、选项栏、标题栏、工具箱、状态栏、文档窗口以及各式各样的面板组成，如图 1-15 所示。

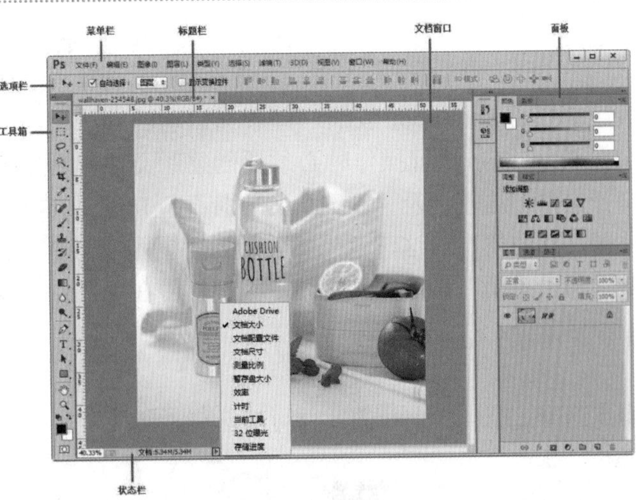

图 1-15

- 菜 单 栏：Photoshop 的菜单栏包含多组主菜单，单击相应的主菜单，即可打开子菜单。
- 标题栏：打开一个文件以后，Photoshop 会自动创建一个标题栏。在标题栏中会显示这个文件的名称、格式、窗口缩放比例以及颜色模式等信息。
- 文档窗口：文档窗口是显示打开图像的地方。
- 工具箱：工具箱中包含多个工具与工具组。单击工具箱中的某一个工具图标，即可选择该工具。如果工具图标右下角带有三角形图标，则表示这是一个工具组，每个工具组中又包含多个工具，在工具组上单击鼠标右键即可弹出隐藏的工具，如图 1-16 所示。除此之外，工具箱可以折叠显示或展开显示，单击工具箱顶部的折叠图标，可以将其折叠为双栏；单击按钮即可还原回展开的单栏模式，如图 1-17 所示。

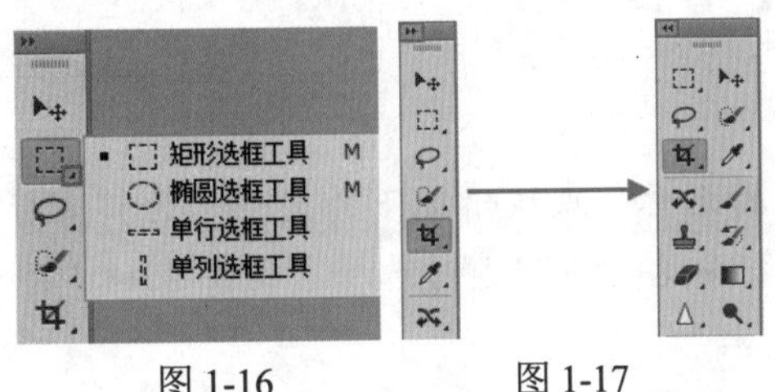

图 1-16　　图 1-17

- 选项栏：选项栏主要用来设置工具的参数选项，不同工具的选项栏也不同。
- 状态栏：状态栏位于工作界面的最底部，可以显示当前文档的大小、文档尺寸、当前工具和窗口缩放比例等信息，单击状态栏中的三角形图标，可以设置要显示的内容。
- 面板：面板主要用来配合图像的编辑、对操作进行控制以及设置参数等。每个面板的右上角都有一个图标，单击该图标可以打开该面板的菜单选项。如果需要打开某一个面板，可以单击菜单栏中的“窗口”菜单按钮，在展开的菜单中单击即可打开该面板。

1.1.5　选择不同的工作区

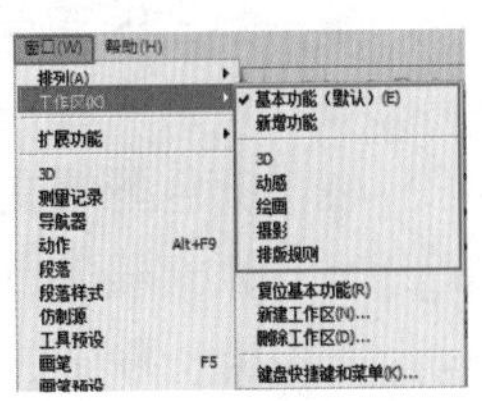

图 1-18

Photoshop 提供了适合于不同类型设计任务的预设工作区，并且可以储存适合于个人的工作区布局。Photoshop 中的工作区包括文档窗口、工具箱、菜单栏和各种面板。选择“窗口”→“工作区”命令，在子菜单中可以切换工作区类型，如图 1-18 所示。

1.2 文件的基本操作

掌握了 Photoshop 安装、卸载与启动的方法后，本节将开始学习文件的基本操作。初次在 Photoshop 进行操作时必须要创建新文件，而如果需要对已有的文件进行处理则需要打开文件，这就涉及“新建”与“打开”功能。在文件的编辑过程中可能会出现需要添加外部文件的情况，这时就需要使用到“置入”命令。当文件制作完成后，就需要进行“存储”与“关闭”操作。这些命令大都集中在“文件”菜单中，下面就跟我一起学习吧。

1.2.1 新建文件

要点速查：制作一个新的文件可以选择“文件”→“新建”菜单命令或按 Ctrl+N 快捷键，打开“新建”对话框。

在“新建”对话框中可以设置新建文件的名称、尺寸、分辨率、颜色模式等，如图 1-19 所示。

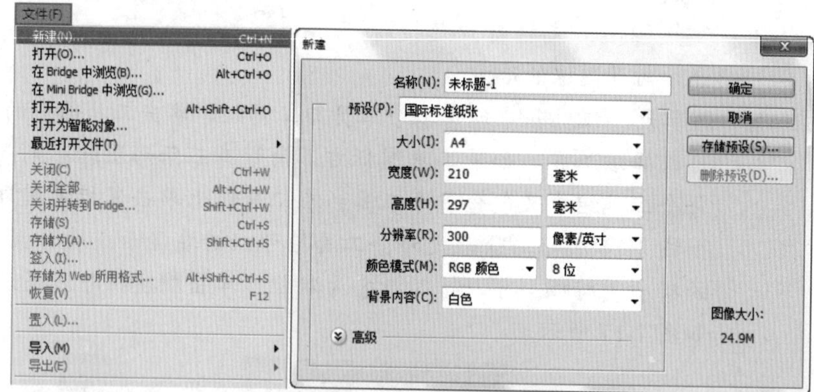

图 1-19

- 名称：设置文件的名称，默认情况下的文件名为“未标题 -1”。如果在新建文件时没有对文件进行命名，可以通过选择“文件”→“存储为”菜单命令对文件进行名称的修改。
- 预设：选择一些内置的常用尺寸，单击预设下拉列表即可进行选择。预设列表中包含了“剪贴板”、“默认 Photoshop 大小”、“美国标准纸张”、“国际标准纸张”、“照片”、Web、“移动设备”、“胶片和视频”和“自定”9 个选项。
- 大小：用于设置预设类型的大小，在设置“预设”为“美国标准纸张”、“国际标准纸张”、“照片”、Web、“移动设备”或“胶片和视频”时，“大小”选项才可用。
- 宽度 / 高度：设置文件的宽度和高度，其单位有“像素”、“英寸”、“厘米”、“毫米”、“点”、“派卡”和“列”7 种。
- 分辨率：用来设置文件的分辨率大小，其单位有“像素 / 英寸”和“像素 / 厘米”两种。
- 颜色模式：设置文件的颜色模式以及相应的颜色深度。
- 背景内容：设置文件的背景内容，有“白色”、“背景色”和“透明”3 个选项。
- 颜色配置文件：用于设置新建文件的颜色配置。
- 像素长宽比：用于设置单个像素的长宽比例。通常情况下保持默认的“方形像素”即可，如果需要应用于视频文件，则需要进行相应的更改。

技巧提示：存储预设的方法

设置完成后，可以单击“存储预设”按钮，将这些设置存储到预设列表中。以后需要创建相同尺寸规格的文档时，则可以在预设列表中选择合适的文档预设。

1.2.2　打开文件

使用“打开”命令，可以在 Photoshop 中打开需要处理的文件。

（1）选择“文件”→“打开”菜单命令，然后在弹出的对话框中选择需要打开的图像文件，接着单击“打开”按钮，如图 1-20 所示。所选文件就会在 Photoshop 中打开，如图 1-21 所示。

图 1-20

图 1-21

技巧提示：同时打开多个对象的方法

如果需要同时打开多个文件，可以在选择一个文件之后按住 Ctrl 键依次单击选中其他图片。

（2）如果已经运行了 Photoshop，这时直接将要打开的图片文件拖曳到 Photoshop 的窗口中，即可快速地打开所需文件，如图 1-22 所示。

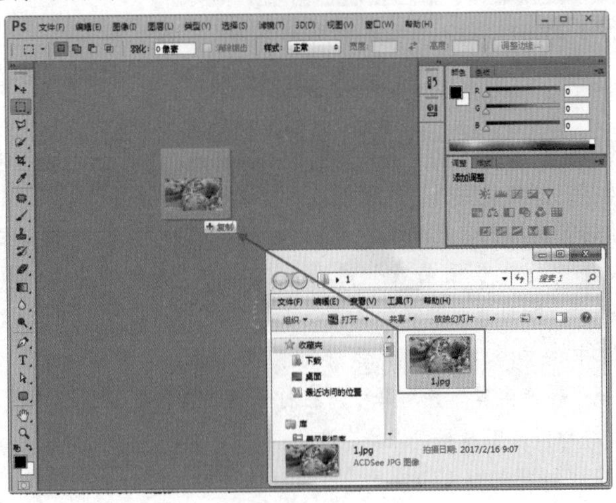

图 1-22

技巧提示：“最近打开文件”命令的使用方法

Photoshop 可以记录最近使用过的 10 个文件，选择“文件”→“最近打开文件”菜单命令，在其下拉菜单中单击文件名即可将其在 Photoshop 中打开，选择底部的“清除最近”命令可以删除历史打开记录。

1.2.3 置入文件

要点速查：“置入”命令可以将照片、图片或任何 Photoshop 支持的文件作为智能对象添加到当前操作的文档中。

（1）打开一个文件，若要向当前文件中添加其他图片元素时，可以选择“文件”→“置入”菜单命令，如图 1-23 所示。接着在弹出的对话框中选择好需要置入的图片，然后单击“置入”按钮，如图 1-24 所示。

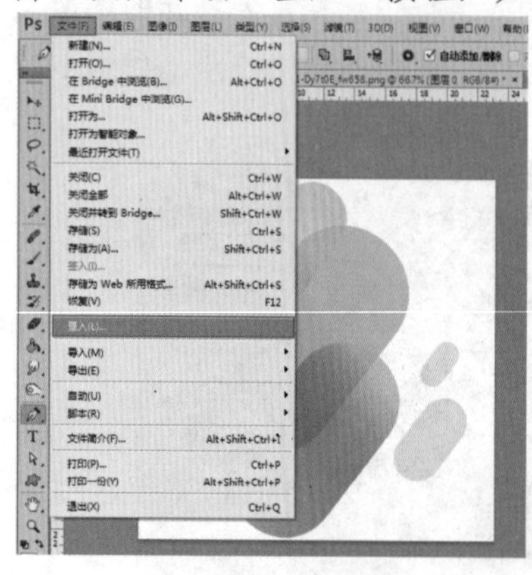

图 1-23

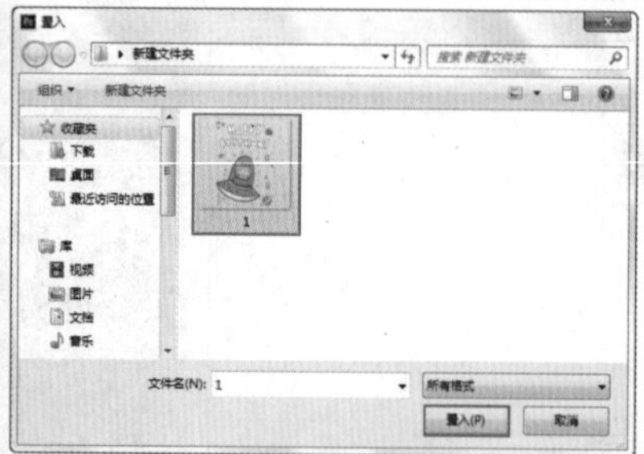

图 1-24

图 1-25

图 1-26

（2）在置入文件时，置入的文件将自动放置在画布的中间，同时文件会保持其原始长宽比。将光标定位到一角处，按住鼠标左键并拖动，即可调整置入图像的大小，如图 1-25 所示。按下键盘上的 Enter 键完成置入，如图 1-26 所示。但是如果置入的文件比当前编辑的图像大，那么该文件将被重新调整到与画布相同大小的尺寸。

技巧提示：认识“智能对象”

当向文件中“置入”图片时，置入的图片会作为智能对象存在。那么什么是智能对象呢？智能对象可以理解为嵌入当前文件的一个独立文件，在对智能对象进行编辑的过程中不会破坏智能对象的原始数据，只能进行缩放、旋转等简单的变换操作，因此对智能对象图层所执行的操作都是非破坏性操作。

（1）如果要将文件中的背景图层或普通图层转换为“智能对象”，需要对该图层执行“图层”→“智能对象”→“转换为智能对象”菜单命令。

（2）“智能对象”中的内容可以方便地进行替换。选择“智能对象”图层，然后选择“图层”→“智能对象”→“替换内容”菜单命令，在打开的“置入”对话框中选择其他文件即可替换。替换智能对象后，图层名称以及图层样式保持不变。

（3）如果需要编辑智能对象的内容效果，则需要选择“智能对象”图层，执行“图层”→“智能对象”→“编辑内容”菜单命令。Photoshop 会弹出一个对话框，单击“确定”按钮，智能对象会以独立的文件形式进行打开。编辑完成后，保存并关闭智能对象，即可返回之前文档。

（4）由于智能对象无法直接进行图像内容细节的编辑，所以如果想要对细节进行处理就需要将矢量对象进行栅格化操作。选择智能对象，执行“图层”→“栅格化”→“智能对象”命令，可以将所选图层转换为普通图层。

视频陪练：使用置入命令制作混合插画

案例文件 / 第 1 章 / 使用置入命令制作混合插画 .psd

视频教学 / 第 1 章 / 使用置入命令制作混合插画 .flv

案例效果：

首先打开人物素材，然后执行“文件”→“置入”命令，将花纹素材置入到文档内，按 Enter 键确定置入操作，如图 1-27 所示。

图 1-27

视频陪练：使用置入命令制作混合插画

1.2.4　储存文件

执行“文件”→“储存”菜单命令或按 Ctrl+S 快捷键可以对文件进行保存，如图 1-28 所示。存储时将保留所做的更改，并且会替换掉上一次保存的文件，同时会按照当前格式和名称进行保存。如果在储存一个新建的文件时，执行“文件”→“储存”菜单命令则会弹出“另存为”对话框，如图 1-29 所示。使用 Photoshop 完成文档的编辑后就需要对文件进行保存关闭。为了避免在遇到程序错误、意外断电等情况时造成的数据丢失，在编辑过程中也需要养成经常保存的习惯。

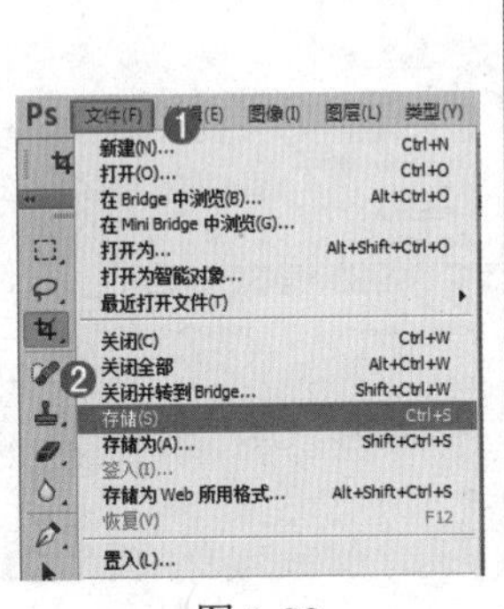

图 1-28

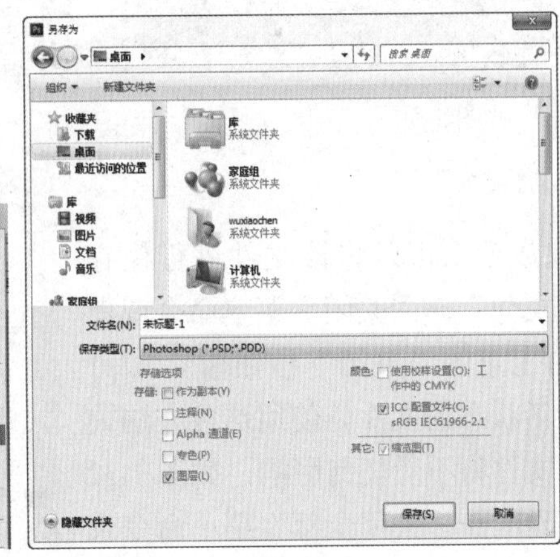

图 1-29

- 文件名：设置保存的文件名。
- 保存类型：选择文件的保存格式。
- 作为副本：选中该选项时，可以另外保存一个副本文件。
- 注释 /Alpha 通道 / 专色 / 图层：可以选择是否存储注释、Alpha 通道、专色和图层。
- 使用校样设置：将文件的保存格式设置为 EPS 或 PDF 时，该选项才可用。选中该选项后可以保存打印用的校样设置。
- ICC 配置文件：可以保存嵌入在文档中的 ICC 配置文件。
- 缩览图：为图像创建并显示缩览图。

技巧提示：“存储为”命令的使用

“存储为”命令可以将文件保存到另一个位置或使用另一文件名进行保存。执行“文件”→“存储为”菜单命令或按 Shift+Ctrl+S 组合键即可打开“另存为”窗口。

1.2.5 复制文件

对已经打开的文档执行“图像”→“复制”命令，接着在弹出的窗口中设置文件名称，然后单击“确定”按钮，如图 1-30 所示。使用“复制”菜单命令可以将当前文件复制一份，复制的文件将作为一个副本文件单独存在，如图 1-31 所示。

图 1-30

图 1-31

1.2.6 关闭文件

图像编辑完成后，可以将该文件进行保存并关闭。执行“文件”→“关闭”菜单命令或者单击文档窗口右上角的“关闭”按钮☒，即可关闭当前处于激活状态的文件。使用这种方法关闭文件时，其他文件将不受任何影响，如图 1-32 所示。执行“文件”→“关闭全部”菜单命令或按 Alt+Ctrl+W 组合键可以关闭所有文件。

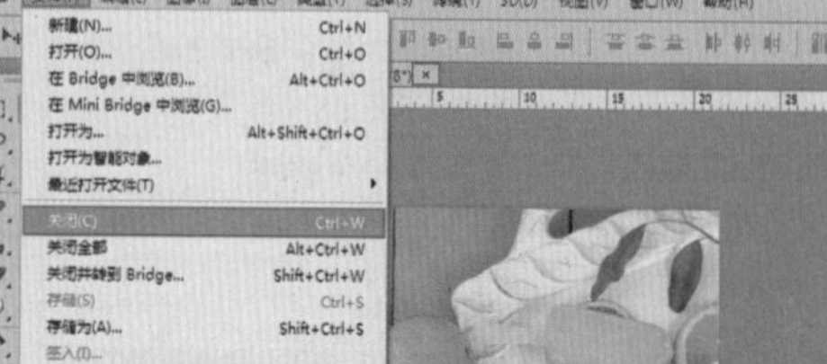

图 1-32

1.3 打印图像文件

大部分平面设计作品的最终效果都要打印输出，在进行批量印刷之前往往需要打印一张来看一下效果。为了能够有一个完美的打印效果，掌握正确的打印设置也是非常重要的。文件在打印之前需要对其印刷参数进行设置。

1.3.1 打印机设置

执行“文件”→“打印”命令打开“Photoshop 打印设置”窗口，在“打印机设置”选项卡中可以对打印机、份数、打印设置和版面进行设置，如图 1-33 所示。

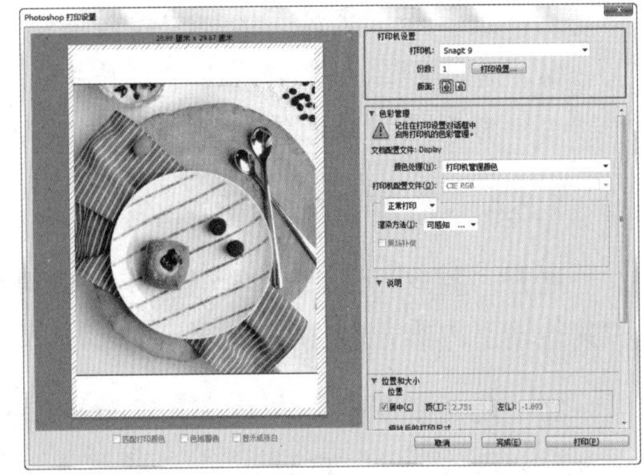

图 1-33

- 打印机：在下拉列表中可以选择打印机。
- 份数：设置要打印的份数。
- 打印设置：单击该按钮，可以打开一个属性对话框。在该对话框中可以设置纸张的方向、页面的打印顺序和打印页数。
- 版面：单击“横向打印纸张”按钮或“纵向打印纸张”按钮可将纸张方向设置为横向或纵向。

1.3.2　色彩管理

在“Photoshop 打印设置”对话框中，不仅可以对打印参数进行设置，还可以对打印图像的色彩以及输出的打印标记和函数进行设置。“色彩管理”面板可以对打印颜色进行设置。在“Photoshop 打印设置”对话框中选择“色彩管理”选项，可以切换到“色彩管理”面板，如图 1-34 所示。

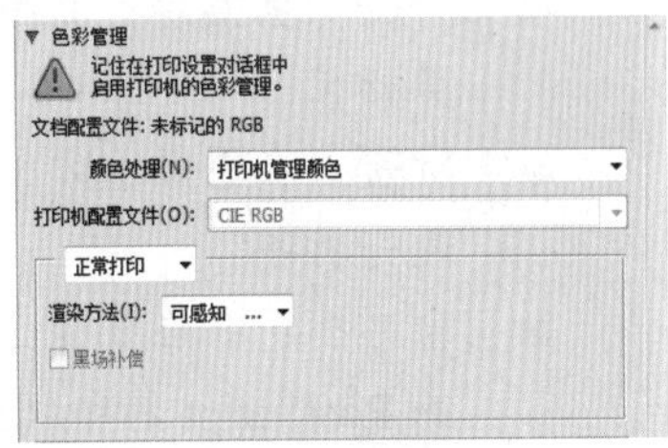

图 1-34

- 颜色处理：设置是否使用色彩管理。如果使用色彩管理，则需要确定将其应用于程序中还是打印设备中。
- 打印机配置文件：选择适用于打印机和要使用的纸张类型的配置文件。
- 渲染方法：指定颜色从图像色彩空间转换到打印机色彩空间的方式，共有“可感知”、“饱和度”、“相对比色”和“绝对比色”这 4 个选项。可感知渲染将尝试保留颜色之间的视觉关系，色域外颜色转变为可重现颜色时，色域内的颜色可能会发生变化，因此，如果图像的色域外颜色较多，可感知渲染是最理想的选择。相对比色渲染可以保留较多的原始颜色，是色域外颜色较少时的理想选择。

1.3.3　设置打印位置和大小

在“Photoshop 打印设置”窗口中展开“位置和大小”选项组，在这里可以设置打印内容的位置以及尺寸，如图 1-35 所示。

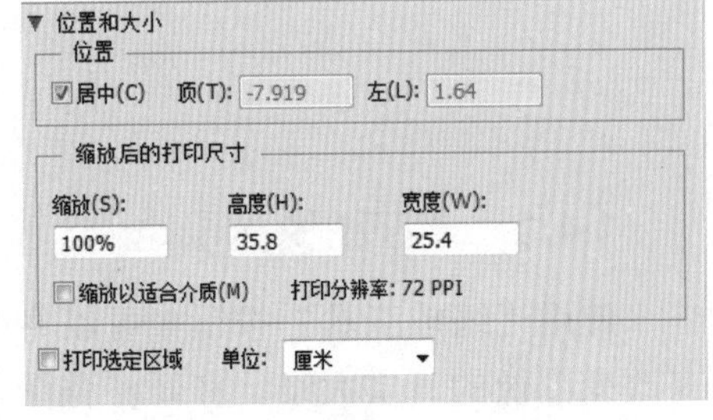

图 1-35

- 位置：选中“居中”选项，可以将图像定位于可打印区域的中心；关闭“居中”选项，可以在“顶”和“左”输入框中输入数值来定位图像，也可以在预览区域中移动图像进行自由定位，从而打印部分图像。
- 缩放后的打印尺寸：将图像缩放打印。如果选中“缩放以适合介质”选项，可以自动缩放图像到适合纸张的可打印区域，尽量能打印最大的图片。如果关闭“缩放以适合介质”选项，可以在“缩放”选项中输入图像的缩放比例，或在“高度”和“宽度”选项中设置图像的尺寸。

- 定界框：如果取消选中“居中”和“缩放以适合介质”选项，可以调整定界框来移动或缩放图像。

1.3.4 指定打印标记

展开“打印标记”选项组，在这里可以指定页面标记和其他输出内容，如图 1-36 所示。

图 1-36

- 角裁剪标志：在要裁剪页面的位置打印裁剪标记。可以在角上打印裁剪标记。在 PostScript 打印机上，选择该复选框也将打印星形色靶。
- 说明：打印在“文件简介”对话框中输入的任何说明文本。
- 中心裁剪标志：在要裁剪页面的位置打印裁剪标记。可以在每条边的中心打印裁剪标记。
- 标签：在图像上方打印文件名。如果打印分色，则将分色名称作为标签的一部分进行打印。
- 套准标记：在图像上打印套准标记（包括靶心和星形靶）。这些标记主要用于对齐 PostScript 打印机上的分色。

1.3.5 设置函数选项

在“Photoshop 打印设置”窗口中展开“函数”选项组，函数选项是用来控制打印图像外观的其他选项，如图 1-37 所示。

图 1-37

- 药膜朝下：使文字在药膜朝下（即胶片或像纸上的感光层背对）时可读。在正常情况下，打印在纸上的图像是药膜朝上时打印的，感光层正对文字时可读。打印在胶片上的图像通常采用药膜朝下的方式打印。
- 负片：打印整个输出（包括所有蒙版和任何背景色）的反相版本。

1.4 文件显示的设置

1.4.1 调整图像显示比例

使用“缩放工具”按钮可以将图像在屏幕上的显示比例进行放大和缩小，但并没有改变图像的真实大小。打开一张图片，单击选项栏中的“放大”按钮可以切换到放大模式，在画布中单击鼠标左键可以放大图像；单击选项栏中的“缩小”按钮可以切换到缩小模式，在画布中单击鼠标左键可以缩小图像。效果如图 1-38 所示。

如果当前使用的是放大模式，那么按住 Alt 键可以切换到缩小模式；如果当前使用的是缩小模式，那么按住 Alt 键可以切换到放大模式。在选项栏中还包含多个设置选项，如图 1-39 所示。

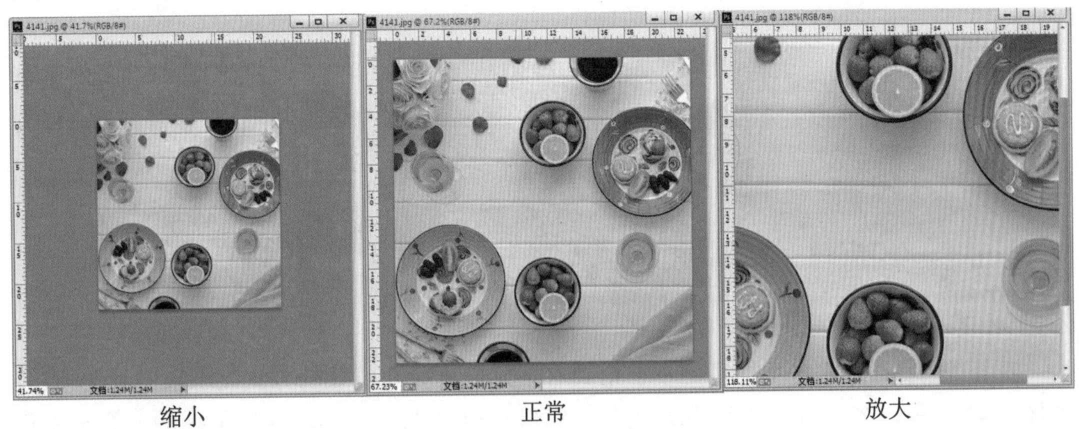

缩小　　　　正常　　　　放大

图 1-38

调整窗口大小以满屏显示　缩放所有窗口　细微缩放　100%　适合屏幕　填充屏幕

图 1-39

- 调整窗口大小以满屏显示：在缩放窗口的同时自动调整窗口的大小。
- 缩放所有窗口：同时缩放所有打开的文档窗口。
- 细微缩放：选中该选项后，在画面中单击并向左侧或右侧拖曳鼠标，能够以平滑的方式快速放大或缩小窗口。
- 100%：单击该按钮，图像将以实际像素的比例进行显示。也可以双击“缩放工具”来实现相同的操作。
- 适合屏幕：单击该按钮，可以在窗口中最大化显示完整的图像。
- 填充屏幕：单击该按钮，可以在整个屏幕范围内最大化显示完整的图像。

技巧提示：显示窗口缩放比例的快捷键

按 Ctrl++ 快捷键可以放大窗口的显示比例；按 Ctrl+- 快捷键可以缩小窗口的显示比例。

1.4.2　查看图像特定区域

当画面显示比例较大时，画面的部分区域可能无法展示在窗口中，这时就可以使用“抓手工具”将图像移动到特定的区域内进行查看。在“工具箱”中单击“抓手工具”按钮，在画面中按住鼠标左键并拖动即可调整画面显示的区域，如图 1-40 和图 1-41 所示。

图 1-40

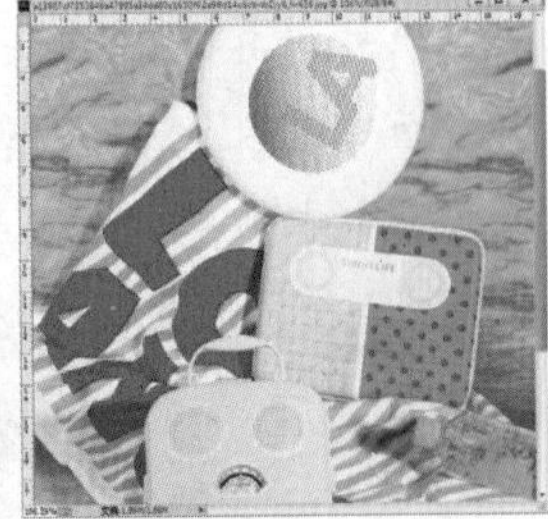

图 1-41

1.4.3　更改图像窗口排列方式

在 Photoshop 中打开多个文件时，用户可以在“窗口”→“排列”菜单下的子命令中选择文件的排列方式。选择“窗口”→“排列”菜单命令，在子菜单中可以对多个文件的排布方式进行设置，如图 1-42 所示。如图 1-43 所示为双联垂直，如图 1-44 所示为六联。

图 1-42　　图 1-43　　图 1-44

选择“层叠”方式是从屏幕的左上角到右下角以堆叠和层叠的方式显示未停放的窗口，如图 1-45 所示。当选择“平铺”方式时，窗口会自动调整大小，并以平铺的方式填满可用的空间，如图 1-46 所示。当选择“在窗口中浮动”方式时，图像可以自由浮动，并且可以任意拖曳标题栏来移动窗口，如图 1-47 所示。当选择“使所有内容在窗口中浮动”方式时，所有文件窗口都将变成浮动窗口。

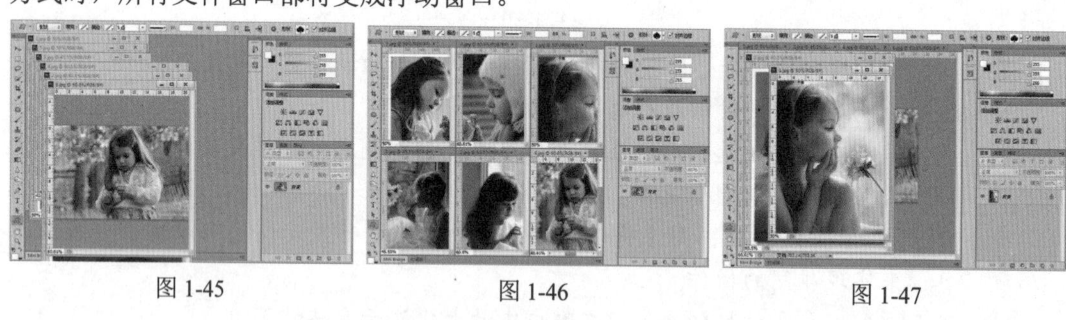

图 1-45　　图 1-46　　图 1-47

1.5　辅助工具的使用

1.5.1　标尺与参考线

要点速查：“标尺”常用于辅助用户绘制精确尺寸的对象。“参考线”是以浮动的状态显示在图像上方，常与“标尺”共同使用，可以帮助用户精确地定位图像或元素。

（1）打开一张图片，执行“视图”→“标尺”菜单命令或按 Ctrl+R 快捷键，此时看到窗口顶部和左侧会出现标尺，如图 1-48 所示。将光标放置在标尺上，然后使用鼠标左键向窗口中拖曳，如图 1-49 所示，松开鼠标即可创建参考线，如图 1-50 所示。

图 1-48

图 1-49

图 1-50

（2）如果要移动参考线，可以使用“移动工具”，然后将光标放置在参考线上，当光标变成分隔符形状时，按住鼠标左键拖曳即可移动参考线，如图 1-51 所示。如果使用“移动工具”将参考线拖曳出画布之外，那么可以删除这条参考线，如图 1-52 所示。

图 1-51

图 1-52

（3）默认情况下，标尺的原点位于窗口的左上方，用户可以修改原点的位置。将光标放置在原点上，然后使用鼠标左键拖曳原点，画面中会显示出十字线，释放鼠标左键以后，释放处便成了原点的新位置，并且此时的原点数字也会发生变化，如图 1-53 和图 1-54 所示。

图 1-53

图 1-54

（4）执行“视图”→“显示”→“智能参考线”菜单命令，可以启用智能参考线。智能参考线可以帮助对齐形状、切片和选区。启用智能参考线后，当绘制形状、创建选区或切片时，智能参考线会自动出现在画布中，粉色线条为智能参考线，如图 1-55 所示。

图 1-55

技巧提示：隐藏与删除参考线的方法

如果要隐藏参考线，可以执行“视图”→“显示额外内容”命令。如果需要删除画布中的所有参考线，可以执行“视图”→“清除参考线”命令。

1.5.2　使用网格

要点速查：“网格”主要用来对齐对象，网格在默认情况下显示为不能打印的线条，但也可以显示为点。

打开一张图片，执行“视图”→“显示”→“网格”菜单命令，就可以在画布中显示出网格，如图 1-56 所示。显示出网格后，可以执行“视图”→“对齐”→“网格”菜单命令，启用对齐功能，此后在创建选区或移动图像等操作时，对象将自动对齐到网格上，如图 1-57 所示。

图 1-56

图 1-57

综合案例：完成文件处理的整个流程

PSD 案例文件 / 第 1 章 / 完成文件处理的整个流程 .psd

视频教学 / 第 1 章 / 完成文件处理的整个流程 .flv

综合案例：完成文件处理的整个流程

案例效果：

本案例通过使用“新建”命令创建空白文档，然后通过使用“置入”命令，向文档中添加人物照片以及艺术字元素，最后通过使用“存储”命令将文档存储为合适的格式，如图 1-58 所示。

图 1-58

操作步骤：

（1）执行“文件”→“新建”菜单命令，设置文件宽度为 3000 像素，高度为 2000 像素，分辨率为 300，颜色模式为 RGB 颜色，背景为白色，如图 1-59 所示。设置前景色为紫色（R: 144 G:27 B:152），如图 1-60 所示。使用颜色填充快捷键 Alt+Delete 填充画布为紫色，如图 1-61 所示。

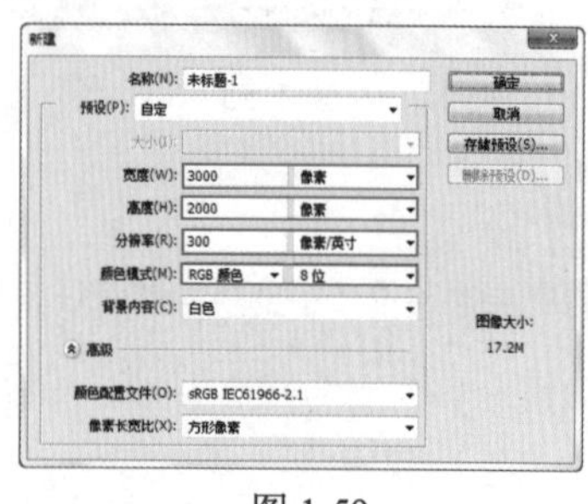

图 1-59

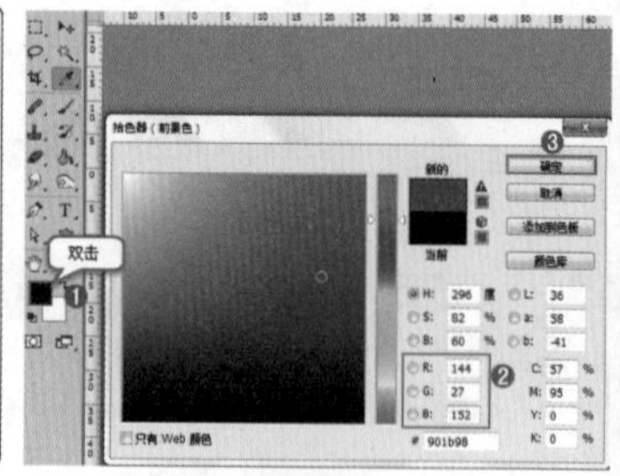

图 1-60

图 1-61

（2）执行“文件”→“置入”命令，选择人像素材，单击“置入”按钮，如图 1-62 所示。将素材放置在画布的右侧，然后按 Enter 键确定图像的置入，如图 1-63 所示。

图 1-62

图 1-63

（3）再次置入文字素材并放在版面的左下角，同样按 Enter 键确定，如图 1-64 所示。

图 1-64

（4）制作完成后执行“文件”→“存储为”菜单命令或按 Shift+Ctrl+S 组合键，打开“存储为”窗口，在其中设置文件存储位置、名称以及格式。首先设置格式为可保存分层文件信息的 PSD 格式，如图 1-65 所示。再次执行“文件”→“存储为”菜单命令或按 Shift+Ctrl+S 组合键，打开“存储为”窗口，选择格式为方便预览和上传至网络的 .jpg 格式，如图 1-66 所示。最后执行“文件”→“关闭”菜单命令，关闭当前文件，如图 1-67 所示。

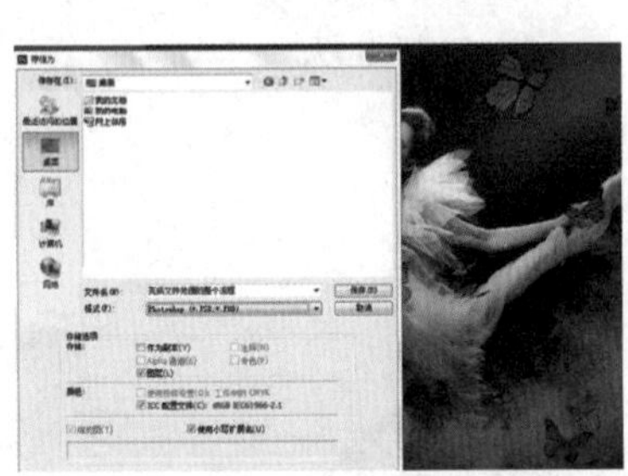

图 1-65

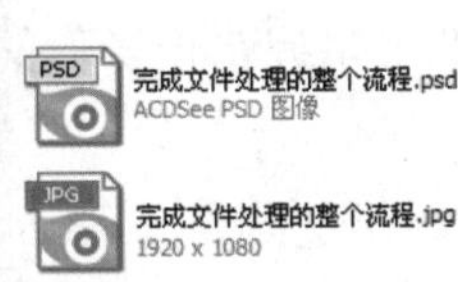

图 1-66

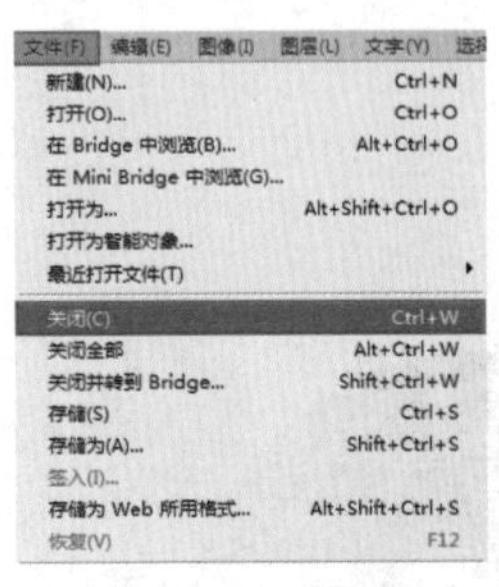

图 1-67

Chapter 02

第2章

掌握 Photoshop 的基本操作

在认识了 Photoshop 的操作界面，并且学习了文件的新建、打开、存储、关闭等基础操作后，本章开始学习 Photoshop 处理图像的最基础的操作，主要包括利用命令和工具对图像的尺寸以及显示区域进行修改、对图像局部或整体进行变换变形操作、错误操作的撤销与恢复等。

本章学习要点：

- 学会调整图像大小与画布大小的方法
- 掌握图层的基本操作
- 熟练掌握图像的变换操作
- 熟练掌握错误操作的撤销方法

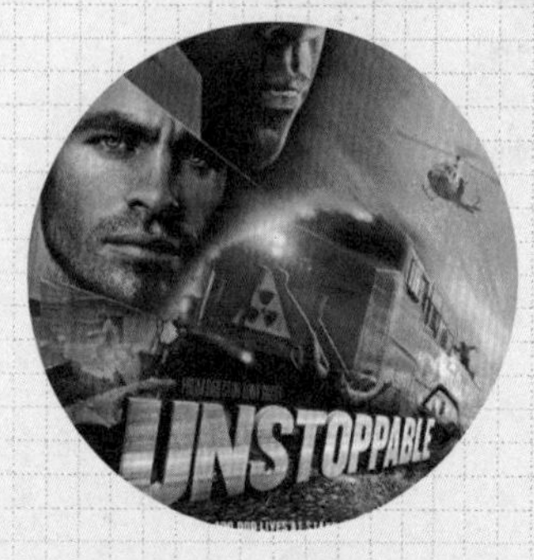

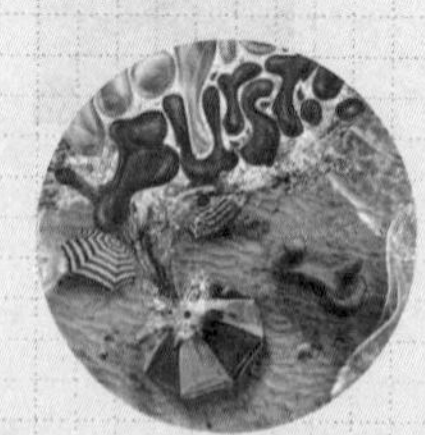

2.1　调整图像与画布的大小

2.1.1　修改图像大小

通常情况下，对于图像最关注的属性主要是尺寸、大小及分辨率。执行“图像”→“图像大小”菜单命令或按 Alt+Ctrl+I 组合键，即可打开“图像大小”对话框，如图 2-1 所示。

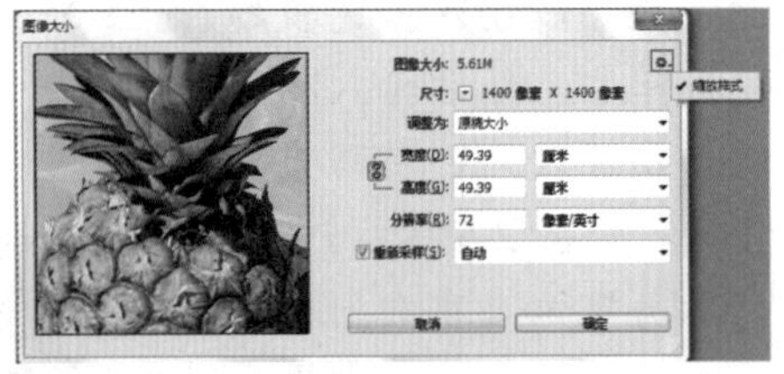

图 2-1

- 缩放样式：单击⚙按钮，可以选中“缩放样式”选项。当文件中的图层包含图层样式时，选中该选项，可以在调整图像大小时自动缩放样式效果。
- 调整为：在下拉菜单中包含预设的像素比例供用户快速选择。
- 宽度 \ 高度：输入数值以设置调整后的图像的宽度和高度。
- 约束比例：当启用了“约束比例”选项时，可以在修改图像的宽度或高度时，保持宽度和高度的比例不变；当关闭“约束比例”选项时，修改图像的宽度或高度就会导致图像变形。
- 分辨率：该选项可以改变图像的分辨率大小。分辨率是指位图图像中的细节精细度，测量单位是像素 / 英寸（ppi），每英寸的像素越多，分辨率越高。
- 重新采样：选中该选项后，单击该选项的倒三角按钮，在下拉列表中可以选择重新取样的方式。

2.1.2　修改画布大小

新建文档后，也可以通过“画布大小”窗口更改画布的大小。使用“画布大小”命令可以修改画布的宽度、高度、定位和画布扩展颜色。

（1）打开一张图片，执行“图像”→“画布大小”命令打开“画布大小”窗口。当输入的“宽度”和“高度”值大于原始画布尺寸时，如图 2-2 所示，就会增加画布的大小，效果如图 2-3 所示。反之当数值小于原始画布尺寸时，Photoshop 会裁切超出画布区域的图像，如图 2-4 所示。

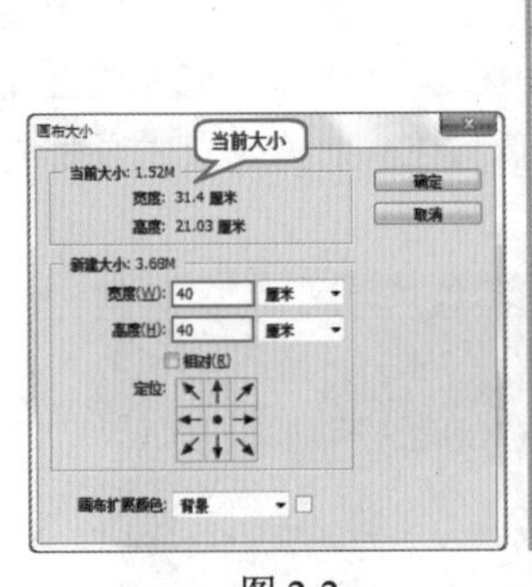

图 2-2

图 2-3

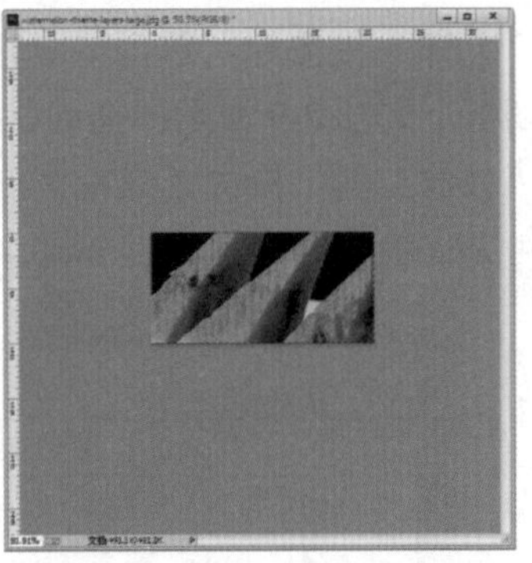

图 2-4

（2）选中“相对”选项时，“宽度”和“高度”数值将代表实际增加或减少的区域的大小，而不再代表整个文档的大小。输入正值表示增加画布，如设置“宽度”为 10cm，设置完成后单击“确定”按钮，此时画布就在宽度方向上增加了 10cm。如果输入负值就表示减小画布。

（3）“定位”选项主要用来设置当前图像在新画布上的位置。若要扩展画布左边和下边的大小，在定位选项的右上角处单击，然后输入相应的数值，就可以只扩展画布左侧和下面，如图 2-5 所示。如图 2-6 所示为定位点在右上角以及左下角的效果（白色背景为画布的扩展颜色）。

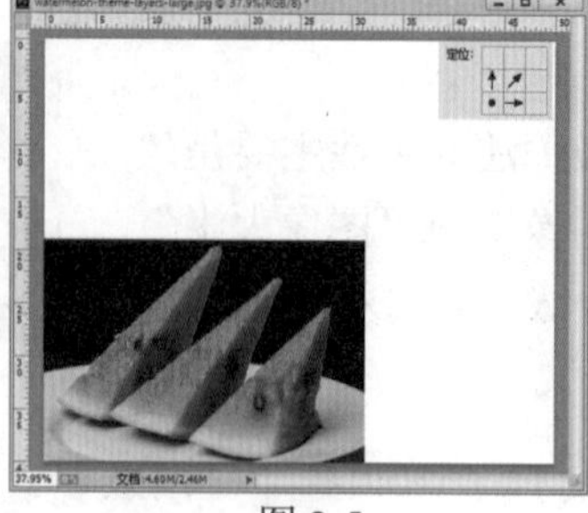

图 2-5

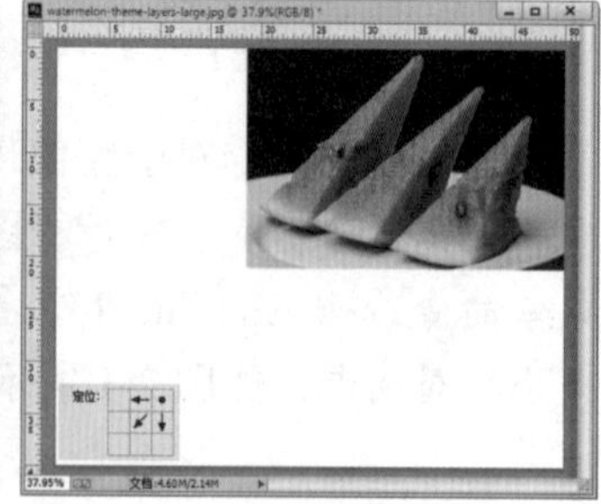

图 2-6

（4）画布扩展颜色是用来设置超出原始画布区域的颜色，单击“倒三角”按钮 ，可以在下拉菜单中选择使用“前景色”、“背景色”、“白色”或“黑色”或“灰色”作为扩展后画布的颜色。若执行“其他”选项或单击后方的“色块”则会弹出“拾色器”窗口，然后设置相应的颜色，如图 2-7 所示，效果如图 2-8 所示。

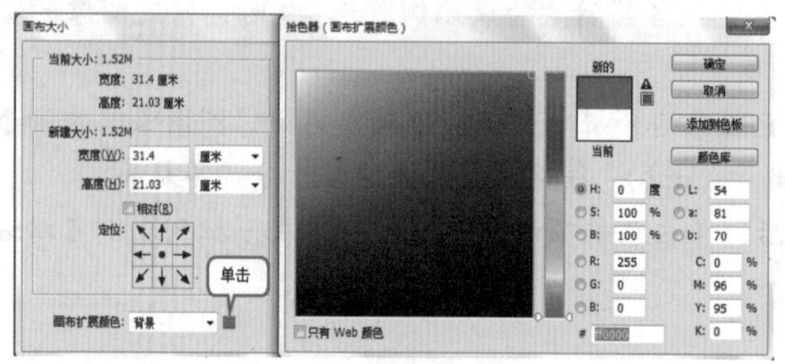

图 2-7

图 2-8

技巧提示

如果图像的背景是透明的，那么“画布扩展颜色”选项将不可用，新增加的画布也是透明的。

2.1.3 使用“裁剪工具”

要点速查：使用“裁剪工具”可以裁剪掉多余的图像，并重新定义画布的大小。

打开一张图片，单击工具箱中的“裁剪工具” ，或使用快捷键 C，画面中会显示裁切框，如图 2-9 所示。拖动裁切框确定需要保留的部分，如图 2-10 所示，或在画面中使用“裁剪工具”按住鼠标左键拖曳出一个新的裁切区域，然后按 Enter 键或双击鼠标左键即可完成裁剪，如图 2-11 所示。

图 2-9

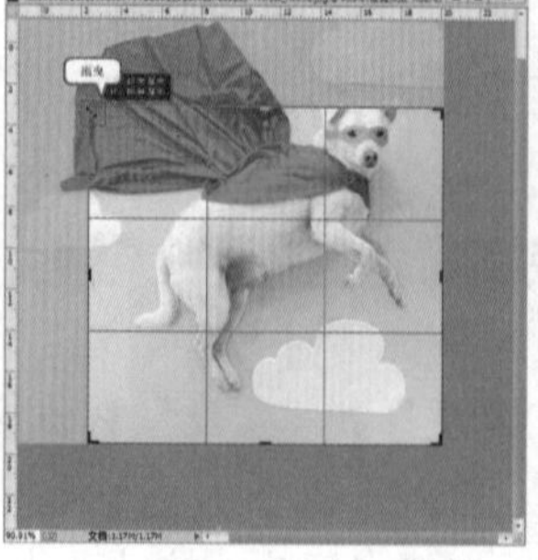

图 2-10

图 2-11

在“裁剪工具”的选项栏中可以设置裁剪工具的约束比例、旋转、拉直、视图显示等多种选择，如图 2-12 所示。

图 2-12

- 比例 比例：在下拉列表中可以选择多种裁切的约束比例。
- 约束比例 ×：在这里可以输入自定的约束比例数值。
- 清除 清除：清除长宽比值。
- 拉直：通过在图像上画一条直线来拉直图像。
- 视图：在下拉列表中可以选择裁剪的参考线的方式，例如“三等分”、“网格”、“对角”、“三角形”、“黄金比例”或“金色螺线”。也可以设置参考线的叠加显示方式。
- 设置其他裁切选项：在这里可以对裁切的其他参数进行设置，例如可以使用经典模式，或设置裁剪屏蔽的颜色、不透明度等参数。
- 删除裁剪的像素：确定是否保留或删除裁剪框外部的像素数据。如果不勾选该选项，多余的区域可以处于隐藏状态，如果想要还原裁切之前的画面，只需要再次选择“裁剪工具”，然后随意操作即可看到原文档。

实战案例：使用“裁剪工具”调整画面构图

案例文件 / 第 2 章 / 使用“裁剪工具”调整画面构图 .psd

视频教学 / 第 2 章 / 使用“裁剪工具”调整画面构图 .flv 程

案例效果：

主体物居中的构图虽然不会存在什么问题，但是很容易使画面缺少想象空间。本案例将图片进行裁剪，重新调整构图，让画面的主体更加突出，如图 2-13 所示。

实战案例：使用“裁剪工具”调整画面构图

图 2-13

操作步骤：

（1）打开素材文件“1.jpg”，单击工具箱中的“裁剪工具”按钮，在画布的边缘出现了一圈带有虚线和角点的边框，该边框为裁剪框，在选项栏中设置视图为“三等分”，如图 2-14 所示。将光标移动至裁剪框的一角处，单击并拖动即可调整裁剪区域。在调整过程中可以参考三分法构图法则，使主体人像的面部位于分割线交叉处，如图 2-15 所示。

图 2-14

图 2-15

（2）确定保留的区域后，按 Enter 键或双击鼠标左键即可完成裁剪，如

图 2-16 所示。此时在画布四周还有裁剪框，单击工具箱中的其他工具就可以将其隐藏。执行“文件”→“置入”命令，将素材“2.png”置入到文件中，使用“移动工具”将其移动到合适位置，按 Enter 键结束操作，效果如图 2-17 所示。

图 2-16

图 2-17

2.1.4　使用“透视裁剪工具”

要点速查：使用“透视裁剪工具”可以在需要裁剪的图像上制作出带有透视感的裁剪框，在应用裁剪后可以使图像带有明显的透视感。

打开一张图片，单击工具箱中的“透视裁剪工具”按钮，接着在画面中按住鼠标左键拖曳绘制一个裁剪框，如图 2-18 所示。接着选择控制点并按住鼠标左键拖曳，调整控制点的位置，如图 2-19 所示。按 Enter 键或单击控制栏中的“提交当前裁剪操作”按钮，即可得到带有透视感的画面效果，如图 2-20 所示。

图 2-18

图 2-19

图 2-20

技巧提示：“裁剪”命令

当画面中包含选区时，执行“图像”→“裁剪”命令，可以将选区以外的图像裁剪掉，只保留选区内的图像。如果在图像上创建的是圆形选区或多边形选区，则裁剪后的图像仍为矩形。

2.1.5　使用“裁切”命令

要点速查：使用“裁切”命令可以基于像素的颜色来裁剪图像。

打开一张图片，如图 2-21 所示，执行“图像”→“裁切”命令打开“裁切”对话框，在“基于”选项组中可以选择以何种方式对画面进行裁切，如图 2-22 所示。单击“确定”按钮后，画面中多余的区域被裁切掉了，如图 2-23 所示。

- 透明像素：可以裁剪掉图像边缘的透明区域，只将非透明像素区域的最小图像保留下来。该选项只有图像中存在透明区域时才可用。
- 左上角像素颜色：从图像中删除左上角像素颜色的区域。

- 右下角像素颜色：从图像中删除右下角像素颜色的区域。
- 顶 / 底 / 左 / 右：设置需要裁切的图形的区域。

图 2-21

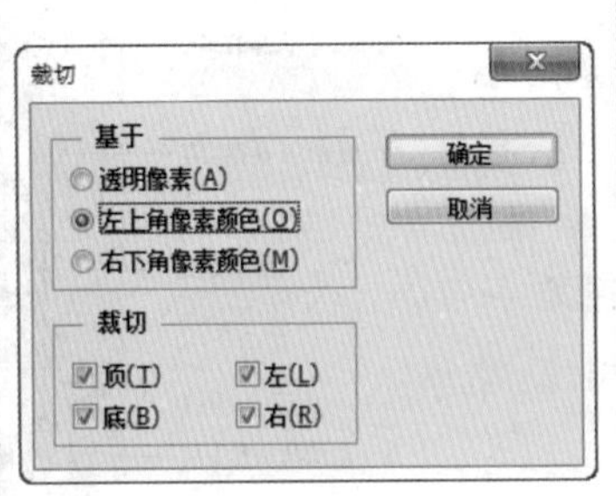

图 2-22

图 2-23

2.1.6　旋转图像

打开一张图片，选择“图像”→“图像旋转”命令，“图像旋转”菜单下提供了 6 种旋转画布的命令，包含“180 度”、“90 度（顺时针）”、“90 度（逆时针）”、“任意角度”、“水平翻转画布”和“垂直翻转画布”，如图 2-24 所示。执行“图像”→“图像旋转”→“任意角度”命令，系统会弹出“旋转画布”对话框，在该对话框中可以设置旋转的角度和旋转的方式（顺时针和逆时针），可以根据需要输入数值，如图 2-25 所示是将图像顺时针旋转 15° 后的效果。

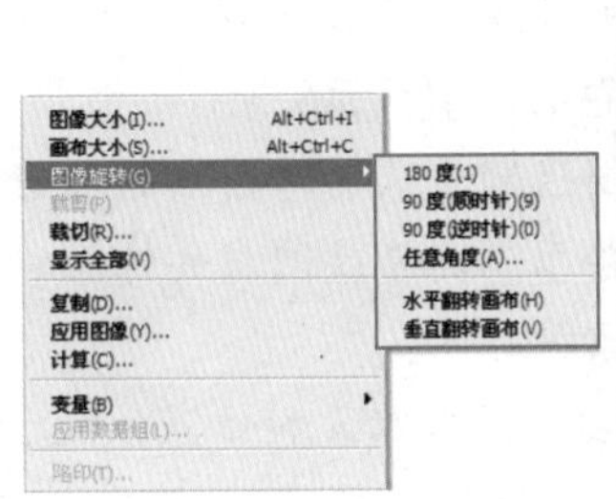

图 2-24

图 2-25

2.2　图层的基本操作

图层的基本操作不仅是对 Photoshop 核心技术进行了解的第一步，同时也是学习如何使用 Photoshop 处理好多种效果图像的第一步。作为一个图像数字化处理软件，Photoshop 中所有的操作都是基于“图层”进行的。下面我们就来了解一下图层的基本使用方法。

2.2.1　认识“图层”面板

执行“窗口”→“图层”命令，打开“图层”面板。“图层”面板是用于创建、编辑和管理图层以及图层样式的一种直观的“控制器”。在“图层”面板中，图层名称的左侧是图层的缩览图，它显示了图层中包含的图像内容，缩览图中的棋盘格代表图像的透明区域。图层缩览图右侧是名称的显示。在编辑图层之前，首先需要在“图层”面板中单击该图层将其选中，如图 2-26 所示。

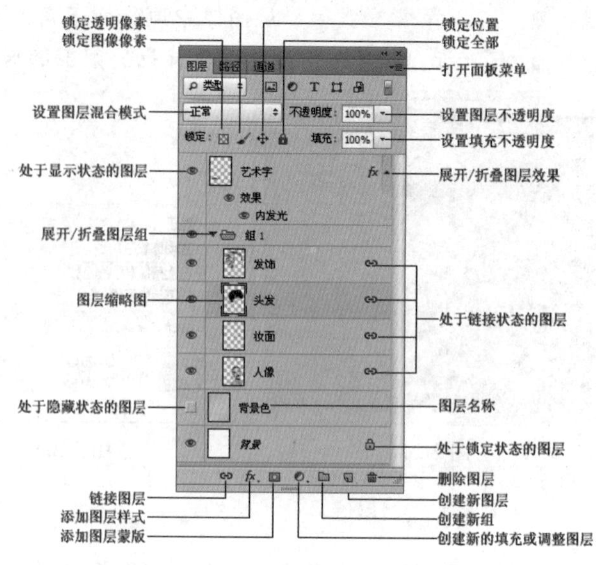

图 2-26

- 创建新图层：单击该按钮可以新建一个图层，也可以使用 Ctrl+Shift+N 组合键创建新图层。
- 创建新组：单击该按钮可以新建一个图层组，也可以使用 Ctrl+G 快捷键。可以将多个图层放置在一个图层组中，方便图层面板的整理。
- 删除图层：选择一个图层，单击该按钮可以删除当前选择的图层或图层组。也可以直接在选中图层或图层组的状态下按键盘上的 Delete 键进行删除。
- 处于显示 / 隐藏状态的图层：当该图标显示为眼睛形状时表示当前图层处于可见状态，而显示为空白状态时则处于不可见状态。单击该图标可以在显示与隐藏之间进行切换。
- 图层缩略图：显示图层中所包含的图像内容。其中棋盘格区域表示图像的透明区域，非棋盘格表示像素区域（即具有图像的区域）。
- 锁定：用于锁定图层属性，包含 4 种方式。
- 锁定透明像素：将编辑范围限制为只针对图层的不透明部分。
- 锁定图像像素：防止使用绘画工具修改图层的像素。
- 锁定位置：防止图层的像素被移动。
- 锁定全部：即锁定透明像素、图像像素和位置，处于这种状态下的图层将不能进行任何操作。当图层缩略图右侧显示“处于锁定状态的图层”图标时，表示该图层处于锁定状态。
- 链接图层：用来链接当前选择的两个或两个以上的图层。当图层处于链接状态时，链接好的图层名称右侧就会显示出链接标志。被链接的图层可以在选中其中某一图层的情况下进行共同移动或变换等操作。
- 添加图层样式：单击该按钮，在弹出的菜单中选择一种样式，可以为当前图层添加一种图层样式。
- 添加图层蒙版：单击该按钮，可以为当前图层添加一个蒙版。在没有选区的状态下，单击该按钮为图层添加空白蒙版；在有选区的情况下单击此按钮，则选区内的部分在蒙版中显示为白色，选区以外的区域则显示为黑色。
- 创建新的填充或调整图层：单击该按钮，在弹出的菜单中选择相应的命令即可创建填充图层或调整图层。
- 正常 设置图层混合模式：用来设置当前图层的混合模式，使之与下面的图像产生混合。

- 不透明度: 100% 设置不透明度：用来设置当前图层的不透明度。
- 填充: 100% 设置填充不透明度：用来设置当前图层的填充不透明度。该选项与“不透明度”选项类似，但是不会影响图层样式效果。
- 类型 图层过滤：设置图层过滤器类型，可以通过“类型”“名称”“效果”“模式”“属性”“颜色”6 种模式进行图层的过滤。单击“打开或关闭图层过滤”按钮即可关闭图层过滤。
- 打开面板菜单：单击该图标，可以打开“图层”面板的面板菜单。

2.2.2　新建图层

单击“图层”面板底部的“创建新图层”按钮，即可在当前图层的上一层新建一个图层，如图 2-27 所示。执行“图层”→“新建”→“图层”菜单命令，或按住 Alt 键并单击“创建新图层”按钮，可以在弹出的“新建图层”对话框中分别对图层的名称、颜色、混合模式和不透明度等进行相应的设置，单击“确定”按钮结束新建图层的操作，如图 2-28 所示。

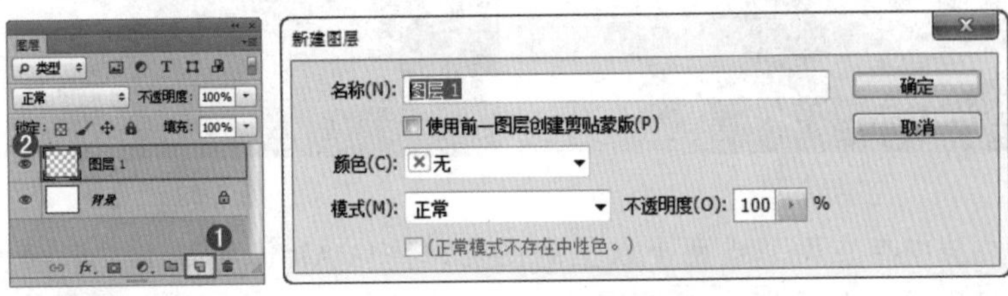

图 2-27　　　　图 2-28

技巧提示：将普通图层转换为背景图层的方法

当文件中没有背景图层时，可以选择普通图层，执行“图层”→“新建”→“图层背景”菜单命令，该命令可以将普通图层转换为背景图层。在将图层转换为背景时，图层中的任何透明像素都会被转换为背景色，并且该图层将放置到图层堆栈的最底部。

按住 Alt 键的同时双击背景图层，也可以将背景图层解锁，转换为普通图层。

2.2.3　选择图层

（1）在 Photoshop 中如果要对某个图层进行操作，就必须先选中该图层。在“图层”面板中单击该图层即可将其选中，如图 2-29 所示。如需选择多个不连续的图层，可以先选择其中一个图层，然后按住 Ctrl 键单击其他图层的名称（不要单击图层的缩览图处，否则会载入图层选区），即可选择多个非连续的图层，如图 2-30 所示。

（2）当画布中包含很多相互重叠的图层，难以在图层面板中辨别某一图层时，可以在使用“移动工具”状态下右键单击目标图层的位置，即可在显示出的当前重叠图层列表中选择需要的图层，单击列表中的图层名称即可选中所需图层，如图 2-31 所示。

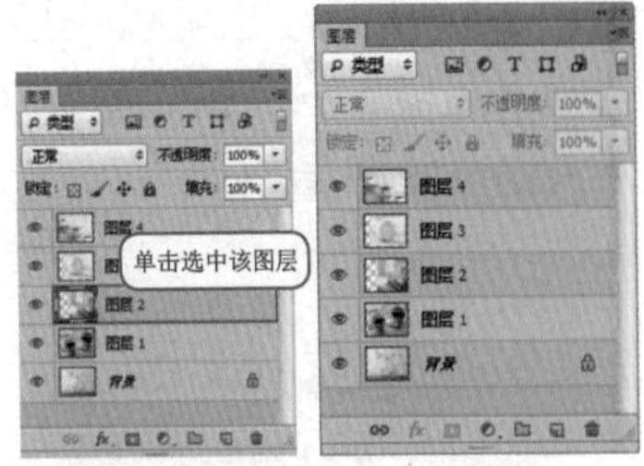

图 2-29　　图 2-30

图 2-31

（3）执行“选择”→“取消选择图层”菜单命令，或在“图层”面板中最下面的空白处单击鼠标左键，即可取消选择的所有图层。

2.2.4 显示与隐藏图层

（1）图层缩略图左侧的方形区域用来控制图层的可见性。出现 图标时该图层则为可见，如图 2-32 所示。出现 图标时该图层为隐藏，如图 2-33 所示。单击方块区域可以在图层的显示与隐藏之间进行自由切换。

图 2-32

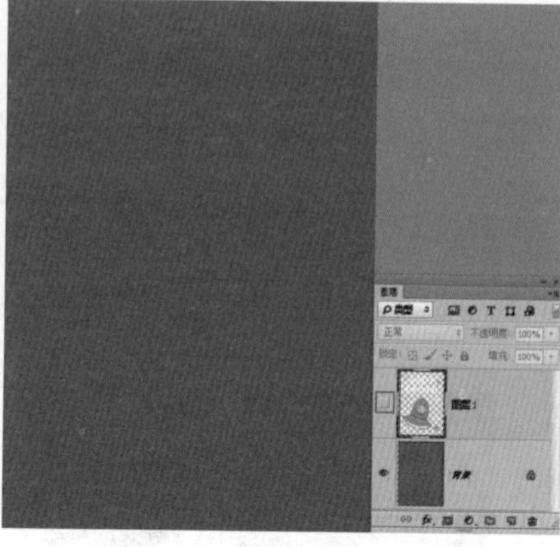

图 2-33

（2）如果文档中存在两个或两个以上的图层，按住 Alt 键并单击一个图层的 图标，可以快速隐藏该图层以外的所有图层；按住 Alt 键再次单击眼睛图标 ，可以显示被隐藏的所有图层。

（3）如果同时选择了多个图层，执行“图层”→“隐藏图层”菜单命令，可以将这些选中的图层隐藏起来。

2.2.5 删除图层

如果要快速删除图层，可以将其拖曳到“删除图层”按钮 上，如图 2-34 所示。也可以直接按 Delete 键，将选中的图层进行删除。选择“图层”→“删除图层”→“隐藏图层”菜单命令时，可以删除所有隐藏的图层。

图 2-34

2.2.6 复制图层

如想要在当前文档中复制图层，可以在图层名称上单击鼠标右键，在弹出的菜单中选择“复制图层”命令即可，如图 2-35 所示。打开“复制图层”对话框，在对话框中进行参数的设置，接着单击“确定”按钮，如图 2-36 所示。执行“图层”→“复制图层”菜单命令，同样可以复制层。将需要复制的图层拖曳到“创建新图层”按钮 上，或使用快捷键 Ctrl+J 即可复制出该图层的副本。

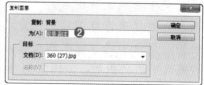

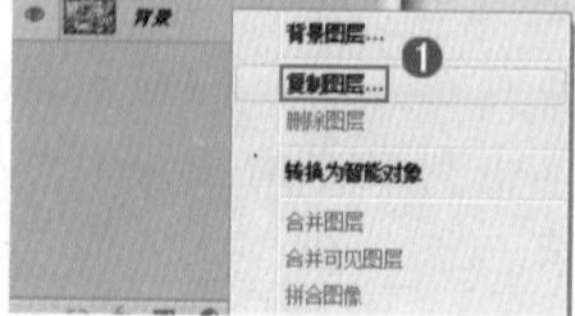

图 2-35

图 2-36

技巧提示：在不同文档之间复制图层 / 图层组

想要在不同文档之间复制图层 / 图层组，可以选择需要复制的图层 / 图层组，然后执行“图层”→“复制图层”或“图层”→“复制组”菜单命令，打开“复制图层”或“复制组”对话框，接着选择好目标文档，即可在不同的文档之间复制图层或图层组。

2.2.7　修改图层基本属性

（1）修改图层名称及其颜色有助于在图层较多的文档中快速找到相应的图层。在图层名称上双击鼠标左键激活名称输入框，然后输入名称即可以修改图层名称，如图 2-37 所示。

（2）在图层上单击右键，在弹出的菜单中可以看到多种颜色名称，选择一种颜色即可更改图层的颜色，若选择“无颜色”即可去除颜色效果，如图 2-38 所示。

图 2-37

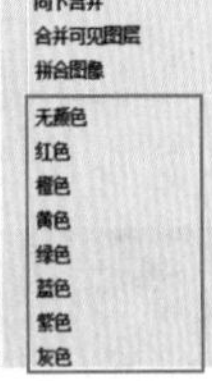

图 2-38

2.2.8　调整图层的排列顺序

在图层面板中排列着很多图层，排列位置靠上的图层优先显示，而排列在下方的图层会被上一方图层的内容遮盖住。在操作的过程中，经常需要调整图层面板中图层的顺序以配合操作需要。

当一个文档包含多个图层时（如图 2-39 所示），选择需要调整顺序的图层，按住鼠标左键向上或向下拖曳，拖曳到另外一个图层的上面或下面，如图 2-40 所示。松开鼠标后完成图层顺序的调整，如图 2-41 所示。

图 2-39　　图 2-40

图 2-41

也可以选择一个图层，然后选择“图层”→“排列”菜单下的子命令，同样可以调整图层的排列顺序，如图 2-42 所示。

图 2-42

2.2.9　剪切、复制与粘贴

在 Photoshop 中可以对图像进行剪切、拷贝、粘贴、原位置粘贴、合并拷贝等操作。

（1）单击工具箱中的“矩形选框工具”，在画面中按住鼠标左键并拖动，绘制一个矩形选区，如图 2-43 所示。执行“编辑”→“剪切”菜单命令或按 Ctrl+X 快捷键，可以将选区中的内容剪切到剪贴板上，原位置的内容消失，如图 2-44 所示。

图 2-43

图 2-44

（2）继续执行“编辑”→“粘贴”菜单命令或按 Ctrl+V 快捷键，可以将剪切的图像粘贴到画布中，如图 2-45 所示，并生成一个新的图层，如图 2-46 所示。

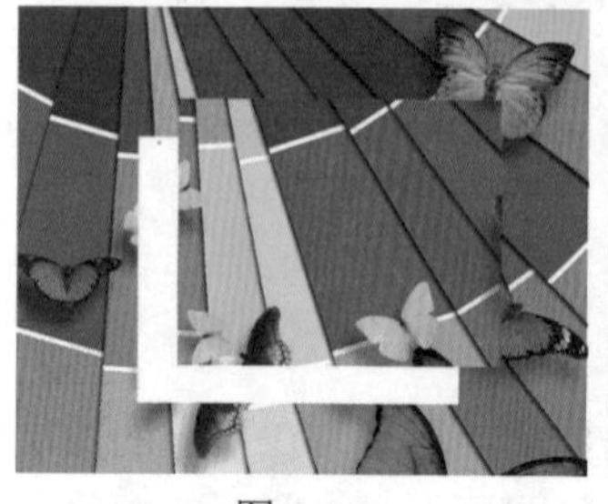
图 2-45

图 2-46

图 2-47

图 2-48

（3）在保留选区的情况下，执行“编辑”→“拷贝”菜单命令或按 Ctrl+C 快捷键，可以将选区中的图像拷贝到剪贴板中，然后执行“编辑”→“粘贴”菜单命令或按 Ctrl+V 快捷键，可以将拷贝的图像粘贴到画布中，如图 2-47 所示，并生成一个新的图层，如图 20-48 所示。

（4）当文档中包含很多图层时，执行“选择”→“全选”菜单命令或按 Ctrl+A 快捷键全选当前图像，然后执行“编辑”→“合并拷贝”菜单命令或按 Ctrl+Shift+C 组合键，将所有可见图层拷贝并合并到剪贴板中。最后按 Ctrl+V 快捷键可以将合并拷贝的图像粘贴到当前文档中。

技巧提示：本章常用的快捷键

在本节中要牢记的快捷键是 Ctrl+A（全选）、Ctrl+X（剪切）、Ctrl+V（粘贴）、Ctrl+C（拷贝）和 Ctrl+Shift+C（合并拷贝）。应用好这些快捷键会大大加快制作的进度。

2.2.10 清除图像

选择一个普通图层，然后绘制一个选区，如图 2-49 所示。执行“编辑”→“清除”命令或按下键盘上的 Delete 键，如果是普通图层则直接清除所选区域中的内容，被清除的区域变为透明，如图 2-50 所示。

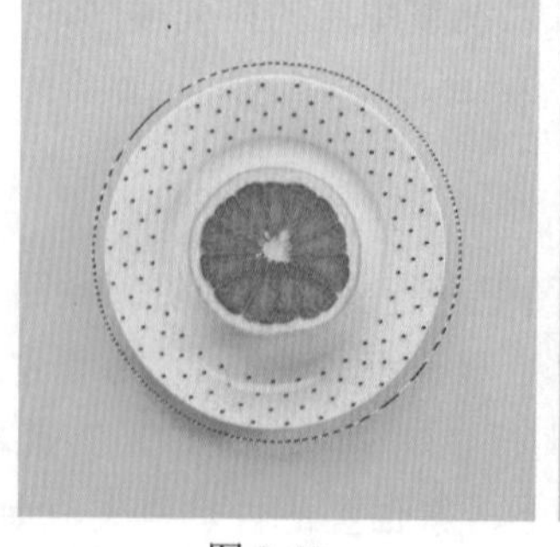
图 2-49

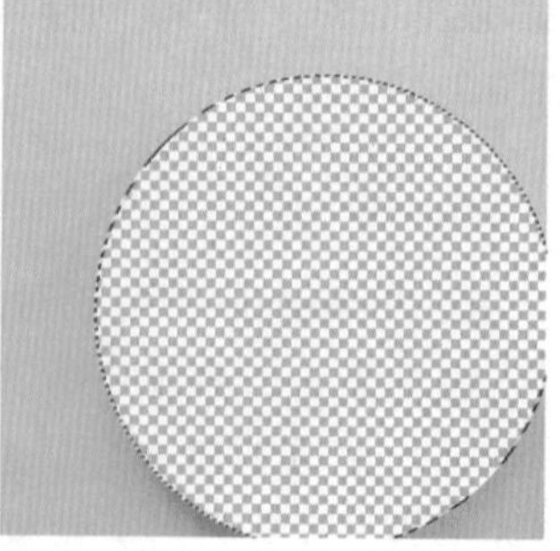
图 2-50

技巧提示：删除“背景”图层中的像素会遇到的状况

如果要删除“背景”图层中选区中的像素，会弹出“填充”对话框，在该对话框中可以选择填充使用的内容，如图 2-51 所示。如图 2-52 和图 2-53 所示为使用背景色和图案填充的效果。

图 2-51　图 2-52　图 2-53

2.3　移动与变换

在 Photoshop 中可以对图像进行移动、缩放、旋转、斜切、变形等变换操作，想要进行这些操作可以使用编辑菜单下的“变换”、“自由变换”和“操控变形”等命令。

2.3.1　移动图像

要点速查：使用“移动工具”可以在文档中移动图层、选区中的图像，也可以将其他文件中的图像拖曳到当前文件。

（1）“移动工具”位于工具箱的最顶端，是最常用的工具之一。在图层面板中选择需要移动的图层，如图 2-54 所示。单击工具箱中的“移动工具”按钮，将光标移动到画面中，按住鼠标左键并拖动，即可移动图层的位置，如图 2-55 所示。

图 2-54

图 2-55

（2）如果需要移动选区中的内容，可以在包含选区的状态下将光标放置在选区内，此时光标会变为形状，如图 2-56 所示。接着按住鼠标左键拖曳即可移动选区内的像素，如图 2-57 所示。

图 2-56

图 2-57

技巧提示：移动工具参数详解

自动选择：如果文档中包含了多个图层或图层组，可以在后面的下拉列表中选择要移动的对象。

显示变换控件：选择该选项后，当选择一个图层时，就会在图层内容的周围显示定界框。用户可以拖曳控制点来对图像进行变换操作。

对齐图层：当同时选择了两个或两个以上的图层时，单击相应的按钮可以将所选图层进行对齐。

分布图层：如果选择了 3 个或 3 个以上的图层，单击相应的按钮可以将所选图层按一定规则进行均匀分布排列。

2.3.2　自由变换

要点速查：“变换”与“自由变换”命令可以对图层、路径、矢量图形，以及选区中的图像进行变换操作。

Photoshop 可以对图像进行非常强大的变换操作，例如缩放、旋转、斜切、扭曲、透视、变形、翻转等。选中需要变换的图层，执行“编辑”→“自由变换”命令（快捷键为 Ctrl+T），此时对象四周出现了界定框，四角处以及界定框四边的中间都有控制点。在画面中单击鼠标右键可以看到用于自由变换的子命令，此处的命令与执行“编辑”→“变换”子菜单中的命令的使用方法是相同的，如图 2-58 所示。

图 2-58

在使用变换命令后，在选项栏中可以进行精确变换的参数设置，如图 2-59 所示。

图 2-59

- 参考点位置：单击其他的灰方块，可以指定缩放图像时要围绕的固定点。在默认情况下，中心点位于变换对象的中心，用于定义对象的变换中心，拖曳中心点可以移动它的位置。控制点主要用来变换图像。
- 使用参考点相对定位：单击该按钮，可以指定相对于当前参考点位置的新参考点位置。
- X/Y：设置参考点的水平和垂直位置。
- W/H：设置图像按原始大小的缩放百分比。
- 角度：设置旋转的角度。
- H/V：设置水平 / 垂直斜切。
- 插值：在下拉列表中可以选择该变换的插值方法。
- ：单击该按钮即可在自由变换和变形之间切换。
- ：单击该按钮即可取消变换。
- ：单击该按钮即可提交变换。

将鼠标放在控制点上，按住鼠标左键拖动控制框即可进行缩放。调整完成后按 Enter 键确认变换，如果需要在变换过程中取消变换，则可以按键盘上的 Esc 键，如图 2-60 所示。将光标定位到界定框以外，光标变为弧形的双箭头，此时按住鼠标左键并拖动光标即可以任意角度旋转图像，如图 2-61 所示。将光标放在四角处的控制点上并按住 Shift 键，可以在保持图像长宽比的前提下进行缩放，图像不会变形，如图 2-62 所示。

图 2-60　　图 2-61　　图 2-62

在自由变换状态下，在画面中单击鼠标右键可以看到更多的变换方式。使用“斜切”可以使图像倾斜，从而制作出透视感。按住鼠标左键拖动控制点即可沿控制点的单一方向上实现倾斜，如图 2-63 所示。

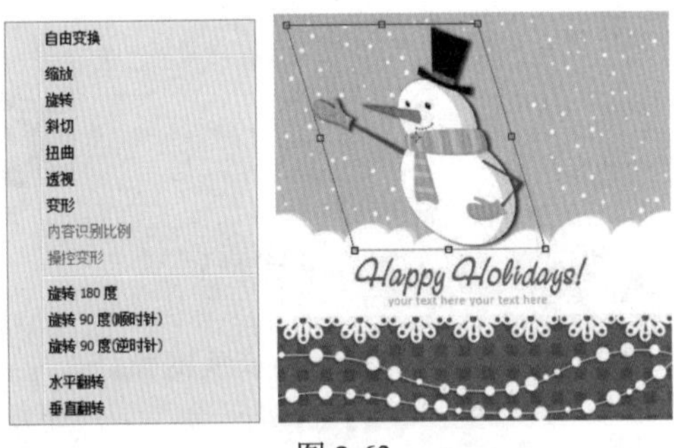

图 2-63

在自由变换状态下单击右键执行“扭曲”命令，可以任意调整控制点的位置，如图 2-64 所示。使用“透视”可以用来矫正图像的透视变形，可以对图像应用单点透视制作透视效果。

在自由变换状态下单击鼠标右键执行“透视”命令，然后随意拖曳定界框上的控制点，其他的控制点会自动发生变化，在水平或垂直方向上对图像应用透视，如图 2-65 所示。

使用“变形”命令可以对图像内容进行自由变形扭曲。在自由变换状态下单击右键执行“变形”命令，图像上将会出现网格状的控制框。此时在选项栏中可以选择一种形状来确定图像变形的方式，如图 2-66 所示。还可以直接在网格上按住鼠标左键并拖动，调整网格形态实现对图像的变形，如图 2-67 所示。

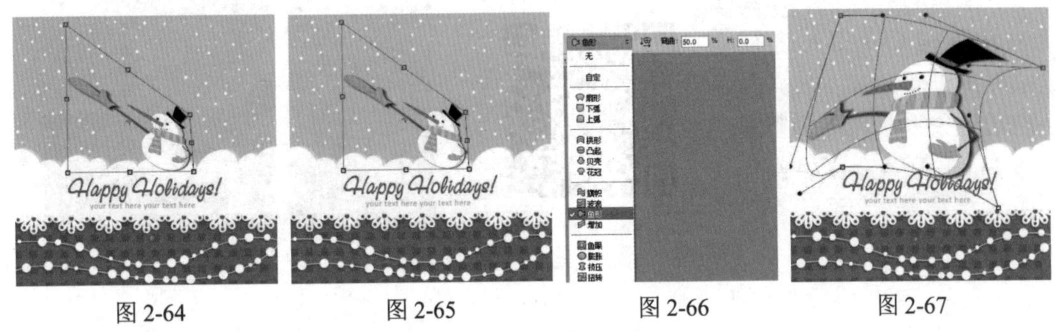

图 2-64　　图 2-65　　图 2-66　　图 2-67

在自由变换状态下单击鼠标右键，还可以看到另外 3 个命令：旋转 180 度、旋转 90 度（顺时针）和旋转 90 度（逆时针），可以使图像按照角度旋转。直接选择这 3 个命令，就可以应用旋转，如图 2-68 ～图 2-70 所示。

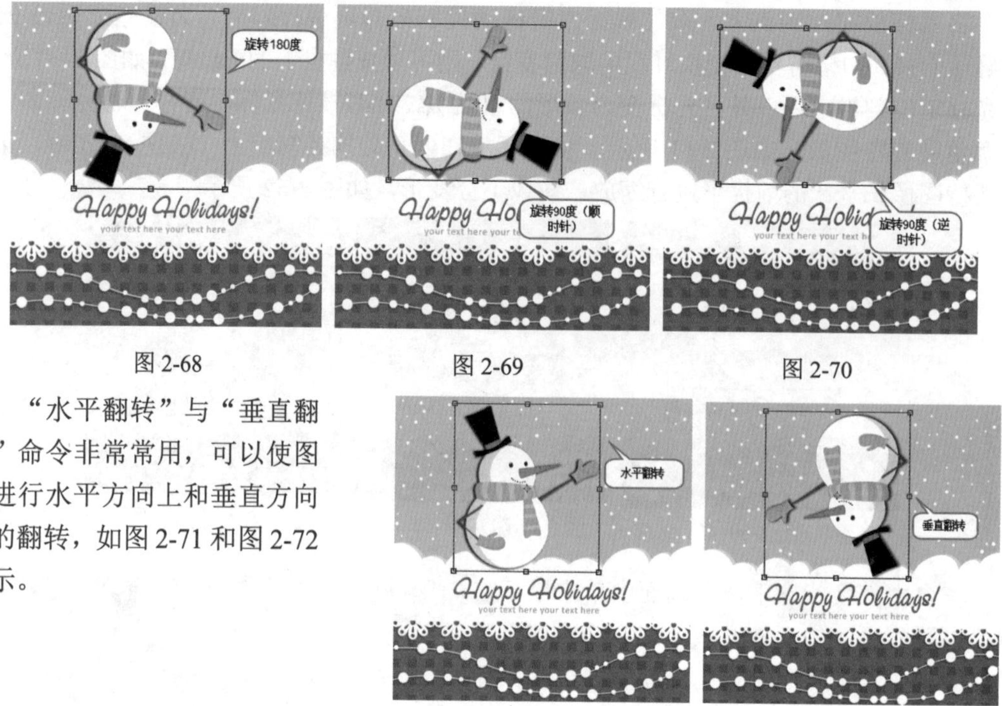

图 2-68　　图 2-69　　图 2-70

“水平翻转”与“垂直翻转”命令非常常用，可以使图像进行水平方向上和垂直方向上的翻转，如图 2-71 和图 2-72 所示。

图 2-71　　图 2-72

技巧提示：移动工具参数详解

在 Photoshop 中可以复制并变换图像。选择一个图层，按 Ctrl+Alt+T 组合键进入自由变换并复制状态，适当变换后，Photoshop 会生成一个新的图层。设定好变换规律，以后就可以使用组合键 Shift+Ctrl+Alt+T 按照这个规律继续变换并复制图像。

视频陪练：利用缩放和扭曲制作饮料包装

案例文件 / 第 2 章 / 利用缩放和扭曲制作饮料包装 .psd

视频教学 / 第 2 章 / 利用缩放和扭曲制作饮料包装 .flv

案例效果：

打开素材，然后置入包装盒设计稿素材。接着使用自由变换快捷键 Ctrl+T 先进行缩放，然后进行扭曲，使其与包装的透视关系相符。调整完成后按 Enter 键确定变换操作，如图 2-73 所示。

视频陪练：利用缩放和扭曲制作饮料包装

图 2-73

2.3.3　内容识别比例

要点速查：“内容识别比例”可以在不更改重要可视内容（如人物、建筑、动物等）的情况下缩放图像大小。

常规缩放在调整图像大小时会统一影响所有像素，而“内容识别比例”命令主要影响没有重要可视内容区域中的像素。

单击选择需要变换的图层，执行“编辑”→“内容识别比例”命令，在画布的四周出现了定界框，如图 2-74 所示。将光标移动至定界框的一侧，按住鼠标左键并拖动即可进行智能化的缩放操作，如图 2-75 所示。完成后按 Enter 键完成变换操作。

图 2-74

图 2-75

- 数量：设置内容识别缩放与常规缩放的比例。在一般情况下，都应该将该值设为 100%。
- 保护：选择要保护的区域的 Alpha 通道。如果要在缩放图像时保留特定的区域，“内容识别比例”允许在调整大小的过程中使用 Alpha 通道来保护内容。
- “保护肤色”按钮：激活该按钮后，在缩放图像时，可以保护人物的肤色区域。

2.3.4　操控变形

要点速查：“操控变形”是一种可视网格，借助该网格可以随意地扭曲特定图像区域，并保持其他区域不变。

选择需要处理的图层，执行“编辑”→“操控变形”菜单命令，人物上将会布满网格，如图 2-76 所示。接着在网格交汇的位置单击添加“控制点”，也称之为“图钉”，如图 2-77 所示。“图钉”添加完成后，按住鼠标左键拖曳“图钉”位置，图像就会产生变形效果，变形完成后按 Enter 键确定变形操作，效果如图 2-78 所示。

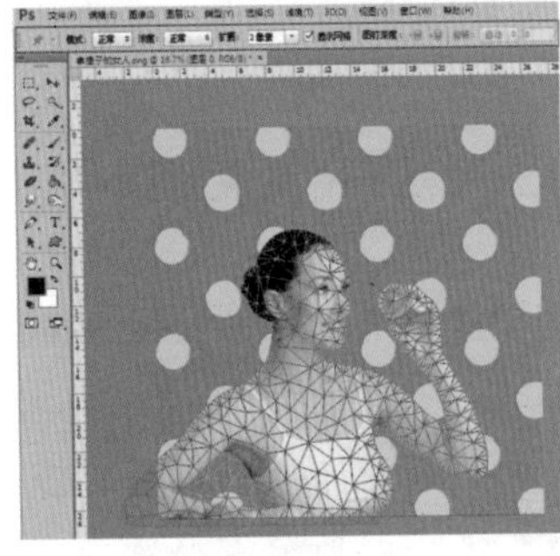

图 2-76

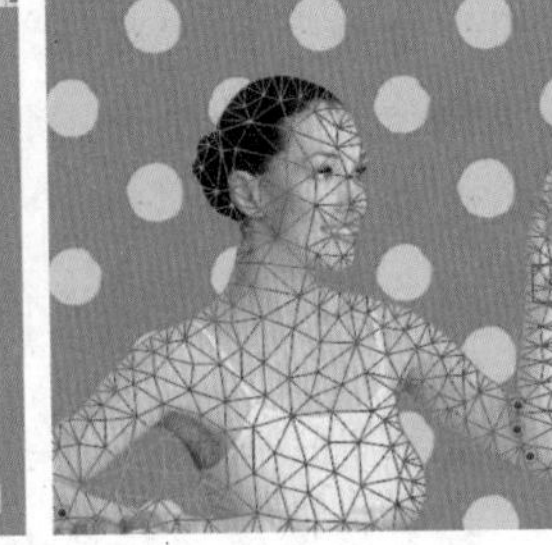

图 2-77

图 2-78

- 模式：共有“刚性”、“正常”和“扭曲”3 种模式。选择“刚性”模式时，变形效果比较精确，但是过渡效果不是很柔和；选择“正常”模式时，变形效果比较准确，过渡也比较柔和；选择“扭曲”模式时，可以在变形的同时创建透视效果。
- 浓度：共有“较少点”、“正常”和“较多点”3 个选项。

- 扩展：用来设置变形效果的衰减范围。
- 显示网格：控制是否在变形图像上显示出变形网格。
- 图钉深度：选择一个图钉以后，单击“将图钉前移”按钮，可以将图钉向上层移动一个堆叠顺序；单击“将图钉后移”按钮，可以将图钉向下层移动一个堆叠顺序。
- 旋转：共有“自动”和“固定”两个选项。选择“自动”选项，在拖曳图钉变形图像时，系统会自动对图像进行旋转处理；如果要设定精确的旋转角度，可以选择“固定”选项，然后在后面的输入框中输入旋转度数即可。

2.3.5 自动对齐图层

要点速查：使用“自动对齐图层”命令可以根据不同图层中的相似内容（如角和边）进行匹配，从而使图层自动对齐为一张连续的图像。

将拍摄的多张图像置入到同一文件中，并摆放在合适位置，在“图层”面板中选择两个或两个以上的图层，如图 2-79 所示。然后执行“编辑”→“自动对齐图层”菜单命令，打开“自动对齐图层”对话框，设置合适的选项，如图 2-80 所示，即可将图像进行自动对齐，效果如图 2-81 所示。

图 2-79

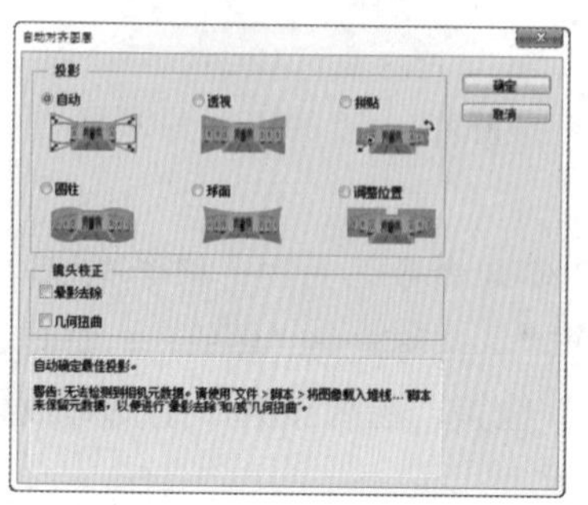

图 2-80

图 2-81

- 自动：通过分析源图像并应用“透视”或“圆柱”版面。
- 透视：通过将源图像中的一张图像指定为参考图像来创建一致的复合图像，然后变换其他图像，以匹配图层的重叠内容。
- 圆柱：通过在展开的圆柱上显示各个图像来减少在“透视”版面中会出现的“领结”扭曲，同时图层的重叠内容仍然相互匹配。
- 球面：将图像与宽视角对齐（垂直和水平）。指定某个源图像（默认情况下是中间图像）作为参考图像以后，对其他图像执行球面变换，以匹配重叠的内容。
- 拼贴：对齐图层并匹配重叠内容，并且不更改图像中对象的形状（如圆形将仍然保持为圆形）。
- 调整位置：对齐图层并匹配重叠内容，但不会变换（伸展或斜切）任何源图层。
- 晕影去除：对导致图像边缘（尤其是角落）比图像中心暗的镜头缺陷进行补偿。
- 几何扭曲：补偿桶形、枕形或鱼眼失真。

2.3.6　自动混合图层

要点速查：使用“自动混合图层”命令可以缝合或者组合图像，从而在最终图像中获得平滑的过渡效果。

“自动混合图层”功能是根据需要对每个图层应用图层蒙版，以遮盖过渡曝光或曝光不足的区域或内容差异。选择两个或两个以上的图层，如图 2-82 所示。然后执行“编辑”→“自动混合图层”菜单命令，打开“自动混合图层”对话框，设置合适的混合方式，即可将多个图层进行混合，如图 2-83 所示。如图 2-84 所示为自动混合图层后的效果。

图 2-82

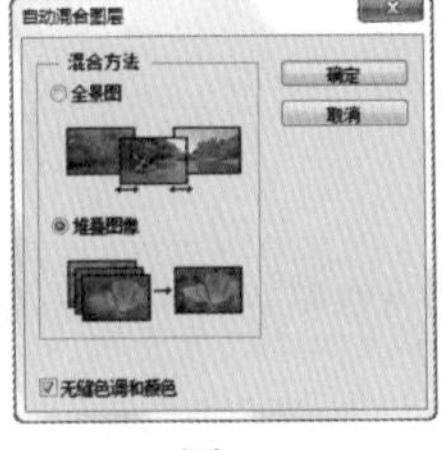

图 2-83

图 2-84

- 全景图：将重叠的图层混合成全景图。
- 堆叠图像：混合每个相应区域中的最佳细节。该选项最适合用于已对齐的图层。

视频陪练：相似背景照片的快速融合法

视频陪练：相似背景照片的快速融合法

案例文件 / 第 2 章 / 相似背景照片的快速融合法 .psd

视频教学 / 第 2 章 / 相似背景照片的快速融合法 .flv

案例效果：

本案例首先需要创建一个大小合适的文档，接着置入素材并栅格化，然后通过使用“自动混合图层”命令将两张图像融合，最后为画面添加装饰文字，如图 2-85 所示。

图 2-85

2.4　撤销错误操作

在传统的绘画过程中，出现错误的操作时只能选择擦除或覆盖，而在 Photoshop 中进行数字化编辑时，出现错误操作则可以撤销或返回所做的步骤，然后重新编辑图像，这也是数字化编辑的优势之一。

2.4.1　撤销操作与返回操作

（1）执行“编辑”→“还原”菜单命令或使用 Ctrl+Z 快捷键，可以撤销最近的一次操作，将其还原到上一步操作状态。如果想要取消还原操作，可以执行“编辑”→“重做”菜单命令。

（2）“前进一步”与“后退一步”可以用于多次撤销或还原操作。由于“还原”命令只可以还原一步操作，而实际操作中经常需要还原多个操作，就需要使用到“编辑”→“后退一步”菜单命令，或连续使用 Alt+Ctrl+Z 组合键来逐步撤销操作；如果要取消还原的操作，可以连续执行“编辑”→“前进一步”菜单命令，或连续按 Shift+Ctrl+Z 组合键来逐步恢复被撤销的操作。

（3）执行“文件”→“恢复”菜单命令，可以直接将文件恢复到最后一次保存时的状态，或返回到刚打开文件时的状态。

技巧提示

“恢复”命令只能针对已有图像的操作进行恢复，如果是新建的空白文件，“恢复”命令将不可用。

2.4.2 使用历史记录面板

（1）执行“窗口”→“历史记录”菜单命令，打开“历史记录”面板，“历史记录面板”用于记录编辑图像过程中所进行的操作步骤，如图 2-86 所示。最近进行过的操作都会被记录在历史记录面板中，在历史记录面板中单击某一步骤即可返回到该步骤时的状态，如图 2-87 所示。

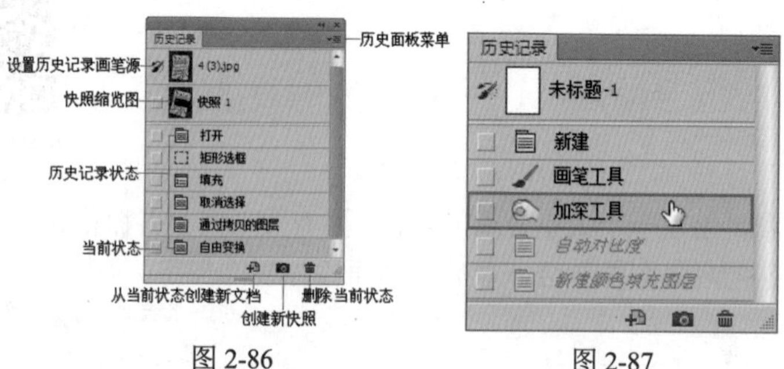

图 2-86　　图 2-87

（2）在历史记录面板中，默认状态下可以记录 20 步操作，超过限定数量的操作将不能够返回。但是通过创建“快照”可以在图像编辑的任何状态创建副本，也就是说可以随时返回到快照所记录的状态。在“历史记录”面板中选择需要创建快照的状态，然后单击“创建新快照”按钮，此时 Photoshop 会自动为其命名，产生新的快照。随时想要还原到快照效果只需要单击该快照即可，如图 2-88 所示。

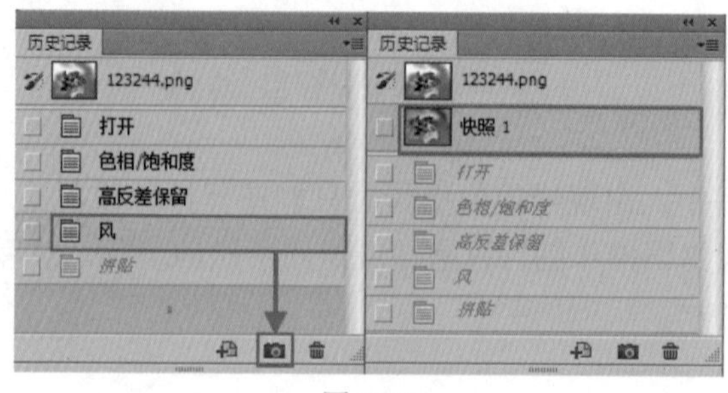

图 2-88

综合案例：增大画面，制作网站广告

案例文件 / 第 2 章 / 增大画面制作网站广告 .psd

视频教学 / 第 2 章 / 增大画面制作网站广告 .flv

综合案例：增大画面，制作网站广告

图 2-89

案例效果：

本案例主要利用到了“内容识别比例”可以很好地保护图像中的重要内容这一特点，将背景素材进行放大，并置入前景素材，完成网站广告的制作，如图 2-89 和图 2-90 所示。

图 2-90

操作步骤

（1）按 Ctrl+O 快捷键，打开本书配套光盘中的素材，按住 Alt 键双击背景图层，将其转换为普通图层，如图 2-91 所示。执行“编辑”→“画布大小”命令，设置“宽度”为 25.4 厘米，“高度”为 10.5 厘米，定位到左下角，如图 2-92 所示。此时画面增大，如图 2-93 所示。

图 2-91

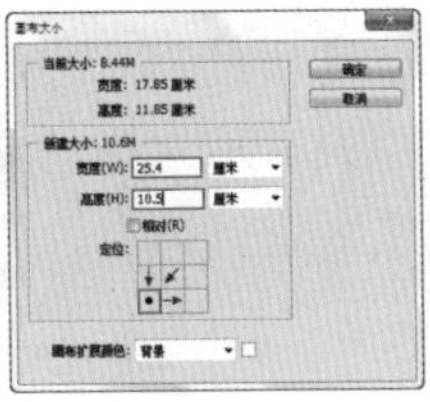

图 2-92

图 2-93

（2）执行“编辑”→“内容识别比例”菜单命令或按 Alt+Shift+Ctrl+C 组合键，进入内容识别缩放状态，在选项栏中单击“保护肤色”按钮，然后向右拖曳定界框右侧中间的控制点，如图 2-94 所示。此时可以观察到人物几乎没有发生变形，调整完成后按 Enter 键确定变换操作，如图 2-95 所示。

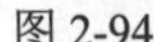

图 2-94

图 2-95

（3）执行“文件”→“置入”命令，置入前景素材，摆放在合适的位置，最终效果如图 2-96 所示。

图 2-96

选区的创建与编辑

在学习选区的操作之前首先需要了解选区是做什么的，如何获取选区以及制作选区的基本方法和思路。本章介绍了多种选区工具的使用方法以及获取选区的方法。在学会了创建选区后再来了解一下如何对选区进行编辑、储存、调用、填充和描边操作。

本章学习要点：

- 掌握选区工具的使用方法
- 掌握常用抠图技法
- 掌握选区的编辑方法
- 掌握选区的填充与描边

3.1 选区工具

"选框工具组"是 Photoshop 中最常用的选区工具。其中包含"矩形选框工具"、"椭圆选框工具"、"单行选框工具"和"单列选框工具"，适合于创建形状比较规则的选区（如圆形选区、椭圆形选区、正方形选区、长方形选区），如图 3-1 所示为典型的矩形选区和圆形选区。

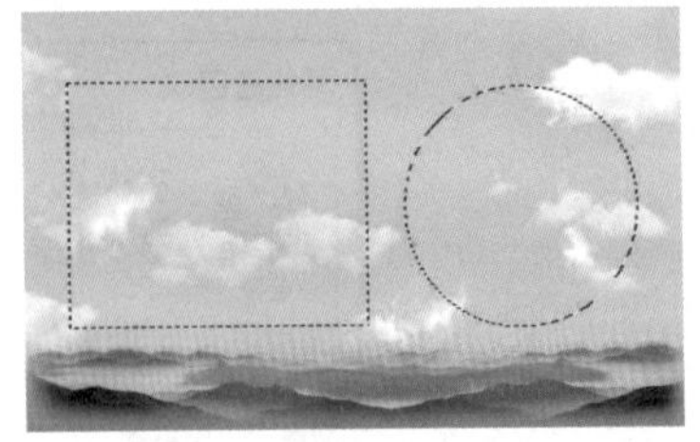

图 3-1

"选框工具组"在工具箱最顶部，而且在工具按钮的右下角可以看到一个小小的三角号，说明这个工具组包含多个工具。单击工具箱中的"矩形选框工具"按钮，便可出现 4 个隐藏的工具，如图 3-2 所示。下面我们来一一了解各个工具的功能。

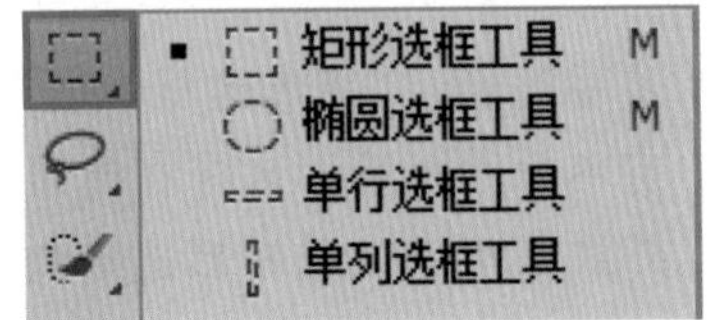

图 3-2

3.1.1 矩形选框工具

要点速查："矩形选框工具"主要用于创建矩形选区与正方形选区。

单击工具箱中的"矩形选框工具"按钮，在页面中按住鼠标左键向右下角拖曳，即可绘制出选区，如图 3-3 所示。按住 Shift 键的同时按住鼠标左键向右下角拖曳可以创建正方形选区，如图 3-4 所示。

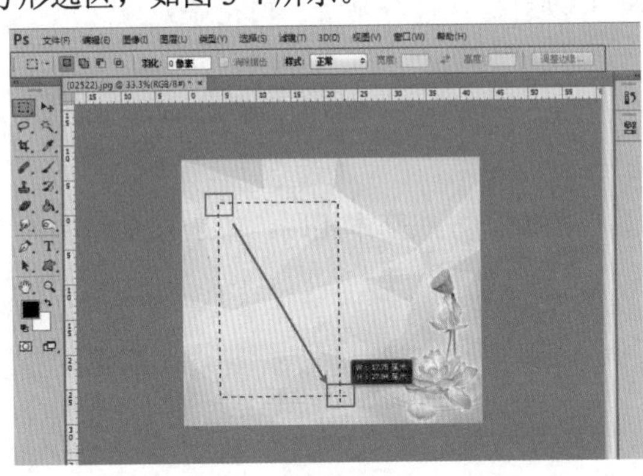

图 3-3

图 3-4

➘ 羽化：主要用来设置选区边缘的虚化程度。羽化值越大，虚化范围越宽；羽化值越小，虚化范围越窄。所以，我们通过羽化常常可以做出美丽的边缘效果，如图 3-5 和图 3-6 所示分别为羽化 0 像素与 20 像素的对比效果图。

图 3-5

图 3-6

技巧提示：当“羽化”数值过大时会出现的状况

当设置的“羽化”数值过大，其像素不大于 50% 选择时，Photoshop 会弹出一个警告对话框，提醒用户羽化后的选区将不可见（选区仍然存在），如图 3-7 所示。

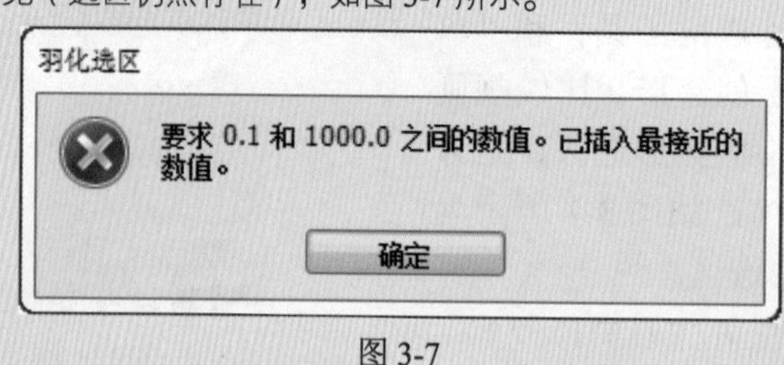

图 3-7

- 消除锯齿：“矩形选框工具”的“消除锯齿”选项是不可用的，因为矩形选框没有不平滑效果，只有在使用“椭圆选框工具”时，“消除锯齿”选项才可用。
- 样式：用来设置矩形选区的创建方法。当选择“正常”选项时，可以创建任意大小的矩形选区；当选择“固定比例”选项时，可以在“右侧”的“宽度”和“高度”输入框输入数值，以创建固定比例的选区，例如，设置“宽度”为 1，“高度”为 2，那么创建出来的矩形选区的高度就是宽度的两倍；当选择“固定大小”选项时，可以在右侧的“宽度”和“高度”输入框中输入数值，然后单击鼠标左键即可创建一个固定大小的选区（单击“高度和宽度互换”按钮 可以切换“宽度”和“高度”的数值）。
- 调整边缘：与执行“选择”→“调整边缘”命令相同，单击该按钮可以打开“调整边缘”对话框，在该对话框中可以对选区进行平滑、羽化等处理。

3.1.2 椭圆选框工具

要点速查：“椭圆选框工具”可以制作出椭圆或正圆选区。

“椭圆选框工具”与“矩形选框工具”的操作方法基本相同。单击工具箱中的“椭圆选框工具”按钮 ，在页面中按住左键向右下角拖曳，即可绘制选区，如图 3-8 所示。按住 Shift 键的同时按住鼠标左键向右下角拖曳即可以创建正圆选区，如图 3-9 所示。

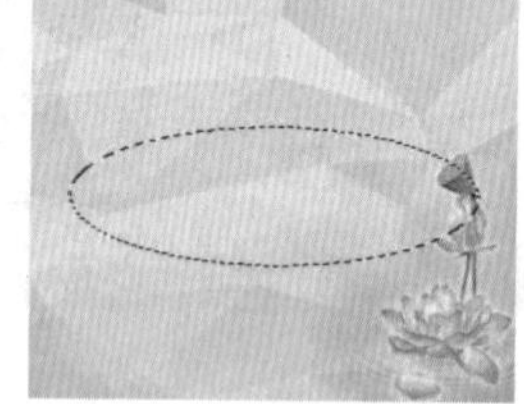

图 3-8

图 3-9

3.1.3 单行 / 单列选框工具

要点速查：“单行 / 单列选框工具”可以快速绘制出宽度或高度为 1 像素的选区，常用于制作网格。

单击工具箱中的“单行选框工具”按钮 ，将光标移动至画面中并单击，即可绘制出高度为 1 像素、宽度为整个页面宽度的选区，如图 3-10 所示。单击工具箱中的“单列选框工具”按钮 ，将光标移动至画面中单击，即可绘制出宽度为 1 像素、高度为整个画布高度的选区，如图 3-11 所示。

3.1.4　套索工具

要点速查：使用“套索工具”可以非常自由地绘制出形状不规则的选区。

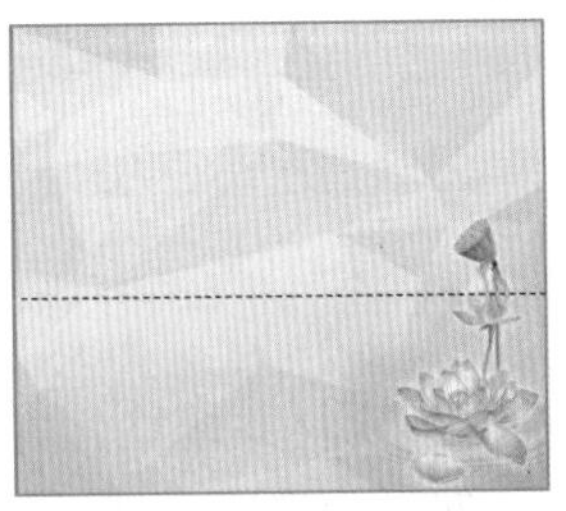

图 3-10

图 3-11

单击工具箱中的“套索工具”按钮，然后在画面中按住鼠标左键拖曳，如图 3-12 所示。结束绘制时松开鼠标左键，线条会自动闭合并变为选区，如图 3-13 所示。如果在绘制中途松开鼠标左键，Photoshop 会在该点与起点之间建立一条直线以封闭选区。

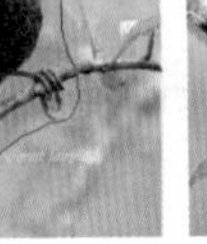

图 3-12　　图 3-13

技巧提示：在“套索工具”的状态下切换到“多边形套索工具”

当使用“套索工具”绘制选区时，如果在绘制过程中按住 Alt 键，松开鼠标左键后（不松开 Alt 键），Photoshop 会自动切换到“多边形套索工具”。

3.1.5　多边形套索

要点速查：“多边形套索工具”适合于创建一些转角比较强烈的选区。

单击工具箱中的“多边形套索工具”按钮，在画面中单击确定起点，然后将光标移动到下一个位置并单击，如图 3-14 所示。继续拖曳光标并进行单击确定转折的位置，当光标移动到起始点处时变为形状，如图 3-15 所示。此时单击鼠标左键即可得到选区，如图 3-16 所示。

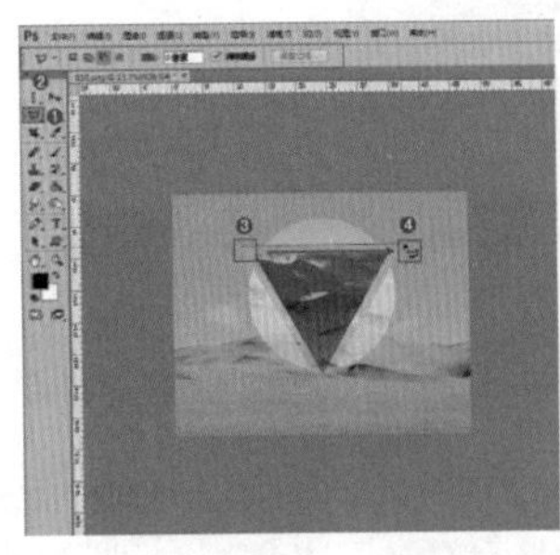

图 3-14

图 3-15

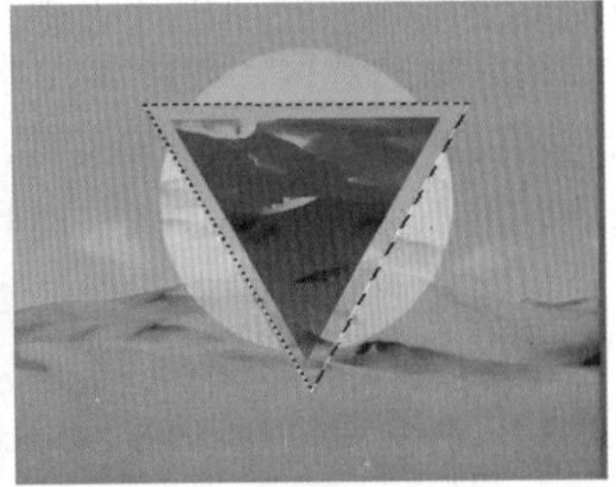

图 3-16

技巧提示：“多边形套索工具选择照片”的使用技巧

在使用“多边形套索工具”绘制选区时，按住 Shift 键，可以在水平方向、垂直方向或 45° 方向上绘制直线。另外，按 Delete 键可以删除最近绘制的直线。

视频陪练：利用多边形套索工具选择照片

案例文件 / 第 3 章 / 利用多边形套索工具选择照片 .psd

视频教学 / 第 3 章 / 利用多边形套索工具选择照片 .flv

案例效果：

视频陪练：利用多边形套索工具选择照片

打开背景素材后，置入图片素材并栅格化。接着使用“多边形套索工具”绘制相框的选区，然后将选区反选后删除选区中的内容，如图 3-17 所示。

图 3-17

3.2 抠图常用工具

在这一小节中主要介绍了几种基于图像中色彩差别创建选区的工具，这几种工具常用于抠图操作。基于颜色差别也就是基于图像中主体与背景之间的色相、明度的差异来获得主体物的选区。这类对象的选区通常很容易创建，只需要使用特定工具即可，如图3-18 和图3-19 所示。Photoshop 提供了多种基于色彩差异制作选区的工具，例如“快速选择工具”、“魔棒工具”、“磁性钢笔工具”、“磁性套索工具”和“色彩范围”命令等。

3.2.1 快速选择工具

要点速查：使用“快速选择工具”可以利用颜色的差异迅速地绘制出选区。

图 3-18

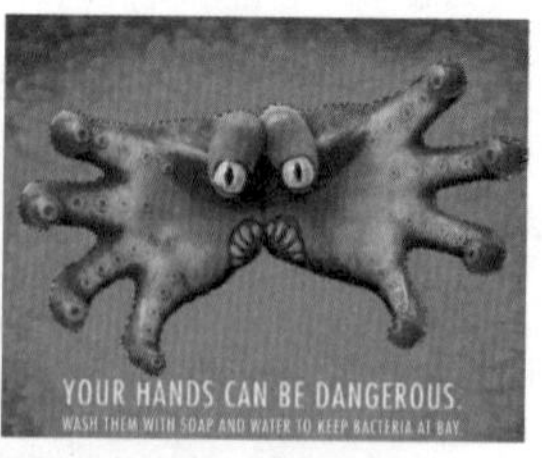

图 3-19

单击工具箱中的“快速选择工具”按钮，在画面中按住鼠标左键拖曳，画面中会出现颜色接近区域的选区，如图 3-20 所示。按住鼠标左键并拖曳笔尖时，选取范围不但会向外扩张，而且还可以自动寻找并沿着图像的边缘来描绘边界，如图 3-21 所示。

图 3-20

图 3-21

- 选区运算按钮：激活“新选区”按钮，可以创建一个新的选区；激活“添加到选区”按钮，可以在原有选区的基础上添加新创建的选区；激活“从选区减去“按钮，可以在原有选区的基础上减去当前绘制的选区。
- “画笔”选择器：单击倒三角按钮，可以在弹出的“画笔”选择器中设置画笔的大小、硬度、间距、角度以及圆度。在绘制选区的过程中，可以按] 键和 [键增大或减小画笔的大小。

- 对所有图层取样：如果勾选该选项，Photoshop 会根据所有的图层建立选取范围，而不仅是只针对当前图层。
- 自动增强：降低选取范围边界的粗糙度与区块感。

3.2.2　魔棒工具

要点速查：使用“魔棒工具”在图像中单击就能选取颜色差别在容差值范围之内的区域。

单击工具箱中的“魔棒工具”按钮，在选项栏中可以设置选区运算方式、取样大小、容差值等参数，如图3-22所示。接着在需要选取的位置单击，即可基于颜色的范围创建选区，如图 3-23 所示。

图 3-22

图 3-23

- 取样大小：用来设置魔棒工具的取样范围。选择“取样点”可以只对光标所在位置的像素进行取样；选择“3×3 平均”可以对光标所在位置 3 个像素区域内的平均颜色进行取样；其他的以此类推。
- 容差：决定所选像素之间的相似性或差异性，其取值范围从 0~255。数值越低，对像素的相似程度的要求越高，所选的颜色范围就越小；数值越高，对像素的相似程度的要求越低，所选的颜色范围就越广。
- 消除锯齿：该选项可以让选区边缘更加圆滑。
- 连续：选中该选项时，只选择颜色连接的区域；当关闭该选项时，可以选择与所选像素颜色接近的所有区域，当然也包含没有连接的区域。
- 对所有图层取样：如果文档中包含多个图层，当选中该选项时，可以选择所有可见图层上颜色相近的区域，当关闭该选项时，仅选择当前图层上颜色相近的区域。

3.2.3　磁性套索工具

要点速查：“磁性套索工具”能够以颜色上的差异自动识别对象的边界，特别适合于快速选择与背景对比强烈且边缘复杂的对象。

单击工具箱中的“磁性套索工具”按钮，在需要选取对象的边缘单击，然后拖曳鼠标，套索边界会自动对齐图像的边缘，如图 3-24 所示。当绘制到起点时，光标会变为形状，然后单击，如图 3-25 所示。随即可以得到选区，如图 3-26 所示。

图 3-24

图 3-25

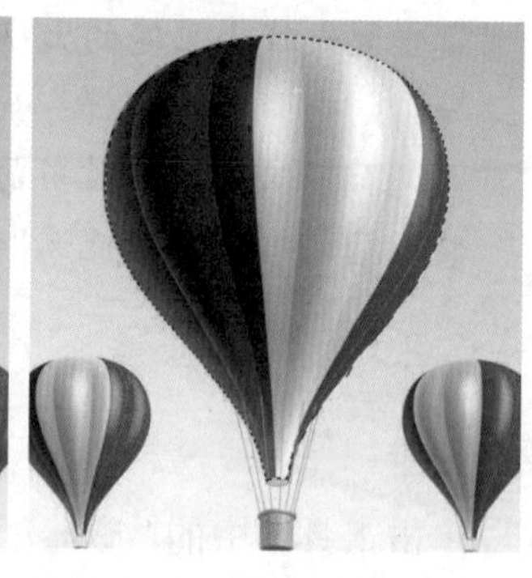

图 3-26

- 宽度："宽度"值决定了以光标中心为基准，光标周围有多少个像素能够被"磁性套索工具"检测到，如果对象的边缘比较清晰，可以设置较大的值；如果对象的边缘比较模糊，可以设置较小的值。
- 对比度：该选项主要用来设置"磁性套索工具"感应图像边缘的灵敏度。如果对象的边缘比较清晰，可以将该值设置得高一些；如果对象的边缘比较模糊，可以将该值设置得低一些。
- 频率：在使用"磁性套索工具"勾画选区时，Photoshop 会生成很多锚点，"频率"选项就是用来设置锚点的数量。数值越高，生成的锚点越多，捕捉到的边缘越准确，但是可能会造成选区不够平滑。
- "钢笔压力"按钮：如果计算机配有数位板和压感笔，可以激活该按钮，Photoshop 会根据压感笔的压力自动调节"磁性套索工具"的检测范围。

技巧提示："磁性套索工具"的使用技巧

在使用"磁性套索工具"勾画选区时，按住 CapsLock 键，光标会变成⊙形状，圆形的大小就是该工具能够检测到的边缘宽度。另外，按↑键和↓键可以调整检测宽度。

实战案例：使用磁性套索工具换背景

实战案例：使用磁性套索工具换背景

案例文件 / 第 3 章 / 使用磁性套索工具换背景 .psd

视频教学 / 第 3 章 / 使用磁性套索工具换背景 .flv

案例效果：

抠图与合成总是密不可分，在本案例中使用"磁性套索工具"沿着人物边缘拖曳得到人物的选区，然后将选区反选后删除多余部分完成抠图操作。最后更改背景，制作一个简单的合成效果，如图 3-27 和图 3-28 所示。

图 3-27

图 3-28

操作步骤：

（1）打开素材文件，按住Alt键双击“背景”图层将其转换为普通图层，如图3-29所示。在“工具箱”中单击“磁性套索工具”按钮，然后在肩膀的边缘单击鼠标左键确定起点，如图3-30所示。接着沿着人像边缘移动光标，此时Photoshop会生成很多锚点，如图3-31所示。

图 3-29

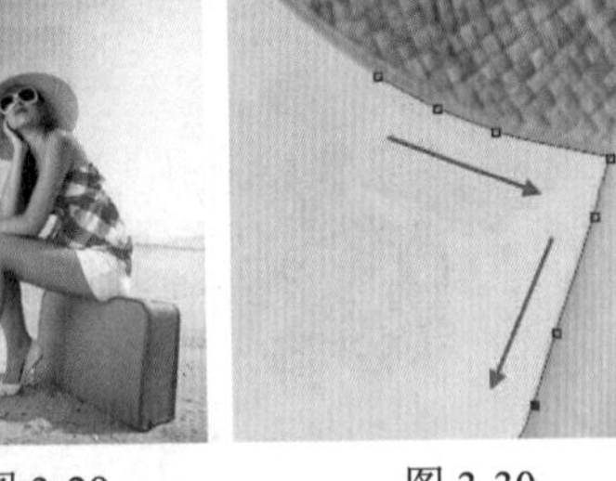

图 3-30

图 3-31

（2）当勾画到起点处单击即可得到人物的选区，如图3-32所示。由于在当前的选区中还包含了小腿和皮箱中间的区域，所以需要继续使用“磁性套索工具”，在选项栏中单击“从选区中减去”按钮，并绘制多余的区域，如图3-33所示。得到选区后，如图3-34所示。

图 3-32

图 3-33

图 3-34

技巧提示：如何删除锚点

如果在勾画过程中生成的锚点位置远离了人像，可以按Delete键删除最近生成的一个锚点，然后继续绘制。

（3）接着使用组合键Ctrl+Shift+I将选区反选，按快捷键Delete删除背景部分，按下Ctrl+D快捷键取消选择，如图3-35所示。执行“文件”→“置入”命令，置入背景素材，放置在最底层；执行“文件”→“置入”命令，置入前景素材放在最顶层，最终效果如图3-36所示。

图 3-35

图 3-36

3.2.4　色彩范围

要点速查：“色彩范围”命令与“魔棒工具”相似，可根据图像的颜色范围创建选区，但是该命令提供了更多的控制选项，因此该命令的选择精度也要高一些。

打开一张图片，如图 3-37 所示，从图中可以看出中间花瓣文字部分为红色，而且选区比较复杂。背景为相似的粉色，这两种颜色色相基本相同，只是明度有差异。如果使用前面讲到的工具很容易造成错误选择的情况。

（1）执行“选择”→“色彩范围”菜单命令，然后在弹出的“色彩范围”对话框中设置“选择”为“取样颜色”，接着在文字上单击进行取样，如图 3-37 和图 3-38 所示。

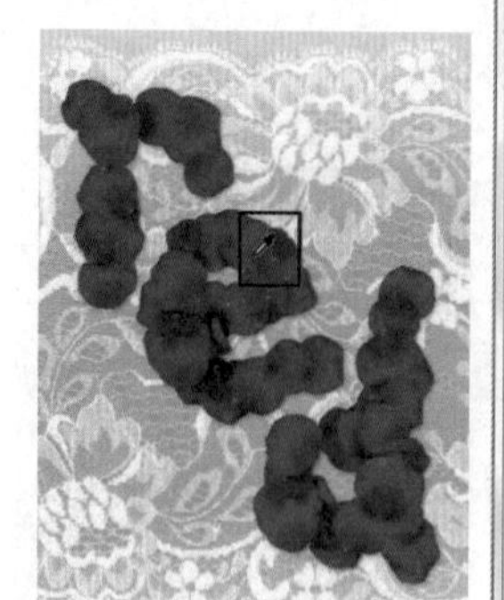

图 3-37

图 3-38

（2）适当增大“颜色容差”，随着“颜色容差”数值的增大，可以看到“选取范围”缩览图的文字部分呈现出大面积白色的效果，而其他区域为黑色。白色表示被选中的区域，黑色表示未被选择的区域，灰色则为羽化选区，如图 3-39 所示。

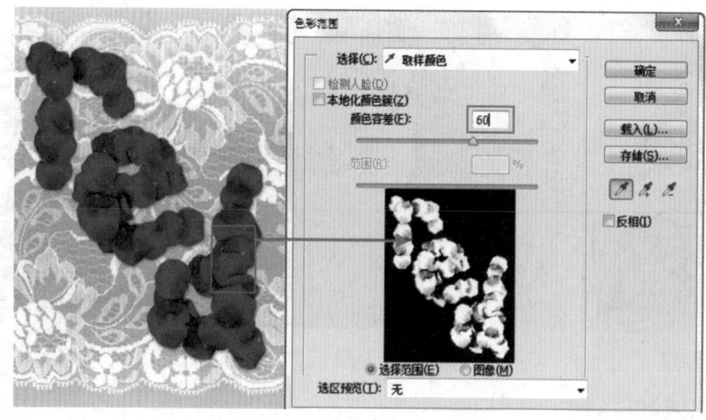

图 3-39

（3）为了使文字区域中的灰色部分变为白色，单击“添加到取样”按钮，继续在未被选择的区域单击，直到缩览图中文字部分变为全白色，单击确定按钮即可得到选区，如图 3-40 和图 3-41 所示。

图 3-40

图 3-41

技巧提示："色彩范围"参数详解

选择：用来设置选区的创建方式。选择"取样颜色"选项时，光标会变成形状，将光标放置在画布中的图像上，或在"色彩范围"对话框中的预览图像上单击，可以对颜色进行取样；选择"红色"、"黄色"、"绿色"和"青色"等选项时，可以选择图像总特定的颜色；选择"高光"、"中间调"和"阴影"选项时，可以选择图像中特定的色调；选择"肤色"时，会自动检测皮肤区域；选择"溢色"选项时，可以选择图像中出现的溢色。

本地化颜色簇：选中"本地化颜色簇"后，拖曳"范围"滑块可以控制要包含在蒙版中的颜色与取样点的最大和最小距离。

颜色容差：用来控制颜色的选择范围。数值越高，包含的颜色越广；数值越低，包含的颜色越窄。

选区预览图：选区预览图下面包含"选择范围"和"图像"两个选项。选中"选择范围"选项时，预览区域中的白色代表被选择的区域，黑色代表未选择的区域，灰色代表被部分选择的区域（即有羽化效果的区域）；选中"图像"选项时，预览区内会显示彩色图像。

选区预览：用来设置文档窗口中选区的预览方式。

存储 / 载入：单击"存储"按钮，可以将当前的设置状态保存为选区预设；单击"载入"按钮，可以载入存储的选区预设文件。

添加到取样 / 从取样中减去：当选择"取样颜色"选项时，可以对取样颜色进行添加或减去。如果要添加取样颜色，可以单击"添加到取样"按钮，然后在预览图像上单击，以取样其他颜色。如果要减去取样颜色，可以单击"从取样中减去"按钮，然后在预览图像上单击，以减去其他取样颜色。

反相：将选区进行反转，也就是说创建选区以后，相当于执行了"选择"→"反向"菜单命令。

3.3　选区的基本操作

"选区"作为一个非实体对象，也可以对其进行如运算（新选区、添加到选区、从选区减去与选区交叉）、全选与反选、取消选择与重新选择、移动与变换、储存与载入等操作，如图 3-42 ～图 3-45 所示为使用了"选区"功能制作的优秀的设计作品。

图 3-42

图 3-43

图 3-44

图 3-45

3.3.1　全选与反选

首先创建一个选区，如图 3-46 所示。执行"选择"→"反向选择"菜单命令，或者使用组合键 Shift+Ctrl+I 可以得到反向的选区，如图 3-47 所示。

图 3-46

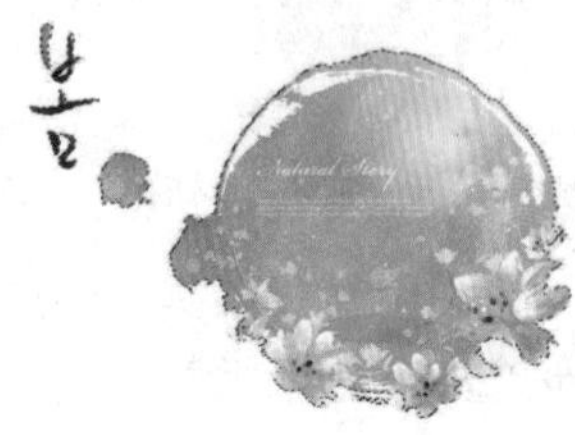
图 3-47

3.3.2 取消选择与重新选择

执行“选择”→“取消选择”菜单命令或按 Ctrl+D 快捷键，可以取消选区状态。如果要恢复被取消的选区，可以执行“选择”→“重新选择”菜单命令。

3.3.3 移动选区

（1）当画面中包含选区时，将光标放置在选区内，当光标变为▷形状时，按住鼠标左键拖曳光标即可移动选区，如图 3-48 和图 3-49 所示。

图 3-48

图 3-49

（2）使用选框工具创建选区时，在松开鼠标左键之前，按住 Space 键（即空格键）拖曳光标，可以移动选区。

（3）在包含选区的状态下，按键盘上的→、←、↑、↓键可以 1 像素的距离移动选区。

3.3.4 变换选区

对选区执行“选择”→“变换选区”菜单命令或按 Alt+S+T 组合键，此时选区处于“自由变换”的状态，在画布中单击鼠标右键，还可以选择其他变换方式，如图 3-50 所示。变换完成之后，按下键盘上的 Enter 键即可，如图 3-51 所示。

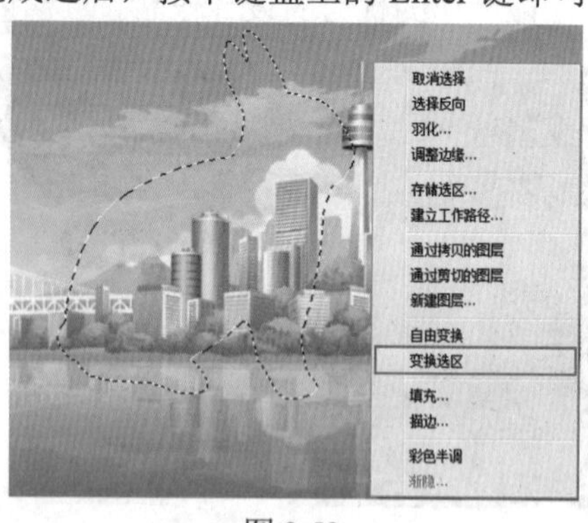

图 3-50

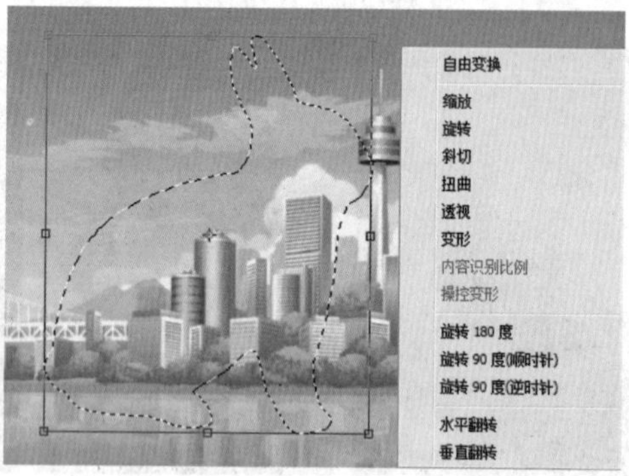

图 3-51

3.3.5 选区的运算

要点速查：选区的运算可以将多个选区进行“相加”、“相减”、“交叉”以及“排除”等操作，从而获得新的选区。

在利用套索工具、快速选择工具等进行抠图的过程中；不可避免的会造成选区的多选或少选，这时就需要通过选区的“运算”来进行补充和修减。使用选区工具绘制选区时，选项栏中会出现选区运算的按钮，如图 3-52 所示。

图 3-52

- "新选区"按钮：激活该按钮以后，可以创建一个新选区，如果已经存在选区，那么新创建的选区将替代原来的选区。
- "添加到选区"按钮：激活该按钮以后，可以将当前创建的选区添加到原来的选区中（按住 Shift 键也可以实现相同的操作），如图 3-53 所示。
- "从选区减去"按钮：激活该按钮以后，可以将当前创建的选区从原来的选区中减去（按住 Alt 键也可以实现相同的操作），如图 3-54 所示。
- "与选区交叉"按钮：激活该按钮以后，再次创建选区时只保留原有选区与新创建的选区相交的部分（按住 Alt+Shift 快捷键也可以实现相同的操作），如图 3-55 所示。

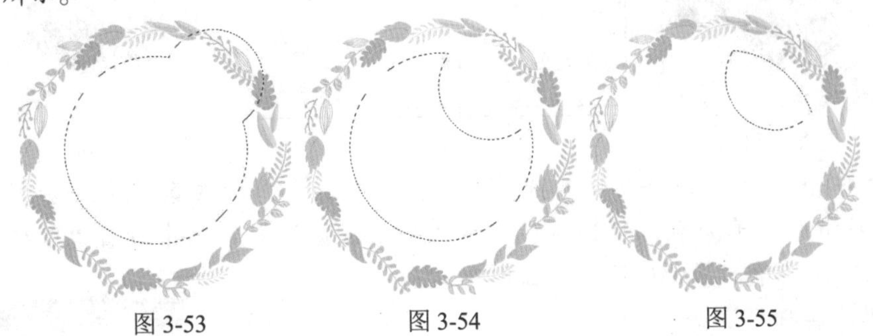

图 3-53　　图 3-54　　图 3-55

3.3.6　载入与储存选区

想要载入某一图层的选区，可以将光标移动到图层缩览图的上方，然后按住 Ctrl 键单击，即可载入图层的选区，如图 3-56 所示。

存储选区需要借助"通道"面板的帮助。首先选择选区所在的图层，执行"窗口"→"通道"命令打开"通道"面板，然后单击"通道"面板中的"将选区储存为通道"按钮，即可将选区存储为 Alpha 通道蒙版，如图 3-57 所示。想要重新载入 Alpha 通道中的选区，也可以将光标移动到通道缩览图上，按住 Ctrl 键单击鼠标左键，随即得到该图层选区。

图 3-56

图 3-57

技巧提示：存储与载入选区的其他方法

通过执行“选择”→“存储选区”菜单命令可以存储选区。执行“选择”→“载入选区”菜单命令也可以载入之前存储的选区。

3.3.7 编辑选区

执行“选区”→“修改”命令，在子菜单中可以看到可以使用的选区编辑命令。选区的编辑包括创建边界选区、平滑选区、扩展与收缩选区、羽化选区、扩大选取和选取相似等。

(1)“边界”命令的使用可以将选区的边界向内或向外进行扩展，扩展后的选区边界将与原来的选区边界形成新的选区。首先创建选区，如图3-58所示。接着执行“选择”→“修改”→“边界”菜单命令，在弹出的“边界选区”菜单中输入数值，如图3-59所示。单击“确定”按钮结束操作，即可得到边界选区，如图3-60所示。

图 3-58

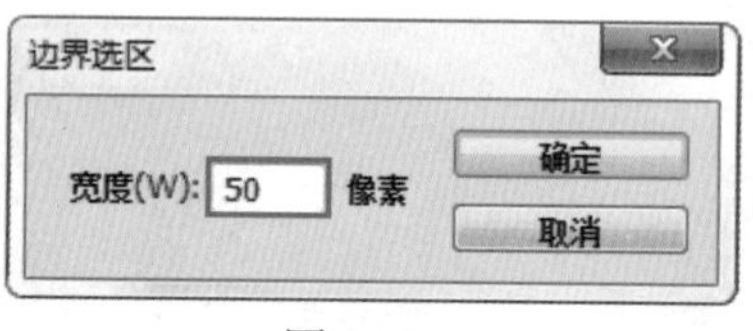

图 3-59

图 3-60

(2)“平滑选区”命令可以将选区进行平滑处理。对选区执行“选择”→“修改”→“平滑”菜单命令，可以在弹出的“平滑选区”对话框中设置“取样半径”数值，如图3-61所示，平滑选区效果如图3-62所示。

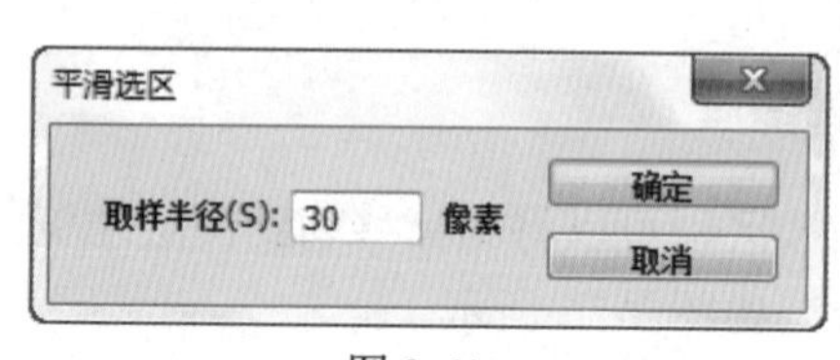

图 3-61

图 3-62

(3)“扩展选区”命令可以将选区向外进行扩展。对选区执行“选择”→“修改”→“扩展”菜单命令，可以在弹出的“扩展选区”对话框中设置“扩展量”数值，如图3-63所示。如图3-64所示为设置“扩展量”为100像素的效果。

图 3-63

图 3-64

(4)“收缩选区”命令可以向内收缩选区。执行“选择”→“修改”→“收缩”菜单命令，可以在弹出的“收缩选区”对话框中设置“收缩量”数值，如图3-65所示，效果如图3-66所示。

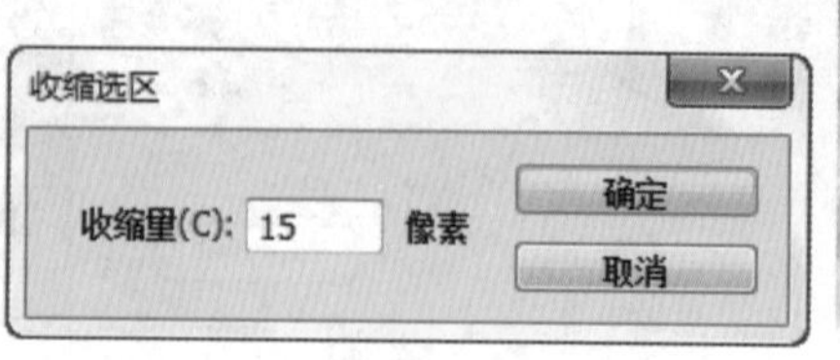

图 3-65

图 3-66

（5）“羽化选区”命令是通过建立选区和选区周围像素之间的转换边界来模糊边缘，这种模糊方式将丢失选区边缘的一些细节。对选区执行“选择”→“修改”→“羽化”菜单命令或按 Shift+F6 快捷键，在弹出的“羽化选区”对话框中定义选区的“羽化半径”，如图 3-67 所示，如图 3-68 所示为设置“羽化半径”为 20 像素后反向选区删除背景的效果。

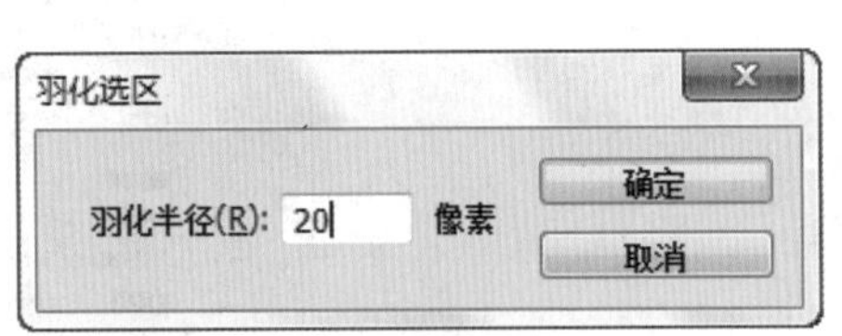

图 3-67

图 3-68

技巧提示：羽化半径过大会遇到的问题

如果选区较小，而“羽化半径”又设置得很大时，Photoshop 会弹出一个警告对话框。单击“确定”按钮以后，确认当前设置的“羽化半径”，此时选区可能会变得非常模糊，以至于在画面中观察不到，但是选区仍然存在。

（6）“扩大选取”命令是基于“魔棒工具”选项栏中指定的“容差”范围来决定选区的扩展范围的。首先确定选区，接着执行“选择”→“扩大选取”菜单命令，Photoshop 会查找并选择那些与当前选区中像素色调相近的像素，从而扩大选择区域，如图 3-69 所示。

图 3-69

（7）“选取相似”命令与“扩大选取”命令相似，都是基于“魔棒工具”选项栏中指定的“容差”范围来决定选区的扩展范围。首先确定选区，对选区执行“选择”→“选取相似”菜单命令，Photoshop 同样会查找并选择那些与当前选区中像素色调相近的像素，从而扩大选择区域，如图 3-70 所示。

3.3.8　调整选区边缘

“调整边缘”命令可以通过对选区进行细化调整获取精准的选区，还可以消除选区边缘周围的背景色、改进蒙版，以及对选区进行扩展、收缩、羽化等处理。当画面中包含选区时，如图 3-71 所示，执行“选择”→“调整边缘”命令，打开“调整边缘”窗口，窗口中虽然有很多选项，但是并不复杂。参数选项主要分为“视图模式”、“边缘检测”、“调整边缘”和“输出”4 个选项组。在这里可以对选区的半径、平滑度、羽化、对比度、边缘位置等属性进行调整，如图 3-72 所示。

图 3-70

图 3-71

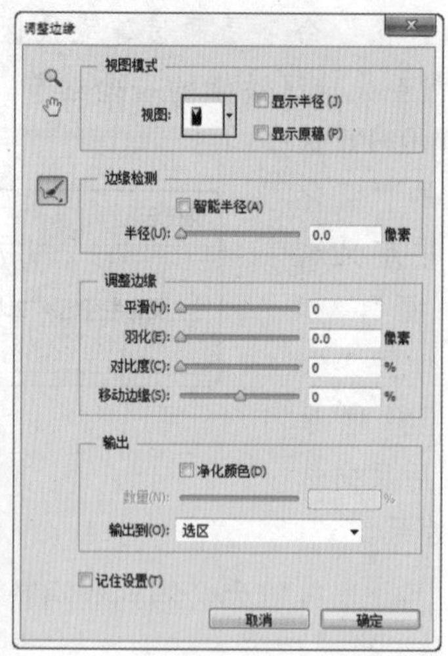

图 3-72

技巧提示：打开“调整边缘”窗口的其他方法

得到选区后，同时在选择任意一种选区工具的状态下，单击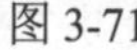按钮即可打开“调整边缘”窗口。

- 视图：“视图模式”选项组中提供了多种可以选择的显示模式，可以更加方便地查看选区的调整结果，如图 3-73 所示为视图为“白底”的效果，如图 3-74 所示为视图为“黑底”的效果。

图 3-73

图 3-74

- 显示半径：显示以半径定义的调整区域。
- 显示原稿：可以查看原始选区。
- “缩放工具”：使用该工具可以缩放图像，与工具箱中的“缩放工具”使用方法相同。
- “抓手工具”：可以调整图像的显示位置，与工具箱中的“抓手工具”使用方法相同。
- “调整半径工具”/“抹除调整工具”：使用这两个工具可以精确调整发生边缘调整的边界区域。制作头发或毛皮选区时可以使用“调整半径工具”柔化区域以增加选区内的细节。
- 智能半径：自动调整边界区域中发现的硬边缘和柔化边缘的半径。
- 半径：确定发生边缘调整的选区边界的大小。对于锐边，可以使用较小的半径；对于较柔和的边缘，可以使用较大的半径。
- 平滑：减少选区边界中的不规则区域，以创建较平滑的轮廓。
- 羽化：模糊选区与周围的像素之间过渡效果，如图 3-75 所示为“羽化”选项为 10 像素时的效果。

图 3-75

图 3-76

图 3-77

- 对比度：锐化选区边缘并消除模糊的不协调感。在通常情况下，配合“智能半径”选项调整出来的选区效果会更好，如图 3-76 为“对比度”选项为 100% 时的效果。
- 移动边缘：当设置为负值时，可以向内收缩选区边界；当设置为正值时，可以向外扩展选区边界。如图 3-77 所示为“移动边缘”选项为 100% 时的效果。
- 净化颜色：将彩色杂边替换为附近完全选中的像素颜色。颜色替换的强度与选区边缘的羽化程度是成正比的。
- 数量：更改净化彩色杂边的替换程度。
- 输出到：在下拉列表中可以设置选区的输出方式。

实战案例：利用边缘检测抠取美女头发

实战案例：利用边缘检测抠取美女头发

案例文件 / 第 3 章 / 利用边缘检测抠取美女头发 .psd

视频教学 / 第 3 章 / 利用边缘检测抠取美女头发 .flv

案例效果：

抠图中最头痛的就是抠取毛发、头发等对象，使用“边缘检测”选项组中的选项可以轻松地抠出细密的毛发。本例主要是针对调整边缘的“边缘检测”功能进行练习，如图 3-78 和图 3-79 所示。

图 3-78

图 3-79

操作步骤：

（1）打开素材文件，按住 Alt 键双击背景图层，将其转换为普通图层，如图 3-80 所示。在工具箱中单击“魔棒工具”按钮，然后在选项栏中设置绘制模式为“添加到选区”，设置“容差”为 30，并选中“连续”选项，接着在背景上多次单击，选中整个背景区域，如图 3-81 所示。

图 3-80

图 3-81

（2）执行“选择”→“调整边缘”菜单命令，打开“调整边缘”窗口，然后设置“视图模式”为“黑白”模式，便于观察选择的效果，白色为选择范围内的部分，黑色为未被选中的部分。接着在“调整边缘”对话框中选中“智能半径”选项，然后设置“半径”为10像素，如图3-82所示，效果如图3-83所示。完成后点击确定按钮，得到背景部分选区，如图3-84所示。

图 3-82

图 3-83

图 3-84

（3）选中人物图层，此时按下键盘上的Delete键删除背景，再按Ctrl+D快捷键取消选择，如图3-85所示。执行“文件”→“置入”命令，置入背景素材，将其放在人物图层的下方，最终效果如图3-86所示。

图 3-85

图 3-86

3.4 填充与描边

“填充”与“描边”命令是Photoshop制图过程中非常常用的两个命令，填充命令可以为整个画面或局部填充纯色、图案，而使用描边命令可以增强图形的可视性，从而丰富作品的视觉效果，如图3-87～图3-90所示为能够使用填充和描边制作的作品。

图 3-87

图 3-88

图 3-89

图 3-90

3.4.1 填充

要点速查：利用“填充”命令可以在当前图层或选区内填充颜色或图案，同时也可以不同的透明度和混合模式进行图案和颜色的填充。

选择需要填充的图层或创建选区，如图 3-91 所示。执行“编辑”→“填充”菜单命令或按 Shift+F5 快捷键，打开“填充”对话框，设置合适的填充内容、混合模式和不透明度等参数，如图 3-92 所示。接着单击“确定”按钮，被选中的图层的选区内部分已经被填充上了内容，如图 3-93 所示。需要注意的是，文字图层和被隐藏的图层不能使用“填充”命令。

图 3-91

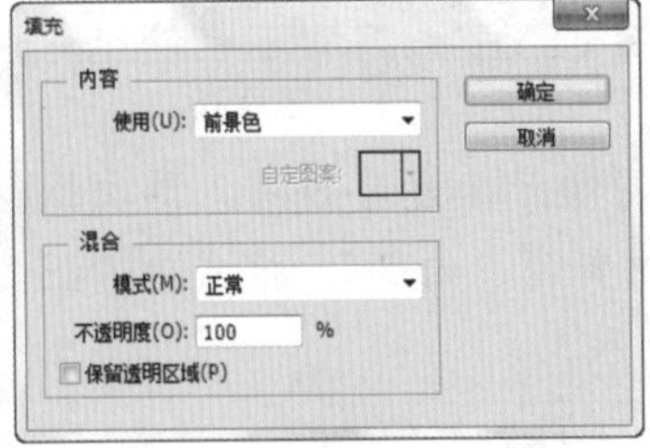

图 3-92

图 3-93

- 内容：用来设置填充的内容，包含前景色、背景色、颜色、内容识别、图案、历史记录、黑色、50% 灰色和白色。
- 模式：用来设置填充内容的混合模式。
- 不透明度：用来设置填充内容的不透明度。
- 保留透明区域：选中该复选框以后，只填充图层中包含像素的区域，而透明区域不会被填充。

视频陪练：使用多种选区工具制作宣传招贴

案例文件 / 第 3 章 / 使用多种选区工具制作宣传招贴 .psd

视频教学 / 第 3 章 / 使用多种选区工具制作宣传招贴 .flv

案例效果：

制作本案例使用到了多种选区工具，可以使用“椭圆工具”绘制圆形，使用“多边形套索工具”绘制箭头形状。当绘制完一个形状以后，可以使用“编辑”→“填充”命令填充相应的颜色，如图 3-94 所示。

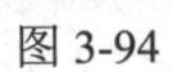

图 3-94

视频陪练：使用多种选区工具制作宣传招贴

3.4.2　描边

要点速查：“描边”命令可以在选区、路径或图层周围创建彩色或者花纹的边框效果。

（1）当画面中包含选区时，如图 3-95 所示，执行“编辑”→“描边”命令，打开“描边”窗口，在“描边”选项中，可以设置描边的宽度和颜色，如设置“宽度”为 10 像素，单击“颜色”选项，在弹出的“拾色器”窗口中设置颜色为白色，设置位置为“居外”，设置混合模式为正常，不透明度为 100%，如图 3-96 和图 3-97 所示。此时选区以外的部分产生了白色的描边。

图 3-95

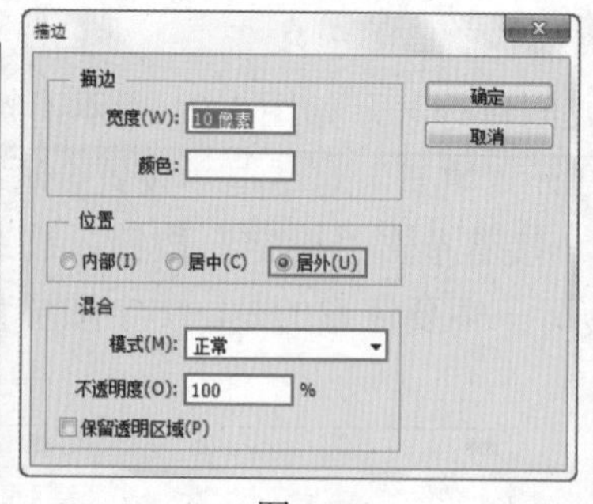

图 3-96

图 3-97

（2）还可以使描边与原始图像产生混合效果。再次执行“描边”操作，设置“宽度”为 20 像素，“颜色”为绿色，位置为“内部”，模式为“正片叠底”，不透明度为 60%，如图 3-98 所示，效果如图 3-99 所示。

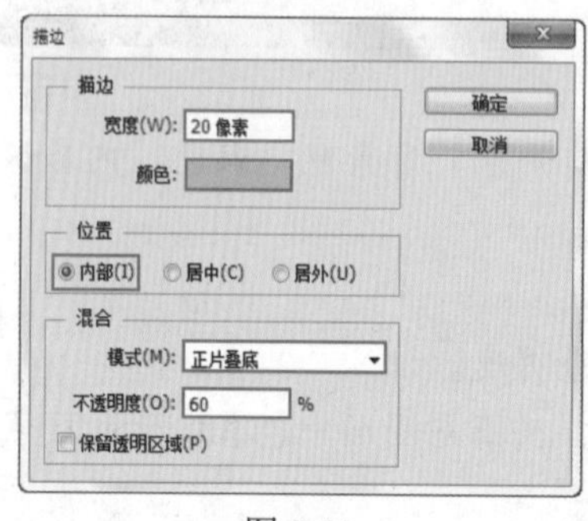

图 3-98

图 3-99

- 描边：该选项组主要用来设置描边的宽度和颜色。
- 位置：设置描边相对于选区的位置，包括“内部”、“居中”和“居外”3 个选项。
- 混合：用来设置描边颜色的混合模式和不透明度。如果勾选“保留透明区域”选项，则只对包含像素的区域进行描边。

综合案例：制作婚纱照版式

案例文件 / 第 3 章 / 制作婚纱照版式 .psd

视频教学 / 第 3 章 / 制作婚纱照版式 .flv

案例效果：

本例主要通过使用矩形选框工具、填充、描边制作婚纱照版式，如图 3-100 所示。

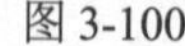

图 3-100

综合案例：制作婚纱照版式

操作步骤：

（1）执行“文件”→“新建”命令，在弹出的窗口中设置“宽度”为 3300 像素，“高度”为 2550 像素，“背景内容”为白色，如图 3-101 所示。设置前景色为淡绿色，使用 Alt+Delete 组合键填充当前画面，如图 3-102 所示。

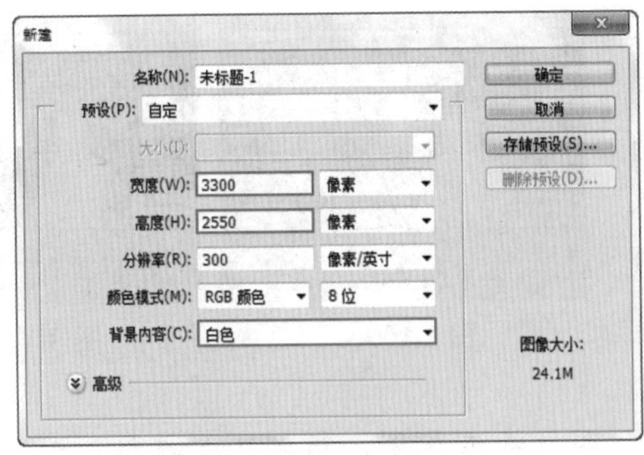

图 3-101

图 3-102

（2）执行“编辑”→“填充”命令，设置填充内容为“图案”，选择一个合适的图案，设置模式为“叠加”，不透明度为 20%，如图 3-103 所示，效果如图 3-104 所示。

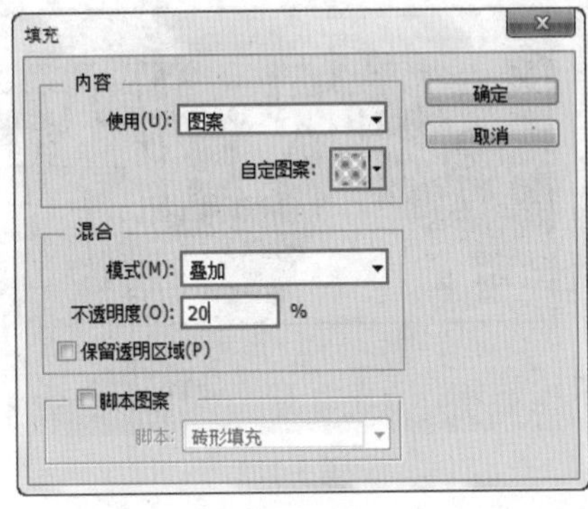

图 3-103

图 3-104

技巧提示：载入图案的方式

执行“编辑”→“预设”→“预设管理器”命令，在弹出的窗口中选择类型为“图案”，单击“载入”按钮，在弹出的窗口中选择素材文件中的“1.pat”图案素材载入。载入完成后即可在图案下拉列表中找到所需图案。

（3）置入人像照片素材“2.jpg”，执行“图层”→“栅格化”→“智能对象”命令。单击工具箱中的“矩形选框工具”，在画面中绘制一个矩形选框，如图 3-105 所示。单击鼠标右键在弹出的菜单中执行“选择反向”命令，并按键盘上的 Delete 键删除多余部分，如图 3-106 所示。

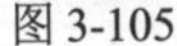

图 3-105

图 3-106

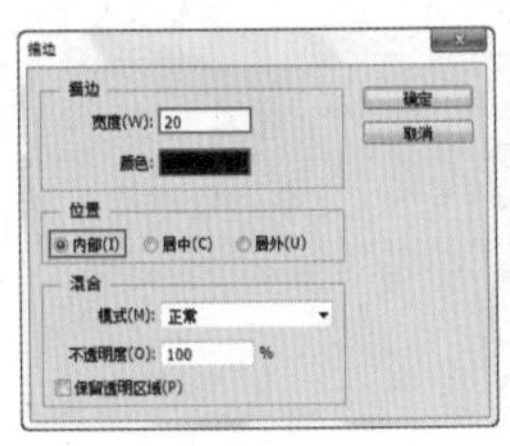

图 3-107

图 3-108

（4）对该图层执行“编辑”→“描边”命令，设置描边“宽度”为 20，“颜色”为深绿色，“位置”为“内部”，如图 3-107 所示，照片边缘出现描边效果，如图 3-108 所示。

（5）新建图层，使用“矩形选框工具”在画面右侧绘制矩形选区，设置前景色为草绿色，按 Alt+Delete 快捷键进行前景色填充，如图 3-109 所示。再次置入照片素材“3.jpg”，执行“图层”→“栅格化”→“智能对象”命令，如图 3-110 所示。

图 3-109

图 3-110

（6）按住 Ctrl 键的同时单击“3.jpg”图层的缩览图，得到图层选区。然后为其进行 10 像素的描边，如图 3-111 所示。最后置入前景装饰素材“4.png”，执行“图层”→“栅格化”→“智能对象”命令，摆放在合适的位置，最终效果如图 3-112 所示。

图 3-111

图 3-112

绘画与图像修饰

Photoshop 提供了强大的绘图工具，其中画笔工具是最常用的绘图工具之一，利用绘图工具可以绘制各种具有艺术笔刷效果的图像，增加作品的艺术表现力。不仅如此，Photoshop 也具有强大的修图功能，利用这些工具可以快速地修复破损的照片、复制局部的内容、去除图像中的多余物、擦除图像中的局部等。

本章学习要点：

- 掌握颜色的设置方法
- 熟练掌握画笔面板的使用方法
- 熟练掌握画笔工具与擦除工具的使用方法
- 掌握多种修复工具的特性与使用方法
- 掌握图像润饰工具的使用方法

4.1 设置颜色

任何图像都离不开颜色，使用 Photoshop 的画笔、文字、渐变、填充、蒙版、描边等工具进行操作时，都需要设置相应的颜色。在 Photoshop 中提供了很多种选取颜色的方法。现在，跟我一探究竟吧！

4.1.1 设置前景色与背景色

要点速查：前景色通常用于绘制图像、填充和描边选区等；背景色常用于生成渐变填充和填充图像中已抹除的区域。

在 Photoshop 工具箱的底部有一组前景色和背景色的设置按钮，如图 4-1 所示。在默认情况下，前景色为黑色，背景色为白色。双击“前景色”或“背景色”按钮，会弹出拾色器窗口，在该窗口中，拖曳色条上的三角滑块先确定一个色调，然后拖曳色域中的圆形滑块，选定一种颜色，然后单击“确定”按钮完成颜色的设置，如图 4-2 所示。

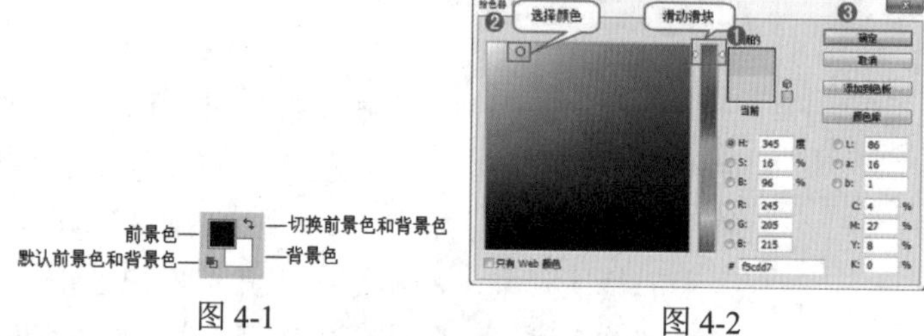

图 4-1　　图 4-2

- 切换前景色和背景色：单击图标可以切换所设置的前景色和背景色，使用快捷键 X 也可以得到相同的效果。
- 默认前景色和背景色：单击图标可以恢复默认的前景色和背景色，使用快捷键 D 也可以得到相同的效果。

技巧提示：设置前景色 / 背景色的快捷键

前景色填充快捷键“Alt+Delete”。
背景色填充快捷键“Ctrl+Delete”。

4.1.2 使用吸管工具选取颜色

要点速查：“吸管工具”可以在打开图像的任何位置采集色样来作为前景色或背景色。

单击工具箱中的“吸管工具”按钮，将光标移动到画面中，单击鼠标左键进行取样，此时前景色按钮变为刚刚拾取的颜色，如图 4-3 所示。按住 Alt 单击左键可以将当前拾取的颜色设置为背景色，如图 4-4 所示。

- 取样大小：设置吸管取样范围的大小。选择“取样点”选项时，可以选择像素的精确颜色；选择“3×3 平均”选项时，可以选择所在位置 3 个像素区域以内的平均颜色；选择“5×5 平均”选项时，可以选择所在位置 5 个像素区域以内的平均颜色。
- 样本：可以从“当前图层”或“所有图层”中采集颜色。

图 4-3

图 4-4

➘ 显示取样环：勾选该选项以后，可以在拾取颜色时显示取样环。

技巧提示：吸管工具使用技巧

1. 如果在使用绘画工具时需要暂时使用“吸管工具”拾取前景色，可以按住 Alt 键将当前工具切换到“吸管工具”，松开 Alt 键后即可恢复到之前使用的工具。
2. 使用“吸管工具”采集颜色时，然后按住鼠标左键并将光标拖曳出画布之外，可以采集 Photoshop 的界面和界面以外的颜色信息。

4.1.3　使用颜色面板

（1）“颜色”面板中显示了当前设置的前景色和背景色，可以在该面板中设置前景色和背景色。执行“窗口”→“颜色”菜单命令，打开“颜色”面板，如图 4-5 所示。

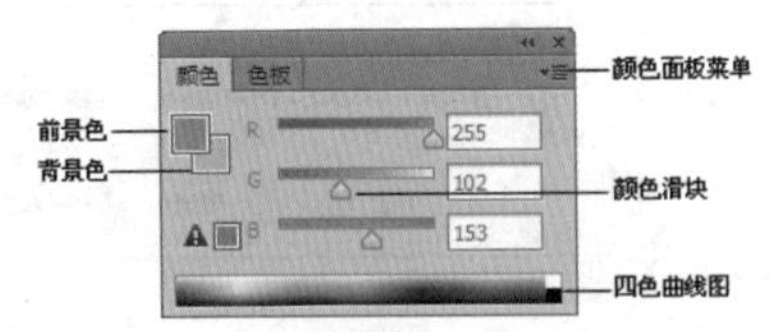

图 4-5

（2）执行“窗口”→“颜色”菜单命令，打开“颜色”面板。如果要在四色曲线图上拾取颜色，可以将光标放置在四色曲线图上，当光标变成吸管形状时，单击即可拾取颜色，此时拾取的颜色将作为前景色，如图 4-6 所示。如果按住 Alt 键拾取颜色，此时拾取的颜色将作为背景色，如图 4-7 所示。

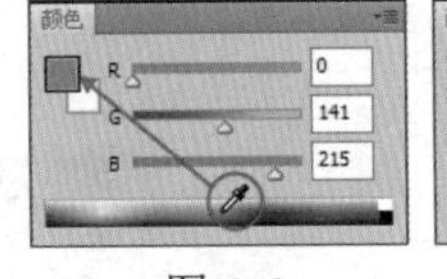

图 4-6

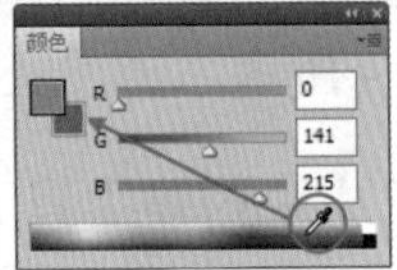

图 4-7

（3）如果要通过颜色滑块来设置颜色，可以分别拖曳 R、G、B 这 3 个颜色滑块，如图 4-8 所示。如果要设置精确的颜色，可以先单击前景色或背景色图标，然后在 R、G、B 后面的输入框中输入相应的数值即可，如图 4-9 所示。

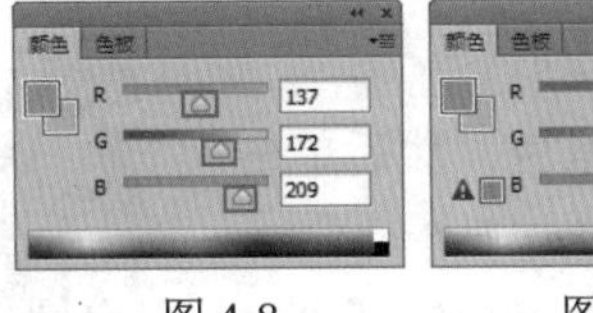

图 4-8　　图 4-9

4.1.4　认识“色板”面板

要点速查：“色板”面板中默认情况下包含一些系统预设的颜色，单击相应的颜色即可将其设置为前景色。

（1）执行“窗口”→“色板”菜单命令，打开“色板”面板，如图 4-10 所示。将光标移动到“色板”中的任意一个色块处，然后单击鼠标左键，随即前景色就变为该颜色。按住 Ctrl 键单击颜色色块，就会将该颜色设置为背景色。

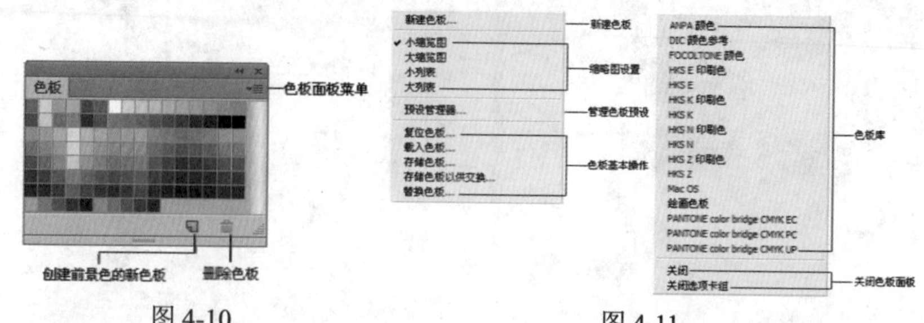

图 4-10　　图 4-11

（2）单击▾☰图标，可以打开“色板”面板的菜单。“色板”面板的菜单命令非常多，可以将其分为 6 大类，如图 4-11 所示。“色板基本操作”命令组主要是对色板进行基本操作，其中“复位色板”命令可以将色板复位到默认状态；“储存色板以供交换”命令是将当前色板储存为 .ase 的可共享格式，并且可以在 Photoshop、Illustrator 和 InDesign 中调用。

（3）“色板库”命令组是一组系统预设的色板，执行这些命令时，Photoshop 会弹出一个提示对话框，如图 4-12 所示。如果单击“确定”按钮，载入的色板将替换到当前的色板；如果单击“追加”按钮，载入的色板将追加到当前色板的后面，如图 4-13 所示。

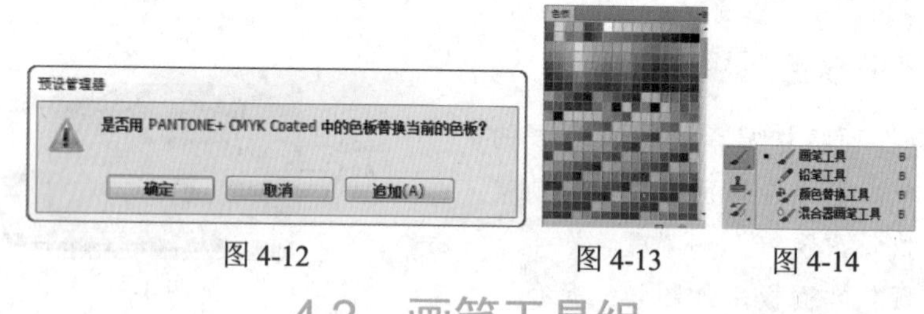

图 4-12　　图 4-13　　图 4-14

4.2 画笔工具组

用鼠标右键单击工具箱中的“画笔工具”按钮，可以看到该工具组中的其他工具，如图 4-14 所示。

4.2.1 画笔工具

要点速查：画笔工具可以使用前景色绘制出各种线条，同时也可以利用它来修改通道和蒙版。

先设置好前景色，然后单击工具箱中的“画笔工具”，再单击选项栏中的“画笔预设”选取器的倒三角按钮，可以打开“画笔预设”选取器进行设置，如图 4-15 所示。然后在画面中按住鼠标左键拖曳进行绘制，如图 4-16 所示。

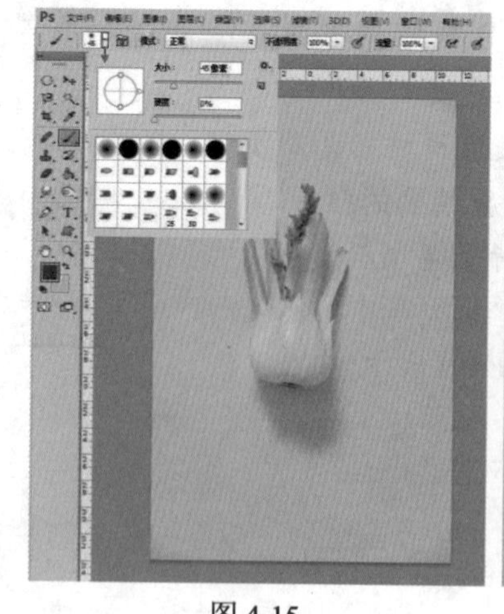

图 4-15

图 4-16

技巧提示：“画笔预设”选取器参数设置

大小：用来控制笔尖的大小。
硬度：用来设置画笔边缘的羽化程度。
预设选项：在面板的下方提供了多个画笔笔尖。
新建画笔按钮：将设置好的画笔选项建立成一个新的画笔预设。

- 模式：设置绘画颜色与下面现有像素的混合方法。
- 不透明度：设置画笔绘制出来的颜色的不透明度。数值越大，笔迹的不透明度越高；数值越小，笔迹的不透明度越低，也可以按数字键 0~9 来快速调整画笔的“不透明度”，数字 1 代表 10%，数值 9 则代表 90% 的“不透明度”，0 代表 100%。
- 流量：设置当将光标移到某个区域上方时应用颜色的速率。在某个区域上方进行绘画时，如果一直按住鼠标左键，颜色量将根据流动速率增大，直至达到“不透明度”设置。
- “启用喷枪模式”按钮：激活该按钮以后，可以启用喷枪功能，Photoshop 会根据鼠标左键的单击程度来确定画笔笔迹的填充数量。
- “绘图板压力控制大小”按钮：使用压感笔压力可以覆盖“画笔”面板中的“不透明度”和“大小”设置。

4.2.2 铅笔工具

“铅笔工具”与“画笔工具”的使用方法非常相似，“铅笔工具”按钮善于绘制出硬边线条。先设置合适的前景色，然后单击工具箱中的“铅笔工具”按钮，在选项栏中设置合适笔尖和笔尖大小，然后在画面中按住鼠标左键拖曳即可进行绘制，如图 4-17 所示。

图 4-17

- 选中“自动抹除”选项后，如果将光标中心放置在包含前景色的区域上，可以将该区域涂抹成背景色；如果将光标中心放置在不包含前景色的区域上，则可以将该区域涂抹成前景色。
- 注意，“自动抹除”选项只适用于原始图像，也就是只能在原始图像上才能绘制出设置的前景色和背景色。如果是在新建的图层中进行涂抹，则“自动抹除”选项不起作用。

4.2.3 颜色替换工具

要点速查：“颜色替换工具”可以将选定的颜色替换为其他颜色。

单击工具箱中的“颜色替换工具”按钮，如图 4-18 所示。在选项栏中设置合适的画笔大小、模式、取样、限制以及容差数值，然后设置前景色为适合的颜色，在画面中涂抹即可更改该区域的颜色，如图 4-19 所示。

- 模式：选择替换颜色的模式，包括“色相”、“饱和度”、“颜色”和“明度”。当选择“颜色”模式时，可以同时替换色相、饱和度和明度。

图 4-18

图 4-19

- 取样：用来设置颜色的取样方式。激活“取样：连续”按钮以后，在拖曳光标时，可以对颜色进行取样；激活“取样：一次”按钮以后，只替换包含第 1 次单击的颜色区域中的目标颜色；激活“取样：背景色板”按钮以后，只替换包含当前背景色的区域。
- 限制：当选择“不连续”选项时，可以替换出现在光标下任何位置的样本颜色；当选择“连续”选项时，只替换与光标下的颜色接近的颜色；当选择“查找边缘”选项时，可以替换包含样本颜色的连接区域，同时保留形状边缘的锐化程度。
- 容差：用来设置“颜色替换工具”的容差。
- 消除锯齿：选择该项以后，可以消除颜色替换区域的锯齿效果，从而使图像变得平滑。

实战案例：使用颜色替换工具改变季节

案例文件 / 第 4 章 / 使用颜色替换工具改变季节 .psd

视频教学 / 第 4 章 / 使用颜色替换工具改变季节 .flv

实战案例：使用颜色替换工具改变季节

案例效果：

图像的色调决定了它的情调与意境，通过调色能让图像的情感更加丰富。在本案例中就是通过“颜色替换工具”进行调色，改变图像的色调，打造意境悠远的秋日暖色调，如图 4-20 和图 4-21 所示。

图 4-20

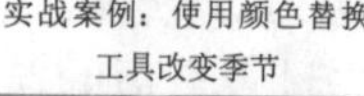

图 4-21

操作步骤：

（1）执行“文件”→“打开”命令打开风景素材。按 Ctrl+J 快捷键复制一个“背景副本”图层，如图 4-22 所示。

图 4-22

图 4-23

图 4-24

（2）先设置前景色为黄色，接着单击工具箱中的“颜色替换工具”按钮，在“颜色替换工具”的选项栏中设置画笔的“大小”为 80 像素，“硬度”为 0，“模式”为“颜色”，“限制”为“连续”，“容差”为 50%，接着在图像中的草地部分按住鼠标左键拖动涂抹，使绿色的草地变为黄色，如图 4-23 所示。然后继续在其他草地部分进行涂抹，最终效果如图 4-24 所示。

技巧提示：在涂抹过程中的注意事项

在替换颜色的同时可适当减小画笔大小以及画笔间距，这样在绘制小范围时，比较准确。

4.2.4　混合器画笔工具

使用“混合器画笔工具”按钮可以轻松模拟绘画的笔触感效果，并且可以混合画布颜色和使用不同的绘画湿度。单击工具箱中的“混合器画笔工具”按钮，其选项栏如图 4-25 所示。接着在画面中按住鼠标左键并拖动，即可将当前画面中的内容与设置的颜色进行混合绘制，如图 4-26 所示。

图 4-25

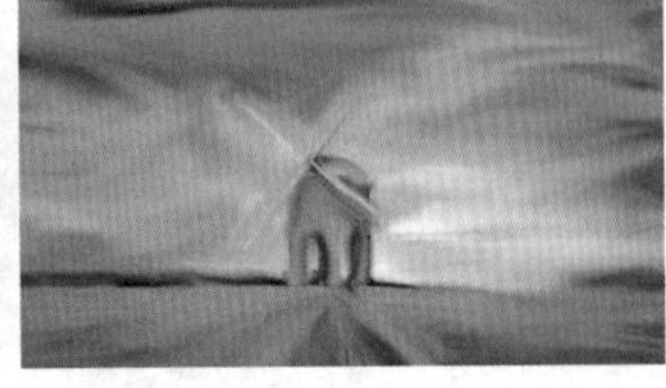
图 4-26

技巧提示：笔刷库的载入

在制图的过程中，Photoshop 中预设的画笔资源可能无法满足制图要求，这时就会选择使用外挂笔刷库素材，将其载入到 Photoshop 中以进行使用。载入笔刷是一件非常简单的操作，执行“编辑”→“预设”→“预设选取器”命令，打开“预设选取器”，在其中设置预设类型为“画笔”，然后单击“载入”按钮，如图 4-27 所示。接着在弹出的“载入”窗口中选择外挂笔刷（格式为：.abr），单击“载入”按钮完成载入画笔的操作，如图 4-28 所示。

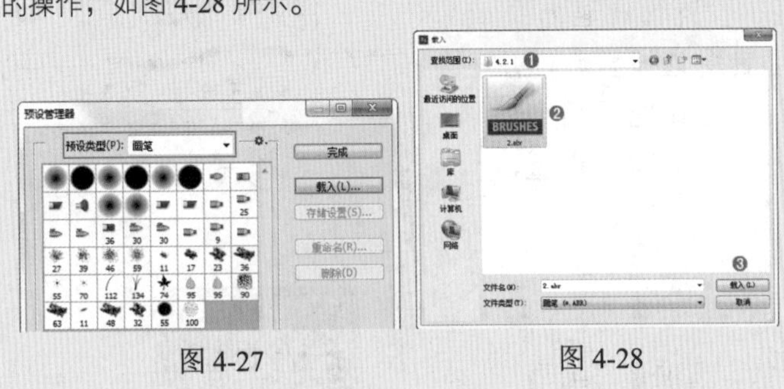

图 4-27　图 4-28

- 潮湿：控制画笔从画布拾取的油彩量。较高的设置会产生较长的绘画条痕。
- 载入：指定储槽中载入的油彩量。载入速率较低时，绘画描边干燥的速度会更快。
- 混合：控制画布油彩量同与储槽油彩量的比例。当混合比例为 100% 时，所有油彩将从画布中拾取；当混合比例为 0% 时，所有油彩都来自储槽。
- 流量：控制混合画笔的流量大小。
- 对所有图层取样：拾取所有可见图层中的画布颜色。

视频陪练：使用颜色替换工具改变沙发颜色

视频陪练：使用颜色替换工具改变沙发颜色

案例文件 / 第 4 章 / 使用颜色替换工具改变沙发颜色 .psd

视频教学 / 第 4 章 / 使用颜色替换工具改变沙发颜色 .flv

案例效果：

对于初学者来说，“颜色替换工具”是非常好用的调色工具。首先打开素材，然后选择工具箱中的“颜色替换工具”，设置前景色为青色，然后在选项栏中设置合适的笔尖大小，设置“模式”为“颜色”，“容差”为 50%，然后在黄色的沙发上涂抹，进行颜色的调整，如图 4-29 和图 4-30 所示。

图 4-29

图 4-30

4.3 使用画笔面板设置画笔动态

4.3.1 认识“画笔”面板

“画笔”面板可以对画笔笔尖属性进行更加丰富的设置，例如画笔的形状动态、散布、纹理、双重画笔、颜色动态、传递、画笔笔势等。执行“窗口”→“画笔”命令，打开“画笔”面板。如图 4-31 所示。在“画笔”面板左侧的列表中显示着可供设置的画笔选项，选择所需效果即可启用该设置，然后单击该选项的名称，使其处于高亮显示的状态，即可进行该选项的设置，如图 4-32 所示。

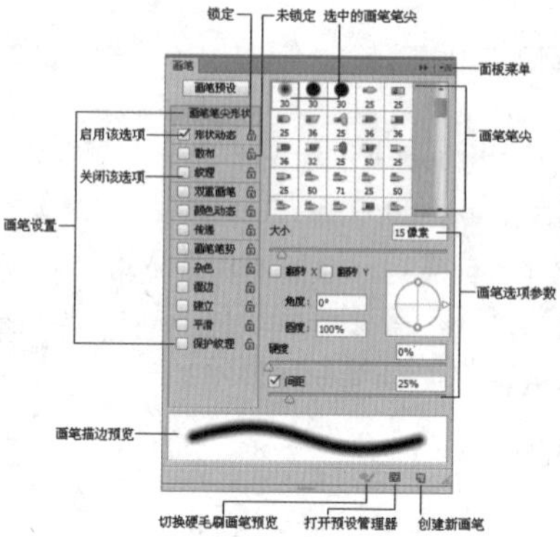

图 4-31

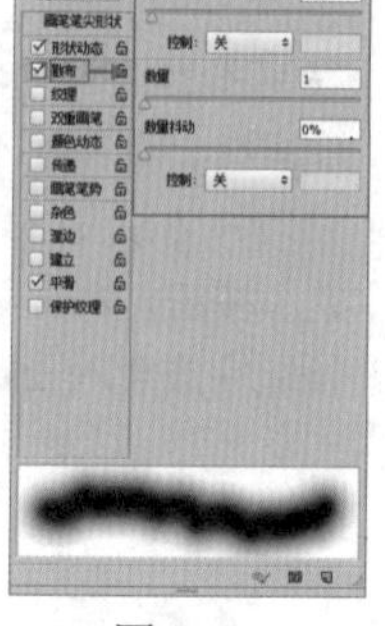
图 4-32

4.3.2 笔尖形状设置

“画笔笔尖形状”选项是“画笔”面板中默认显示的页面，如图 4-33 所示。在“画笔笔尖形状”中可以设置画笔的形状、大小、硬度和间距等基本属性，如图 4-34 所示。

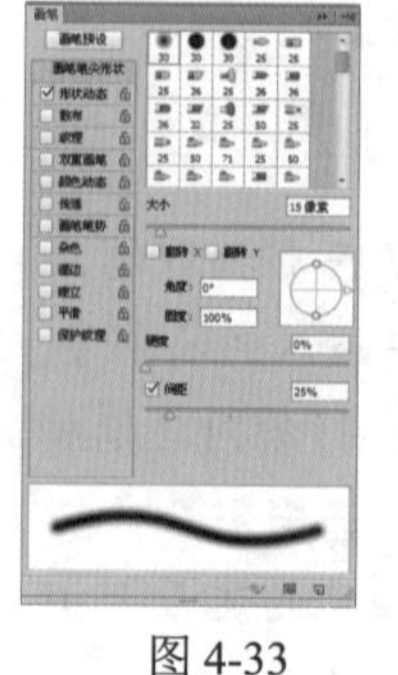
图 4-33

图 4-34

- 大小：控制画笔的大小，可以直接输入像素值，也可以通过拖曳滑块来设置画笔大小。
- “恢复到原始大小”按钮：将画笔恢复到原始大小。
- 翻转 X/Y：将画笔笔尖在其 x 轴或 y 轴上进行翻转。
- 角度：指定椭圆画笔或样本画笔的长轴在水平方向旋转的角度。
- 圆度：设置画笔短轴和长轴之间的比率。当“圆度”值为 100% 时，表示圆形画笔；当“圆度”值为 0% 时，表示线性画笔；介于 0%~100% 之间的“圆度”值，表示椭圆画笔（呈“压扁”状态）。
- 硬度：控制画笔硬度中心的大小。数值越小，画笔的柔和度越高，如图 4-35 所示。

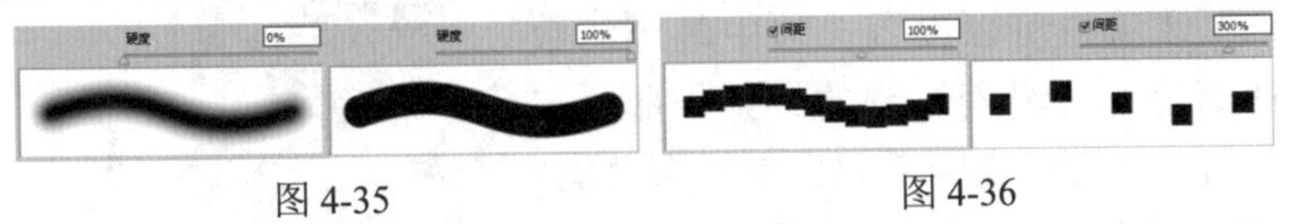

图 4-35　　图 4-36

- 间距：控制描边中两个画笔笔迹之间的距离。数值越高，笔迹之间的间距越大，如图 4-36 所示。

4.3.3　形状动态

“形状动态”可以决定描边中画笔笔迹的变化，它可以使画笔的大小、圆度等产生随机变化的效果。启用“形状动态”选项，并单击“形状动态”进入其设置页面，如图 4-37 所示。如图 4-38 所示为启用“形状动态”设置可以制作出的效果。

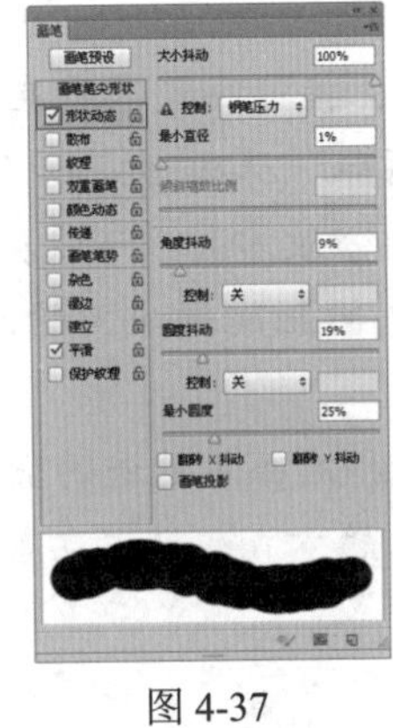

图 4-37

图 4-38

- 大小抖动 / 控制：指定描边中画笔笔迹大小的改变方式。数值越高，图像轮廓越不规则。
- 控制：下拉列表中可以设置“大小抖动”的方式，其中“关”选项表示不控制画笔笔迹的大小变换；“渐隐”选项是按照指定数量的步长在初始直径和最小直径之间渐隐画笔笔迹的大小，使笔迹产生逐渐淡出的效果；如果计算机配置有绘图板，可以选择“钢笔压力”、“钢笔斜度”、“光笔轮”或“旋转”选项，然后根据钢笔的压力、斜度、钢笔位置或旋转角度来改变初始直径和最小直径之间的画笔笔迹大小，如图 4-39 所示。

图 4-39

- 最小直径：当启用“大小抖动”选项以后，通过该选项可以设置画笔笔迹缩放的最小缩放百分比。数值越高，笔尖的直径变化越小。
- 倾斜缩放比例：当“大小抖动”设置为“钢笔斜度”选项时，该选项用来设置在旋转前应用于画笔高度的比例因子。
- 角度抖动 / 控制：用来设置画笔笔迹的角度。如果要设置“角度抖动”的方式，可以在下面的“控制”下拉列表中进行选择。

- 圆度抖动 / 控制 / 最小圆度：用来设置画笔笔迹的圆度在描边中的变化方式。如果要设置“圆度抖动”的方式，可以在下面的“控制”下拉列表中进行选择。另外，“最小圆度”选项可以用来设置画笔笔迹的最小圆度，如图 4-40 所示。

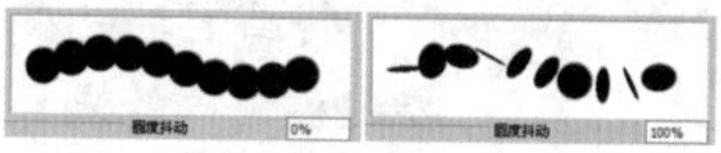

图 4-40

- 翻转 X/Y 抖动：将画笔笔尖在其 x 轴或 y 轴上进行翻转。

4.3.4 散布

在“散布”选项中可以设置描边中笔迹的数目和位置，使画笔笔迹沿着绘制的线条扩散。启用“散布”选项，并单击“散布”进入其设置页面，如图 4-41 所示。如图 4-42 所示为启用“散布”设置可以制作出的效果。

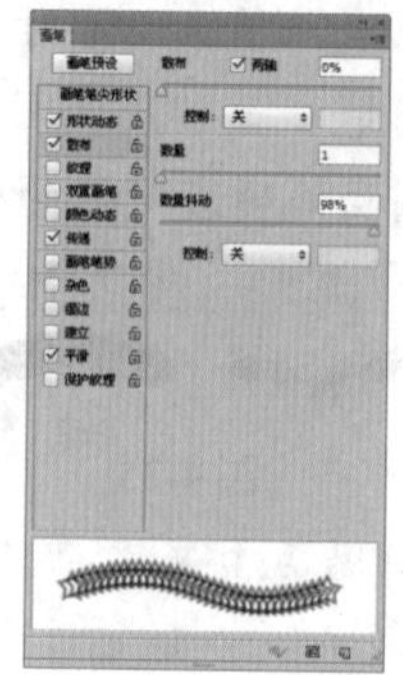

图 4-41

图 4-42

- 散布 / 两轴 / 控制：指定画笔笔迹在描边中的分散程度，该值越高，分散的范围越广。当选择“两轴”选项时，画笔笔迹将以中心点为基准，向两侧分散。如果要设置画笔笔迹的分散方式，可以在下面的“控制”下拉列表中进行选择。
- 数量：指定在每个间距间隔应用的画笔笔迹数量。数值越高，笔迹重复的数量越大。
- 数量抖动 / 控制：指定画笔笔迹的数量如何针对各种间距间隔产生变化。如果要设置“数量抖动”的方式，可以在下面的“控制”下拉列表中进行选择。

4.3.5 纹理

使用“纹理”选项可以绘制出带有纹理质感的笔触，例如在带纹理的画布上绘制效果等。启用“纹理”选项，并单击“纹理”进入其设置页面，如图 4-43 所示。如图 4-44 所示为启用“纹理”设置制作出的效果。

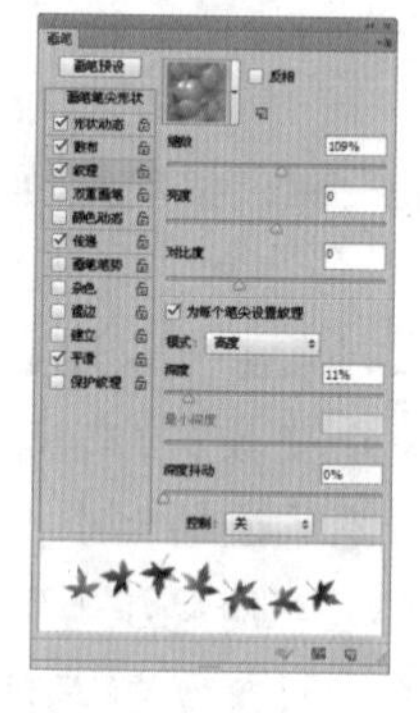

图 4-43

图 4-44

- 设置纹理 / 反相：单击图案缩览图右侧的倒三角图标，可以在弹出的“图案”拾色器中选择一个图案，并将其设置为纹理。如果选择“反相”选项，可以基于图案中的色调来反转纹理中的亮点和暗点。
- 缩放：设置图案的缩放比例。数值越小，纹理越多。
- 为每个笔尖设置纹理：将选定的纹理单独应用于画笔描边中的每个画笔笔迹，而不是作为整体应用于画笔描边。如果关闭“为每个笔尖设置纹理”选项，下面的

"深度抖动"选项将不可用。

- 模式：设置用于组合画笔和图案的混合模式。
- 深度：设置油彩渗入纹理的深度。数值越大，渗入的深度越大。
- 最小深度：当"深度抖动"下面的"控制"选项设置为"渐隐"、"钢笔压力"、"钢笔斜度"或"光笔轮"选项，并且选择了"为每个笔尖设置纹理"选项时，"最小深度"选项用来设置油彩可渗入纹理的最小深度。
- 深度抖动 / 控制：当择选"为每个笔尖设置纹理"选项时，"深度抖动"选项用来设置深度的改变方式。然后要指定如何控制画笔笔迹的深度变化，可以从下面的"控制"下拉列表中进行选择。

4.3.6　双重画笔

启用"双重画笔"选项可以绘制的线条呈现出两种画笔的效果。想要制作"双重画笔"效果，首先需要设置"画笔笔尖形状"主画笔参数属性，然后启用"双重画笔"选项，并从"双重画笔"选项中选择另外一个笔尖（即双重画笔）。其参数非常简单，大多与其他选项中的参数相同，如图 4-45 所示。最顶部的"模式"是指选择从主画笔和双重画笔组合画笔笔迹时要使用的混合模式。如图 4-46 所示为启用"双重画笔"制作出的效果。

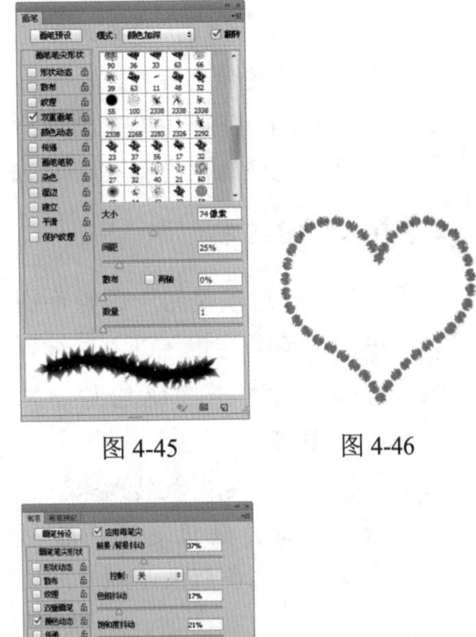

图 4-45　　图 4-46

4.3.7　颜色动态

选中"颜色动态"选项，可以通过设置选项绘制出颜色变化的效果。启用"颜色动态"选项，并单击"颜色动态"进入其设置页面，如图 4-47 所示。如图 4-48 所示为启用"颜色动态"设置可以制作出的效果。

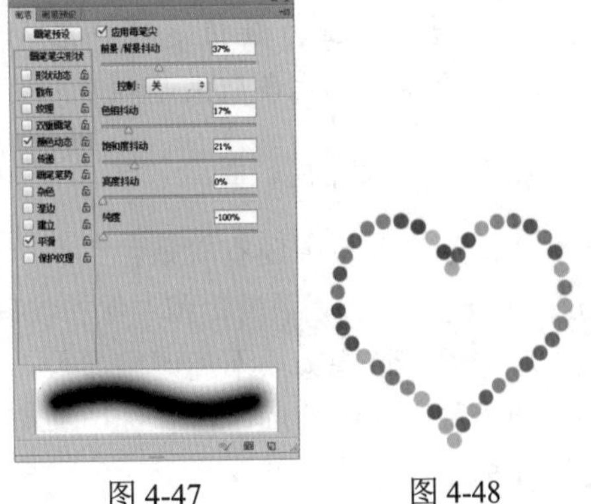

图 4-47　　图 4-48

- 前景 / 背景抖动 / 控制：用来指定前景色和背景色之间的油彩变化方式。数值越小，变化后的颜色越接近前景色；数值越大，变化后的颜色越接近背景色。如果要指定如何控制画笔笔迹的颜色变化，可以在下面的"控制"下拉列表中进行选择。
- 色相抖动：设置颜色变化范围。数值越小，颜色越接近前景色；数值越大，色相变化越丰富。
- 饱和度抖动：设置颜色的饱和度变化范围。数值越小，饱和度越接近前景色；数值越大，色彩的饱和度越高。
- 亮度抖动：设置颜色的亮度变化范围。数值越小，亮度越接近前景色；数值越大，颜色的亮度值越大。

- 纯度：用来设置颜色的纯度。数值越小，笔迹的颜色越接近于黑白色；数值越大，颜色饱和度越高。

4.3.8 传递

使用“传递”选项可以用来确定油彩在描边路线中的改变方式。启用“传递”选项，并单击“传递”进入其设置页面，“传递”选项中包含不透明度、流量、湿度、混合等抖动的控制，如图 4-49 所示。启用“传递”设置可以制作出的效果。如图 4-50 所示。

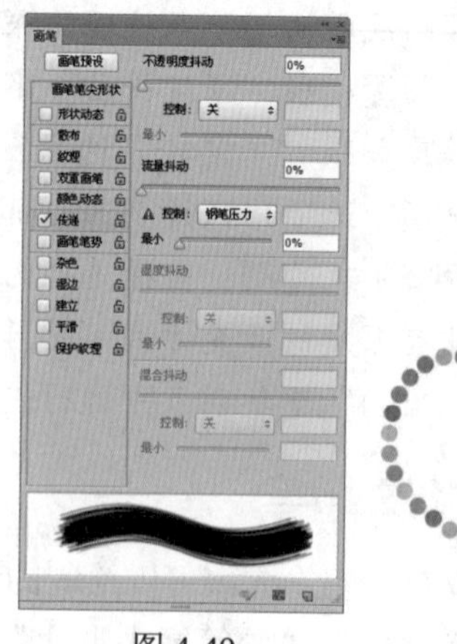

图 4-49

图 4-50

- 不透明度抖动 / 控制：指定画笔描边中油彩不透明度的变化方式，最高值是选项栏中指定的不透明度值。如果要指定如何控制画笔笔迹的不透明度变化，可以从下面的“控制”下拉列表中进行选择。
- 流量抖动 / 控制：用来设置画笔笔迹中油彩流量的变化程度。如果要指定如何控制画笔笔迹的流量变化，可以从下面的“控制”下拉列表中进行选择。
- 湿度抖动 / 控制：用来控制画笔笔迹中油彩湿度的变化程度。如果要指定如何控制画笔笔迹的湿度变化，可以从下面的“控制”下拉列表中进行选择。
- 混合抖动 / 控制：用来控制画笔笔迹中油彩混合的变化程度。如果要指定如何控制画笔笔迹的混合变化，可以从下面的“控制”下拉列表中进行选择。

4.3.9 画笔笔势

“画笔笔势”选项是用于调整毛刷画笔笔尖、侵蚀画笔笔尖的角度。启用“画笔笔势”选项，并单击“画笔笔势”进入其设置页面，如图 4-51 所示。

- 倾斜 X/ 倾斜 Y：使笔尖沿 X 轴或 Y 轴倾斜。
- 旋转：设置笔尖旋转效果。
- 压力：压力数值越高，绘制速度越快，线条效果越粗犷。

4.3.10 其他选项

“画笔”面板中还有“杂色”、“湿边”、“建立”、“平滑”和“保护纹理”这 5 个选项，这些选项不能调整参数，如果要启用其中某个选项，将其选中即可，如图 4-52 所示。

图 4-51

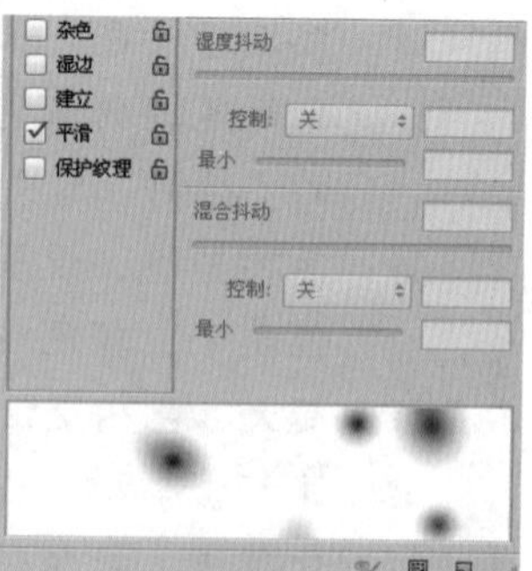

图 4-52

- 杂色：为个别画笔笔尖增加额外的随机性，当使用柔边画笔时，该选项最能出效果。

- 湿边：沿画笔描边的边缘增大油彩量，从而创建出水彩效果，如图 4-53 和图 4-54 所示分别为关闭与开启“湿边”项时的笔迹效果。

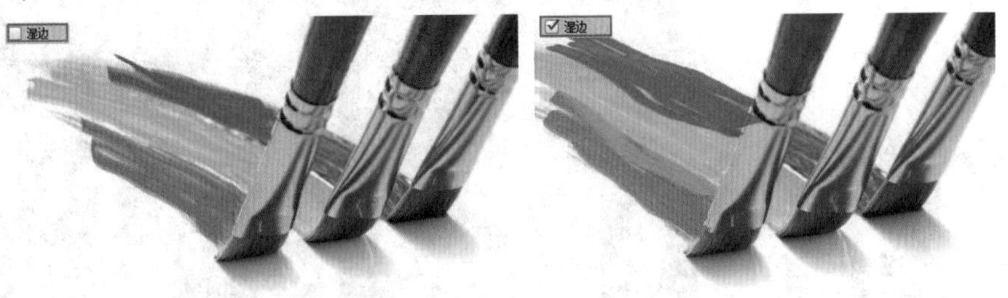

图 4-53　　图 4-54

- 建立：模拟传统的喷枪技术，根据鼠标按键的单击程度确定画笔线条的填充数量。
- 平滑：在画笔描边中生成更加平滑的曲线。当使用压感笔进行快速绘画时，该选项最有效。
- 保护纹理：将相同图案和缩放比例应用于具有纹理的所有画笔预设。选中该选项后，在使用多个纹理画笔绘画时，可以模拟出一致的画布纹理。

视频陪练：使用画笔制作火凤凰

案例文件 / 第 4 章 / 使用画笔制作火凤凰 .psd

视频教学 / 第 4 章 / 使用画笔制作火凤凰 .flv

案例效果：

本案例制作一个奇幻的合成效果，主要是通过外挂笔刷绘制羽毛。打开人物素材，接着载入外挂羽毛笔刷。选择“画笔工具”，将前景色设置为红色，接着单击绘制羽毛，将羽毛进行自由变换，将其变得狭长。继续进行绘制、变形，并进行组合。在绘制的过程中，要注意到“近实远虚”这个原理，后侧的羽化需要降低不透明度。羽毛效果制作完成后，为妆容和花朵进行装饰，如图 4-55 所示。

图 4-55

视频陪练：使用画笔制作火凤凰

4.4 修复工具组

Photoshop 的修复工具组包括“污点修复画笔工具”、“修复画笔工具”、“修补工具”和“红眼工具”，如图 4-56 所示为“修复工具组”。使用这些工具能够方便快捷地解决数码照片中的瑕疵，例如人像面部的斑点、皱纹、红眼、环境中多余的人以及不合理的杂物等问题，如图 4-57 和图 4-58 所示。

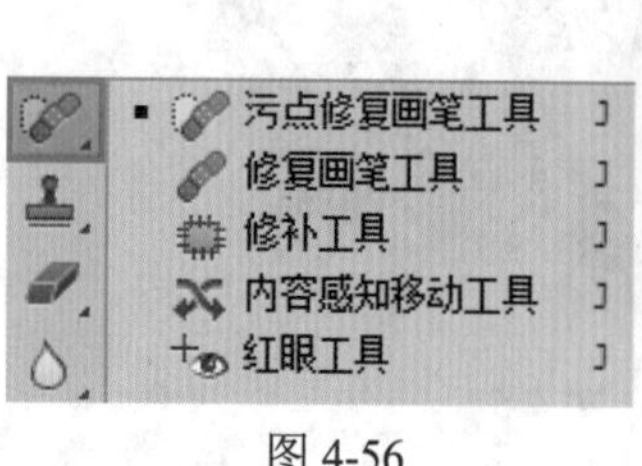

图 4-56

图 4-57

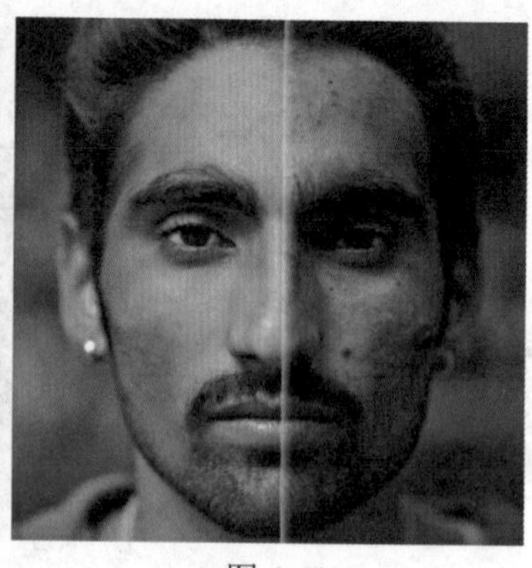
图 4-58

4.4.1 污点修复画笔

要点速查："污点修复画笔工具"不需要设置取样点就可以消除图像中的污点和某个对象，因为它可以自动将需要修复区域的纹理、光照、透明度和阴影等元素与图像自身进行匹配，快速修复污点。

打开一张图片，单击工具箱中的"污点修复画笔工具"按钮，在选项栏中进行相应设置，然后将光标移动至"污点"处单击，如图 4-59 所示。松开鼠标后可以观察到，单击位置的"污点"被消除了，如图 4-60 所示。

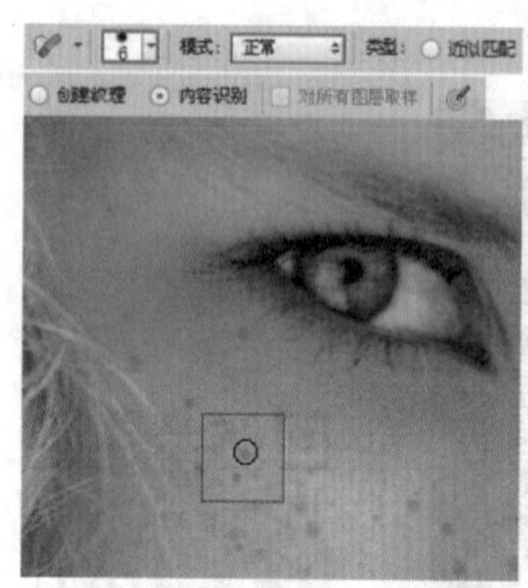

图 4-59

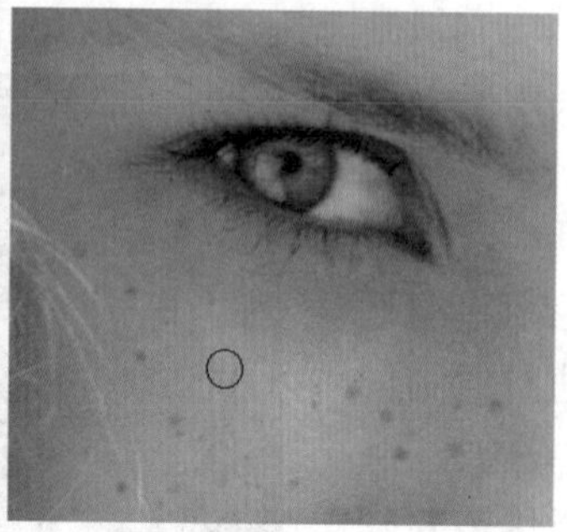
图 4-60

- 模式：用来设置修复图像时使用的混合模式。除"正常""正片叠底"等常用模式以外，还有一个"替换"模式，这个模式可以保留画笔描边的边缘处的杂色、胶片颗粒和纹理。
- 类型：用来设置修复的方法。选择"近似匹配"选项时，可以使用选区边缘周围的像素来查找要用作选定区域修补的图像区域；选择"创建纹理"选项时，可以使用选区中的所有像素创建一个用于修复该区域的纹理；选择"内容识别"选项时，可以使用选区周围的像素进行修复。

4.4.2 修复画笔

要点速查："修复画笔工具"是将样本像素的纹理、光照、透明度和阴影与所修复的像素进行匹配，从而使修复后的像素不留痕迹地融入图像的其他部分。

打开素材，单击工具箱中的"修复画笔工具"按钮，接着在选项栏中设置合适的笔尖大小，以及其他参数，接着按住 Alt 键在需要修补的对象附近按住 Alt 键进行取样，如图 4-61 所示。接着在需要修补的位置上按住鼠标左键拖曳进行涂抹，鼠标经过的位置就会被取样位置的像素所覆盖，如图 4-62 所示。

图 4-61

图 4-62

- 源：设置用于修复像素的源。选择“取样”选项时，可以使用当前图像的像素来修复图像，如图 4-63 所示；选择“图案”选项时，可以使用某个图案作为取样点，如图 4-64 所示。
- 对齐：选中该选项以后，可以连续对像素进行取样，即使释放鼠标也不会丢失当前的取样点；取消选中“对齐”选项以后，则会在每次停止并重新开始绘制时使用初始取样点中的样本像素。

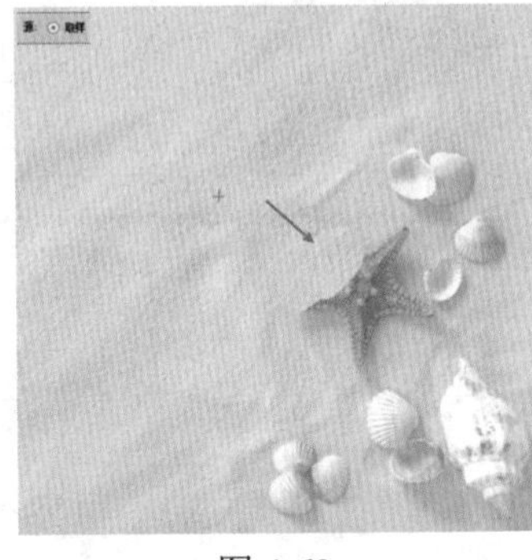

图 4-63

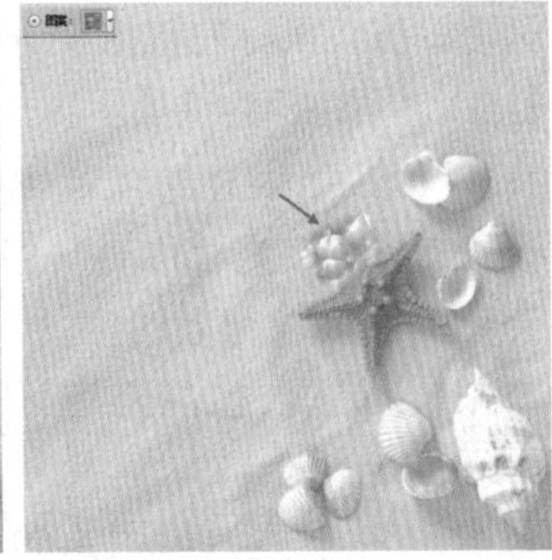

图 4-64

4.4.3 修补工具

要点速查：“修补工具”可以利用样本或图案来修复所选图像区域中不理想的部分。

打开一张图片，单击工具箱中的“修补工具”按钮，然后在需要修补的位置绘制一个选区，接着将光标放置在选区内，光标将变为形状，然后按住鼠标左键将选区向能够“覆盖”修补位置的区域处拖曳，如图 4-65 所示。拖曳到合适位置后，目标位置的像素会出现在选区中，效果如图 4-66 所示。修补完成后，使用快捷键 Ctrl+D 取消选区的选择。

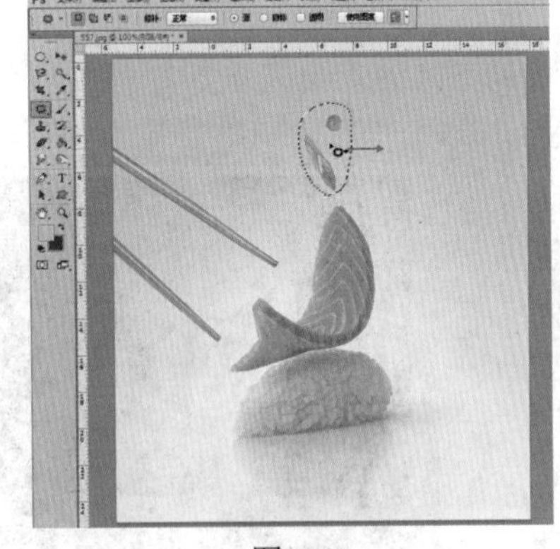

图 4-65

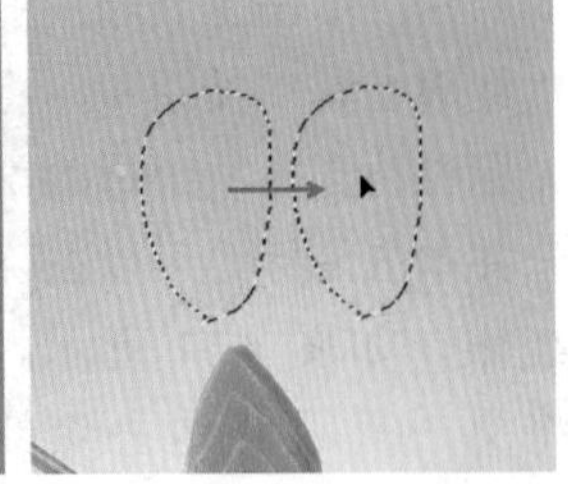

图 4-66

- 修补：创建选区以后，选择“源”选项时，将选区拖曳到要修补的区域以后，松开鼠标左键就会用当前选区中的图像修补原来选中的内容；选择“目标”选项时，则会将选中的图像复制到目标区域。
- 透明：选中该选项以后，可以使修补的图像与原始图像产生透明的叠加效果，该选项适用于修补具有清晰分明的纯色背景或渐变背景。
- 使用图案：使用“修补工具”创建选区以后，单击“使用图案”按钮使用图案，可以使用图案修补选区内的图像。

4.4.4 内容感知移动工具

要点速查：使用“内容感知移动工具”可以在无需复杂图层或慢速精确地选择选区的情况下快速地重构图像。

（1）单击工具箱中的“内容感知移动工具”按钮，在需要移动的对象上方绘制选区，如图 4-67 所示。然后将光标放置在选区上，按住鼠标左键拖曳进行移动，如图 4-68 所示。

图 4-67

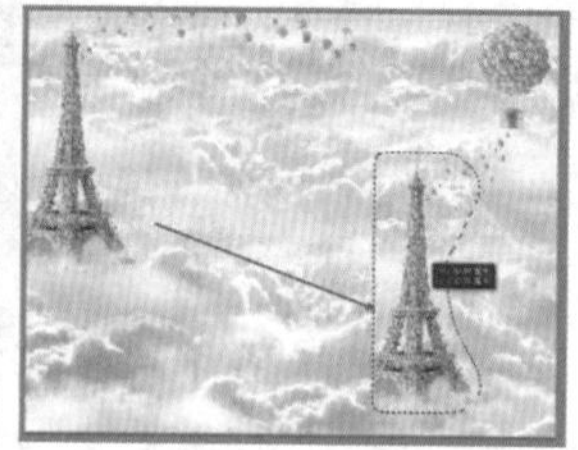

图 4-68

（2）如果在选项栏中设置“模式”为“移动”，会移动选区中像素的位置，原来的位置会被填充选区附近的相似像素，使其与周围融为一体，如图 4-69 所示。如果在选项栏中设置“模式”为“扩展”，那么选区中的内容将会被复制一份，效果如图 4-70 所示。

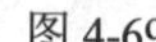

图 4-69

图 4-70

4.4.5 红眼工具

要点速查：“红眼工具”可以去除由闪光灯导致的红色反光。

打开一张带有红眼的照片，单击工具箱中的“红眼工具”按钮，将光标移动到人物眼球的部分并单击鼠标，可以去除红眼，如图 4-71 所示。将另一只眼睛边去除红眼，如图 4-72 所示。

图 4-71

图 4-72

- 瞳孔大小：用来设置瞳孔的大小，即眼睛暗色中心的大小。
- 变暗量：用来设置瞳孔的暗度。

技巧提示：红眼的产生与处理方法

红眼的产生原因是，眼睛在暗处时瞳孔放大，经闪光灯照射后，瞳孔后面的血管反射红色的光线造成的，另外眼睛没有正视相机也容易产生红眼。
为了避免出现红眼，除了可以在 Photoshop 中进行矫正以外，还可以使用相机的红眼消除功能来消除红眼。采用可以进行角度调整的高级闪光灯，在拍摄的时候闪光灯不要平行于镜头方向，而应与镜头成 30° 的角度，这样的闪光实际是产生环境光源，能够有效避免瞳孔受到刺激而放大。最好不要在特别昏暗的地方采用闪光灯拍摄，开启红眼消除系统后，要尽量保证拍摄对象都针对镜头。

4.5　图章工具组

“图章工具组”主要用于修复画面效果以及绘制图案。单击工具箱中的“仿制图章工具”按钮，可以看到“仿制图章工具”以及“图案图章工具”，如图 4-73 所示。

图 4-73

4.5.1　仿制图章

要点速查：“仿制图章工具”可以将图像的一部分绘制到同一图像的另一个位置上。

单击工具箱中的“仿制图章工具”按钮，将笔尖调整到合适大小，按住 Alt 键的同时单击鼠标左键进行取样，如图 4-74 所示。取样完成后松开 Alt 键，然后在需要修补的位置按住鼠标左键进行涂抹。随着涂抹，可以看到画面中取样的位置覆盖了修补的位置，如图 4-75 所示，效果如图 4-76 所示。

图 4-74

图 4-75

图 4-76

- 切换画笔面板：打开或关闭“画笔”面板。
- 切换仿制源面板：打开或关闭“仿制源”面板。
- 对齐：选中该选项以后，可以连续对像素进行取样，即使是释放鼠标以后，也不会丢失当前的取样点。
- 样本：从指定的图层中进行数据取样。

技巧提示：如何使仿制效果更加自然

（1）选择一个“柔角”的笔尖。
（2）按住鼠标左键拖曳会出现像素反复出现的情况，此时可以以单击的方式进行覆盖。
（3）随时进行取样，这样覆盖的效果就不会单一，而会更加自然。

视频陪练：使用仿制源面板与仿制图章工具

案例文件 / 第 4 章 / 使用仿制源面板与仿制图章工具 .psd

视频教学 / 第 4 章 / 使用仿制源面板与仿制图章工具 .flv

案例效果：

图 4-77

视频陪练：使用仿制源面板与仿制图章工具

图 4-78

要制作案例中的对称效果需要“仿制源”面板的帮助。执行“窗口”→“仿制源”命令，单击“仿制源”的图章按钮，单击“水平翻转”按钮，设置其数值为80%，然后使用“仿制图章工具”进行取样后，在画面的左侧涂抹就能制作出对称效果了，如图 4-77 和图 4-78 所示。

4.5.2 图案图章

要点速查：“图案图章工具”可以使用预设图案或载入的图案进行绘画。

单击工具箱中的“图案图章工具”按钮，在选项栏中设置合适的笔尖大小，然后单击“图案拾色器”按钮，在下拉菜单中选择合适的图案，接着在画面中按住左键拖曳，效果如图 4-79 所示。如果选中“印象派效果”选项，可以模拟出印象派效果的图案。如图 4-80 所示。

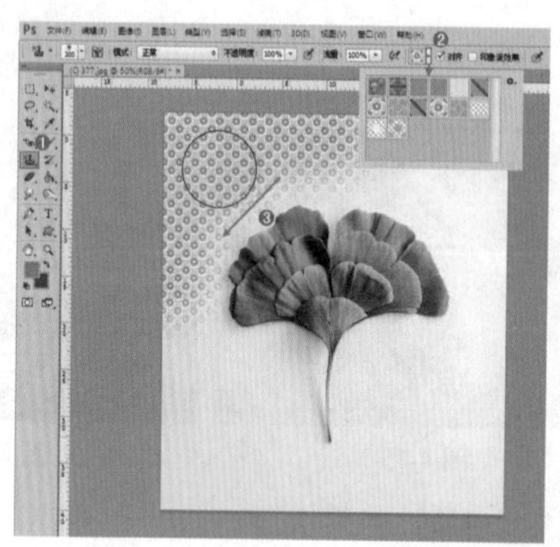

图 4-79

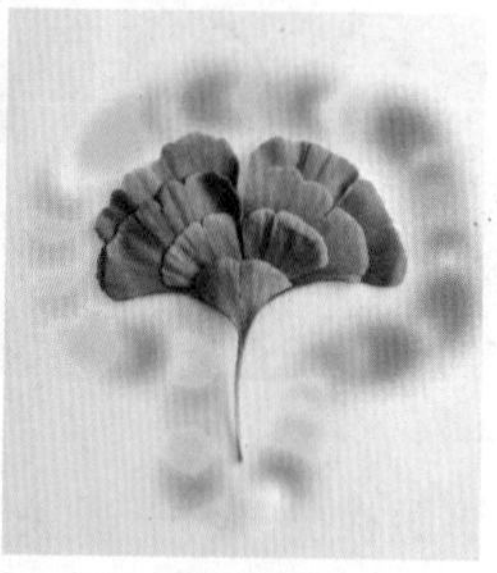

图 4-80

在选项栏中如果选中“对齐”选项，可以保持图案与原始起点的连续性，即使多次单击鼠标也不例外，如图 4-81 所示。若取消选中该选项，则每次单击鼠标都重新应用图案，如图 4-82 所示。

图 4-81

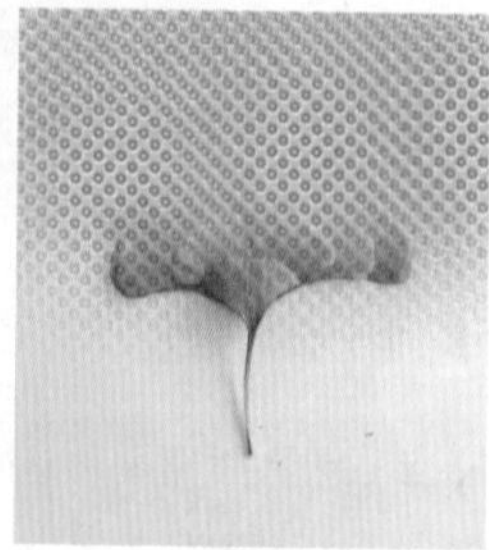

图 4-82

实战案例：去除面部瑕疵

实战案例：去除面部瑕疵

案例文件 / 第 4 章 / 去除面部瑕疵 .psd

视频教学 / 第 4 章 / 去除面部瑕疵 .flv

案例效果：

对数码人像的处理，最基础的操作就是去除面部瑕疵。本案例主要针对人像照片中面部经常出现的细纹、黑眼圈、眼袋、斑点等异物进行去除，如图 4-83 和图 4-84 所示。

图 4-83

图 4-84

操作步骤：

（1）按组合键 Ctrl+O 打开素材文件，如图 4-85 所示。下眼睑部分的皱纹很明显。单击“污点修复画笔工具”按钮，然后在选项栏中打开“画笔”选取器，设置画笔大小为 10 像素，间距为 2%，如图 4-86 所示。并在右眼眼纹部分进行涂抹，如图 4-87 所示。

图 4-85

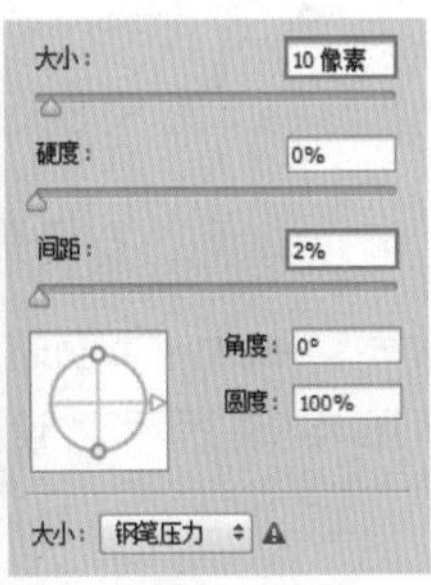

图 4-86

图 4-87

技巧提示：“污点修复画笔”的使用技巧

使用“污点修复画笔”去除某部分污迹时，所设置的画笔笔尖大小需与修复部分对象大小相匹配。本案例中需要去除的是细纹，而细纹与细纹之间的距离又很接近，所以要设置较小的画笔进行涂抹，并且每次只涂抹一条细纹。

（2）细纹部分已经被去除了，但是下眼睑部分的颜色仍然稍显暗淡，因此单击“仿制图章工具”按钮，在画布中单击鼠标右键，在弹出的“画笔选取器”中选择一个柔角画笔，设置“大小”为 82 像素，如图 4-88 所示。在下眼睑稍下方的位置按住 Alt 键单击进行拾取，然后对下眼睑部分进行涂抹修饰，如图 4-89 所示。用同样的方法去除左眼的眼纹，如图 4-90 所示。

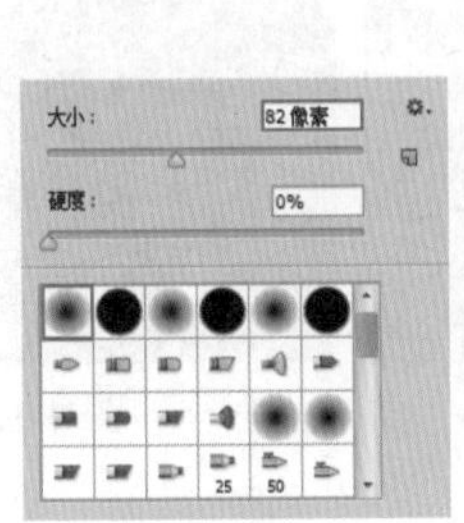

图 4-88

图 4-89

图 4-90

（3）继续使用“仿制图章工具”，在选项栏中打开“画笔预设”选取器，选择柔角画笔。设置“大小”为62像素，调整“不透明度”为80%，“流量”为80%，如图4-91所示。按Alt键的同时单击鼠标左键吸取源，如图4-92所示，然后在异物上绘制，如图4-93所示。最终效果如图4-94所示。

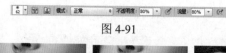

图 4-91

图 4-92

图 4-93

图 4-94

4.6 历史记录画笔工具

历史记录工具组是以历史记录操作作为“源”对画面的局部进行还原或者艺术化处理。按住工具箱中的“历史记录画笔工具”按钮，可以看到隐藏的工具，如图4-95所示。

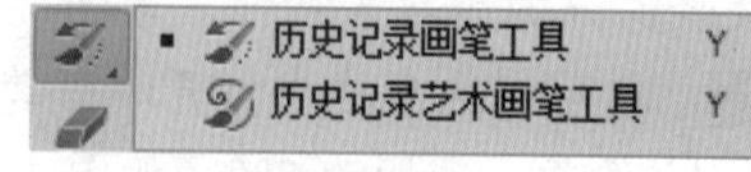

图 4-95

4.6.1 历史记录画笔

要点速查：“历史记录画笔工具”可以理性、真实地还原某一区域的某一步操作。

（1）打开一张图片，如图4-96所示。执行“滤镜”→“模糊”→“径向模糊”命令，在“径向模糊”面板中设置参数，如图4-97所示。设置完成后，单击“确定”按钮，效果如图4-98所示。

图 4-96

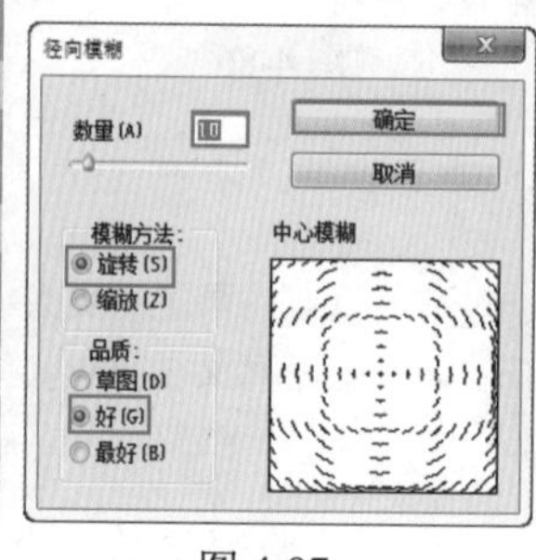

图 4-97

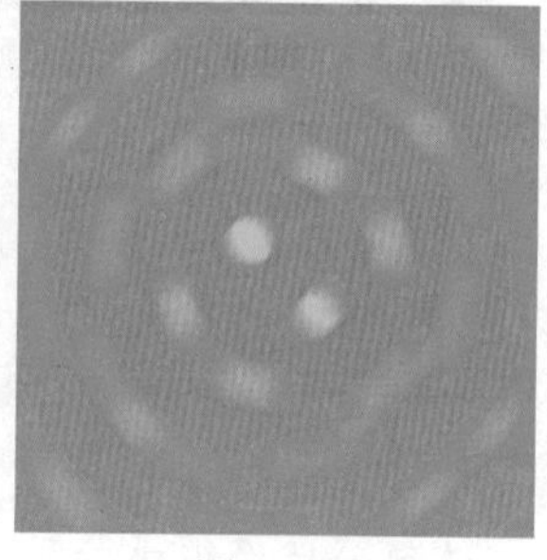
图 4-98

（2）执行“窗口”→“历史记录面板”命令调出“历史记录”面板。默认情况下历史记录被标记在最初状态上，在这里需要标注到“径向模糊”之前的一步，在上一个步骤前单击标记，如图4-99所示。接着单击工具箱中的“历史记录画笔”工具按钮，适当调整画笔大小，在画面中按住鼠标左键涂抹，即可将涂抹的区域还原为标记步骤的效果，如图4-100所示。

图 4-99

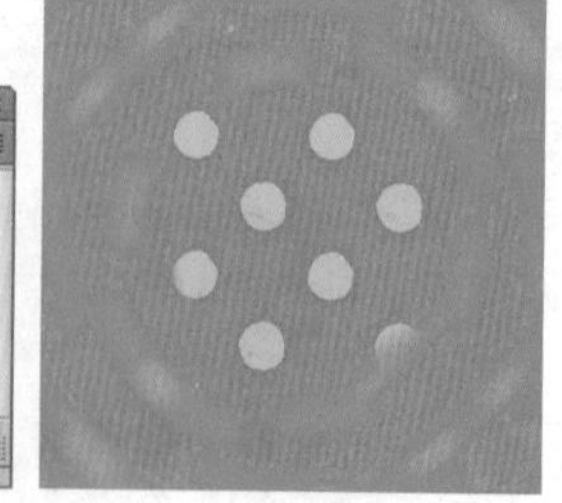
图 4-100

技巧提示：如何在“历史记录”面板中进行标记

在“历史记录”面板中，单击“打开”前面的按钮，单击完成后，该按钮变为形状，这就代表标注成功。

4.6.2　历史记录艺术画笔

要点速查：使用“历史记录艺术画笔”工具可以将标记的历史记录状态或快照用做“源数据”对图像进行艺术化的修改。

打开一张图片，单击工具箱中的“历史记录艺术画笔”工具，如图 4-101 所示。接着在选项栏中设置合适的“样式”，然后在画面中进行涂抹，即可创造出不同的颜色和艺术风格的效果，如图 4-102 所示。

图 4-101

图 4-102

- 样式：选择一个选项来控制绘画描边的形状，包括“绷紧短”、“绷紧中”和“绷紧长”等，分别是“绷紧短”和“绷紧卷曲”效果。
- 区域：用来设置绘画描边所覆盖的区域。数值越高，覆盖的区域越大，描边的数量也越多。
- 容差：限定可应用绘画描边的区域。低容差可以在图像中的任何地方绘制无数条描边；高容差会将绘画描边限定在与源状态或快照中的颜色明显不同的区域。

4.7　橡皮擦工具组

Photoshop 提供了 3 种擦除工具，分别是“橡皮擦工具”、“背景橡皮擦工具”和“魔术橡皮擦工具”。使用“橡皮擦工具”可以对画面的局部进行擦除，“背景橡皮擦工具”和“魔术橡皮擦工具”可以对颜色相近的区域进行快速擦除，如图 4-103 所示为“橡皮擦”工具组。

图 4-103

4.7.1　橡皮擦

要点速查：“橡皮擦工具”可以擦除光标经过位置的像素。

单击工具箱中的“橡皮擦工具”，设置合适的笔尖大小，然后在画面中按住鼠标左键拖曳，光标经过的位置像素会被擦除掉，如图 4-104 所示。如果选择了“背景”图层，按住鼠标左键拖曳进行擦除，那么鼠标经过的位置会被填充背景色，如图 4-105 所示。

- 模式：选择橡皮擦的种类。选择“画笔”选项时，可以创建柔边擦除效果；选择“铅笔”选项时，可以创建硬边擦除效果；选择“块”选项时，擦除的效果为块状。
- 不透明度：用来设置“橡皮擦工具”的擦除强度。设置为 100% 时，可以完全擦除像素。当设置“模式”为“块”时，该选项将不可用。

图 4-104

图 4-105

- 流量：用来设置“橡皮擦工具”的涂抹速度。
- 抹到历史记录：选中该选项以后，“橡皮擦工具”的作用相当于“历史记录画笔工具”。

4.7.2 背景橡皮擦

要点速查：“背景橡皮擦工具”是一种基于色彩差异的智能化擦除工具。

单击工具箱中的“背景橡皮擦工具”按钮，然后在背景处涂抹，如图 4-106 所示。随着涂抹可以看到背景被擦除了，而前景中的主体物并没有被擦除，如图 4-107 所示。继续擦除背景，抠图效果如图 4-108 所示。

图 4-106

图 4-107

图 4-108

技巧提示：“背景橡皮擦”的使用技巧

在“背景橡皮擦工具”的光标中有一个 + 光标，此光标经过的位置是用于涂抹时颜色的取样。

- 取样：用来设置取样的方式。激活“取样：连续”按钮，在拖曳鼠标时可以连续对颜色进行取样，凡是出现在光标中心十字线以内的图像都将被擦除；激活“取样：一次”按钮，只擦除包含第 1 次单击处颜色的图像；激活“取样：背景色板”按钮，只擦除包含背景色的图像。
- 限制：设置擦除图像时的限制模式。选择“不连续”选项时，可以擦除出现在光标下任何位置的样本颜色；选择“连续”选项时，只擦除包含样本颜色并且相互连接的区域；选择“查找边缘”选项时，可以擦除包含样本颜色的连接区域，同时更好地保留形状边缘的锐化程度。

- 容差：用来设置颜色的容差范围。
- 保护前景色：选中该项以后，可以防止擦除与前景色匹配的区域。

4.7.3　魔术橡皮擦

要点速查：使用“魔术橡皮擦工具” 可以将所有相似的像素更改为透明。

打开一张图片文件，单击工具箱中的“魔术橡皮擦工具”按钮，然后在选项栏中进行参数的设置，接着在需要擦除的位置单击，随即颜色相近的像素被擦除，如图 4-109 所示。

图 4-109

- 容差：用来设置可擦除的颜色范围。
- 消除锯齿：可以使擦除区域的边缘变得平滑。
- 连续：选中该选项时，只擦除与单击点像素邻近的像素；关闭该选项时，可以擦除图像中所有相似的像素。
- 不透明度：用来设置擦除的强度。值为 100% 时，将完全擦除像素；较低的值可以擦除部分像素。

技巧提示：使用橡皮擦工具抠图的注意事项

以上几种橡皮擦工具的作用都是用来抹除像素的，在实际使用中建议大家通过选区和蒙版来达到抹除像素的目的，尽量不要直接使用有破坏作用的橡皮擦工具。

实战案例：使用魔术橡皮擦工具轻松为美女更换背景

案例文件 / 第 4 章 / 使用魔术橡皮擦工具轻松为美女更换背景 .psd

视频教学 / 第 4 章 / 使用魔术橡皮擦工具轻松为美女更换背景 .flv

实战案例：使用魔术橡皮擦工具轻松为美女更换背景

案例效果：

对于初学者来说，使用橡皮擦工具组中的工具进行抠图再合适不过了，尤其是那些颜色差异较大的图片。本案例是使用“魔术橡皮擦工具”擦除背景，并为美女换背景，案例效果如图 4-110 所示。

图 4-110

操作步骤：

（1）执行“文件”→“打开”命令，打开背景素材“1.jpg”，如图 4-111 所示。接着执行“文件”→“置入”命令，将人像素材“2.jpg”置入到文档中。选择该图层，执行“图层”→“栅格化”→“智能对象”命令，如图 4-112 所示。

（2）单击工具箱中的“魔术橡皮擦工具”，在选项栏中设置“容差”为 50，选中“消除锯齿”和“连续”选项，如图 4-113 所示。

图 4-111

图 4-112

图 4-113

（3）回到图像中，在美女背景的天空处单击，即可删除大块的背景，如图 4-114 所示。用同样的方法依次在背景处单击即可去除所有背景部分，如图 4-115 所示。

（4）置入前景装饰素材“3.png”，将素材摆放到相应位置。漂亮的女孩就这样处于另外一个场景中了，如图 4-116 所示。

图 4-114

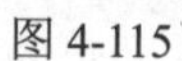

图 4-115

图 4-116

视频陪练：橡皮擦抠图制作水精灵

案例文件 / 第 3 章 / 橡皮擦抠图制作水精灵 .psd

视频教学 / 第 3 章 / 橡皮擦抠图制作水精灵 .flv

案例效果：

合成是一个创造的过程，可以把一些看似不相关的事物融合在一个画面中，制作成另一番景象。制作本案例，通过使用“魔术橡皮擦工具”抠取水花素材，并使用“混合模式”与背景进行融合。使用“背景橡皮擦工具”配合“魔术橡皮擦工具”将人像提取出来，完成合成操作，如图 4-117 所示。

图 4-117

视频陪练：橡皮擦抠图制作水精灵

4.8 渐变与油漆桶工具组

Photoshop 的工具箱中提供了两种图像填充工具，分别是“渐变工具”和“油漆桶工具”，如图 4-118 所示。通过这两种填充工具可以为指定区域或整个图像填充纯色、渐变或者图案等内容。

图 4-118

4.8.1 渐变工具

要点速查："渐变工具"的应用非常广泛，它不仅可以填充图像，还可以用来填充图层蒙版、快速蒙版和通道等。

选择一个图层或者绘制一个选区。单击工具箱中的"渐变工具"按钮，单击选项栏中的渐变色条，如图 4-119 所示，随即会弹出"渐变编辑器"窗口，可以在窗口上方的"预设"选项中单击选择一个预设的渐变，单击"确定"按钮，如图 4-120 所示。接着在选项栏中单击选择一种渐变类型，然后按住鼠标左键拖曳，松开鼠标后完成渐变填充操作。这就是填充渐变的基本流程，如图 4-121 所示。

图 4-119

图 4-120

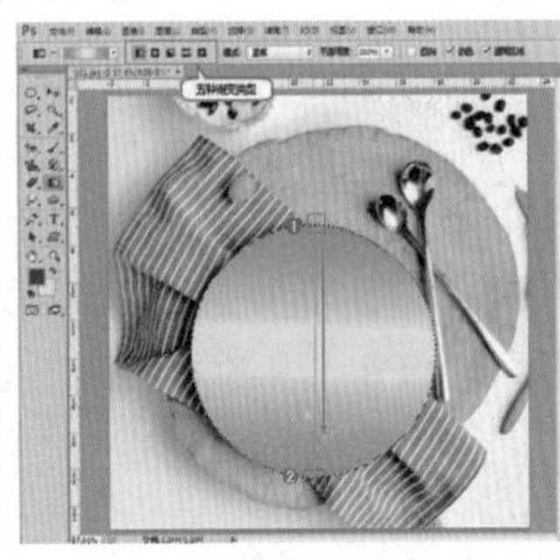

图 4-121

- 渐变颜色条：显示了当前的渐变颜色，单击右侧的倒三角图标，可以打开"渐变"拾色器，如果直接单击渐变颜色条，则会弹出"渐变编辑器"对话框。
- 渐变类型：激活"线性渐变"按钮，可以以直线方式创建从起点到终点的渐变，如图 4-122 所示；激活"径向渐变"按钮，可以以圆形方式创建从起点到终点的渐变，如图 4-123 所示；激活"角度渐变"按钮，可以创建围绕起点以逆时针扫描方式的渐变，如图 4-124 所示；激活"对称渐变"按钮，可以使用均衡的线性渐变在起点的任意一侧创建渐变，如图 4-125 所示；激活"菱形渐变"按钮，可以以菱形方式从起点向外产生渐变，终点定义菱形的一个角，如图 4-126 所示。

图 4-122

图 4-123

图 4-124

图 4-125

图 4-126

- 模式：用来设置应用渐变时的混合模式。
- 不透明度：用来设置渐变色的不透明度。
- 反向：转换渐变中的颜色顺序，得到反方向的渐变结果。
- 仿色：选中该选项时，可以使渐变效果更加平滑。主要用于防止打印时出现条带化现象，但在计算机屏幕上并不能明显地体现出来。
- 透明区域：选中该选项时，可以创建包含透明像素的渐变。

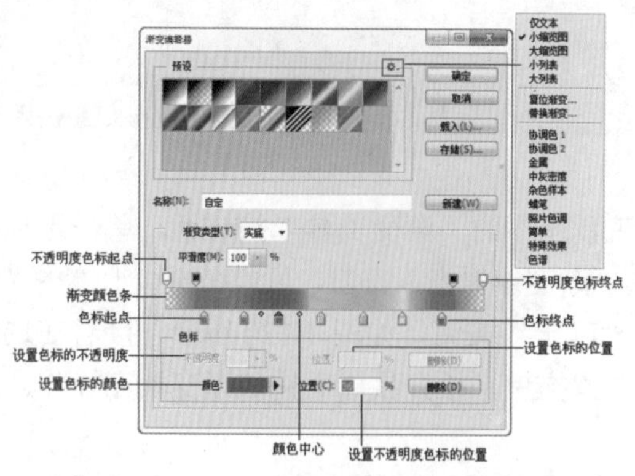

图 4-127

选择“渐变工具”，单击选项栏中的“渐变色条”，即可打开“渐变编辑器”窗口，在该窗口中可以进行渐变编辑操作，如图 4-127 所示为“渐变编辑器”各项名称。

（1）默认情况下渐变色调上的颜色是黑色到白色。如果要编辑渐变，可以双击“渐变色条”下方的色标，即可弹出“拾色器”窗口，然后进行颜色的设置。如果要添加色标，可以将光标移动到“渐变色条”的下方，光标变为形状后单击即可添加色标，如图 4-128 和图 4-129 所示。

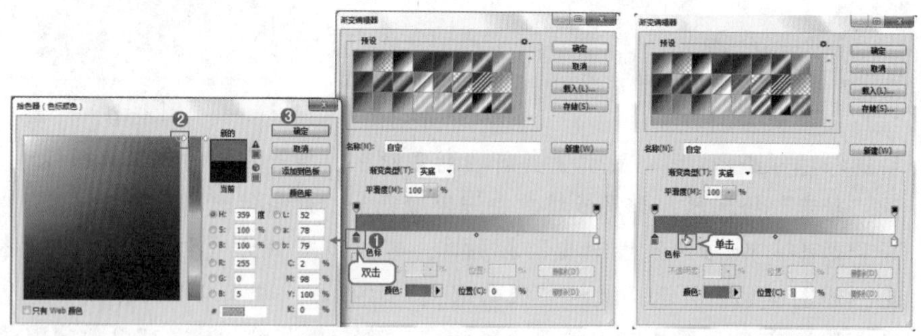

图 4-128　　图 4-129

（2）如果要调整两种颜色之间的过渡效果，可以拖曳渐变色条下方的◆，如图 4-130 和图 4-131 所示。

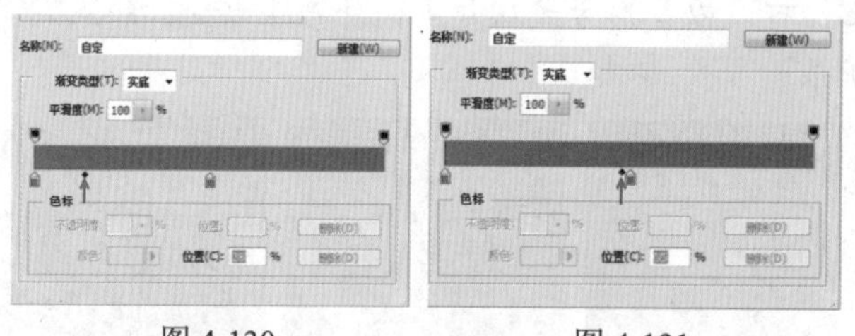

图 4-130　　图 4-131

（3）如果要编辑透明渐变，可以单击“渐变色条”上方的色标，然后在“不透明度”选项中更改数值，如图 4-132 所示。如果要删除色标，可以单击选择需要删除的色标，将其向下拖曳，或者按 Delete 键即可删除，如图 4-133 所示。

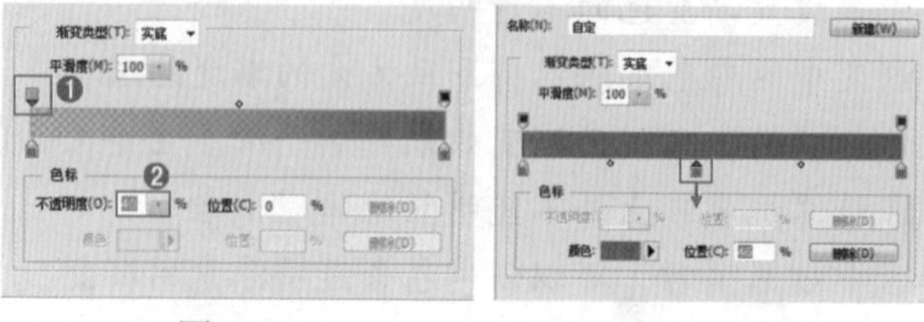

图 4-132　　图 4-133

技巧提示：如何快速编辑由前景色到背景色的渐变颜色

首先设置好相应的前景色与背景色，然后选择“渐变工具”，打开“渐变编辑器”，在“预设”缩览图中单击第一个“前景色到背景色渐变”即可，如图 4-134 所示。

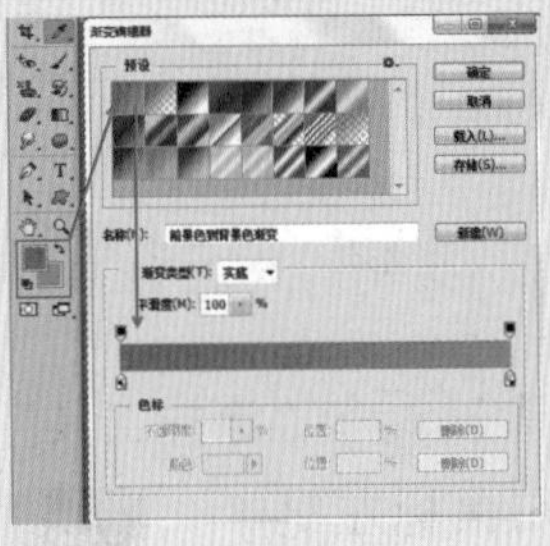

图 4-134

4.8.2 油漆桶工具

要点速查：“油漆桶工具”可以在图像中填充前景色或图案。

“油漆桶工具”按钮是基于颜色进行填充的一种方式。首先设置一个合适的前景色，然后单击工具箱中的“油漆桶工具”按钮，在选项栏中设置合适的容差参数，然后在需要填充颜色的位置单击，如图 4-135 所示。随即颜色相近的区域会被填充前景色，如图 4-136 所示。如果在画面中存在选区的状态下，使用“油漆桶工具”填充时同时受选区和颜色两方面影响，如图 4-137 所示。

图 4-135

图 4-136

图 4-137

- 填充模式：选择填充的模式，包含“前景”和“图案”两种模式。
- 模式：用来设置填充内容的混合模式。
- 不透明度：用来设置填充内容的不透明度。
- 容差：用来定义必须填充像素的颜色的相似程度。设置较低的“容差”值会填充颜色范围内与鼠标单击处像素非常相似的像素；设置较高的“容差”值会填充更大范围的像素。
- 消除锯齿：平滑填充选区的边缘。
- 连续的：选中该选项后，只填充图像中处于连续范围内的区域；关闭该选项后，可以填充图像中的所有相似像素。
- 所有图层：选中该选项后，可以对所有可见图层中的合并颜色数据填充像素；关闭该选项后，仅填充当前选择的图层。

技巧提示：定义图案的方法

在 Photoshop 中可以将打开的图片定义为可供调用的图案。打开一张图片，执行“编辑”→“定义图案”菜单命令，在“图案名称”面板中设置一个合适的名称，设置完成后单击“确定”按钮，即可将图片定义为图案。

4.9 模糊、锐化、涂抹

“模糊工具”、“锐化工具”和“涂抹工具”可以对图像进行模糊、锐化和涂抹处理，如图 4-138 所示。使用鼠标左键按住工具箱中的“模糊工具”按钮，即可看到隐藏的“锐化工具”和“涂抹工具”，如图 4-139 所示。

图 4-138

图 4-139

4.9.1 模糊工具

要点速查：“模糊工具”可柔化像素反差较大造成的“硬边缘”，减少图像中的细节。

打开一张图片，单击工具箱中“模糊工具”按钮，在选项栏中进行参数的设置，然后在画面中按住鼠标左键拖曳，光标经过的位置会变得模糊，如图 4-140 所示。继续进行模糊处理，效果如图 4-141 所示。

图 4-140

图 4-141

- 模式：用来设置“模糊工具”的混合模式，包括“正常”、“变暗”、“变亮”、“色相”、“饱和度”、“颜色”和“明度”。
- 强度：用来设置“模糊工具”的模糊强度，数值越大，每次涂抹时画面模糊的程度越强。

4.9.2 锐化工具

要点速查：“锐化工具”可以增强图像中相邻像素之间的对比，以提高图像的清晰度。

“锐化工具”与“模糊工具”的大部分选项相同。选中“保护细节选项”选项后在进行锐化处理时，将对图像的细节进行保护。

打开一张图片，单击工具箱中的“锐化工具”按钮，在选项栏中设置合适的笔尖大小和锐化强度，接着在需要锐化的位置按住鼠标左键涂抹进行锐化，如图 4-142 所示，锐化效果如图 4-143 所示。

图 4-142

图 4-143

4.9.3　涂抹工具

要点速查：“涂抹工具”通过拾取鼠标单击处的像素，沿着拖曳的方向展开这种颜色，可以模拟手指划过湿油漆时所产生的效果。

打开一张图片，如图 4-144 所示。单击工具箱中的“涂抹工具”按钮，在画面中按住鼠标左键拖动，被涂抹过的区域出现了画面像素的移动。如图 4-145 所示。

- 模式：用来设置“涂抹工具”的混合模式，包括“正常”、“变暗”、“变亮”、“色相”、“饱和度”、“颜色”和“明度”。
- 强度：用来设置“涂抹工具”的涂抹强度。
- 手指绘画：选中该选项后，可以使用前景颜色进行涂抹绘制。

图 4-144

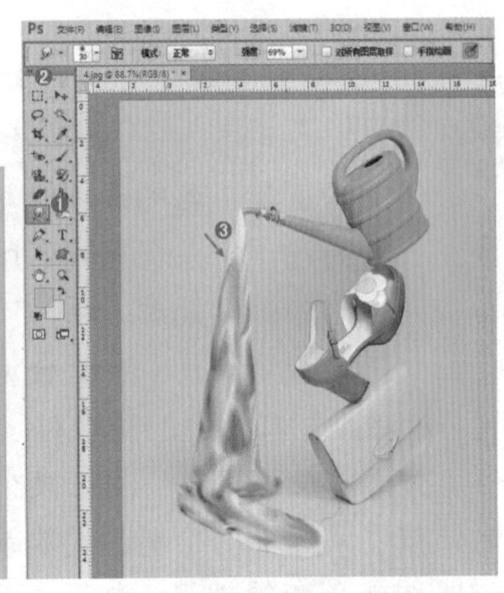

图 4-145

4.10　减淡、加深、海绵

“减淡工具”、“加深工具”和“海绵工具”可以对图像局部的明暗、饱和度等进行处理。按住工具箱中的“减淡工具”按钮，即可看到另外两个隐藏工具，如图 4-146 所示。

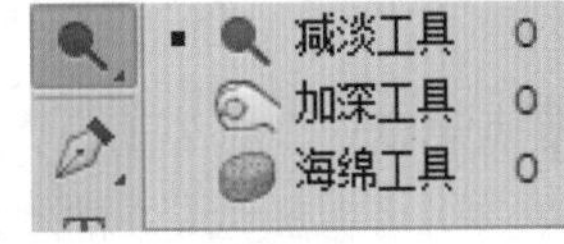

图 4-146

4.10.1　减淡工具

要点速查：“减淡工具”可以对图像“亮部”、“中间调”“暗部”分别进行减淡处理。使用减淡工具用在某个区域上方绘制的次数越多，该区域就会变得越亮。

打开一张图片，如图 4-147 所示。单击工具箱中的“减淡工具”按钮，然后在需要提亮的位置处按住鼠标左键涂抹，随着涂抹可以看到光标经过的位置亮度会提高，如图 4-148 所示。

图 4-147

图 4-148

- 范围：选择要修改的色调。选择“中间调”选项时，可以更改灰色的中间范围；选择“阴影”选项时，可以更改暗部区域；选择“高光”选项时，可以更改亮部区域。
- 曝光度：用于设置减淡的强度。
- 保护色调：可以保护图像的色调不受影响。

4.10.2 加深工具

要点速查：“加深工具”可以对图像进行加深处理。

“加深工具”的选项栏与“减淡工具”的选项栏完全相同，用于对图像进行“加深”处理。通常“加深工具”和“减淡工具”会配合使用，可以有效地增加颜色的明暗对比度。

使用“加深工具”用在某个区域时，按住鼠标拖动绘制的次数越多，该区域就会变得越暗，如图 4-149 和图 4-150 所示。

图 4-149

图 4-150

4.10.3 海绵工具

要点速查：“海绵工具”可以增强或降低画面的颜色感。如果是灰度图像，“海绵工具”可以用来增加或降低对比度。

打开一张图片，如图 4-151 所示。单击工具箱中“海绵工具”按钮，在选项栏中设置该工具的强度，若设置“模式”为“去色”，在画面中按住鼠标左键涂抹即可降低色彩的饱和度，如图 4-152 所示；若设置“模式”为“加色”，则可以增加颜色的饱和度，如图 4-153 所示。

图 4-151

图 4-152

图 4-153

- 自然饱和度：选中“自然饱和度”选项以后，可以在增加饱和度的同时防止颜色过度饱和而产生溢色现象。

综合案例：使用多种画笔设置制作散景效果

综合案例：使用多种画笔设置制作散景效果

案例文件 / 第 3 章 / 使用多种画笔设置制作散景效果 .psd

视频教学 / 第 3 章 / 使用多种画笔设置制作散景效果 .flv

案例效果：

本案例主要通过对画笔笔尖进行设置，制作出大小不同、颜色不同、透明效果不同的笔触，模拟散景效果。在设置过程中使用到了画笔面板的形状动态、散布、颜色动态和传递等选项，图 4-154 所示。

图 4-154

操作步骤：

（1）打开素材文件，如图 4-155 所示。设置前景色为蓝色，背景色为洋红色，如图 4-156 所示。

图 4-155　　图 4-156

（2）单击工具箱中的“画笔工具”按钮，在选项栏中设置“不透明度”数值为 80%，“流量”数值为 80%。按 F5 键快速打开画笔预设面板，单击“画笔笔尖形状”，选择一种圆形笔尖，设置“大小”数值为 240 像素，“硬度”数值为 100%，“间距”数值为 240%，如图 4-157 所示。选中“形状动态”，设置“大小抖动”为 4%，如图 4-158 所示。选中“散布”选项，设置数值为 340%，如图 4-159 所示。选中传递选项，设置“不透明度”为 90%，“流量”大小为 66%，如图 4-160 所示。

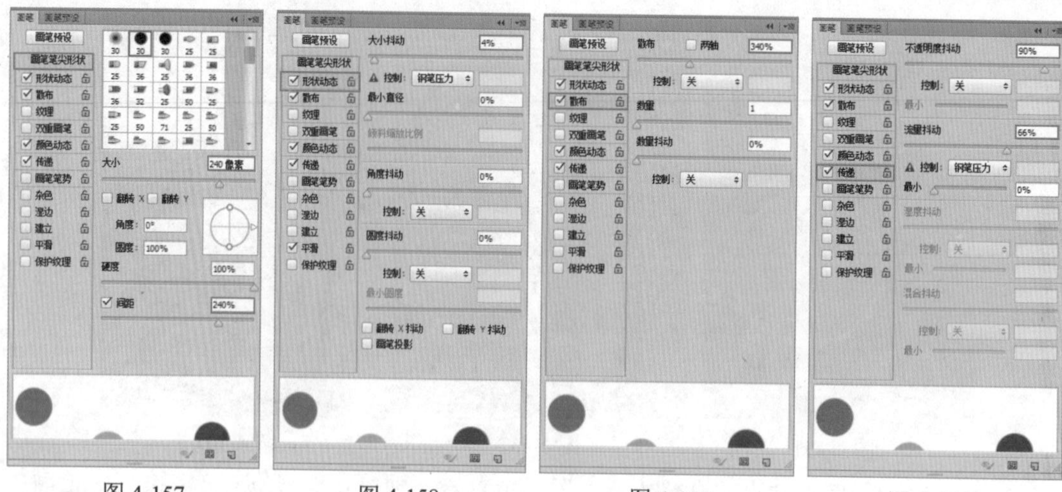

图 4-157　　图 4-158　　图 4-159　　图 4-160

（3）新建图层“1”，在画面中按住鼠标左键并拖动光标，绘制出分散的圆形效果，如图 4-161 所示。新建图层“2”，设置前景色为深紫色，在画面中进行绘制，然后设置图层“2”的“混合模式”为“滤色”，如图 4-162 所示。

图 4-161

图 4-162

（4）新建图层“3”，继续使用“画笔工具”，适当增大画笔大小，降低画笔硬度，在画面中绘制，同样设置图层 3 的“混合模式”为“滤色”，如图 4-163 所示。设置较小的画笔大小，在画面中单击绘制，如图 4-164 所示。

图 4-163

图 4-164

（5）执行“文件”→“置入”命令，将光效素材置入于画面中合适的位置，设置其“混合模式”为“滤色”，如图 4-165 所示，最终效果如图 4-166 所示。

图 4-165

图 4-166

文字的创建与编辑

本章主要讲解文字工具的使用，在很多版面的制作中都需要添加文字元素。文字工具不只应用于排版方面，在平面设计与图像编辑中也占有非常重要的地位，Photoshop 中的文字工具由基于矢量的文字轮廓组成，所以文字也具有部分矢量图形所特有的属性，例如对已有的文字对象进行编辑时，任意缩放文字或调整文字大小都不会产生锯齿现象。

本章学习要点：

- 掌握文字工具的使用方法
- 掌握路径文字与变形文字的制作
- 掌握段落版式的设置方法
- 掌握文字属性的编辑方法

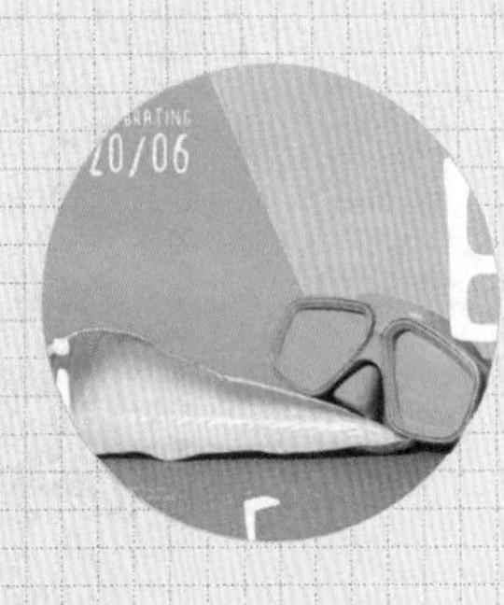

5.1 使用文字工具创建文字

Photoshop 提供了 4 种文字工具。“横排文字工具”和“直排文字工具”可以用来创建点文字、段落文字和路径文字。按住工具箱中的“横排文字工具”按钮，可以看见其他隐藏工具，如图 5-1 所示。

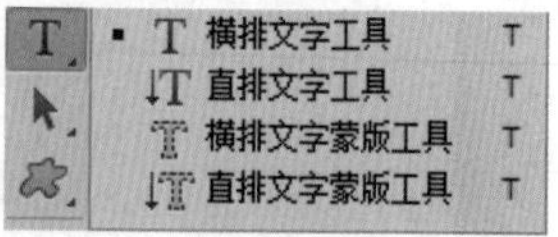

图 5-1

5.1.1 创建点文字

要点速查：“点文字”是一个水平或垂直的文本行，每行文字都是独立的。行的长度随着文字的输入而不断增加，不会自动换行，需要手动使用 Enter 键进行换行。

Photoshop 中包括两种用于创建实体文字的工具，分别是“横排文字工具”和“直排文字工具”。单击工具箱中的“横排文字工具”按钮，在画面中单击即可输入横向排列的文字，如图 5-2 所示。“直排文字工具”可以用来输入竖向排列的文字，如图 5-3 所示。

图 5-2 图 5-3

“横排文字工具”与“直排文字工具”的选项栏参数基本相同，在文字工具选项栏中可以设置字体的系列、样式、大小、颜色和对齐方式等，如图 5-4 所示。

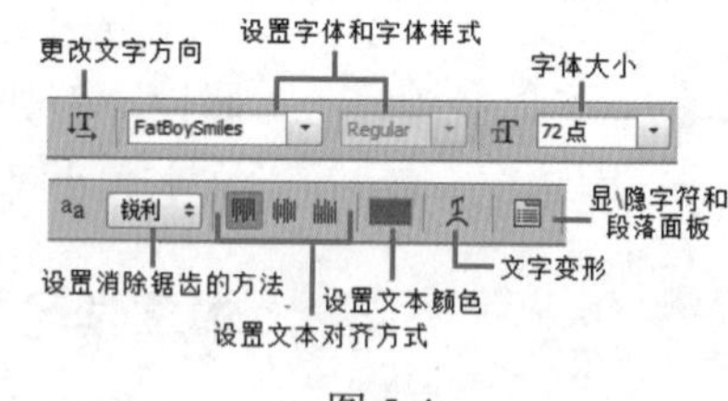

图 5-4

单击工具箱中的“横排文字工具”按钮，在选项栏中设置字体、大小、颜色。在需要输入文字的位置单击鼠标左键，即可在单击位置处出现闪烁的光标，如图 5-5 所示。接着输入文字，如果要在键入文字状态下调整文字位置，可以将光标移动至文字周围位置处，光标变为形状后按住鼠标左键拖曳即可，如图 5-6 所示。文字键入完成后，单击选项栏中的按钮，完成文字的输入。

图 5-5

图 5-6

技巧提示：为什么要分“点文字”和“段落文字”

点文字输入的始终是一行（列），换行（列）需手工敲回车键。而段落文字是以“文本框”为界限，想要调整段落文字位置或多少，只要拉动文本框边界点即可。文字输入可自动换行（列），并可设置段落前缩进等文本编辑功能。点文字适合做标题及少量文句，段落文字适合大段的文章，常用于图文排版。

视频陪练：使用文字工具制作欧美风海报

案例文件 / 第 5 章 / 使用文字工具制作欧美风海报 .psd

视频教学 / 第 5 章 / 使用文字工具制作欧美风海报 .flv

案例效果：

本案例主要使用到了“横排文字工具”在画面中添加文字，通过对创建的文字进行属性与样式的更改，并在文字周围添加图形元素，制作出丰富的文字海报效果，如图 5-7 所示。

图 5-7

视频陪练：使用文字工具制作欧美风海报

5.1.2　创建段落文字

要点速查：“段落文字”由于具有自动换行、可调整文字区域大小等优势，所以常用在大量的文本排版中，如海报、画册等。

单击工具箱中的“横排文字工具”按钮T，在选项栏中设置合适的字体、字号，然后按住鼠标左键拖曳绘制一个文本框，如图 5-8 所示。接着在文本框内键入文字，当文字到达文本框边缘处时会自动换行，当文字较多，文本框容纳不下时，文本框右下角的控制点会变为田形状，如图 5-9 所示。接着拖曳文本框的控制点，即可调整文本框的大小，如图 5-10 所示。调整完成后单击工具选项栏中的✓按钮或者使用 Ctrl+Enter 快捷键，完成文字的编辑。

图 5-8

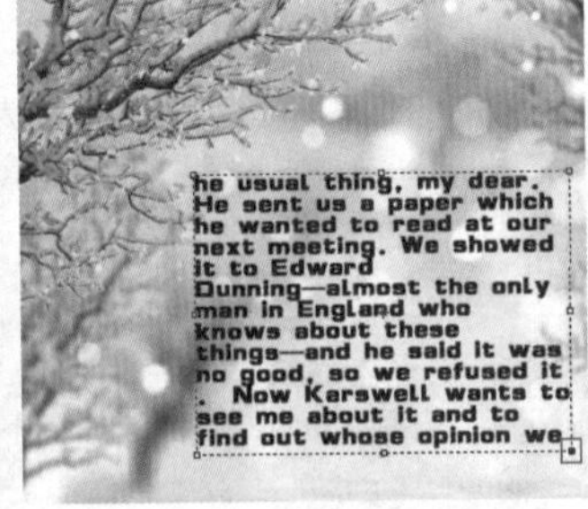

图 5-9

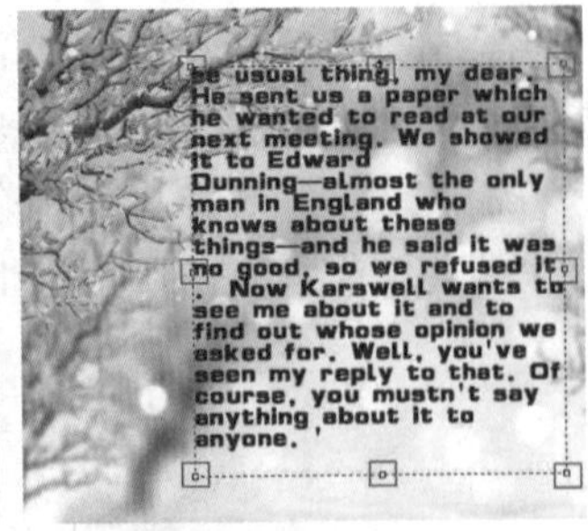

图 5-10

技巧提示：“点文字”与“段落文字”的转换

如果当前选择的是点文本，执行“类型”→“转换为段落文本”菜单命令，可以将点文本转换为段落文本；如果当前选择的是段落文本，执行“类型”→“转换为点文本”菜单命令，可以将段落文本转换为点文本。

5.1.3 制作路径文字

要点速查："路径文字"常用于制作走向不规则的文字行效果。

想要创建路径文字就必须要有路径，首先使用钢笔工具绘制一段路径，如图 5-11 所示。选择工具箱中的横排文字工具，在选项栏中设置文字的字体、字号，接着将鼠标移动到路径的一端上，当光标变为![]时在路径上单击，确定路径文字的起点，如图 5-12 所示。接着键入文字，文字会随着路径进行排列，如图 5-13 所示。

图 5-11

图 5-12

图 5-13

技巧提示：路径文字显示不全怎么办

如果发现字符显示不全，这时需要将鼠标移动到路径上并按住 Ctrl 键，光标变为![]时，单击并向路径的另一端拖曳，随着光标移动，字符会逐个显现出来，如图 5-14 所示。

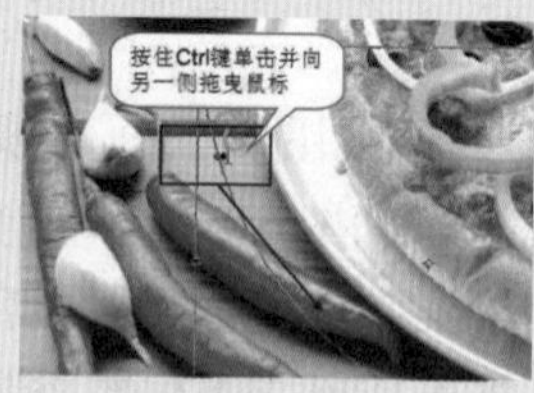

图 5-14

5.1.4 制作区域文字

要点速查："区域文字"是使用文字工具在闭合路径中创建出的位于闭合路径内的文字。

绘制一条闭合路径，单击工具箱中的"横排文字工具"按钮![T]，在选项栏中设置合适的文字、大小和颜色。将光标移动至路径内，光标变为![]状态后单击，如图 5-15 所示。接着输入文字。随着文字的输入，可以观察到文字只在路径内进行排列，如图 5-16 所示。文字输入完成后单击选项栏中的"提交当前操作"按钮![✓]完成文字的输入。

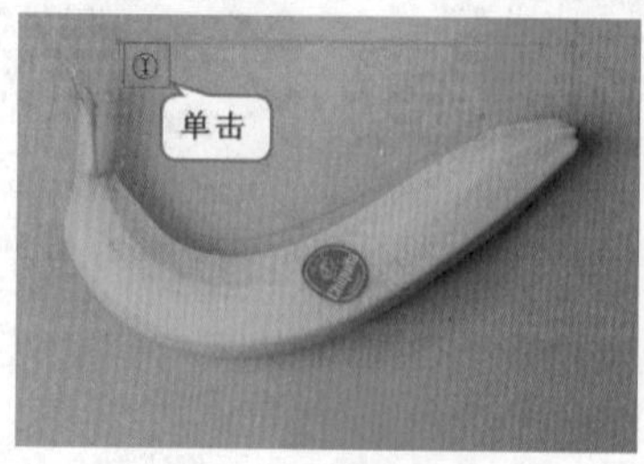

图 5-15

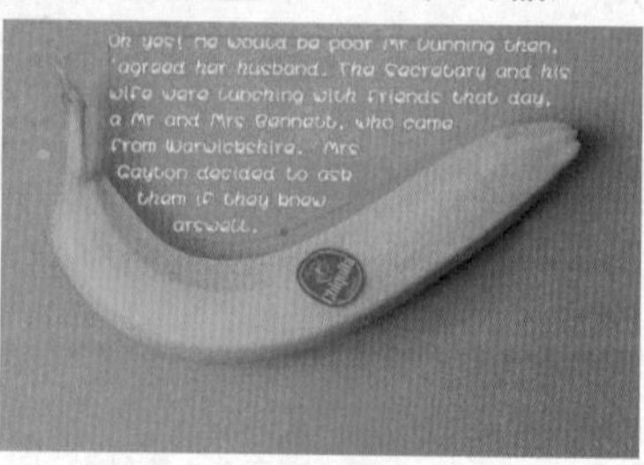

图 5-16

实战案例：使用点文字、段落文字制作杂志版式

案例文件 / 第 5 章 / 使用点文字、段落文字制作杂志版式 .psd

视频教学 / 第 5 章 / 使用点文字、段落文字制作杂志版式 .flv

案例效果：

制作本案例中的杂志版式主要使用到了横排文字工具输入点文字与段落文字。在制作的过程中，可以尝试不同的字体与文字颜色，制作出与众不同的效果，如图 5-17 所示。

图 5-17

实战案例：使用点文字、段落文字制作杂志版式

操作步骤：

（1）执行“文件”→“新建”命令，新建空白文件，执行“文件”→“置入”命令，置入人像素材文件，选中人物素材所在图层，执行“图层”→“栅格化”→“智能对象”命令，并将该图层摆放在画面左侧。单击工具箱中的“钢笔工具”按钮，绘制出需要保留区域的闭合路径，单击右键执行“建立选区”命令，如图 5-18 所示。以当前选区，单击图层面板中的“添加图层蒙版”按钮，如图 5-19 所示。选区以外的部分被隐藏，效果如图 5-20 所示。

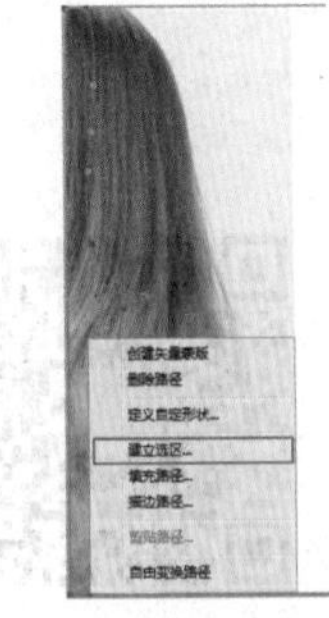
图 5-18

图 5-19

图 5-20

（2）新建图层组“段落文字”，置入花朵素材并栅格化，单击工具箱中的“横排文字工具”按钮，设置前景色为白色，设置合适的字体及大小，在操作界面按住鼠标左键并拖曳创建出文本框，如图 5-21 所示。输入所需英文，完成后选择该文字图层，在选项栏中设置对齐方式为“左对齐文本”，效果如图 5-22 所示。

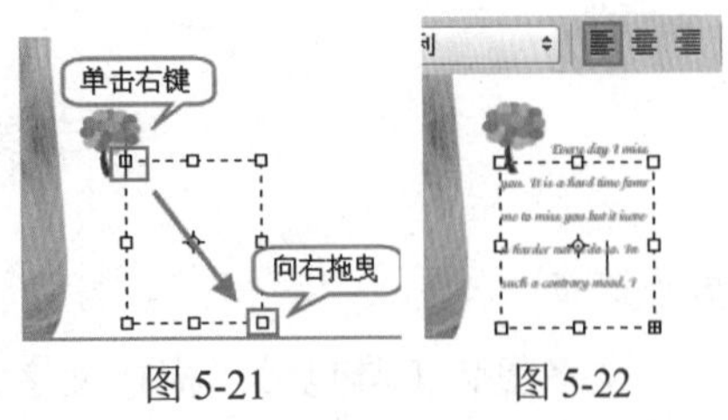

图 5-21　　图 5-22

（3）用同样的方法继续制作另外几组英文，适当修改其颜色，如图 5-23 所示。新建图层组“点文字”，单击工具箱中的“横排文字工具”按钮，设置文字颜色为蓝色，选择一种适合的字体及大小，输入“liberty ”，如图 5-24 所示。

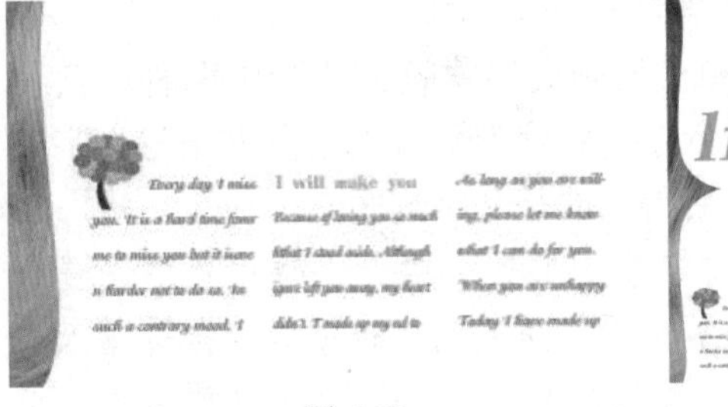
图 5-23

图 5-24

（4）选择文字图层，单击图层面板底部的“添加图层样式”按钮，执行“内阴影”命令，如图 5-25 所示。在打开的“图层样式”窗口中，设置“不透明度”

数值为 45%,“距离”数值为 3 像素,“大小”数值为 3 像素，单击“确定”按钮结束操作，如图 5-26 所示，效果如图 5-27 所示。

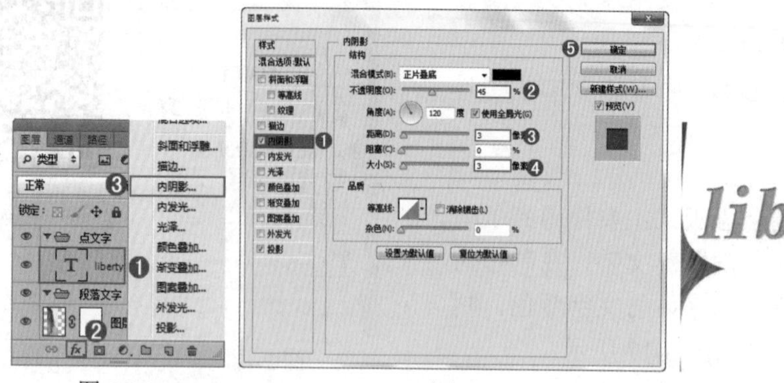

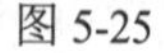

图 5-25　　图 5-26　　图 5-27

图 5-28　　图 5-29

（5）用同样的方法制作单词“SMILE”，调整其位置，如图 5-28 所示。单击“横排文字工具”，在选项栏中设置合适的字体及大小，分别键入其他英文，调整位置，最终效果如图 5-29 所示。

视频陪练：多彩花纹立体字

案例文件 / 第 5 章 / 多彩花纹立体字 .psd

视频教学 / 第 5 章 / 多彩花纹立体字 .flv

案例效果：

本例将多层相同的文字对象进行堆叠摆放，制作出立体的文字效果，并利用多种图层样式以及花纹元素的协同使用，制作出绚丽可爱的立体文字效果，如图 5-30 所示。

图 5-30

视频陪练：多彩花纹立体字

5.2　文字蒙版工具：创建文字选区

要点速查：使用文字蒙版工具可以创建文字形状的选区。

文字蒙版工具包含“横排文字蒙版工具”和“直排文字蒙版工具”两种，其使用方法与文字工具相似，都需要在画面中单击并键入字符，字符属性的设置方法与文字工具也基本相同。区别在于，文字蒙版工具使用完成后得到的是文字选区。

（1）选择“横排文字蒙版工具”或“直排文字蒙版工具”，在选项栏中设置合适的字体、字号，然后在画面中单击，此时画面会被蒙上半透明的红色蒙版，接着输入文字，文字的部分不具有红色蒙版，如图 5-31 所示。在选项栏中单击“提交当前编辑”按钮后，文字将以选区的形式出现，如图 5-32 所示。在得到文字的选区后，可以填充前景色、背景色以及渐变色等，如图 5-33 所示。

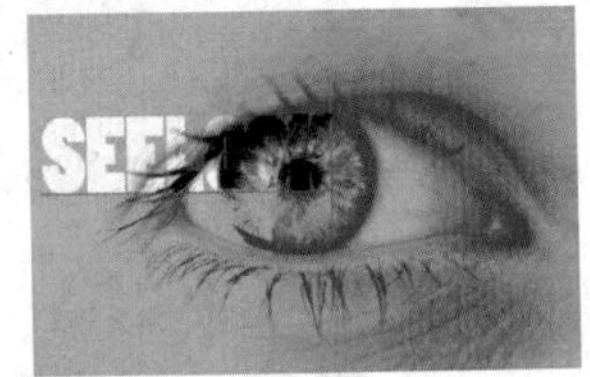

图 5-31

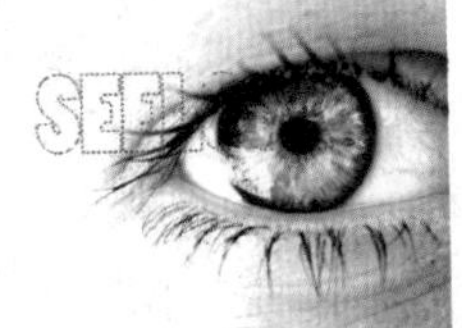
图 5-32

图 5-33

（2）在使用文字蒙版工具键入文字时，鼠标移动到文字以外区域时，光标会变为移动状态，这时单击并拖曳可以移动文字蒙版的位置，如图 5-34 所示。

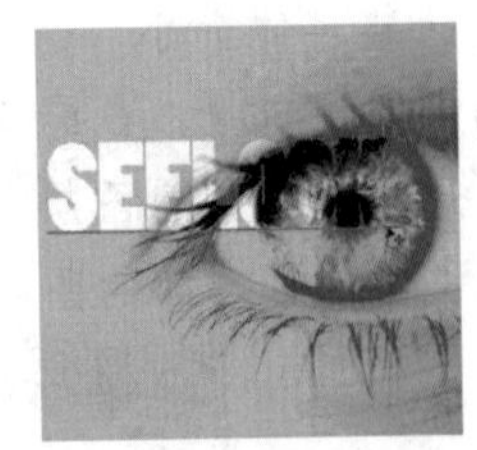
图 5-34

（3）按住 Ctrl 键，文字蒙版四周会出现类似自由变换的界定框，可以对该文字蒙版进行移动、旋转、缩放、斜切等操作，如图 5-35 ～图 5-37 所示分别为旋转、缩放和斜切效果。

图 5-35

图 5-36

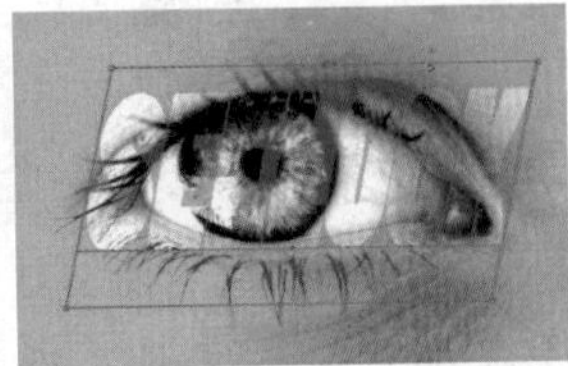
图 5-37

实战案例：使用文字蒙版工具制作公益海报

案例文件 / 第 5 章 / 使用文字蒙版工具制作公益海报 .psd

视频教学 / 第 5 章 / 使用文字蒙版工具制作公益海报 .flv

实战案例：使用文字蒙版工具制作公益海报

案例效果：

文字蒙版工具能够快速得到文字的选区，而制作本案例就需要基于选区创建“图层蒙版”。两种技术的完美结合，制作出带有图案的文字效果，如图 5-38 所示。

图 5-38

操作步骤：

（1）新建 A4 大小的空白文件，执行“文件”→“置入”命令，置入动物素材。选中该图层，执行“图层”→“栅格化”→“智能对象”命令，然后将该图层放在图像居中偏上的位置，如图 5-39 所示。

图 5-39

（2）单击工具箱中的“横排文字蒙版工具”按钮，在选项栏中设置合适的字体及字号，如图 5-40 所示。在视图中单击，画面变为半透明的红色，键入文字，如图 5-41 和图 5-42 所示。

图 5-40

图 5-41

图 5-42

图 5-43

图 5-44

（3）调整字体大小，继续键入文字，如图 5-43 所示。单击选项栏最右侧的“提交当前所有编辑”按钮✓，此时文字蒙版变为文字的选区，如图 5-44 所示。

（4）选择动物素材图层，单击图层面板中的“添加图层蒙版”按钮，如图 5-45 所示。可以看到文字选区内部的图像部分被保留了下来，如图 5-46 所示。

图 5-45

图 5-46

图 5-47

（5）选择横排文字工具，设置合适的大小及字体，在单词下方输入英文，执行“文件”→“置入”命令，置入地球素材，最终效果如图 5-47 所示。

5.3 修改文字属性

5.3.1 使用“字符”面板编辑文字

“字符”面板中提供了比文字工具选项栏更多的调整选项。文字选项栏中所提供的编辑选项只能满足一部分的文字编辑需求，更多的文字编辑方式被整合在“字符”面板中。执行“窗口”→“字符”命令，打开“字符”面板。在“字符”面板中，除了包括常见的字体系列、字体样式、字体大小、文字颜色和消除锯齿等设置，还包括例如行距、字距等常见设置，如图 5-48 所示。

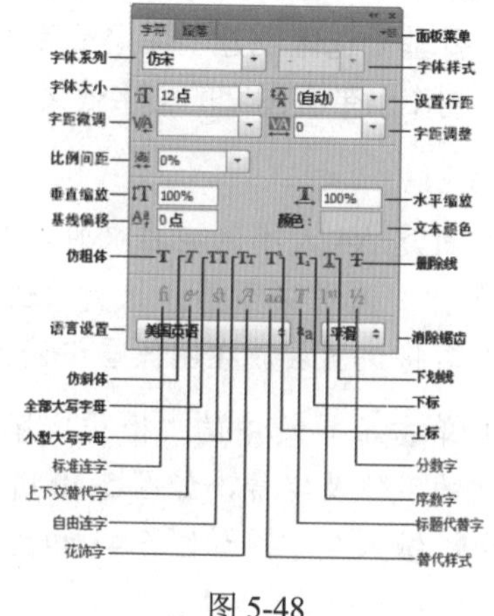

图 5-48

- 字体系列：在字体系列下拉列表中单击可以选择一种合适的字体，也可以选择需要更换字体的文字对象，选中一种字体后滚动鼠标中轮，实时观看不同字体的文字效果。
- 字体样式：在列表中选择字体的样

式。部分字体不可进行字体样式的设置。

- 设置字体大小：在下拉列表中选择预设数值，或者键入自定义数值即可更改字符大小。
- 设置行距：行距就是上一行文字基线与下一行文字基线之间的距离。选择需要调整的文字图层，然后在“设置行距”数值框中输入行距数值或在其下拉列表中选择预设的行距值，接着按 Enter 键即可，如图 5-49 和图 5-50 所示分别是行距值为 30 点和 60 点时的文字效果。

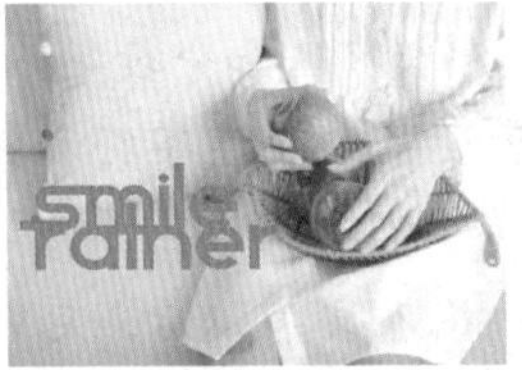

图 5-49

图 5-50

- 字距微调：用于设置两个字符之间的字距。在设置时先要将光标插入到需要进行字距微调的两个字符之间，然后在数值框中输入所需的字距微调数量。输入正值时，字距会扩大；输入负值时，字距会缩小，如图 5-51 ~ 图 5-53 所示分别为插入光标以及字距为 200 和 − 100 的对比效果。

图 5-51

图 5-52

图 5-53

- 字距调整：字距用于设置文字的字符间距。输入正值时，字距会扩大；输入负值时，字距会缩小，如图 5-54 和图 5-55 所示为正字距与负字距的效果。

图 5-54

图 5-55

- 比例间距：比例间距是按指定的百分比来减少字符周围的空间。因此，字符本身并不会被伸展或挤压，而是字符之间的间距被伸展或挤压了，如图 5-56 和图 5-57 所示是比例间距分别为 0% 和 100% 时的字符效果。
- 垂直缩放 / 水平缩放：用于设置文字的垂直或水平缩放比例，以调整文字的高度或宽度。

图 5-56

图 5-57

- 基线偏移：基线偏移用来设置文字与文字基线之间的距离。输入正值时，文字会上移；输入负值时，文字会下移。
- 颜色：单击色块，即可在弹出的拾色器中选取字符的颜色。
- T *T* TT Tт T¹ T₁ T̲ T̶ 文字样式：设置文字的效果，共有仿粗体、仿斜体、全部大写字母、小型大写字母、上标、下标、下划线和删除线 8 种，如图 5-58 所示。

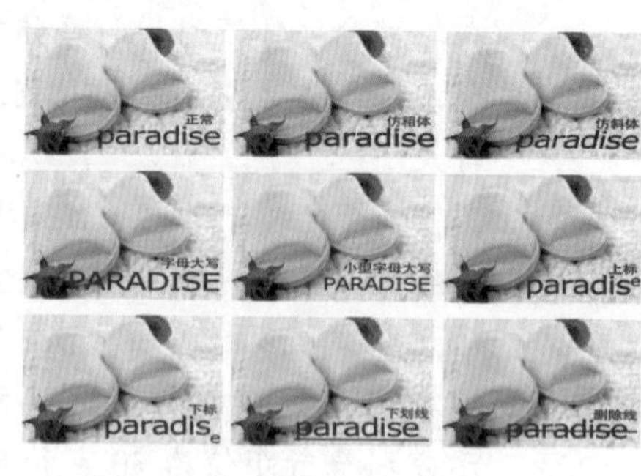

图 5-58

- fi ℴ st 𝒜 aa T 1st ½ Open Type 功能：包括标准连字fi、上下文替代字ℴ、自由连字st、花饰字𝒜、文体替代字aa、标题替代字T、序数字1st和分数字½ 8 种。
- 语言设置：用于设置文本连字符和拼写的语言类型。
- 消除锯齿方式：输入文字以后，可以在选项栏中为文字指定一种消除锯齿的方式。

5.3.2 使用“段落”面板编辑段落

要点速查：在“段落”面板中可以设置段落编排格式的选项。

执行“窗口”→“段落”命令，打开“段落”面板。通过“段落”面板可以设置段落文本的对齐方式和缩进量等参数，如图 5-59 所示。

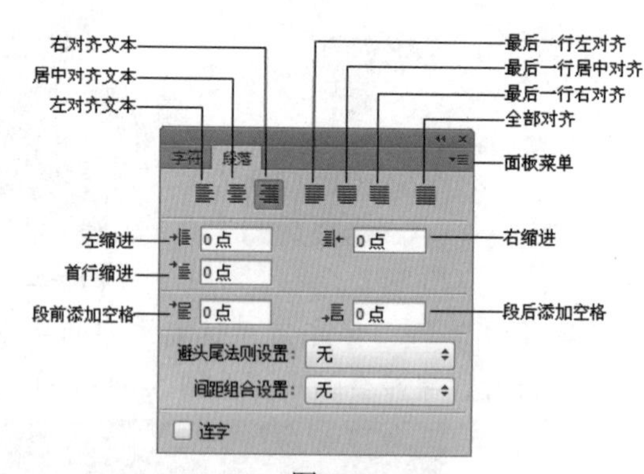

图 5-59

- 左对齐文本：文字左对齐，段落右端参差不齐，如图 5-60 所示。
- 居中对齐文本：文字居中对齐，段落两端参差不齐，如图 5-61 所示。
- 右对齐文本：文字右对齐，段落左端参差不齐，如图 5-62 所示。

图 5-60　　图 5-61　　图 5-62

- 最后一行左对齐：最后一行左对齐，其他行左右两端强制对齐，如图 5-63 所示。
- 最后一行居中对齐：最后一行居中对齐，其他行左右两端强制对齐，如图 5-64 所示。

图 5-63

图 5-64

- 最后一行右对齐：最后一行右对齐，其他行左右两端强制对齐，如图 5-65 所示。
- 全部对齐：在字符间添加额外的间距，使文本左右两端强制对齐，如图 5-66 所示。

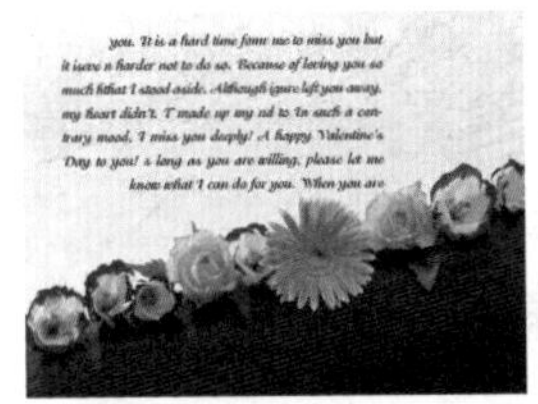

图 5-65

图 5-66

- 左缩进 / 右缩进：用于设置段落文本右左（横排文字）或向下上（直排文字）的缩进量，如图 5-67 和图 5-68 所示。

图 5-67

图 5-68

- 首行缩进：用于设置段落文本中每个段落的第 1 行向右（横排文字）或第 1 列文字向下（直排文字）的缩进量。
- 段前添加空格 / 段后添加空格：设置光标所在段落与前一个 / 后一个段落之间的间隔距离，如图 5-69 和图 5-70 所示。

图 5-69

图 5-70

- 避头尾法则设置：不能出现在一行的开头或结尾的字符称为避头尾字符，Photoshop 提供了基于标准 JIS 的宽松和严格的避头尾集，宽松的避头尾设置忽略长元音字符和小平假名字符。选择“JIS 宽松”或“JIS 严格”选项时，可以防止在一行的开头或结尾出现不能使用的字母。
- 间距组合设置：间距组合用于设置日语字符、罗马字符、标点和特殊字符在行开头、行结尾和数字的间距文本编排方式。选择“间距组合 1”选项，可以对标点使用半角间距；选择“间距组合 2”选项，可以对行中除最后一个字符外的大多数字符使用全角间距；选择“间距组合 3”选项，可以对行中的大多数字符和最后一个字符使用全角间距；选择“间距组合 4”选项，可以对所有字符使用全角间距。
- 连字：选中“连字”选项以后，在输入英文单词时，如果段落文本框的宽度不够，英文单词将自动换行，并在单词之间用连字符连接起来，如图 5-71 所示。

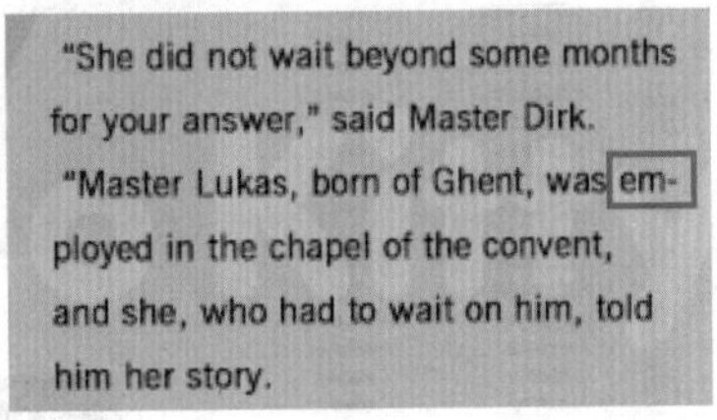

"She did not wait beyond some months
for your answer," said Master Dirk.
"Master Lukas, born of Ghent, was em-
ployed in the chapel of the convent,
and she, who had to wait on him, told
him her story.

图 5-71

5.4　编辑文字

Photoshop 有着强大的文字编辑功能，它不仅能够更改位置的字形、字号、还能够将文字进行变形。

5.4.1　修改文本属性

（1）文字输入完成后，也可以修改文本属性。首先选择文字图层，然后选择工具箱中的横排文字工具，接着在需要修改文本的左侧或右侧单击，即可插入光标，如图 5-72 所示。接着按住鼠标左键向需要选择文本的方向拖曳，光标经过的位置文字会高亮显示，这表示文字已被选中，如图 5-73 所示。

图 5-72

图 5-73

技巧提示：如何快速选择文字

在文本输入状态下，鼠标左键单击 3 次可以选择一行文字；鼠标左键单击 4 次可以选择整个段落的文字；按 Ctrl+A 快捷键可以选择所有的文字。双击文字图层的缩览图即可全选该图层中的所有文字，如图 5-74 所示。

图 5-74

（2）文字选择完成后，可以在选项栏中进行参数的调整，如图 5-75 所示。调整完成后按一下选项栏中的“提交当前所有操作”按钮✓，完成设置，效果如图 5-76 所示。

图 5-75　　图 5-76

5.4.2　制作文字变形效果

在 Photoshop 中，文字对象可以进行一系列内置的变形效果，通过这些变形操作可以在不栅格化文字图层的状态下制作多种奇妙的变形文字。单击文字工具选项栏中的“创建文字变形”按钮，打开“变形文字”窗口，如图 5-77 所示。如图 5-78 所示为预设的变形效果。

图 5-77 图 5-78

选中文字图层，如图 5-79 所示。在文字工具的选项栏中单击“创建文字变形”按钮，打开“变形文字”窗口，在该窗口中设置合适的参数，设置完成后单击“确定”按钮，如图 5-80 所示，文字效果如图 5-81 所示。

图 5-79 图 5-80 图 5-81

- 水平 / 垂直：选择“水平”选项时，文本扭曲的方向为水平方向；选择“垂直”选项时，文本扭曲的方向为垂直方向。
- 弯曲：用来设置文本的弯曲程度。
- 水平扭曲：设置水平方向的透视扭曲变形的程度。
- 垂直扭曲：设置垂直方向的透视扭曲变形的程度。

5.4.3 “拼写检查”与“查找和替换文本”

“拼写检查”可以检查当前文本中的英文单词拼写是否有错误。使用“查找和替换文本”命令能够快速地查找和替换指定的文字。

（1）选择文本，如图 5-82 所示。然后执行“编辑”→“拼写检查”菜单命令，如遇到拼写错误的字符，Photoshop 会自动提示，并列出可替换的单词；如果没有错误，则会提示“拼写检查完成”窗口，单击确定按钮完成操作，如图 5-83 所示。

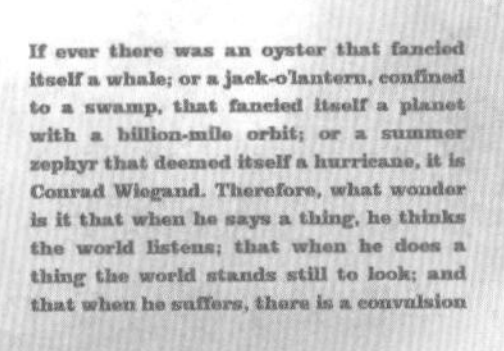
If ever there was an oyster that fancied itself a whale; or a jack-o'lantern, confined to a swamp, that fancied itself a planet with a billion-mile orbit; or a summer zephyr that deemed itself a hurricane, it is Conrad Wiegand. Therefore, what wonder is it that when he says a thing, he thinks the world listens; that when he does a thing the world stands still to look; and that when he suffers, there is a convulsion

图 5-82

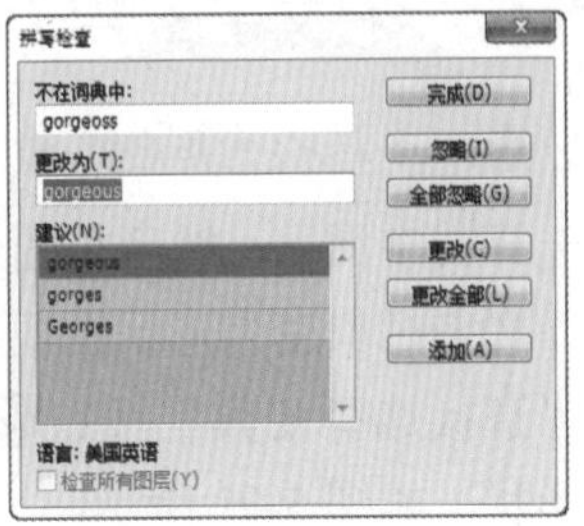

图 5-83

（2）执行“编辑”→“查找和替换文本”菜单命令，打开“查找和替换文本”对话框，首先在“查找内容”中输入要查找的内容，然后在“更改为”中输入要更改的内容，然后单击“全部更改”即可进行全部更改，如图 5-84 所示，更改效果如图 5-85 所示。这种方式比较适合于统一进行更改。

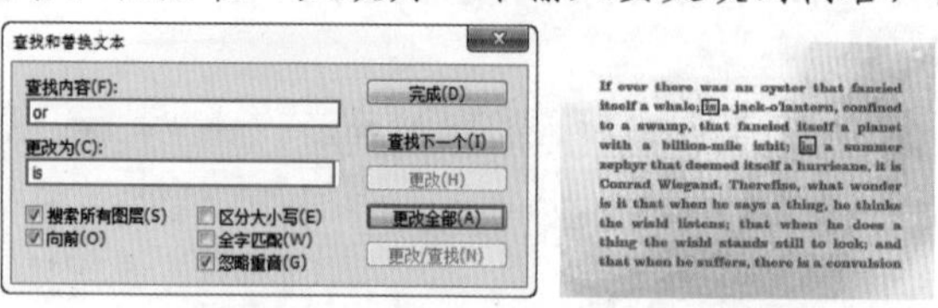

图 5-84　　图 5-85

（3）还可以逐一进行更改。输入好“查找内容”和“更改为”的内容，然后单击“查找下一个”按钮，随即查找的内容就会高光显示，然后单击“更改”按钮，即可进行更改，如图 5-86 所示。这种方法适合于逐一进行更改。

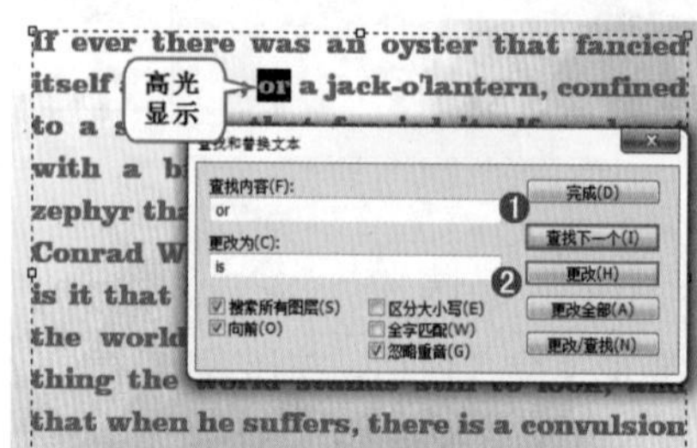

图 5-86

- 搜索所有图层：选中该选项以后，可以搜索当前文档中的所有图层。
- 向前：从文本中的插入点向前搜索。如果关闭该选项，不管文本中的插入点在什么位置，都可以搜索图层中的所有文本。
- 区分大小写：选中该选项以后，可以搜索与“查找内容”文本框中的文本大小写完全匹配的一个或多个文字。
- 全字匹配：选中该选项以后，可以忽略嵌入在更长字中的搜索文本。

5.4.4　将文字图层转换为普通图层

在“图层”面板中选择文字图层，然后在图层名称上单击鼠标右键，执行“栅格化文字”命令，如图 5-87 所示。对文字图层执行“栅格化”命令即可转换为普通图层，如图 5-88 所示。

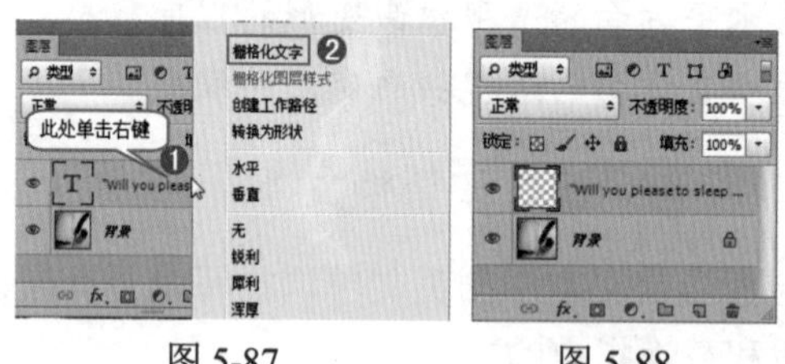

图 5-87　　图 5-88

5.4.5　将文字图层转化为形状

要点速查：“转换为形状”命令可以将文字转换为矢量的形状图层。

选择文字图层，然后在图层名称上单击鼠标右键，执行“转换为形状”命令，如图 5-89 所示。文字对象变为形状图层，并且不会保留原始文字属性，如图 5-90 所示。单击工具箱中的“直接选择工具”按钮，单击文字即可显示锚点，使用该工具拖曳锚点即可改变文字形状，如图 5-91 所示。

图 5-89

图 5-90

图 5-91

视频陪练：白金质感艺术字

案例文件 / 第 5 章 / 白金质感艺字 .psd

视频教学 / 第 5 章 / 白金质感艺术字 .flv

案例效果：

本案例通过将文字图层转换为矢量对象，并利用钢笔工具、选择工具等对文字形状进行调整，制作出变形的艺术字。最后利用图层样式素材，为文字添加白金质感，如图 5-92 所示。

图 5-92

视频陪练：白金质感艺术字

5.4.6　创建文字的工作路径

要点速查：“创建工作路径”命令可以将文字的轮廓转换为工作路径。

首先输入文字，如图 5-93 所示。选择文字图层，在文字图层上方单击鼠标右键，执行“创建工作路径”命令，如图 5-94 所示。随即可以看到文字的路径，可以将文字图层隐藏，进行路径的查看和编辑，如图 5-95 所示。

图 5-93

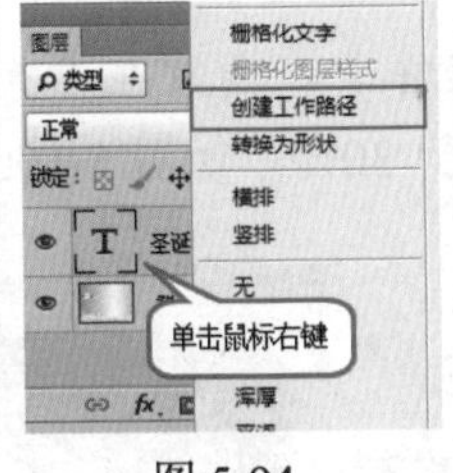

图 5-94

图 5-95

视频陪练：激情冰爽广告字

案例文件 / 第 5 章 / 激情冰爽广告字 .psd

视频教学 / 第 5 章 / 激情冰爽广告字 .flv

案例效果：

本案例通过将文字转换为形状，调整文字对象的形态，并利用图层蒙版为文字添加水珠效果，最后为文字添加装饰元素，完成广告文字的制作，如图 5-96 所示。

图 5-96

视频陪练：激情冰爽广告字

综合案例：喜庆中式招贴

案例文件 / 第 5 章 / 喜庆中式招贴 .psd

视频教学 / 第 5 章 / 喜庆中式招贴 .flv

案例效果：

本案例主要通过设置图层混合模式及不透明度制作背景部分，使用文字工具创建出招贴中的文字，然后通过剪贴蒙版和“样式”面板为文字添加样式。最后使用“图层样式”命令为其他文字添加样式，制作出喜庆中式风格的贺卡，如图 5-97 所示。

图 5-97

综合案例：喜庆中式招贴

操作步骤：

（1）使用新建快捷键 Ctrl+N 打开新建窗口，新建一个宽度为 2480 像素，高度为 1711 像素的文件，如图 5-98 所示。使用前景色填充快捷键 Alt+Delete 将“背景”图层填充为红色，如图 5-99 所示。

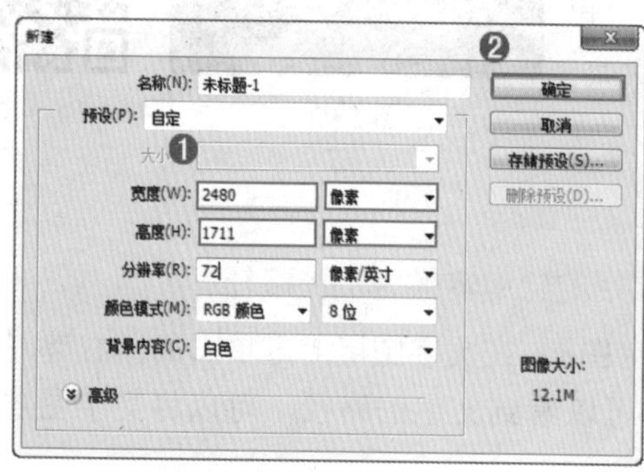

图 5-98

图 5-99

（2）将素材“1.png”置入到文件中，摆放在画布的左上角，设置该图层的“混合模式”为“正片叠底”，“ 不透明度”为 30%，如图 5-100 所示，效果如图 5-101 所示。

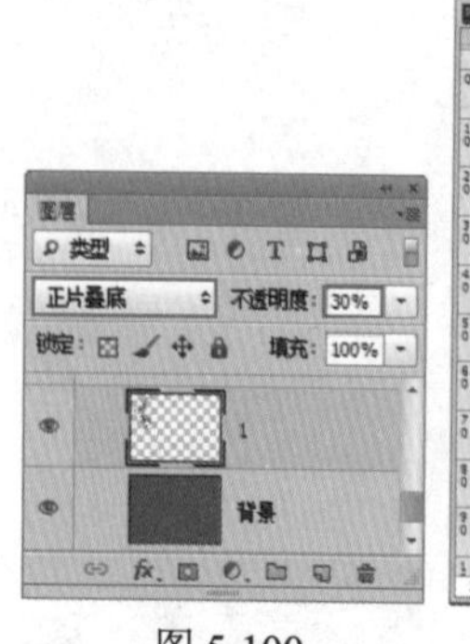

图 5-100

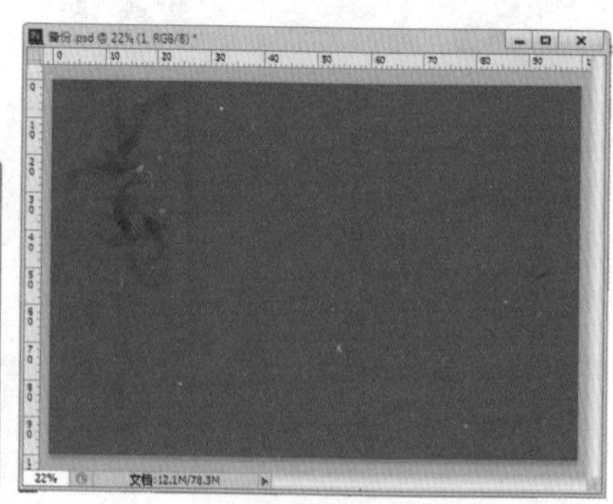

图 5-101

（3）选择工具箱中的横排文字工具，在选项栏中设置一个合适的字体，文字大小为 140 点，文字颜色为黑色。设置完成后，在画布中单击插入光标并输入“福”字，如图 5-102 所示。选择该文字图层，设置该图层的“混合模式”为“正片叠底”，“不透明度”为 15%，如图 5-103 所示，文字效果如图 5-104 所示。

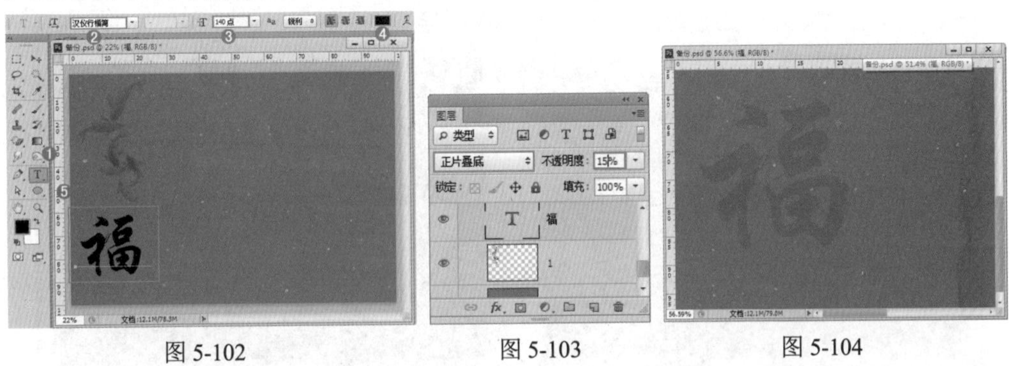

图 5-102　　图 5-103　　图 5-104

（4）选择该文字图层，执行“编辑”→“变换”→“垂直翻转”命令，可以看见“福”字倒过来了，如图 5-105 所示。使用同样的方法，利用“直排文字工具”制作背景部分的其他文字，效果如图 5-106 所示。

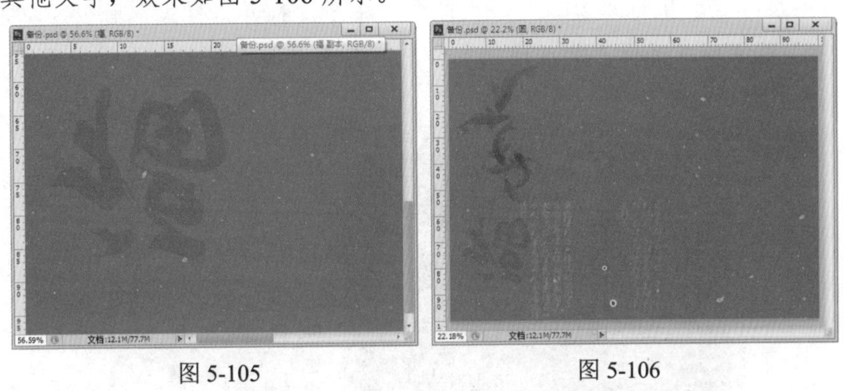

图 5-105　　图 5-106

（5）制作背景处的花朵装饰。单击工具箱中的“椭圆工具”按钮，在选项栏中设置绘制模式为“形状”，“填充”为红色，“描边”为黄色，“描边宽度”为 6 点，设置完成后，在画布的右上角绘制椭圆形状，并利用画布的边缘将椭圆的一部分进行隐藏，如图 5-107 所示。将牡丹花素材“2.png”置入到文件中，将其放置在右上角的位置，如图 5-108 所示。

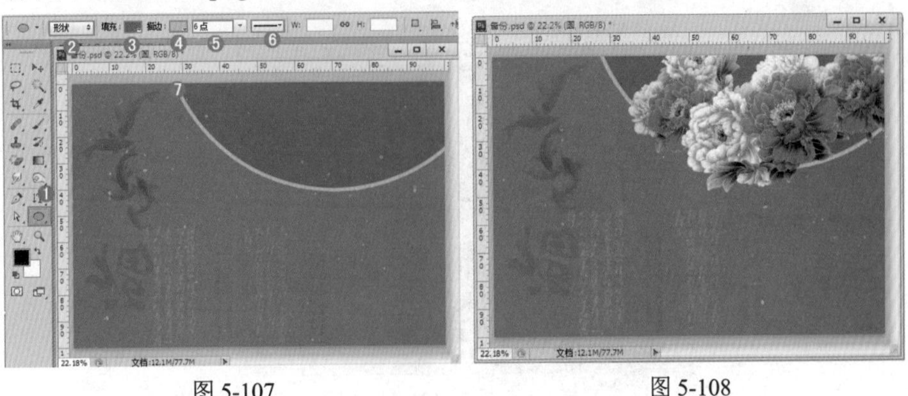

图 5-107　　图 5-108

（6）将“牡丹花”图层作为“内容图层”，形状图层作为“基底图层”创建剪贴蒙版。

选择“牡丹花”图层，执行“图层”→“创建剪贴蒙版”命令，为该图层创建一个剪贴蒙版，效果如图 5-109 所示。使用同样的方法，制作左下角的装饰。制作完成后，设置“内容图层”（也就是花朵所在的图层）的混合模式为“柔光”，效果如图 5-110 所示。背景部分制作完成。

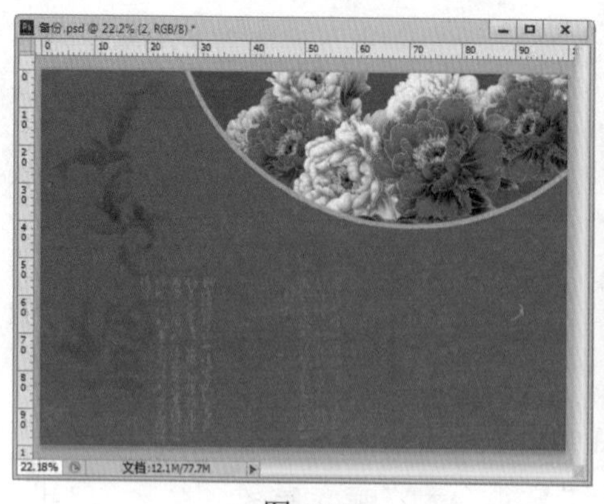

图 5-109

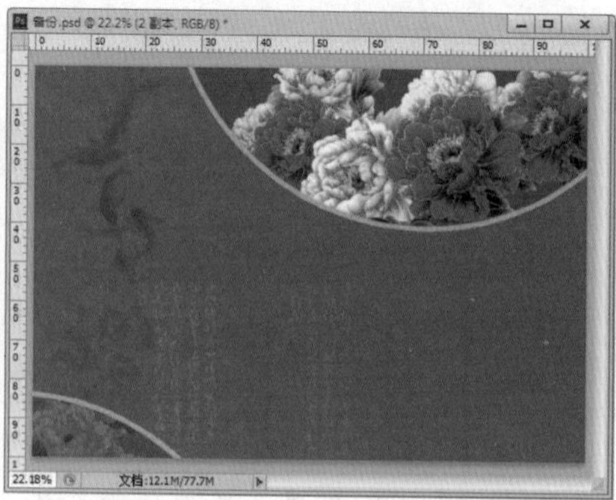

图 5-110

（7）使用横排文字工具在画布中键入文字，如图 5-111 所示。下面使用“样式”面板，为文字添加图层样式。执行“窗口”→“样式”命令，打开“样式”面板。单击“菜单”按钮，在下拉菜单中执行“载入样式”命令，在弹出的“载入”面板中将素材“4.asl”进行载入，如图 5-112 所示。

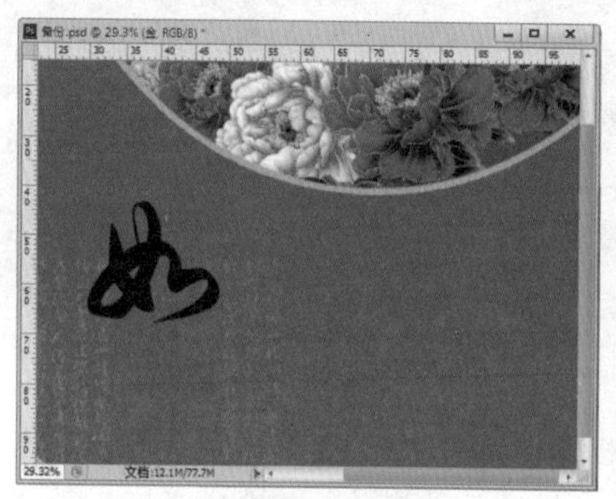

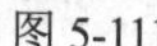

图 5-111

图 5-112

（8）选择文字图层，继续单击该样式按钮，可见文字被快速赋予了样式，如图 5-113 所示。

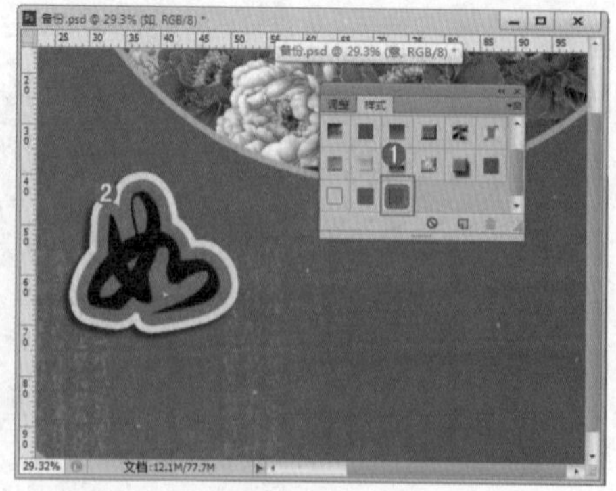

图 5-113

（9）制作文字上的“镀金”效果。置入金素材“5.jpg”，放置在文字图层上方，选择

“金”图层，执行“图层”→“创建剪贴蒙版”命令。将该图层作为“内容图层”，文字作为“基底图层”，创建剪贴蒙版，文字效果如图 5-114 所示。使用同样的方法，制作其他几处文字部分，如图 5-115 所示。

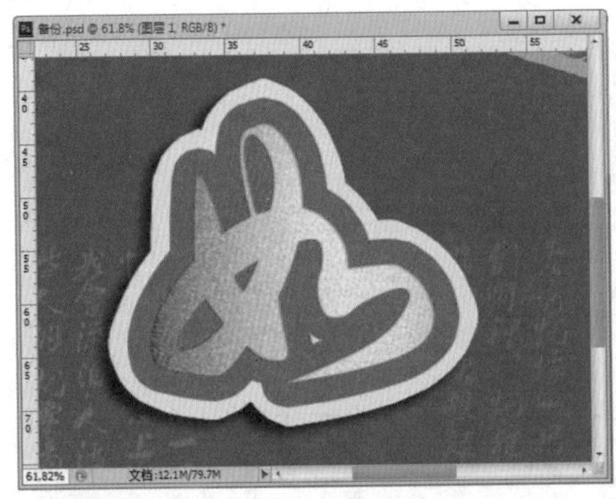

图 5-114

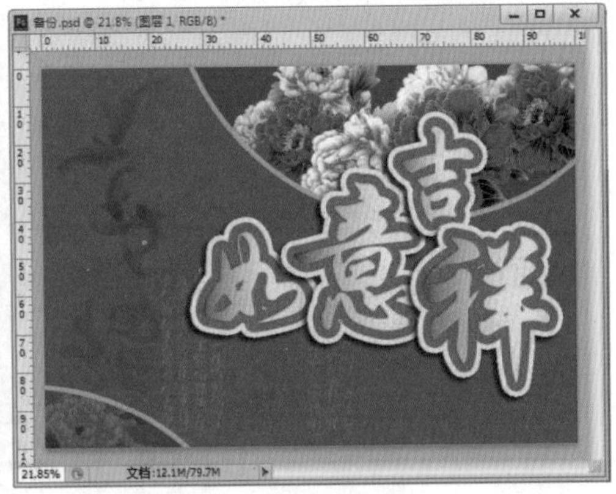

图 5-115

（10）将素材“6.png”置入到文件中，如图 5-116 所示。选择该图层，执行“图层”→“图层样式”→“描边”命令，在描边复选框中设置“大小”为 30 像素，“位置”为“外部”，“混合模式”为“正常”，“不透明度”为 100%，“颜色”为黄色，参数设置如图 5-117 所示，描边效果如图 5-118 所示。

图 5-116

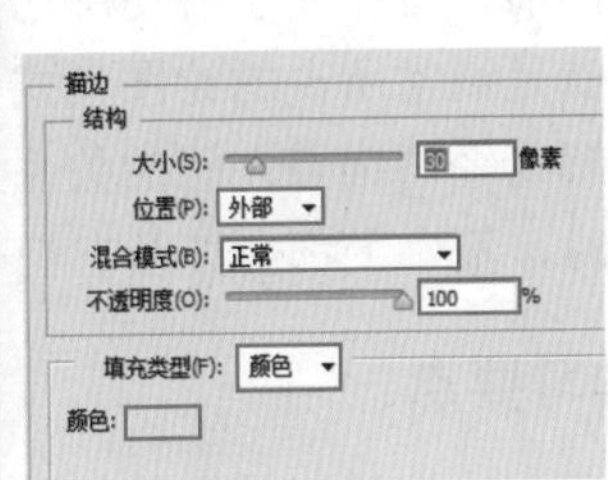

图 5-117

图 5-118

（11）继续在画面中输入相应的文字并添加合适的“描边”样式。最后将素材“5.png”置入到文件中，摆放至合适位置，本案例制作完成，效果如图 5-119 所示。

图 5-119

路径与矢量工具

Photoshop 的矢量工具包括钢笔工具和形状工具。钢笔工具主要用于绘制不规则的图形，而形状工具则是通过选取内置的图形绘制较为规则的形状。在使用 Photoshop 中的钢笔工具和形状工具绘图前，首先要了解使用这些工具可以绘制出什么模式的对象，也就是通常所说的绘图模式。而在了解了绘图模式之后，就需要了解路径与锚点之间的关系，因为在使用钢笔工具等矢量工具绘图时，基本上都会涉及它们。

本章学习要点：

- 熟练掌握“钢笔工具”的使用方法
- 熟练掌握路径的操作与编辑方法
- 掌握形状工具的使用方法

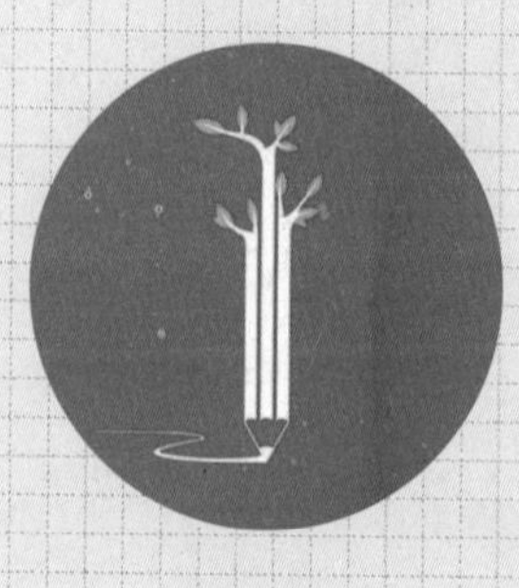

6.1　使用钢笔工具

钢笔工具是典型的矢量绘图工具，提到“矢量”这个词，大家可能会感到陌生。矢量图像，也称为面向对象的图像或绘图图像，矢量图像中的图形元素称为对象，每个对象都是一个自成一体的实体，具有颜色、形状、轮廓、大小和屏幕位置等属性。既然每个对象都是一个自成一体的实体，就可以在维持它原有清晰度和弯曲度的同时，多次改变它的属性，而不会影响图中的其他对象。简单来说，矢量图像在放大到任何倍数时都可以清晰地显现，即清晰度与分辨率大小无关。如图 6-1 ～图 6-4 所示为使用到钢笔工具制作的作品。

图 6-1

图 6-2

图 6-3

图 6-4

钢笔工具组的使用可以帮助用户绘制出多种多样的图形，还可以对这些图形进行多种多样的编辑，以满足创作者的不同需求。按住工具箱中的“钢笔工具”按钮，可以看到工具组中包含了多个隐藏工具，如图 6-5 所示。

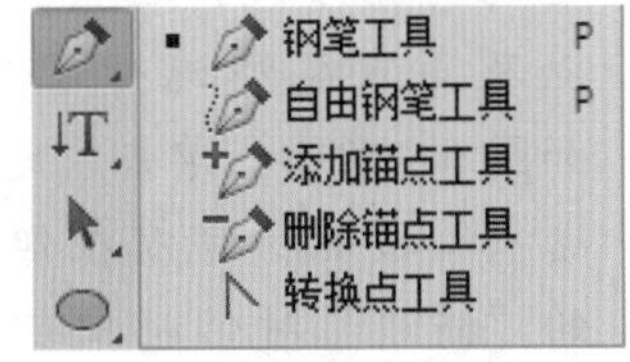

图 6-5

6.1.1　绘图模式

要点速查：在 photoshop 中使用矢量工具不仅可以绘制路径，还可以绘制形状以及像素。在绘图前首先要在工具选项栏中选择绘图模式，有形状、路径和像素 3 种类型。

（1）选择一个矢量工具（钢笔工具、形状工具都可以），在选项栏给图模式按钮列表中选择“形状”选项，单击“填充”按钮，在下拉面板中选择一种颜色，然后设置合适的描边颜色，完成后在画面中进行绘制，如图 6-6 所示。使用“形状”绘制模式绘制的图形作为矢量对象，当更改锚点位置时，图像的形状也会发生变化，如图 6-7 所示。

图 6-6

图 6-7

- 填充：单击该按钮，在下拉面板中设置形状的填充方式，有“无颜色”、“纯色”、“渐变”、“图案”4种，如图6-8所示。
- 描边：单击该按钮，在下拉面板中设置形状的描边方式。
- 描边宽度：用来设置描边的宽度，数值越大，描边越宽。
- 描边类型：单击该按钮，在下拉列表中选择一种描边方式。还可以对描边的对齐方式、端点类型以及角点类型进行设置，如图6-9所示。单击“更多选项”按钮，可以在弹出的“描边”对话框中创建新的描边类型，如图6-10所示。

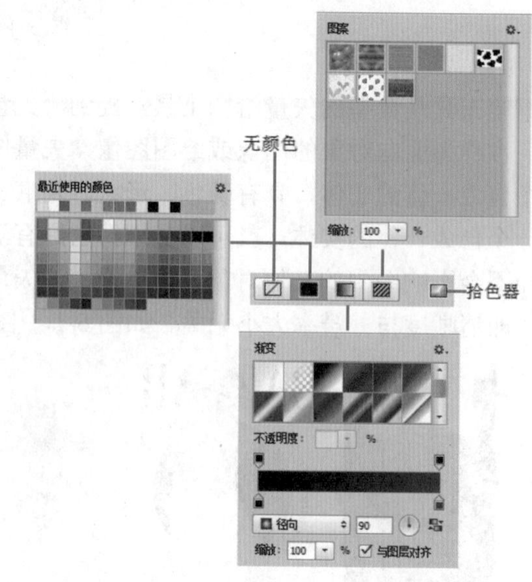

图 6-8

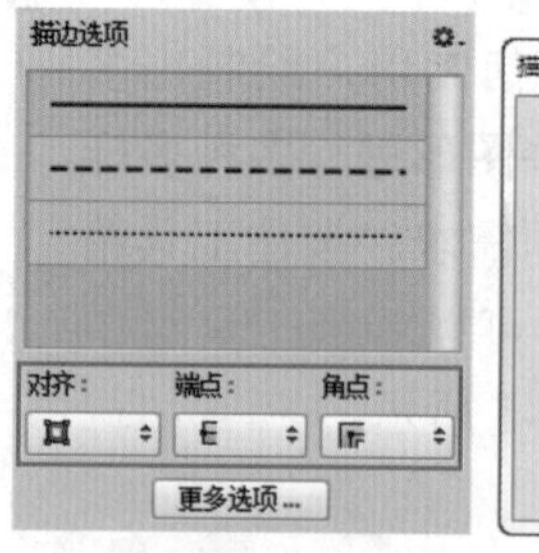

图 6-9

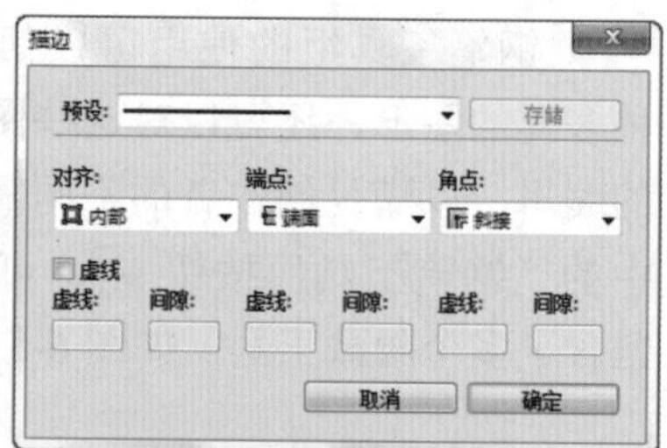

图 6-10

（2）路径是一种轮廓，虽然路径不包含像素，但是可以使用颜色填充或描边路径。选择形状工具或钢笔工具，然后在选项栏中设置绘制模式为“路径”，接着在画面中进行绘制，即可创建工作路径，如图6-11所示。

图 6-11

- 选区...：单击该按钮，可以将当前路径转换为选区。
- 蒙版：单击该按钮，可以以当前路径为所选图层创建矢量蒙版。
- 形状：单击该按钮，可以将当前路径转换为形状。
- 路径操作：设置路径的运算方式。
- 路径对齐方式：使用路径选择工具选择两个以上路径后，在路径对齐方式下拉列表中选择相应模式，可以对路径进行对齐与分布的设置。
- 路径排列方式：调整路径堆叠顺序。

（3）“像素”绘制模式会以前景色在所选图层中进行绘制，所以使用“像素”模式进行绘制之前必须先选中图层，然后在选项栏中设置绘制模式为“像素”。在选项栏中还可以对“混合模式”与“不透明度”进行设置，完成后即可在画面中进行绘制，如图 6-12 所示。

图 6-12

6.1.2　钢笔工具

要点速查：“钢笔工具”是最基本、最常用的路径绘制工具，使用该工具可以绘制任意形状的直线或曲线路径。

钢笔工具是重要的抠图工具，使用它可以绘制出精确的轮廓路径，将轮廓转换为选区后便可以选中对象，进行精确抠图。

（1）单击工具箱中的“钢笔工具”按钮，在选项栏中设置绘制模式为“路径”，将光标移动到图形的边缘，单击即可生成锚点，如图 6-13 所示。接着在另外一个位置上单击，创建第二个锚点，两个锚点会连接成一条直线路径，如图 6-14 所示。

（2）当绘制曲线路径时，将光标移动到相应位置，如图 6-15 所示。然后按住鼠标左键不放并进行拖曳，可以绘制曲线路径，曲线路径的形状可以通过拖动方向线来控制，如图 6-16 所示。

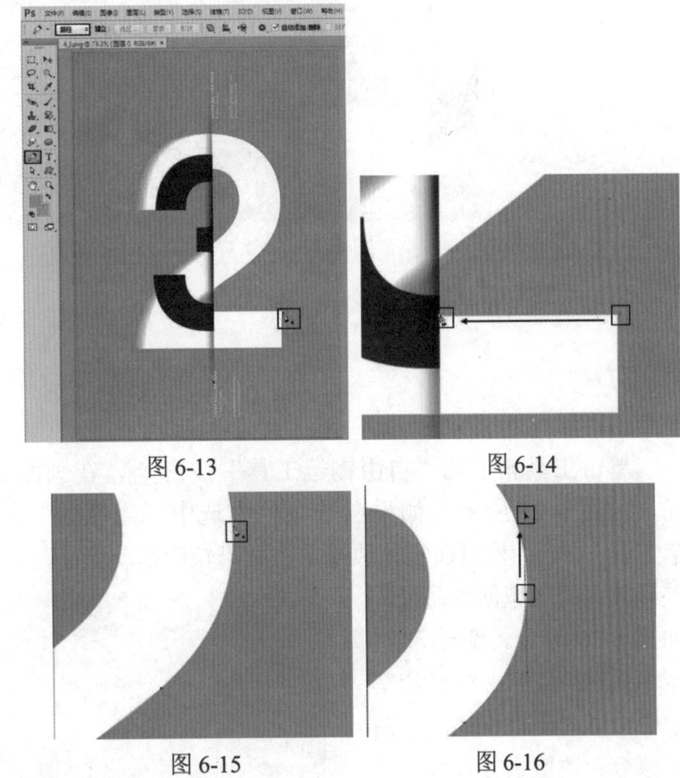

图 6-13　图 6-14

图 6-15　图 6-16

技巧提示：如何绘制水平或垂直的直线路径

按住 Shift 键可以绘制水平、垂直或以 45° 角为增量的直线。

（3）当绘制曲线转折向直线时，如果继续绘制会出现图 6-17 所示的情况。此时可以先按住 Alt 键将钢笔工具切换到转换点工具，然后单击转折位置的锚点，如图 6-18 所示。继续绘制路径，如图 6-19 所示。

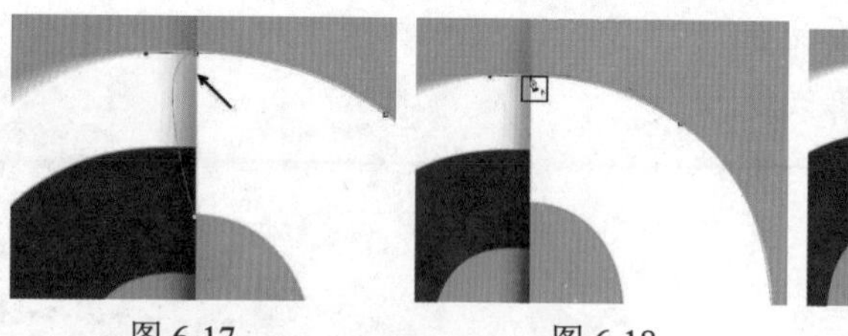

图 6-17　　图 6-18　　图 6-19

（4）如果要在绘制的过程中调整锚点的位置，可以按住 Ctrl 键切换到直接选择工具，然后按住鼠标左键拖曳即可调整锚点的位置，如图 6-20 所示。随着锚点位置的改变，路径也会发生改变，如图 6-21 所示。

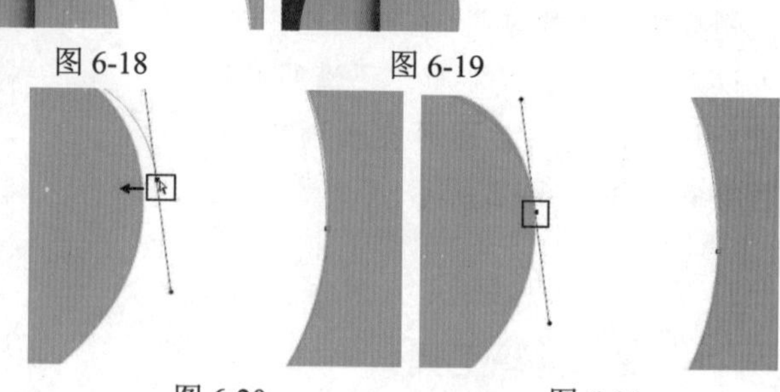

图 6-20　　图 6-21

（5）当绘制到起始锚点的位置时，光标变为形状后，单击即可闭合路径，如图 6-22 所示。接着按组合键 Ctrl+Enter 将路径转换为选区，如图 6-23 所示。选区创建完成后，可以继续进行其他编辑，如图 6-24 所示。

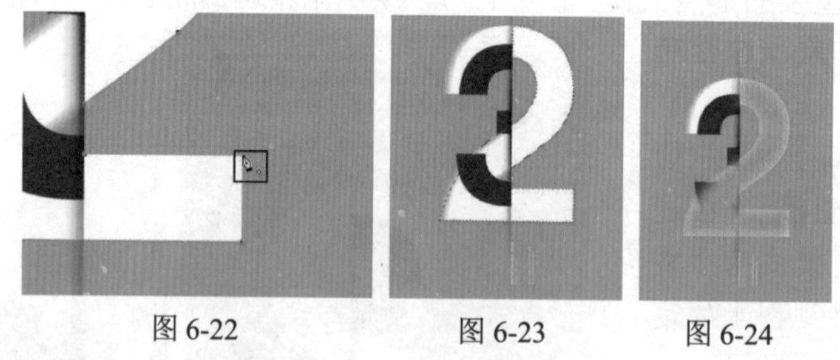

图 6-22　　图 6-23　　图 6-24

6.1.3　自由钢笔 / 磁性钢笔

要点速查："自由钢笔工具"可以轻松绘制出比较随意的路径。"磁性钢笔工具"能够自动捕捉颜色差异的边缘以快速绘制路径。

单击工具箱中的"自由钢笔工具"按钮，在画面中按住鼠标左键拖曳即可绘制路径，如图 6-25 所示。如果在选项栏中选中"磁性的"复选框，那么将切换到"磁性钢笔工具"，然后在物体边缘单击并沿轮廓拖动光标，可以看到磁性钢笔会自动捕捉颜色差异较大的区域创建路径，如图 6-26 所示。在选项栏中单击图标，在下拉菜单中可以对磁性钢笔的"曲线拟合"数值进行设置，该数值用于控制绘制路径的精度，数值越高，路径细节越多，路径越精确；数值越小，路径上的细节越少，相对来说路径也越平滑。

图 6-25

图 6-26

6.1.4　添加和删除锚点

要点速查：使用“添加锚点工具”可以直接在路径上添加锚点，使用“删除锚点工具”可以删除路径上的锚点。

单击“添加锚点工具”按钮，在路径上单击即可添加新的锚点，如图 6-27 所示。单击工具箱中的“删除锚点工具”按钮，将光标放在锚点上，单击鼠标左键即可删除锚点，如图 6-28 所示。

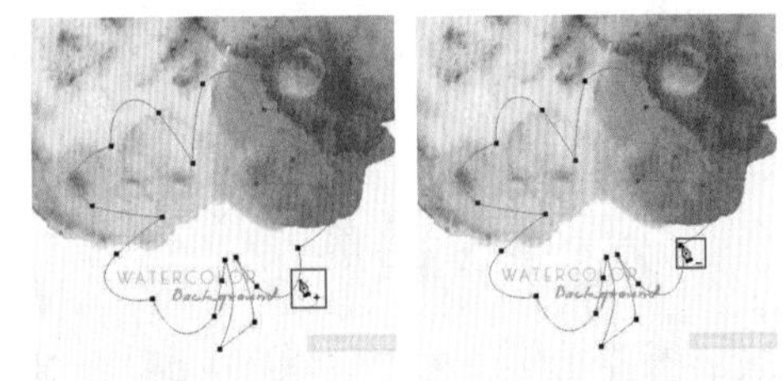

图 6-27　　图 6-28

技巧提示：在“钢笔工具”状态下添加或删除瞄点

> 选择钢笔工具，将光标移动至瞄点处，光标变为形状后单击即可删除瞄点；将光标移动至路径上方非瞄点处，当光标变为形状后单击即可添加瞄点。

6.1.5　转换点工具

要点速查：“转换点工具”主要用来转换锚点的类型。

如图 6-29 所示为一个带有角点以及平滑点的路径。选择“转换点工具”后在角点上按住鼠标左键并拖动，可以将角点转换为平滑点，如图 6-30 所示。使用“转换点工具”在平滑点上单击，可以将平滑点转换为角点，如图 6-31 所示。

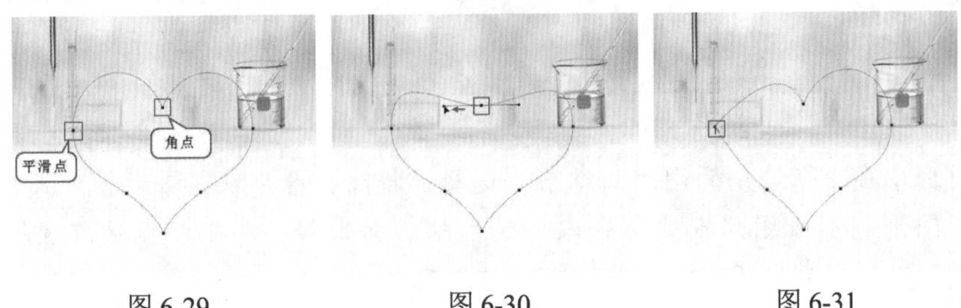

图 6-29　　图 6-30　　图 6-31

实战案例：使用钢笔工具为建筑照片换背景

实战案例：使用钢笔工具为建筑照片换背景

案例文件 / 第 6 章 / 使用钢笔工具为建筑照片换背景 .psd

视频教学 / 第 6 章 / 使用钢笔工具为建筑照片换背景 .flv

案例效果：

钢笔工具是非常好用的抠图工具，尤其是针对那种边缘复杂的对象，抠图效果非常精准。制作本案例首先要选择“钢笔工具”，设置绘制模式为“路径”，然后沿着建筑物的边缘绘制路径，路径绘制完成后得到路径选区，然后将选区反选，接着将选区中的像素删除，抠图操作就完成了，最后更改背景，如图 6-32 和图 6-33 所示。

图 6-32

图 6-33

6.2 路径选择工具

路径选择工具组要配合路径才能使用，该工具组不但可以选择已有的路径，还可以对路径上瞄点的位置进行调整，制作出形态各异的路径图形，辅助绘制精美的画面。单击工具箱中的“路径选择工具”按钮，在打开的工具列表中包含“路径选择工具”和“直接选择工具”两个隐藏工具，如图 6-34 所示。

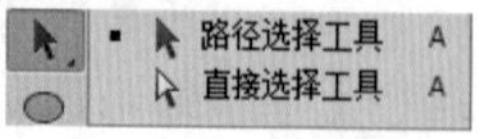

图 6-34

6.2.1 路径选择工具：移动路径

要点速查：选择“路径选择工具”后单击路径上的任意位置可以选择单个的路径。

单击工具箱中的“路径选择工具”按钮，在路径上单击即可选择并移动路径，如图 6-35 所示。

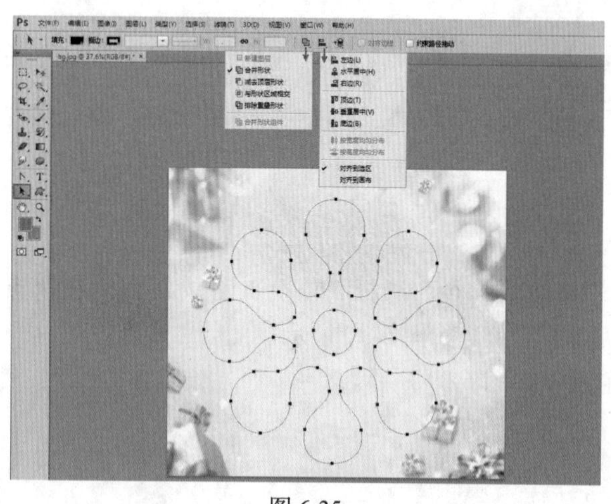

图 6-35

- 路径运算：在路径运算列表中可以选择多个路径之间的运算方式，例如可以通过选择得到两个路径相加、相减、交叉、排除交叉区域的结果。单击选项栏中的“路径运算”按钮，在下拉列表中选择“合并形状”选项。继续使用“钢笔工具”绘制图形，此时新绘制的图形将添加到原有的图形中。选择“减去顶层形状”运算方式，可以得到从原有的图形中减去新绘制的图形的结果。选择“排除重叠形状”运算方式，可以得到新图形与原有图形重叠部分以外的区域。若选择“与形状区域交叉”运算方式，可以得到新图形与原有图形的交叉区域。
- 路径对齐方式：当有多个路径时，可以设置路径的对齐与分布。
- 路径排列：设置路径的层级排列关系。

技巧提示：“路径选择工具”小技巧

按住 Shift 键可以选择多个路径，同时它还可以用来移动、组合、对齐和分布路径。按住 Ctrl 键并单击路径可以将当前工具转换为“直接选择工具”。

6.2.2 直接选择工具：移动锚点

要点速查：“直接选择工具”主要用来选择路径上的单个或多个锚点，可以移动锚点、调整方向线。

单击工具箱中的“直接选择工具”按钮，在锚点处单击，即可选择该锚点，如图 6-36 所示，框选可以选中多个锚点，如图 6-37 所示。

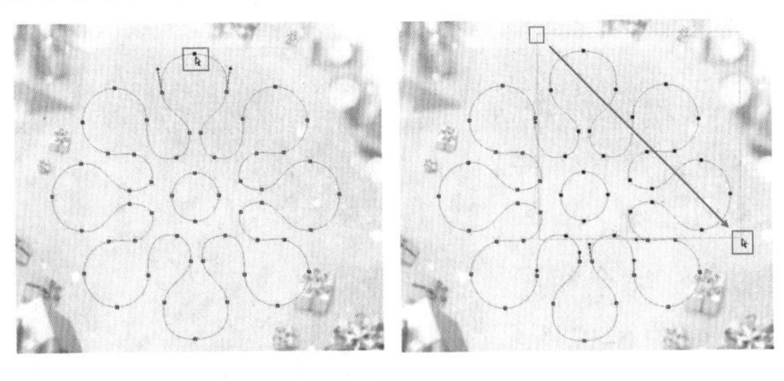

图 6-36　　　　图 6-37

技巧提示：快速切换到“路径选择工具”

按住 Ctrl 键并单击路径可以将当前工具转换为“路径选择工具”。

6.3　认识路径面板

“路径”面板主要用来储存、管理以及调用路径，在面板中显示了存储的所有路径、工作路径以及矢量蒙版的名称和缩览图。执行“窗口”→“路径”菜单命令，打开“路径”面板，在这里可以进行路径的转换、填充、描边、新建、删除等操作，如图 6-38 所示。

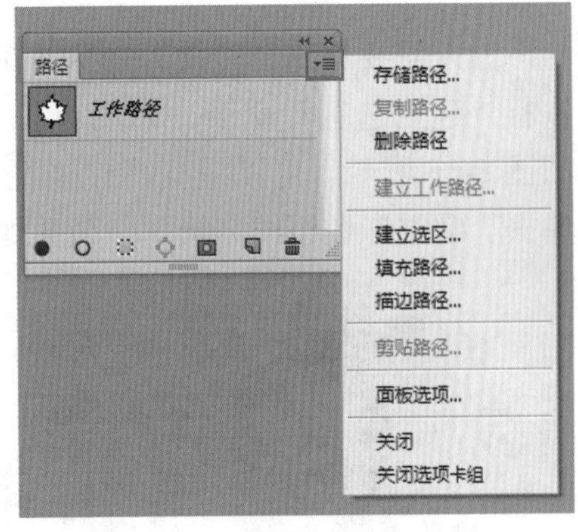

图 6-38

- 用前景色填充路径：单击该按钮，可以用前景色填充路径区域。
- 用画笔描边路径：单击该按钮，可以用设置好的“画笔工具”对路径进行描边。
- 将路径作为选区载入：单击该按钮，可以将路径转换为选区。
- 从选区生成工作路径：如果当前文档中存在选区，单击该按钮，可以将选区转换为工作路径。
- 添加图层蒙版：单击该按钮，即可以当前选区为图层添加图层蒙版。
- 创建新路径：单击该按钮，可以创建一个新的路径。按住 Alt 键的同时单击“创建新路径”按钮，可以弹出“新建路径”对话框，并进行名称的设置。拖曳需要复制的路径到“路径”面板下的“创建新路径”按钮上，可以创建出路径的副本。
- 删除当前路径：将路径拖曳到该按钮上，可以将其删除。

6.4　编辑路径

路径可以像其他对象一样进行选择、移动、变换等常规操作，也可以进行如定义为形状、建立选区、描边等特殊操作。路径还可以像选区一样进行“运算”。通过对路径的编辑可以制作出各种各样的图形效果。

6.4.1 变换路径

选择路径，然后执行“编辑”→“变换路径”菜单下的命令即可对其进行相应的变换，也可以使用快捷键 Ctrl+T，变换路径与变换图像的方法完全相同，这里不再进行重复讲解，如图 6-39 所示。

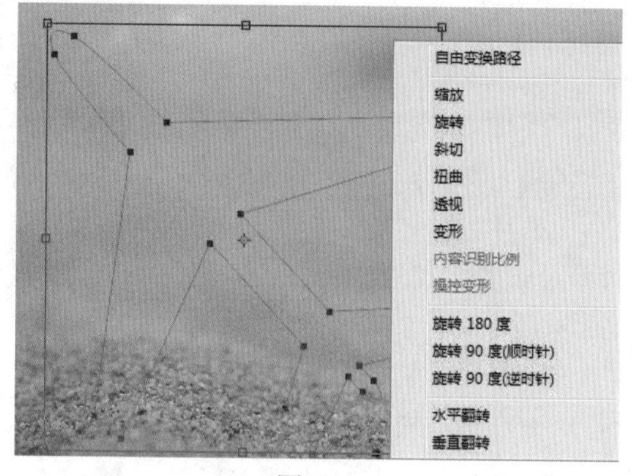

图 6-39

技巧提示：将路径定义为自定形状

对已有路径执行“编辑”→“定义自定形状”菜单命令，在弹出的“形状名称”对话框中设置合适的名称，然后单击“确定”按钮即可将路径定义为自定形状。定义完成后，选择“自定形状工具”按钮，在选项栏形状预设下拉面板中可以看到新自定义的形状。

6.4.2 路径与选区的转换

如果需要将路径转换为选区，可以在路径上单击鼠标右键，然后在弹出的快捷菜单中执行“建立选区”命令，如图 6-40 所示。执行该命令后，会弹出“建立选区”对话框，如图 6-41 所示，可以进行羽化半径的设置，羽化半径越大，选区的边缘模糊程度越大，单击“确定”按钮结束操作，效果如图 6-42 所示。

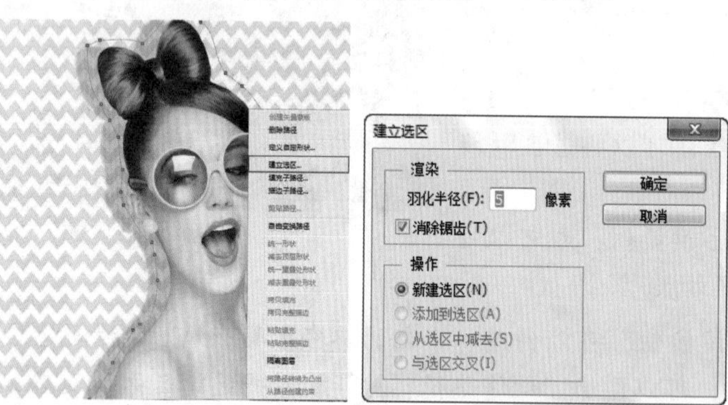

图 6-40　　图 6-41

图 6-42

技巧提示：路径转换为选区的快捷键

可以使用快捷键 Ctrl+Enter 将路径转换为选区。

6.4.3 填充路径

使用“钢笔工具”或“形状工具”（自定形状工具除外）的状态下，在绘制完成的路径上单击鼠标右键，选择“填充路径”命令，如图 6-43 所示，打开“填充路径”窗口，可以对填充内容进行设置，这里包含多种类型的填充内容，并且可以设置当前填充内容的混合模式、不透明度等属性，如图 6-44 所示，如图 6-45 所示为填充图案的效果。

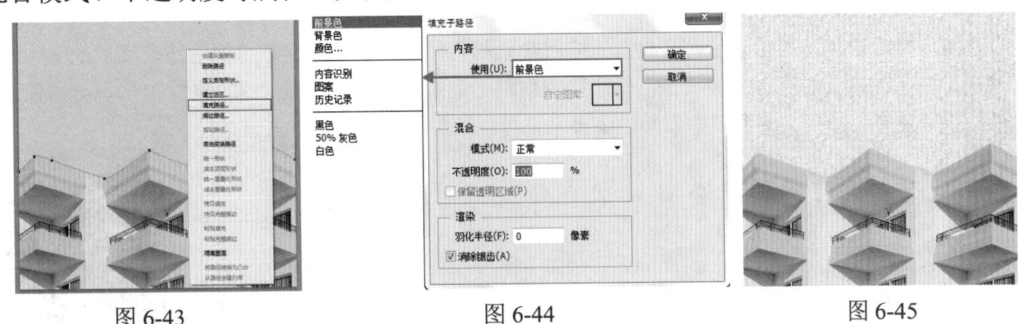

图 6-43　　图 6-44　　图 6-45

6.4.4　描边路径

要点速查：“描边路径”命令能够以设置好的绘画工具沿任何路径创建描边。

使用矢量工具的状态下，在绘制完成的路径上单击鼠标右键，执行“描边路径”命令，打开“描边路径”对话框。在“工具”列表中可以选择使用多种不同的工具对路径进行描边，例如画笔、铅笔、橡皮擦、仿制图章等，如图 6-46 所示。选中“模拟压力”复选框可以模拟手绘产生的两端较细的效果，如图 6-47 所示。取消选中该复选框，描边为线性、均匀的效果，如图 6-48 所示。

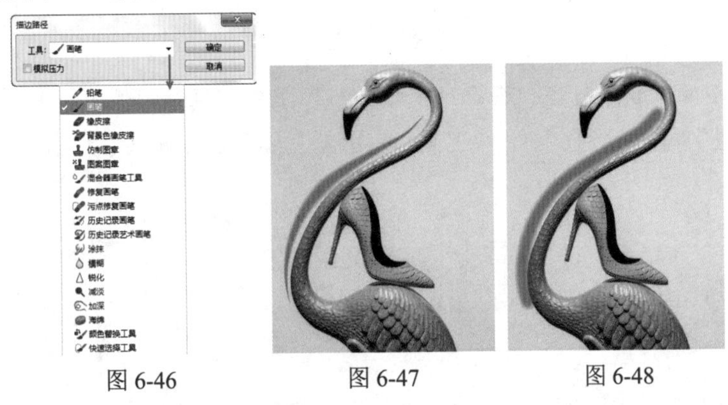

图 6-46　　图 6-47　　图 6-48

技巧提示：快速描边路径的方法

设置好画笔的参数以后，在使用画笔的状态下按 Enter 键也能够以上一次设置的参数为路径进行描边。

6.4.5　储存工作路径

直接绘制出的路径为临时路径，一旦重新绘制了路径，原有的路径将被当前路径所替代。若在以后的操作中还可能会需要到它，那么可以将这段路径存储起来。双击路径缩览图，在弹出的“存储路径”对话框中设置一个合适的名称，然后单击“确定”按钮，完成存储操作，如图 6-49 所示。继续绘制一个路径，此时可以看到刚刚存储的路径依旧存在于“路径”面板中，如图 6-50 所示。

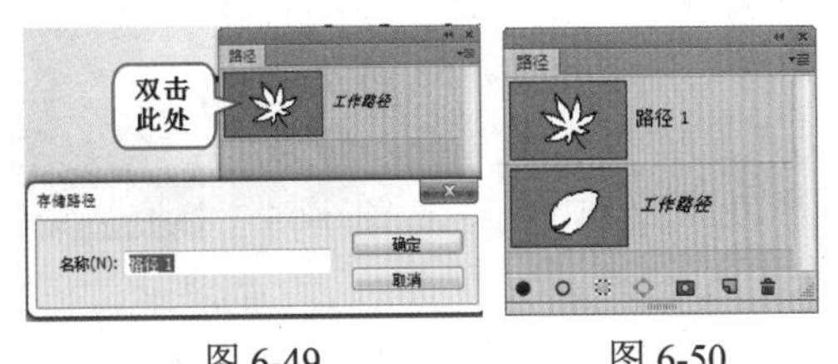

图 6-49　　图 6-50

技巧提示：隐藏\显示路径

在“路径”面板中单击路径以后，文档窗口中就会始终显示该路径，如果不希望它妨碍我们的操作，可以在“路径”面板的空白区域单击，即可取消对路径的选择，将其隐藏起来，画面中将不会出现该路径。如果要将路径在文档窗口中重新显示出来，可以在“路径”面板单击该路径。

视频陪练：可爱甜点海报

视频陪练：可爱甜点海报

案例文件 / 第 6 章 / 可爱甜点海报 .psd

视频教学 / 第 6 章 / 可爱甜点海报 .flv

案例效果：

本案例主要利用填充制作双色背景，并为水果素材添加渐变叠加图层样式，使之融合在背景中。使用钢笔工具绘制画面中主体物冰淇淋的路径，转换为选区后进行抠图操作，使之从背景中分离出来。使用形状工具为画面添加箭头形状，并使用横排文字工具为画面添加文字信息，如图 6-51 所示。

图 6-51

6.5　形状工具组

Photoshop 中的形状工具组包含多种形状工具，单击工具箱中的“矩形工具”按钮，在弹出的工具组中可以看到 6 种形状工具。使用这些形状工具可以绘制出各种各样的形状，如图 6-52 所示。

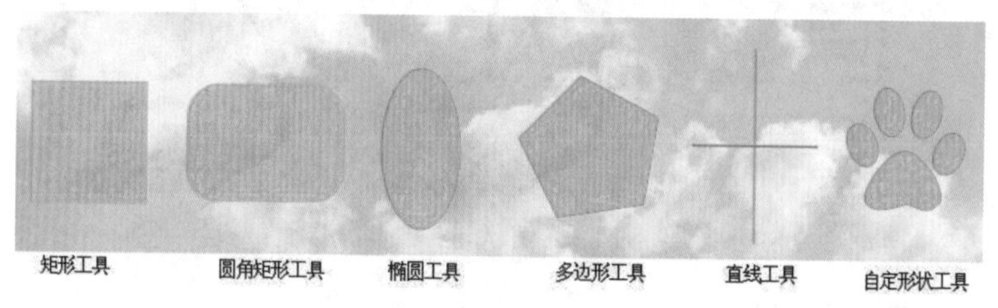

图 6-52

6.5.1　矩形工具

“矩形工具”可以绘制出矩形和正方形形状。矩形工具的使用方法与矩形选框工具类似，按住鼠标左键并拖动可绘制出矩形路径 / 形状 / 像素；绘制时按住 Shift 键可以绘制出正方形；按住 Alt 键可以以鼠标单击点为中心绘制矩形；按住 Shift+Alt 快捷键可以以鼠标单击点为中心绘制正方形，绘制效果对比如图 6-53 所示。在选项栏中单击图标，打开“矩形工具”选项面板，如图 6-54 所示。

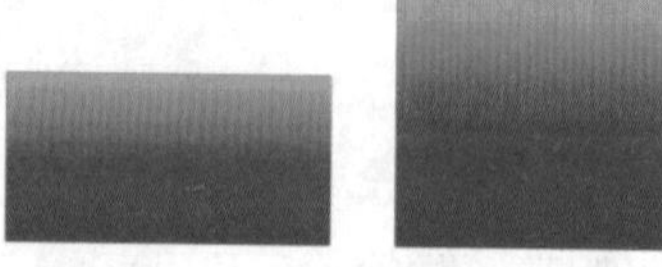
图 6-53

不受约束
方形
固定大小 W: H:
比例 W: H:
从中心

图 6-54

- 不受约束：选中该选项，可以绘制出任意大小的矩形。

- 方形：选中该选项，可以绘制出任意大小的正方形。
- 固定大小：选中该选项后，可以在其后面的输入框中输入宽度（W）和高度（H），然后在图像上单击即可创建出固定大小的矩形。
- 比例：选中该选项后，可以在其后面的输入框中输入宽度（W）和高度（H）比例，此后创建的矩形始终保持这个比例。
- 从中心：以任何方式创建矩形时，选中该选项，鼠标单击点即为矩形的中心。
- 对齐像素：选中该选项后，可以使矩形的边缘与像素的边缘相重合，这样图形的边缘就不会出现锯齿。

6.5.2　圆角矩形工具

“圆角矩形工具”可以创建出具有圆角效果的矩形。圆角矩形工具的使用方法以及选项设置与矩形工具大部分相同。单击工具箱中的“圆角矩形工具”按钮，在选项栏中可以对“半径”数值进行设置，如图 6-55 所示。“半径”选项用来设置圆角的半径，数值越大，圆角越大，如图 6-56 所示。

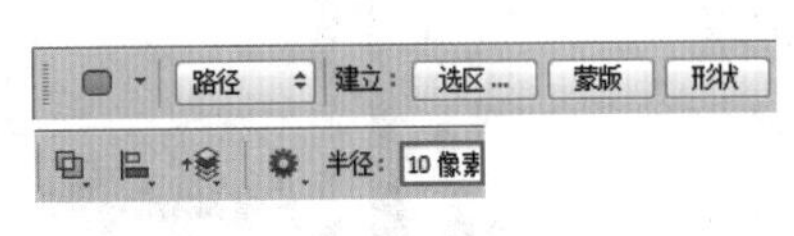

图 6-55

图 6-56

技巧提示

在使用矩形工具或圆角矩形工具绘制路径或形状后，会弹出“属性”面板。在“属性”面板中可以对图形的大小、描边等参数进行设置，还可以对圆角“半径”进行设置。当处于链接状态时，更改一个角的“半径”数值，其他 3 个角的半径数值也会发生同样的变化；如果取消链接状态，则可以分别更改角的“半径”，如图 6-57 和图 6-58 所示。

图 6-57　　图 6-58

实战案例：使用圆角矩形制作 LOMO 照片

案例文件 / 第 6 章 / 使用圆角矩形制作 LOMO 照片 .psd

视频教学 / 第 6 章 / 使用圆角矩形制作 LOMO 照片 .flv

实战案例：使用圆角矩形制作 LOMO 照片

案例效果：

圆角矩形能够给人一种圆润可爱的感觉，应用非常广泛。在这个案例中使用圆角矩形绘制路径，然后转换为选区，这样就得到了圆角矩形选区，反向选择后填充颜色制作出照片边框，如图 6-59 所示。

操作步骤：

（1）打开素材文件，单击工具箱中的“圆角矩形工具”按钮，并在选项栏中单击按钮 路径 ，设置“半径”为 30 像素，如图 6-60 所示。接着回到图像中，在左上角单击，确定圆角矩形的起点，并向右下角拖动绘制出圆角矩形，然后单击鼠标右键执行“建立选区”命令，如图 6-61 所示。将当前路径转换为选区之后单击鼠标右键，执行“选择反向”命令，如图 6-62 所示。

图 6-59

图 6-60

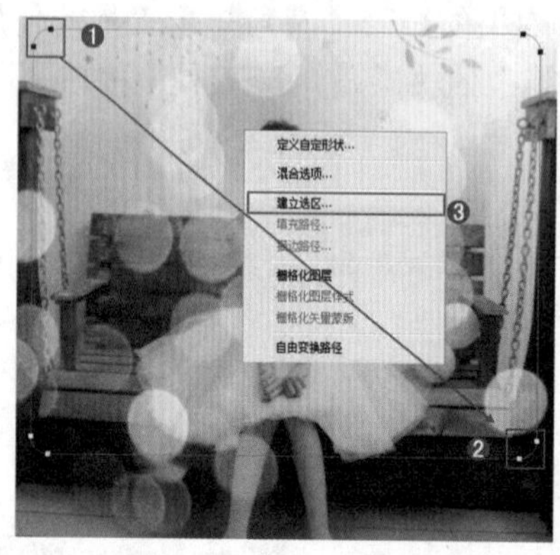

图 6-61

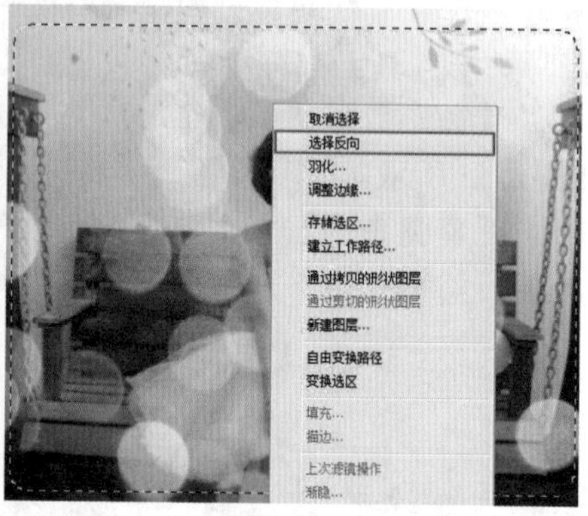

图 6-62

（2）新建“图层 1”，设置前景色为白色，并使用填充前景色快捷键 Alt+Delete 填充白色，如图 6-63 所示。最后执行“文件”→“置入”命令，置入前景素材，最终效果如图 6-64 所示。

图 6-63

图 6-64

6.5.3 椭圆工具

使用“椭圆工具”可以创建出椭圆和正圆形状。“椭圆工具”的设置选项与矩形工具相似，如果要创建椭圆，可以按住鼠标左键并拖曳；如果要创建正圆形，可以按住 Shift 键或 Shift+Alt 快捷键（以鼠标单击点为中心）进行创建，绘制对比效果如图 6-65 所示。

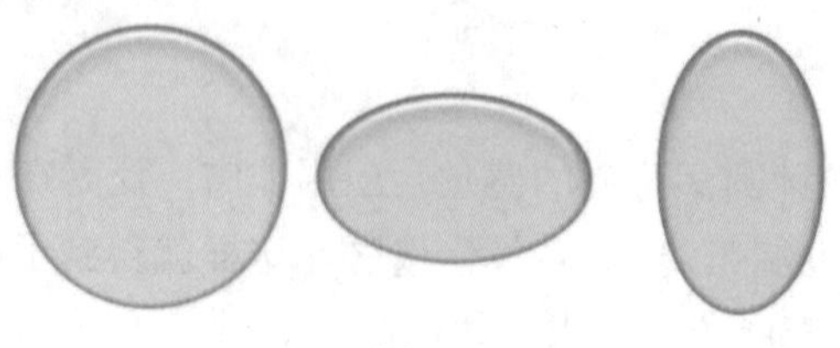

图 6-65

6.5.4　多边形工具

使用“多边形工具”可以创建出多边形（最少为 3 条边）和星形，如图 6-66 所示。单击工具箱中的“多边形工具”按钮，在选项栏中可以设置“边”数，还可以在多边形工具选项中设置半径、平滑拐角、星形等参数，如图 6-67 所示。

图 6-66

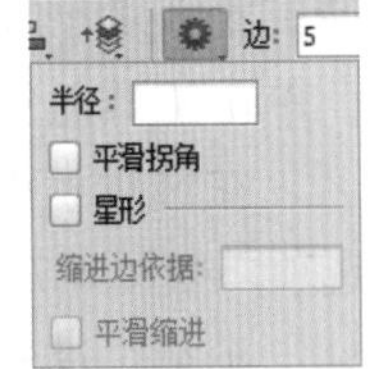

图 6-67

- 边：可以设置多边形的边数，边数不得少于 3，边数越多越接近圆形。
- 半径：用于设置多边形或星形的半径长度（单位为 cm），设置好半径后，在画面中拖曳鼠标即可创建出相应半径的多边形或星形。
- 平滑拐角：选中该选项以后，可以创建出具有平滑拐角效果的多边形或星形，对比效果如图 6-68 所示。

图 6-68

- 星形：选中该选项后，可以创建星形，下面的“缩进边依据”选项主要用来设置星形边缘向中心缩进的百分比，数值越大，星形越尖锐。
- 平滑缩进：选中该选项后，可以使星形的每条边向中心平滑缩进，对比效果如图 6-69 所示。

图 6-69

视频陪练：制作趣味输入法皮肤

案例文件 / 第 6 章 / 制作趣味输入法皮肤 .psd

视频教学 / 第 6 章 / 制作趣味输入法皮肤 .flv

案例效果：

本案例主要使用圆角矩形工具制作输入法皮肤的主体图形，通过图案叠加、描边、投影等图层样式的使用丰富界面效果，最后添加卡通形象美化输入法皮肤的视觉效果，如图 6-70 所示。

图 6-70

视频陪练：制作趣味输入法皮肤

6.5.5 直线工具

使用“直线工具”可以创建直线和带有箭头的形状，效果如图 6-71 所示。单击工具箱中的“直线工具”按钮，在选项栏中可以设置直线工具的选项，如图 6-72 所示。

图 6-71　　图 6-72

- 粗细：设置直线或箭头线的粗细，单位为“像素”。
- 起点 / 终点：选中“起点”选项，可以在直线的起点处添加箭头；选中“终点”选项，可以在直线的终点处添加箭头；同时选中“起点”和“终点”选项，则可以在直线两端都添加箭头，如图 6-73 所示。

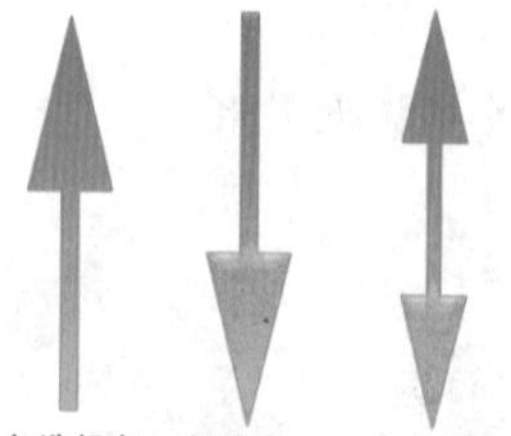

图 6-73

- 宽度：用来设置箭头宽度与直线宽度的百分比，范围为 10%~1000%。
- 长度：用来设置箭头长度与直线宽度的百分比，范围为 10%~5000%。
- 凹度：用来设置箭头的凹陷程度，范围为 -50%~50%。值为 0% 时，箭头尾部平齐；值大于 0% 时，箭头尾部向内凹陷；值小于 0% 时，箭头尾部向外凸出，如图 6-74 所示。

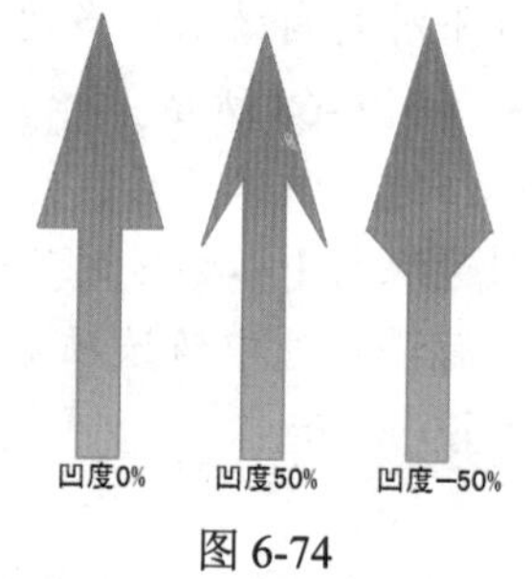

图 6-74

6.5.6 自定形状工具

在 Photoshop 中有很多的预设形状供我们选择，通过“自定形状工具”可以将这些形状绘制出来。选择工具箱中的“自定形状工具”，然后单击选项栏中的“形状”按钮，在下拉面板中选择一个合适的形状，然后在画面中按住鼠标左键进行绘制，如图 6-75 所示。

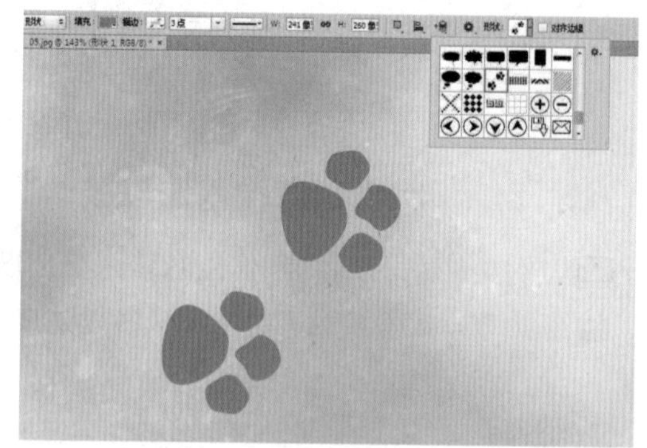

图 6-75

技巧提示：载入 Photoshop 预设形状和外部形状

在选项栏中单击图标，打开“自定形状”选取器，可以看到 Photoshop 只提供了部分预设的形状，这时可以单击图标，在弹出的菜单中选择“全部”命令，如图 6-76 所示，这样可以将 Photoshop 预设的所有形状都加载到“自定形状”选取器中。如果要加载外部的形状，可以在选取器菜单中选择“载入形状”命令，然后在弹出的“载入”对话框中选择形状即可（形状的格式为 .csh 格式），如图 6-77 所示。

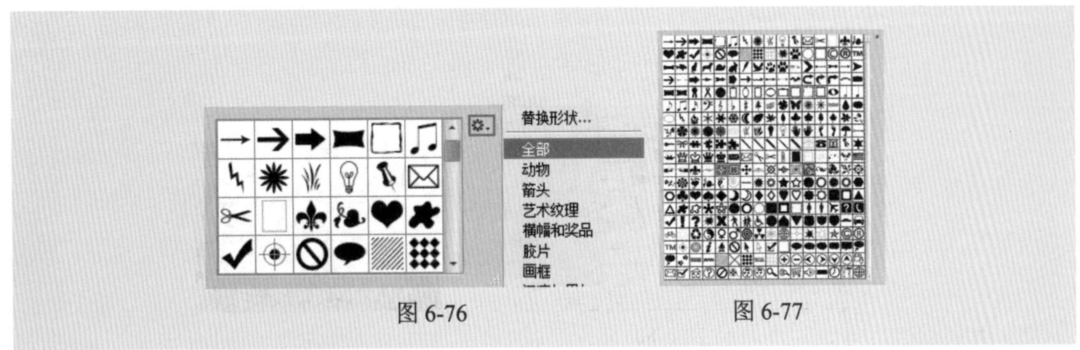

图 6-76　　图 6-77

视频陪练：使用矢量工具制作儿童网页

案例文件 / 第 6 章 / 使用矢量工具制作儿童网页 .psd

视频教学 / 第 6 章 / 使用矢量工具制作儿童网页 .flv

视频陪练：使用矢量工具制作儿童网页

案例效果：

本案例主要使用到“圆角矩形工具”、“钢笔工具”、“矩形工具”和“自定义形状工具”等矢量绘图工具，绘制构成网页的大量的矢量几何形状，并配合图层样式，增强矢量图形的视觉效果。文字部分则使用“横排文字工具”进行制作，如图 6-78 所示。

图 6-78

综合案例：使用钢笔工具制作质感按钮

案例文件 / 第 6 章 / 使用钢笔工具制作质感按钮 .psd

视频教学 / 第 6 章 / 使用钢笔工具制作质感按钮 .flv

案例效果：

本案例主要使用“钢笔工具”绘制按钮的基本形状，利用剪贴蒙版和图层混合模式为按钮赋予图案，并配合“横排文字工具”以及图层样式制作按钮表面的文字，如图 6-79 所示。

图 6-79

综合案例：使用钢笔工具制作质感按钮

操作步骤：

（1）新建文件，执行“文件”→“新建”命令，设置“宽度”数值为 3500 像素，“高度”数值为 2400 像素，如图 6-80 所示。单击工具箱中的“渐变填充工具”按钮，设置一种由浅蓝到深蓝色的渐变，单击选项栏中的“径向渐变”按钮，在画面中进行拖曳填充，如图 6-81 所示。

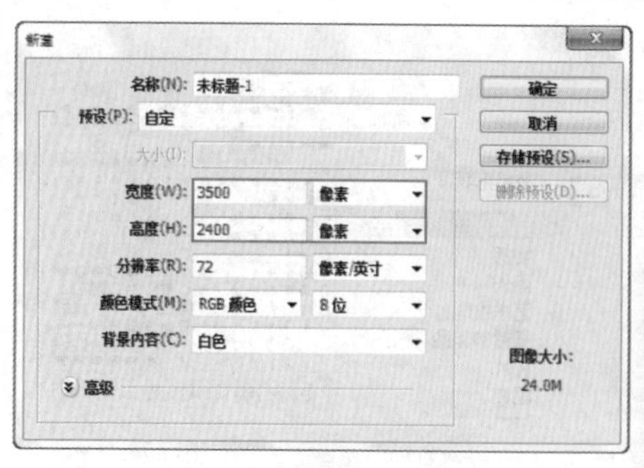

图 6-80

图 6-81

（2）单击工具箱中的“钢笔工具”按钮，在选项栏中设置绘制模式为“形状”，设置填充类型为渐变，编辑一种橙色系的渐变，设置描边为无，然后将光标定位到画面中，从起点处单击创建锚点，然后依次在其他位置单击创建多个锚点，最后将光标定位到起点处，封闭路径，如图 6-82 所示。下面需要调整按钮的形状，单击工具箱中的“转换点工具”按钮，在尖角的点上按住鼠标左键进行拖动，使其变为圆角的点，如图 6-83 所示。

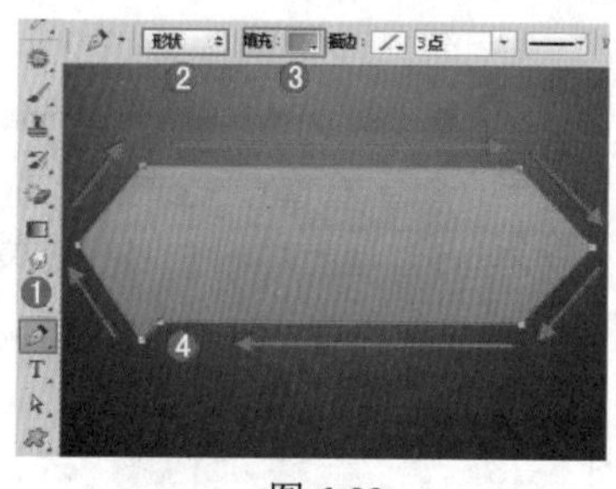

图 6-82

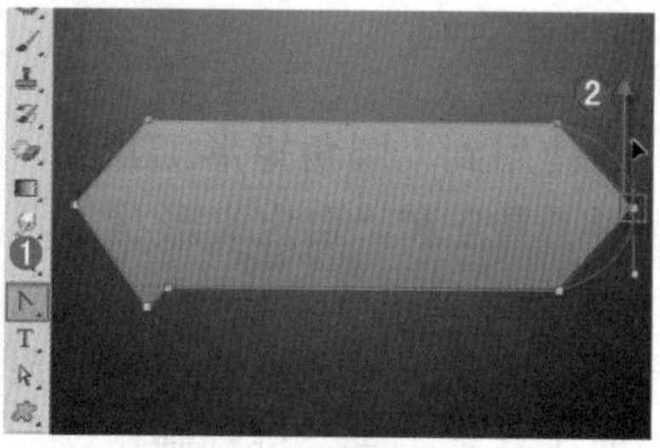

图 6-83

（3）用同样的方法处理另外一侧的锚点，如图 6-84 所示。继续处理其他位置的锚点，此时按钮的形状变得非常的圆润，如图 6-85 所示。

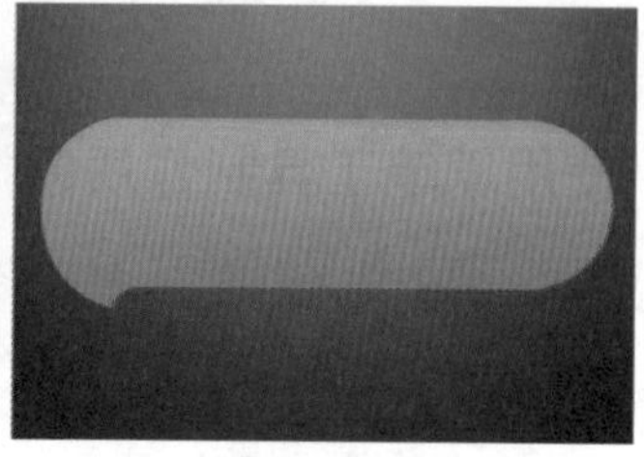

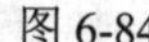

图 6-84

图 6-85

（4）执行“文件”→“置入”命令，置入条纹图案素材文件“1.png”，将其摆放在按钮的上方，在“图层”面板中右击该图层，执行“创建剪贴蒙版”命令，如图 6-86 所示。此时按钮表面呈现出条纹效果，如图 6-87 所示。

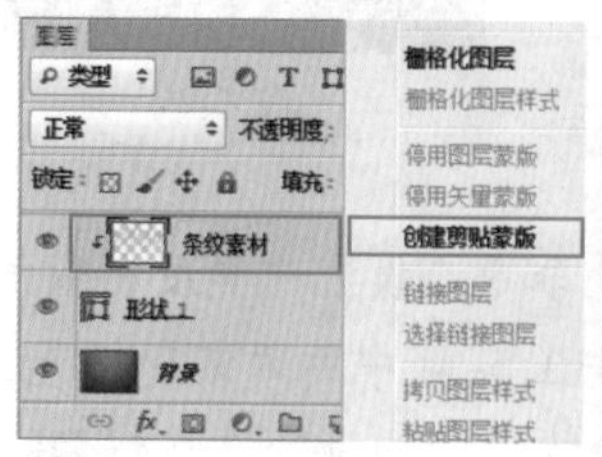

图 6-86

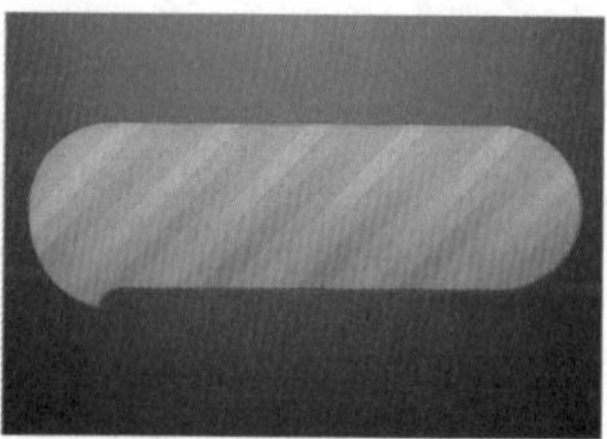

图 6-87

（5）继续选择钢笔工具，在选项栏中设置绘制模式为“路径”，在按钮下方绘制一个合适形状的闭合路径，如图 6-88 所示。单击鼠标右键执行“建立选区”命令，新建图层，为选区填充橙色，如图 6-89 所示。

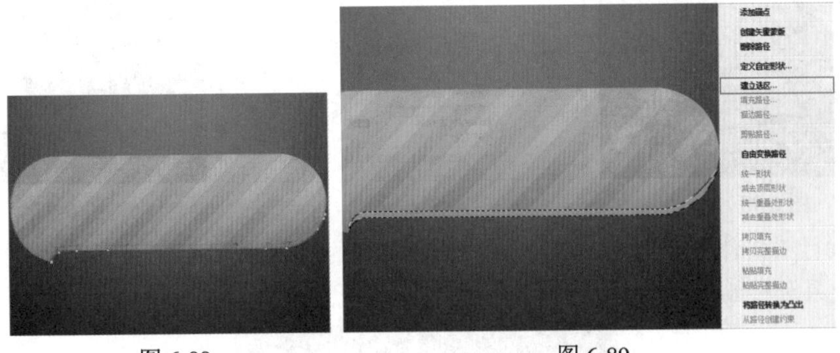

图 6-88　　图 6-89

（6）按住 Ctrl 键单击按钮图层“形状 1”的缩览图，载入按钮选区。新建图层“高光 1”，对选区进行适当缩放后填充为白色。然后使用椭圆选框工具绘制椭圆选区，如图 6-90 所示。按 Delete 键删除选区内的部分，如图 6-91 所示。

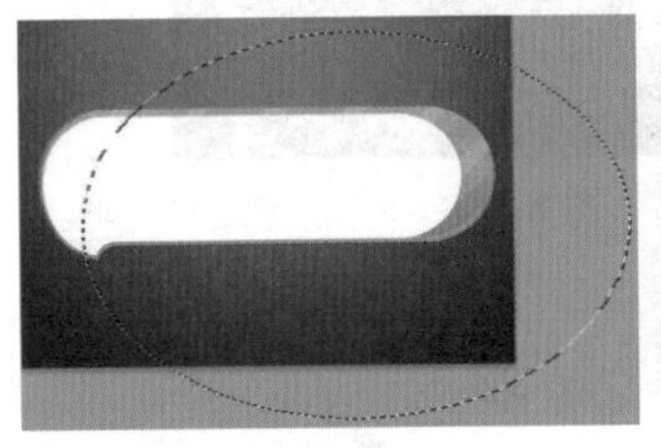

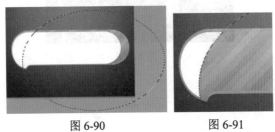

图 6-90　　图 6-91

（7）继续使用柔角橡皮擦工具擦除顶部区域，如图 6-92 所示。设置不透明度数值为 35%，效果如图 6-93 所示。用同样的方法制作其他部分的光泽效果，如图 6-94 所示。

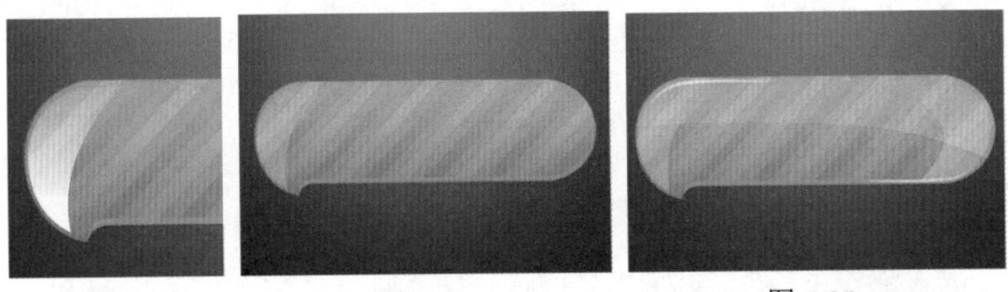

图 6-92　　图 6-93　　图 6-94

（8）单击工具箱中的“文字工具”按钮 T，设置合适的字体及大小，在按钮上输入白色的文字，如图 6-95 所示。执行“图层”→“图层样式”→“斜面和浮雕”命令，设置“大小”数值为 10 像素，“角度”数值为 -42 度，设置阴影的“不透明度”为 25%，如图 6-96 和图 6-97 所示。

图 6-95

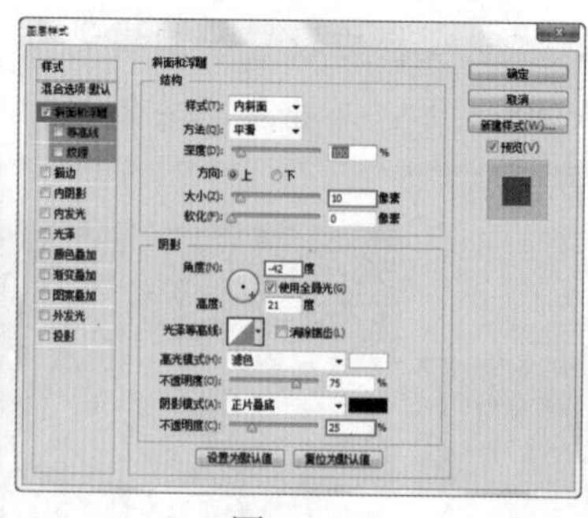

图 6-96

图 6-97

（9）执行“文件”→“置入”命令，置入左侧的装饰丝带“2.png”，摆放在合适的位置，最终效果如图 6-98 所示。

图 6-98

图像颜色调整

在 Photoshop 中调色是核心技术之一，优秀的调色作品离不开“色彩”，所以掌握 Photoshop 中调色命令的使用方法是非常必要的。想要制作出优秀的调色作品需要了解一些常用的色彩构成理论、颜色模式转换理论以及通道理论，如冷暖对比、近实远虚等。

本章学习要点：

- 掌握矫正问题图像的方法
- 熟练使用常用的调整命令
- 掌握多种风格化的调色技巧

7.1 调色相关知识

在对图像进行调色之前，首先要了解一些关于色彩的基础知识，以便更容易掌握在Photoshop中进行调色的方法。

7.1.1 什么是"调色"

Photoshop中的"调色"是指将特定的色调加以改变，形成不同感觉的另一色调图片。调色技术在实际应用中主要分为校正错误色彩和创造风格化色彩两大方面。所谓错误的颜色在数码相片中主要体现在曝光过度、亮度不足、画面偏灰、色调偏色等，通过使用调色技术可以很轻松地解决这些图像问题。而创造风格化色彩则相对复杂些，不仅可以使用调色技术，还可以与图层混合、绘制工具等共同使用，如图7-1和图7-2所示为调色前后的对比效果。

图 7-1

图 7-2

7.1.2 更改图像颜色模式

在数字图像的世界里，图像有多种颜色模式，但并不是所有的颜色模式都适合在调色中使用。在计算机中是用红、绿、蓝3种基色的相互混合来表现所有彩色，也就是处理数码照片时常用的RGB颜色模式。涉及需要印刷的产品时需要使用CMYK颜色模式。而Lab颜色模式是色域最宽的色彩模式，也是最接近真实世界颜色的一种色彩模式。如果想要更改图像的颜色模式，可执行"图像"→"模式"命令，在子菜单中即可选择图像的颜色模式，如图7-3所示。

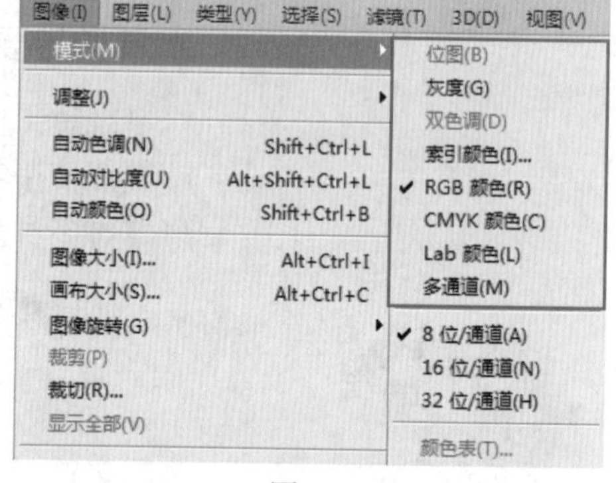

图 7-3

7.1.3 调整图像的两种方法

在Photoshop中，图像色彩的调整共有两种方式，一种是直接将调色命令作用于图像，这种方法不可逆转；另一种是新建调整图层，这种方法适用于后期调整。

（1）打开图像，如图7-4所示。执行"图像"→"调整"→"色相/饱和度"命令，在打开的"色相/饱和度"对话框中进行设置，如图7-5所示。设置完成后单击"确定"按钮，此时画面颜色被更改了，但是这种调色的方式属于不可修改方式，也就是说一旦调整了图像的色调，就不可以再重新修改调色命令的参数，如图7-6所示。

图 7-4

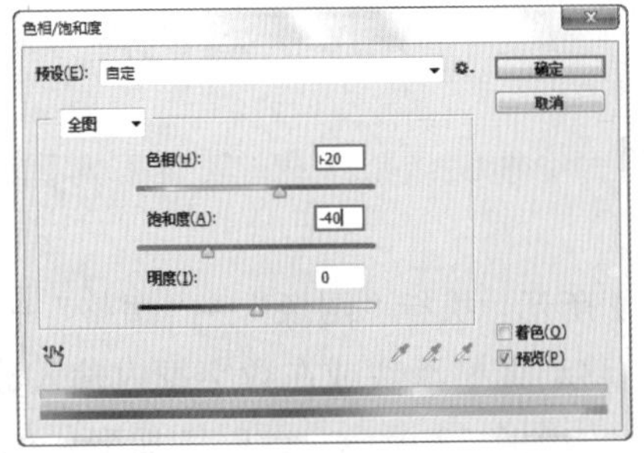

图 7-5

图 7-6

（2）另一种方法是执行“图层”→“新建调整图层”→“色相 / 饱和度”命令，弹出“属性”面板，在该面板中可以看到调色命令与“色相 / 饱和度”对话框中的参数是完全相同的，如图 7-7 所示。而且此时会新建一个调整图层，如图 7-8 所示。调整图层会影响该图层下方所有图层的效果，而且调整图层可以重复修改参数且不会破坏原图层。

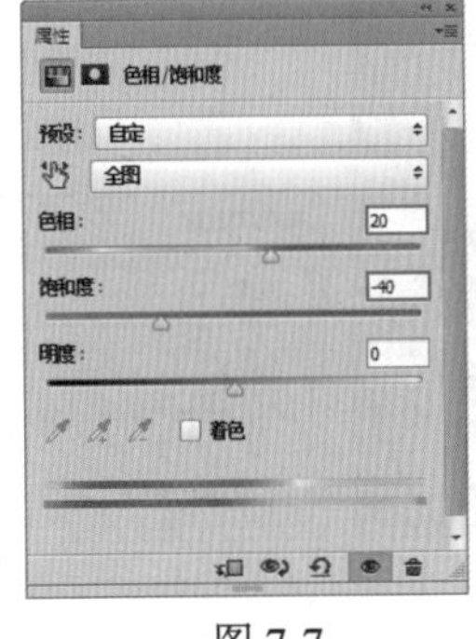

图 7-7

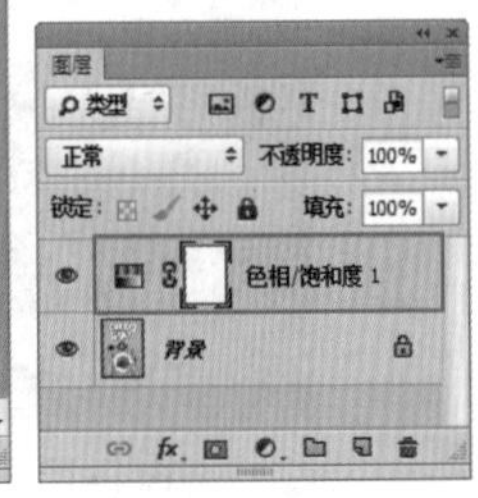

图 7-8

- 蒙版：单击即可进入该调整图层蒙版的设置状态。
- 此调整剪切到此图层：在此状态下，所做的调整将只对此图层起作用，单击该按钮可以切换到“此调整影响下面的所有图层”（该状态下，所做的调整将对其下的所有图层起作用）。
- 查看上一状态：单击该按钮，可以在文档窗口中查看图像的上一个调整效果，以比较两种不同的调整效果。
- 复位到调整默认值：单击该按钮，可以将调整参数恢复到默认值。
- 切换图层可见性：单击该按钮，可以隐藏或显示调整图层。
- 删除此调整图层：单击该按钮，可以删除当前调整图层。

7.2　自动调整图像

“自动色调”、“自动对比度”和“自动颜色”命令不需要进行参数设置，通常主要用于校正数码相片出现的明显的偏色、对比度过低、颜色暗淡等常见问题。执行“图像”菜单下的相应命令即可自动调整画面颜色，如图 7-9 所示。如图 7-10 和图 7-11 所示分别为矫正发灰的图像与矫正偏色图像的效果。

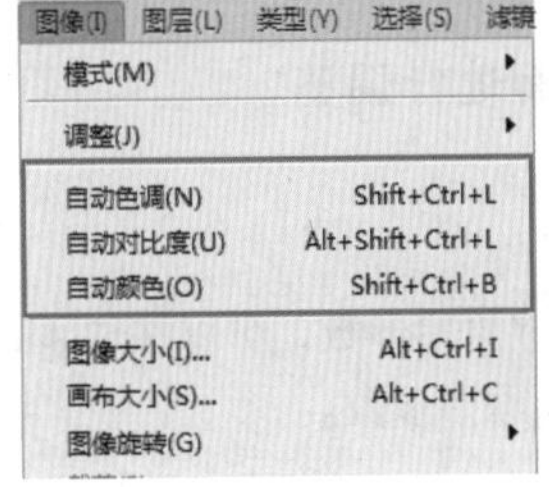

图 7-9

图 7-10

图 7-11

7.3　亮度 / 对比度

要点速查：“亮度 / 对比度”命令能够调整图像的亮度和对比度两种属性，从而快速地校正图像“发灰”的问题。

打开一张图片，如图 7-12 所示。执行“图像”→“调整”→“亮度 / 对比度”菜单命令，打开“亮度 / 对比度”窗口，移动调整滑块或在数字框内输入数字，可以进行相应的设置，单击“确定”按钮结束操作，如图 7-13 所示。此时图像变化如图 7-14 所示。

图 7-12

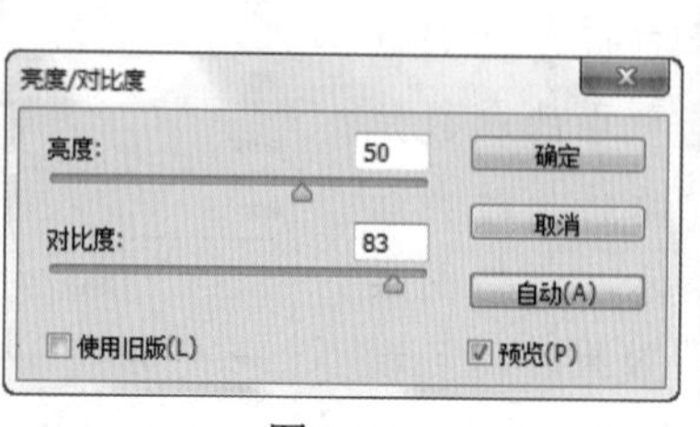

图 7-13

图 7-14

- 亮度：用来设置图像的整体亮度。数值为负值时，表示降低图像的亮度，如图 7-15 所示；数值为正值时，表示提高图像的亮度，如图 7-16 所示。

图 7-15

图 7-16

- 对比度：用于设置图像亮度对比的强烈程度，减小数值会降低画面对比度，如图 7-17 所示。增大数值会提升画面对比度，如图 7-18 所示。

图 7-17

图 7-18

- 预览：选中该选项后，在“亮度 / 对比度”对话框中调节参数时，可以在文档窗口中实时观察到图像的变化。
- 使用旧版：选中该选项后，可以得到与 Photoshop CS3 以前的版本相同的调整结果。
- 自动：单击“自动”按钮，Photoshop 会自动根据画面进行调整。

技巧提示：如何复位窗口中的参数

在使用图像调整菜单命令调整图像时，在修改参数之后如果需要还原成原始参数，可以按住 Alt 键，对话框中的“取消”按钮会变为“复位”按钮，单击该按钮即可还原为原始参数。

7.4　色阶

要点速查：“色阶”命令不仅可以针对图像进行明暗对比的调整，还可以对图像的阴影、中间调和高光强度级别进行调整，以及分别对各个通道进行调整，以调整图像明暗对比或者色彩倾向。

打开一张图片，如图 7-19 所示。执行“图像”→“调整”→“色阶”菜单命令或按 Ctrl+L 快捷键，打开“色阶”窗口，可以拖动调整滑块，或在数值框内输入数值进行调整，如图 7-20 所示。设置完成后单击“确定”按钮，效果如图 7-21 所示。

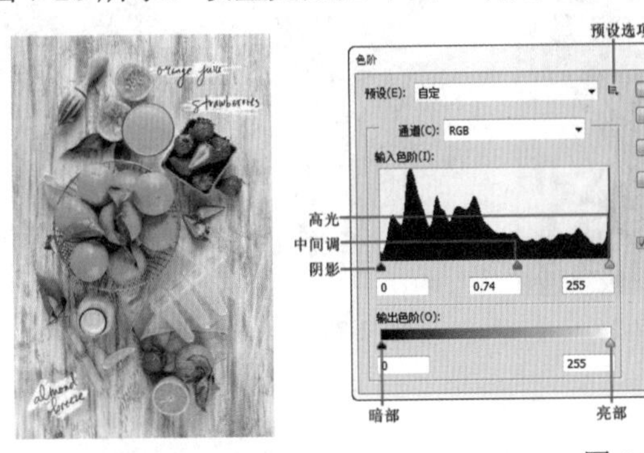

图 7-19　　图 7-20　　图 7-21

- 预设 / 预设选项：单击“预设”下拉按钮，可以选择一种预设的色阶调整选项来对图像进行调整；单击“预设选项”按钮，可以对当前设置的参数进行保存，或载入一个外部的预设调整文件。
- 通道：在“通道”下拉列表中可以选择一个通道来对图像进行调整，以校正图像的颜色。
- 输入色阶：可以通过拖曳滑块来调整图像的阴影、中间调和高光，同时也可以直接在对应的输入框中输入数值。将滑块向左拖曳，可以使图像变暗，如图 7-22 所示；将滑块向右拖曳，可以使图像变亮，如图 7-23 所示。
- 输出色阶：设置图像的亮度范围，从而降低对比度，调整色阶前后的对比效果如图 7-24 和图 7-25 所示。
- 自动：单击该按钮，Photoshop 会自动调整图像的色阶，使图像的亮度分布更加均匀，从而达到校正图像颜色的目的。

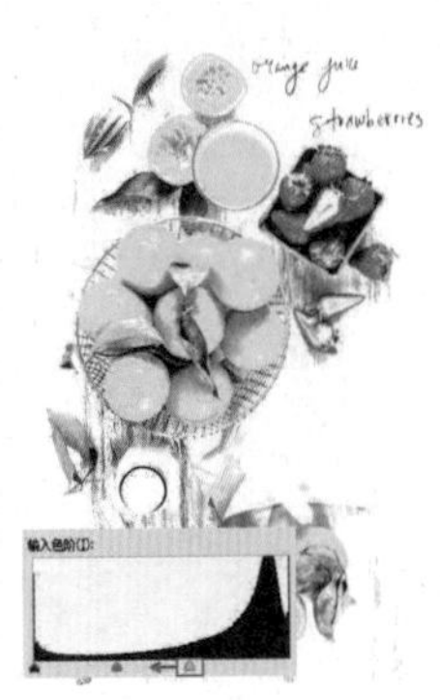

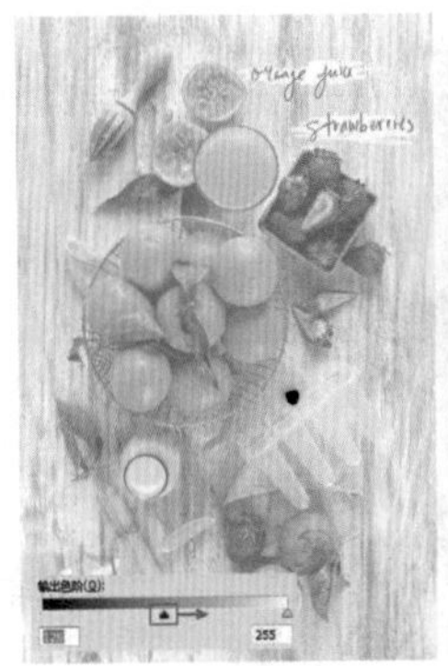

图 7-22　　图 7-23　　图 7-24　　图 7-25

- 选项：单击该按钮，可以打开“自动颜色校正选项”对话框。在该对话框中可以设置单色、每通道、深色和浅色的算法等。
- 在图像中取样以设置黑场：使用该吸管在图像中单击取样，可以将单击点处的像素调整为黑色，同时图像中比该单击点暗的像素也会变成黑色，如图 7-26 所示。
- 在图像中取样以设置灰场：使用该吸管在图像中单击取样，可以根据单击点像素的亮度来调整其他中间调的平均亮度，如图 7-27 所示。
- 在图像中取样以设置白场：使用该吸管在图像中单击取样，可以将单击点处的像素调整为白色，同时图像中比该单击点亮的像素也会变成白色，如图 7-28 所示。

图 7-26

图 7-27

图 7-28

7.5 曲线

要点速查：使用“曲线”命令可以对图像的亮度、对比度和色调进行非常便捷地调整。

“曲线”功能非常强大，不仅可以进行图像明暗的调整，更加具备了“亮度/对比度”、“色彩平衡”、“阈值”和“色阶”等命令的功能，如图 7-29 所示为“曲线”对话框。

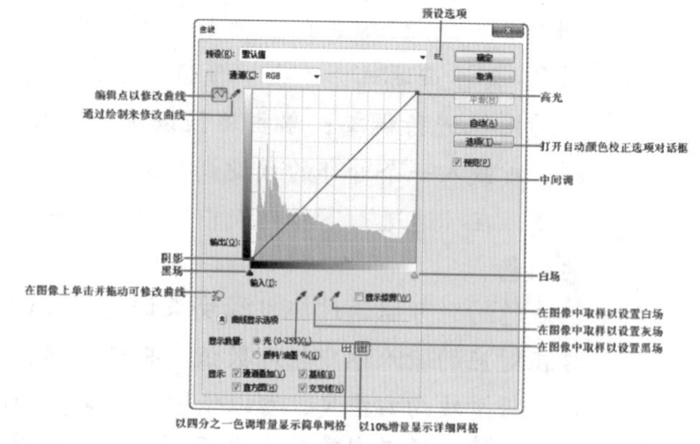

图 7-29

(1) 打开一张图片，如图 7-30 所示。执行“图像”→“调整”→“曲线”命令，打开“曲线”对话框，在曲线上单击即可添加一个控制点，接着将控制点向左上角拖曳即可提高画面的亮度，如图 7-31 所示，此时画面效果如图 7-32 所示。

图 7-30

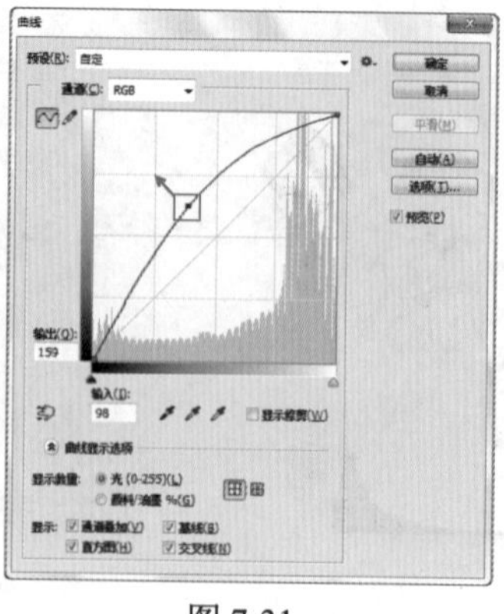

图 7-31

图 7-32

（2）如果将控制点向反方向拖曳则会降低画面的亮度，如图 7-33 和图 7-34 所示。

- 预设 / 预设选项：在“预设”下拉列表中共有 9 种曲线预设效果。单击“预设选项”按钮，可以对当前设置的参数进行保存，或载入一个外部的预设调整文件。如图 7-35 所示为原图，如图 7-36 所示为预设效果。
- 通道：在“通道”下拉列表中可以选择一个通道来对图像进行调整，以校正图像的颜色。
- 编辑点以修改曲线：使用该工具在曲线上单击，可以添加新的控制点，通过拖曳控制点可以改变曲线的形状，从而达到调整图像的目的，如图 7-37 所示。
- 通过绘制来修改曲线：使用该工具可以以手绘的方式自由绘制出曲线，绘制好曲线以后单击“编辑点以修改曲线”按钮，可以显示出曲线上的控制点，如图 7-38 所示。
- 平滑：使用“通过绘制来修改曲线”按钮绘制出曲线以后，单击“平滑”按钮，可以对曲线进行平滑处理，如图 7-39 所示。
- 在曲线上单击并拖动可修改曲线：选择该工具以后，将光标放置在图像上，曲线上会出现一个圆圈，表示光标处的色调在曲线上的位置，如图 7-40 所示，在曲线上单击并拖曳鼠标左键可以添加控制点以调整图像的色调，如图 7-41 所示。

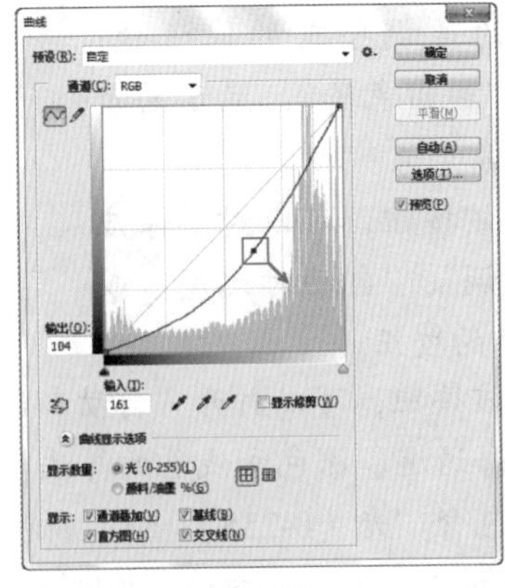

图 7-33

图 7-34

图 7-35

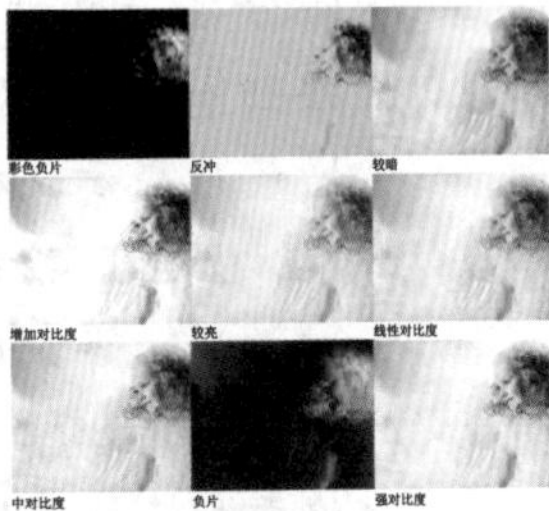

图 7-36

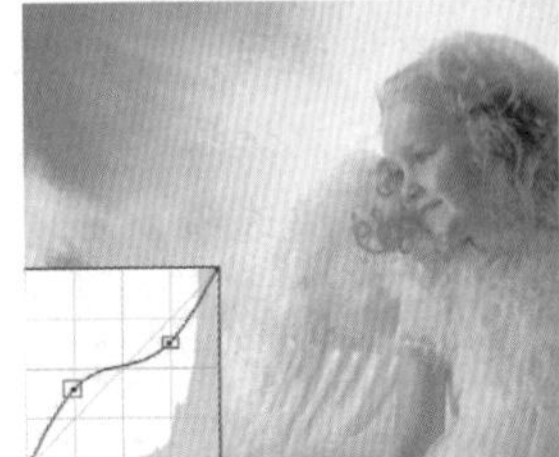

图 7-37

图 7-38

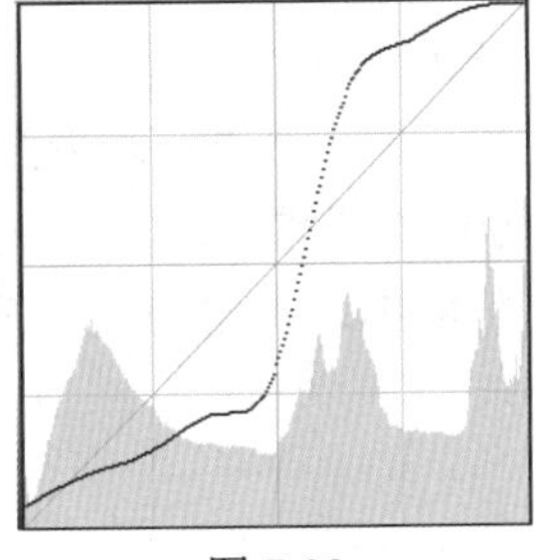

图 7-39

- 输入/输出：“输入”即“输入色阶”，显示的是调整前的像素值；“输出”即“输出色阶”，显示的是调整以后的像素值。
- 自动：单击该按钮，可以对图像应用“自动色调”、“自动对比度”或“自动颜色”的校正。

图 7-40

图 7-41

- 选项：单击该按钮，可以打开“自动颜色校正选项”对话框，在该对话框中可以设置单色、每通道、深色和浅色的算法等。
- 显示数量：包含“光（0-255）”和“颜料/油墨%”两种显示方式。
- 以四分之一色调增量显示简单网格/以10%增量显示详细网格：单击“以四分之一色调增量显示简单网格”按钮，可以以1/4（即25%）的增量来显示网格，这种网格比较简单，如图7-42所示；单击“以10%增量显示详细网格”按钮，可以以10%的增量来显示网格，这种网格更加精细，如图7-43所示。

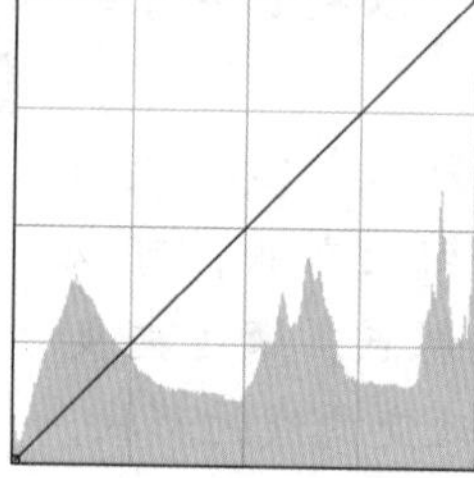
图 7-42

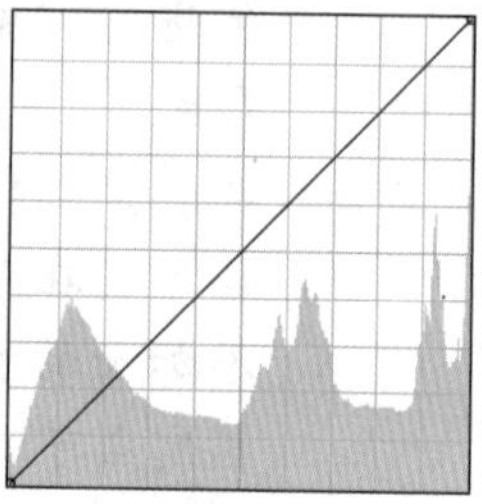

图 7-43

- 通道叠加：选中该选项，可以在复合曲线上显示颜色通道。
- 基线：选中该选项，可以显示基线曲线值的对角线。
- 直方图：选中该选项，可在曲线上显示直方图以作为参考。
- 交叉线：选中该选项，可以显示用于确定点的精确位置的交叉线。

实战案例：唯美童话色调

案例文件/第7章/唯美童话色调.psd
视频教学/第7章/唯美童话色调.flv

案例效果：

本例主要是利用“曲线”、“可选颜色”以及“混合模式”制作童话色调，这种色调可以应用在明信片、插画等设计中，是非常实用的调色方法，案例效果如图7-44所示。

图 7-44

实战案例：唯美童话色调

操作步骤：

（1）执行“文件”→“打开”命令，打开风景素材“1.jpg”文件，如图7-45所示。

（2）执行“图层”→“新建调整图层”→“曲线”命令，设置“通道”为红，调整红通道曲线的形状，如图7-46所示。设置“通道”为RGB，调整曲线的形状，如图7-47所示，效果如图7-48所示。

图 7-45

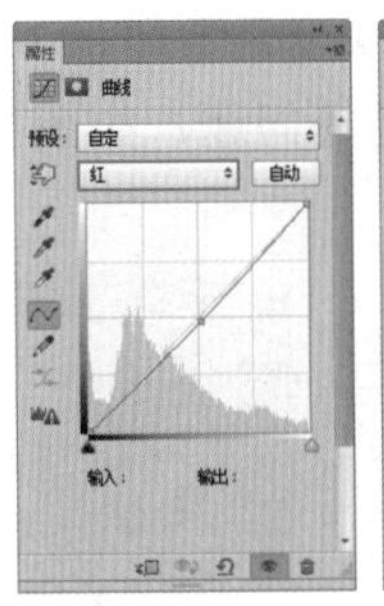

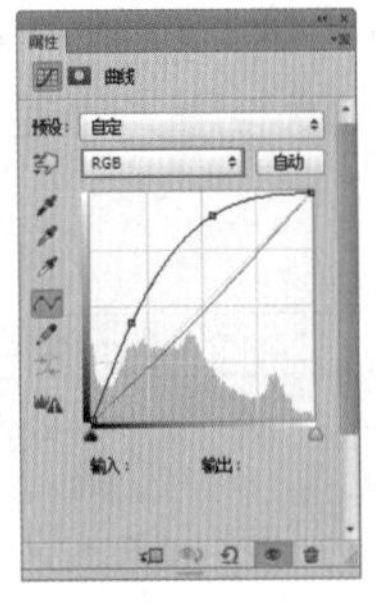

图 7-46　　图 7-47　　图 7-48

（3）执行“图层”→“新建调整图层”→“可选颜色”命令，设置“颜色”为红色，“洋红”数值为 100，“黄色”数值为 -91，如图 7-49 所示。设置“颜色”为黄色，“青色”数值为 100，“洋红”数值为 100，“黄色”数值为 -100，如图 7-50 所示。设置“颜色”为中性色，“青色”数值为 -9，如图 7-51 所示。设置“颜色”为黑色，“青色”数值为 37，“洋红”数值为 31，“黄色”数值为 -38，“黑色”数值为 -19，如图 7-52 所示。效果如图 7-53 所示。

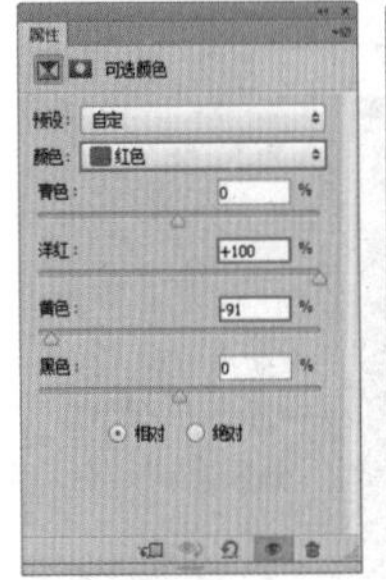

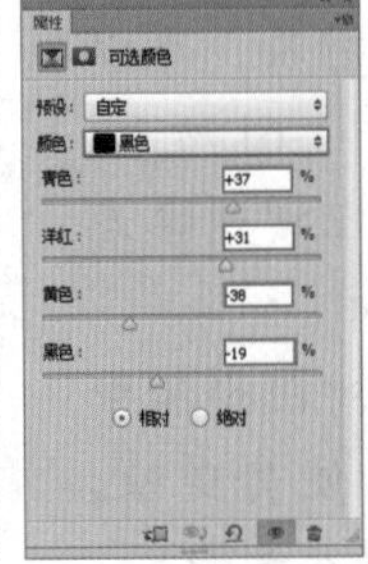

图 7-49　　图 7-50　　图 7-51　　图 7-52　　图 7-53

（4）执行“文件”→“置入”命令，置入光效素材文件“2.jpg”，设置“混合模式”为“滤色”，如图 7-54 所示，画面效果如图 7-55 所示。

图 7-54　　图 7-55

（5）新建图层，使用白色柔角画笔在画面四周进行涂抹绘制，如图 7-56 所示。最后置入艺术字素材“3.png”，将其置于画面中的合适位置，最终效果如图 7-57 所示。

图 7-56　　图 7-57

7.6　曝光度

要点速查：“曝光度”命令是通过在线性颜色空间执行计算而得出的曝光效果。

打开一张图片，如图 7-58 所示。执行“图像”→“调整”→“曝光度”菜单命令，打开“曝光度”对话框。在该对话框中可以通过调整曝光度、位移、灰度系数校正 3 个参数调整照片的对比反差，修复数码照片中常见的曝光过度与曝光不足等问题，如图 7-59 所示，调整效果如图 7-60 所示。

图 7-58

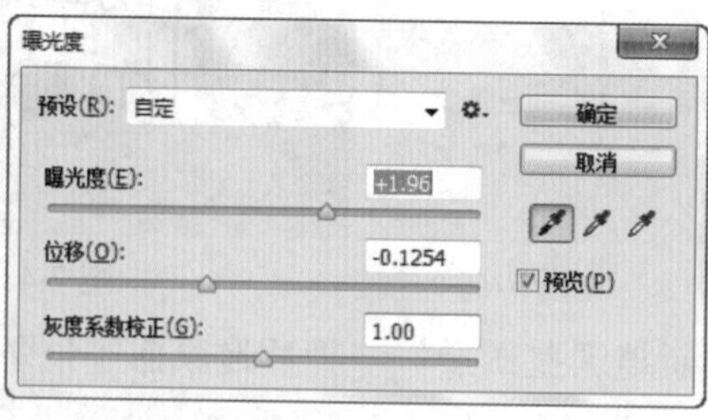

图 7-59

图 7-60

- 预设 / 预设选项：Photoshop 预设了 4 种曝光效果，分别是“减 1.0”、“减 2.0”、“加 1.0”和“加 2.0”；单击“预设选项”按钮，可以对当前设置的参数进行保存，或载入一个外部的预设调整文件。
- 曝光度：向左拖曳滑块，可以降低曝光效果，如图 7-61 所示；向右拖曳滑块，可以增强曝光效果，如图 7-62 所示。
- 位移：该选项主要对阴影和中间调起作用，可以使其变暗，但对高光基本不会产生影响。
- 灰度系数校正：使用一种乘方函数来调整图像灰度系数。

图 7-61

图 7-62

7.7 自然饱和度

要点速查：“自然饱和度”可以针对图像饱和度进行调整。与“色相 / 饱和度”命令相比，使用“自然饱和度”命令可以在增加图像饱和度的同时，有效地控制由于颜色过于饱和而出现溢色现象。

打开一张图片，如图 7-63 所示。执行“图像”→“调整”→“自然饱和度”菜单命令，打开“自然饱和度”对话框，可以通过移动滑块或在数值框内输入数值进行调整，如图 7-64 所示。设置完成后单击“确定”按钮，画面效果如图 7-65 所示。

图 7-63

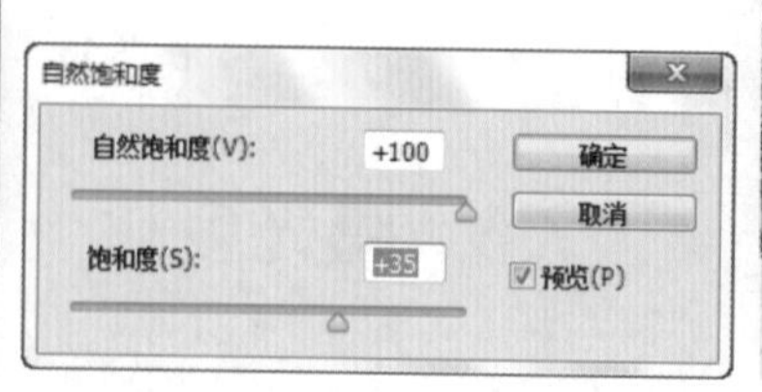

图 7-64

图 7-65

- 自然饱和度：向左拖曳滑块，可以降低颜色的饱和度，如图 7-66 所示；向右拖曳滑块，可以增加颜色的饱和度，如图 7-67 所示。

图 7-66

图 7-67

技巧提示：使用“自然饱和度”调整饱和度的优势

调节“自然饱和度”选项，不会生成饱和度过高或过低的颜色，画面会始终保持一个比较平衡的色调，对于调节人像非常有用。

- 饱和度：向左拖曳滑块，可以降低所有颜色的饱和度，如图 7-68 所示；向右拖曳滑块，可以增加所有颜色的饱和度，如图 7-69 所示。

图 7-68

图 7-69

视频陪练：自然饱和度打造高彩外景

案例文件 / 第 7 章 / 自然饱和度打造高彩外景 .psd

视频教学 / 第 7 章 / 自然饱和度打造高彩外景 .flv

案例效果：

本案例通过使用“曲线”、“自然饱和度”命令增强画面的明亮程度以及颜色感，并利用圆角矩形以及“外发光”图层样式制作出有趣的照片边框，案例效果如图 7-70 和图 7-71 所示。

图 7-70

视频陪练：自然饱和度打造高彩外景

图 7-71

7.8　色相 / 饱和度

要点速查：“色相 / 饱和度”可以对色彩的色相、饱和度（纯度）、明度三大属性进行修改，可调整整个画面的色相、饱和度和明度，也可以单独调整单一颜色的色相、饱和度和明度数值。

打开一张图片，如图 7-72 所示。执行“图像”→“调整”→“色相 / 饱和度”菜单命令或按 Ctrl+U 快捷键，打开“色相 / 饱和度”对话框，在该对话框中，移动滑块，或在数值框内输入数值，即可进行相关调整，如图 7-73 所示。设置完成后单击“确定”按钮，效果如图 7-74 所示。

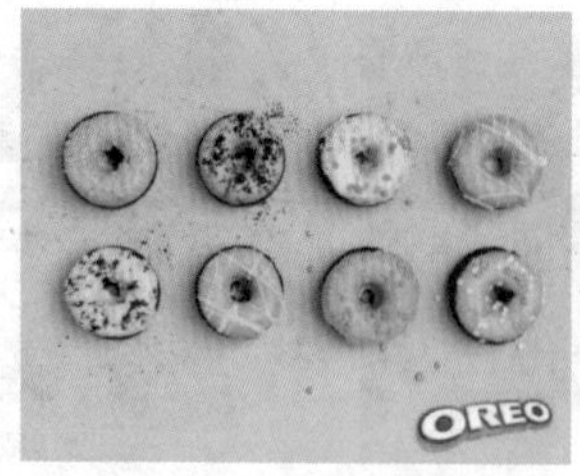

图 7-72

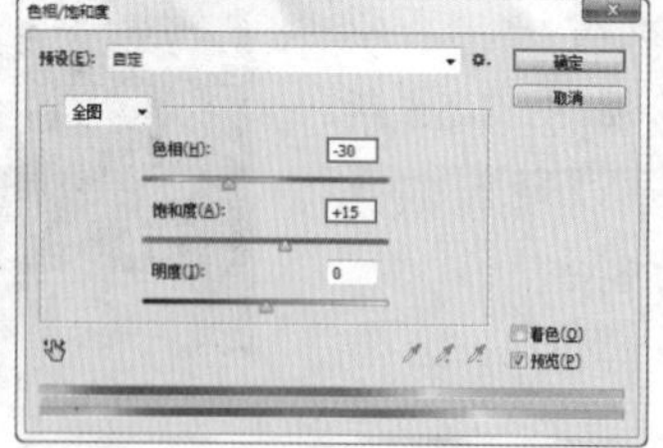

图 7-73

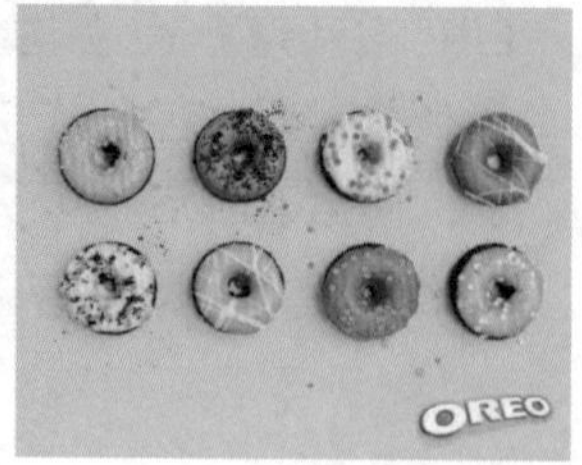

图 7-74

- 预设 / 预设选项：在“预设”下拉列表中提供了 8 种色相 / 饱和度预设选项，如图 7-75 所示；单击“预设选项”按钮，可以对当前设置的参数进行保存，或载入一个外部的预设调整文件，如图 7-76 所示。

图 7-75

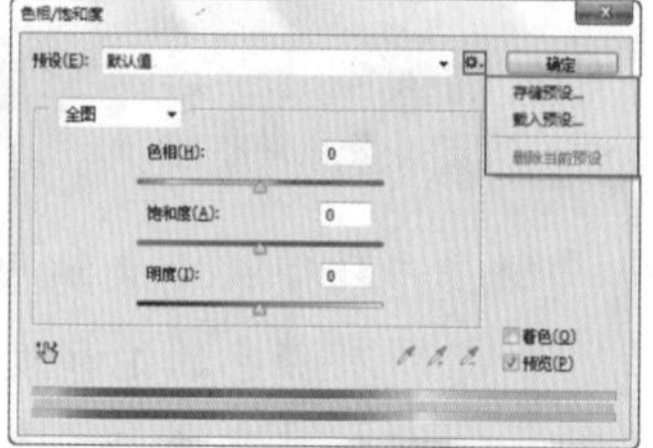

图 7-76

- 通道下拉列表 全图：在通道下拉列表中可以选择全图、红色、黄色、绿色、青色、蓝色和洋红通道进行调整。选择通道后，拖曳下面的“色相”、“饱和度”和“明度”的滑块，可以对该通道的色相、饱和度和明度进行调整，如图 7-77 和图 7-78 所示为设置通道为“青色”并调整参数的效果。

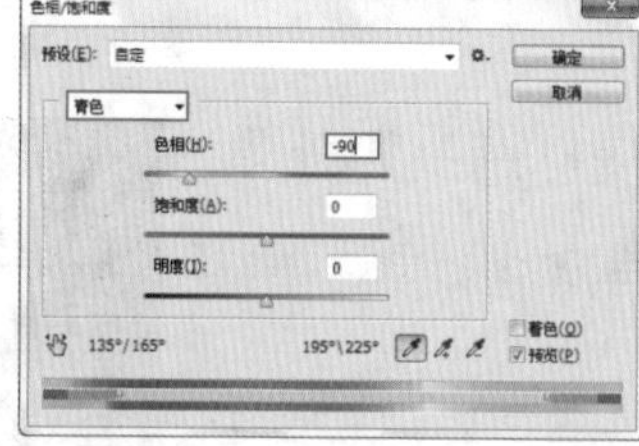

图 7-77

图 7-78

- 在图像上按住鼠标左键并拖动可修改饱和度：使用该工具在图像上单击设置取样点以后，向右拖曳鼠标可以增加图像的饱和度，向左拖曳鼠标可以降低图像的饱和度。
- 着色：选中该复选框以后，图像会整体偏向于单一的红色调，还可以通过拖曳 3 个滑块来调节图像的色调。

视频陪练：沉郁的青灰色调

案例文件 / 第 7 章 / 沉郁的青灰色调 .psd

视频教学 / 第 7 章 / 沉郁的青灰色调 .flv

案例效果：

青灰色能够给人一种深沉、忧郁的视觉感受。本案例中的图片就是一张普通的外景照片，通过利用“色相 / 饱和度”“曲线”“可选颜色”“色阶”或“亮度 / 对比度”等调色命令将图像转化为沉稳的暗调效果，如图 7-79 和图 7-80 所示。

图 7-79

图 7-80

视频陪练：沉郁的青灰色调

7.9　色彩平衡

要点速查：“色彩平衡”命令可以控制图像的颜色分布，根据颜色的补色原理调整图像的颜色，要减少某个颜色就增加这种颜色的补色。

打开一张图像，如图 7-81 所示。执行“图像”→“调整”→“色彩平衡”菜单命令或按 Ctrl+B 快捷键，打开“色彩平衡”对话框，可以通过移动滑块或在数值框内输入数值进行调整，如图 7-82 所示，效果如图 7-83 所示。

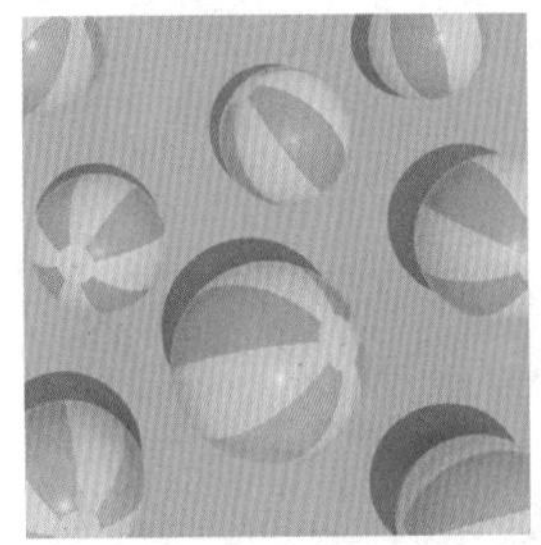

图 7-81

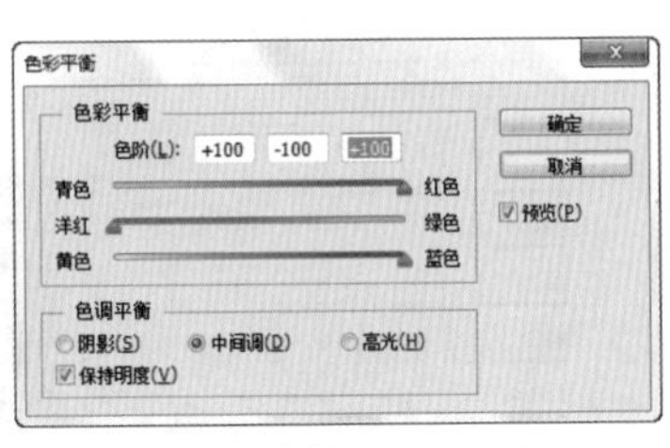

图 7-82

图 7-83

- 色彩平衡：用于调整“青色 - 红色”、“洋红 - 绿色”以及“黄色 - 蓝色”在图像中所占的比例，可以手动输入数值，也可以拖曳滑块来进行调整，如向左拖曳“黄色 - 蓝色”滑块，可以在图像中增加黄色，同时减少其补色－蓝色，如图 7-84 所示，向右拖拽“黄色 - 蓝色”滑块，可以在图像中增加蓝色，同时减少其补色－黄色，如图 7-85 所示。

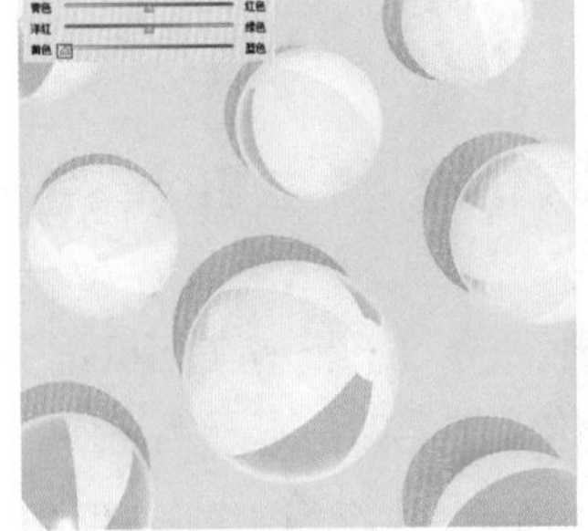

图 7-84

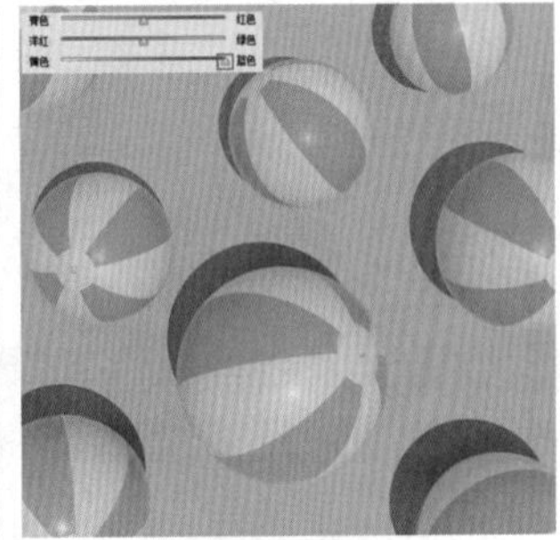

图 7-85

- 色调平衡：选择调整色彩平衡的方式，包含“阴影”、“中间调”和“高光”3 个选项，如果选中“保持明度”复选框，还可以保持图像的色调不变，以防止亮度值随着颜色的改变而改变。

7.10　黑白

要点速查：“黑白”命令在将彩色图像转换为黑色图像的同时还可以控制每一种色调的量，另外“黑白”命令还可以将黑白图像转换为带有颜色的单色图像。

（1）打开一张图片，如图 7-86 所示。执行“图像”→“调整”→“黑白”菜单命令或按 Alt+Shift+Ctrl+B 组合键，打开“黑白”对话框，如图 7-87 所示。此时照片变为黑白效果，如图 7-88 所示。在“预设”下拉列表中提供了 12 种黑色效果，可以直接选择相应的预设来创建黑白图像。“颜色”的 6 个选项可用来调整图像中特定颜色的灰色调。

图 7-86

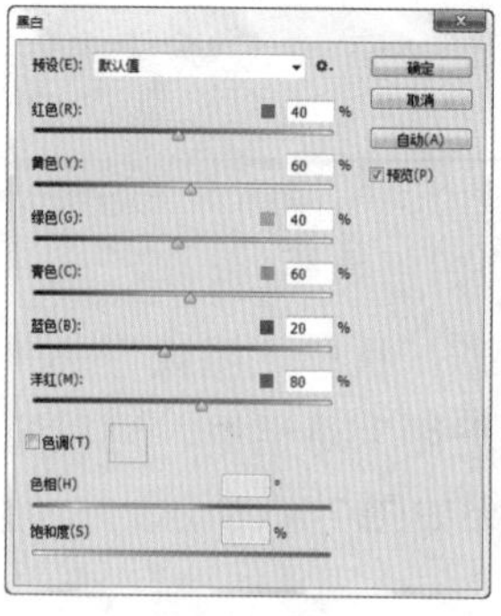
图 7-87

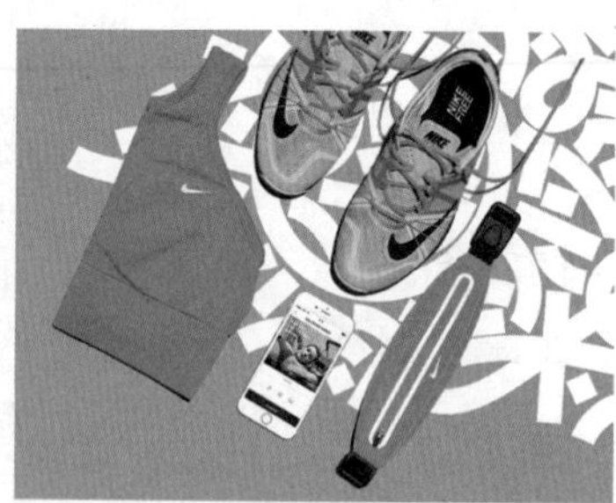
图 7-88

（2）单击“色调”后方的色块，可以在弹出的“拾色器”对话框中自定义一种颜色。可以拖曳“色相”滑块定义一种颜色，然后拖曳“饱和度”滑块调整颜色的饱和度，如图 7-89 所示，调整效果如图 7-90 所示。

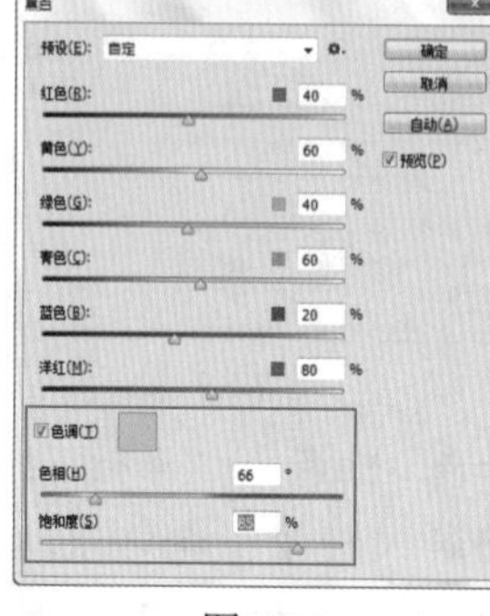
图 7-89

图 7-90

7.11 照片滤镜

要点速查：“照片滤镜”调整命令可以模仿在相机镜头前面添加彩色滤镜的效果，使用该命令可以快速调整通过镜头传输的光的色彩平衡、色温和胶片曝光，以改变照片的颜色倾向。

打开一张图片，如图 7-91 所示。执行“图像”→“调整”→“照片滤镜”菜单命令，打开“照片滤镜”对话框，在“滤镜”下拉列表中可以选择一种预设的效果应用到图像中，还可以拖动“浓度”滑块或在数值框内输入数值，调整颜色浓度，如图 7-92 所示，画面效果如图 7-93 所示。

图 7-91

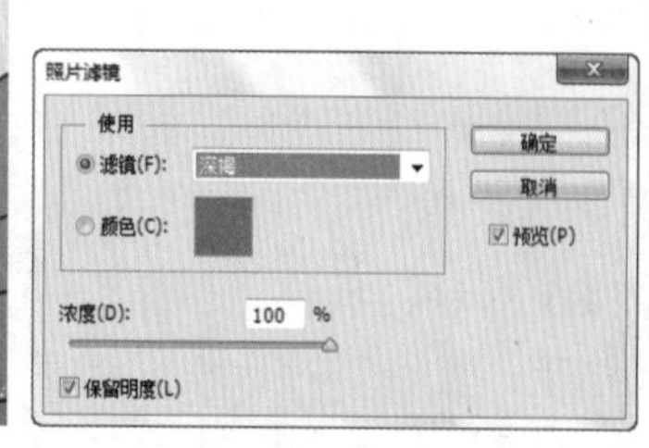

图 7-92

图 7-93

- 滤镜：在“滤镜”下拉列表中可以选择一种预设的效果应用到图像中，如图 7-94 所示。如图 7-95 所示为应用“红色”滤镜效果。
- 颜色：选中“颜色”单选按钮，可以自行设置颜色。

- 浓度：设置“浓度”数值可以调整滤镜颜色应用到图像中的颜色百分比。数值越大，应用到图像中的颜色浓度就越大；数值越小，应用到图像中的颜色浓度就越小。
- 保留明度：选中该复选框以后，可以保留图像的明度不变。

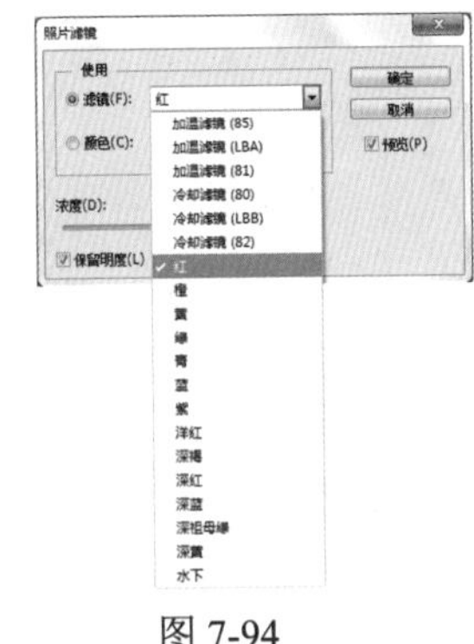

图 7-94

图 7-95

7.12　通道混合器

要点速查：“通道混合器”命令可以对图像的某一个通道的颜色进行调整，以创建出各种不同色调的图像，同时也可以用来创建高品质的灰度图像。

打开图像文件，如图 7-96 所示。执行“图像”→“调整”→“通道混合器”菜单命令，打开“通道混合器”对话框，如图 7-97 所示。设置输出通道，拖动颜色滑块或在数值框内输入数值，进行调整，如图 7-98 所示。

图 7-96

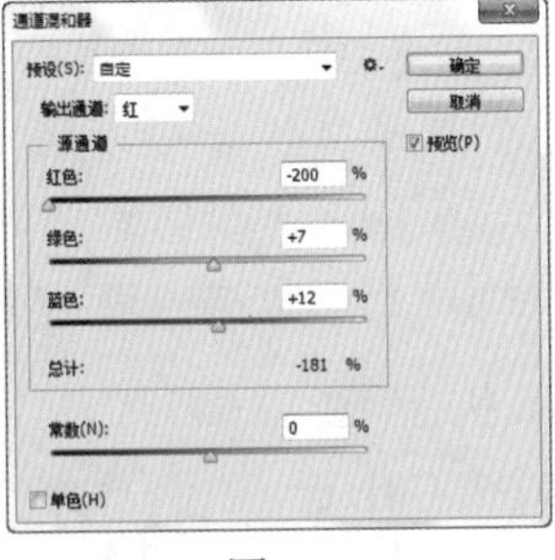

图 7-97

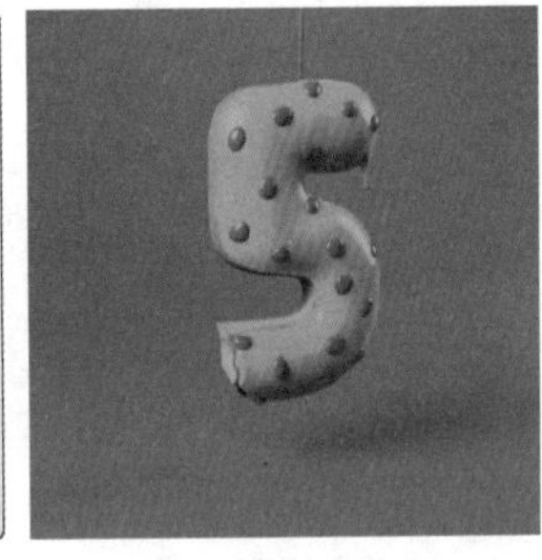

图 7-98

- 预设 / 预设选项：Photoshop 提供了 6 种制作黑白图像的预设效果；单击“预设选项”按钮，可以对当前设置的参数进行保存，或载入一个外部的预设调整文件。
- 输出通道：在下拉列表中可以选择一种通道来对图像的色调进行调整。
- 源通道：用来设置源通道在输出通道中所占的百分比。将一个源通道的滑块向左拖曳，可以减小该通道在输出通道中所占的百分比，如图 7-99 所示；向右拖曳，则可以增加百分比，如图 7-100 所示。

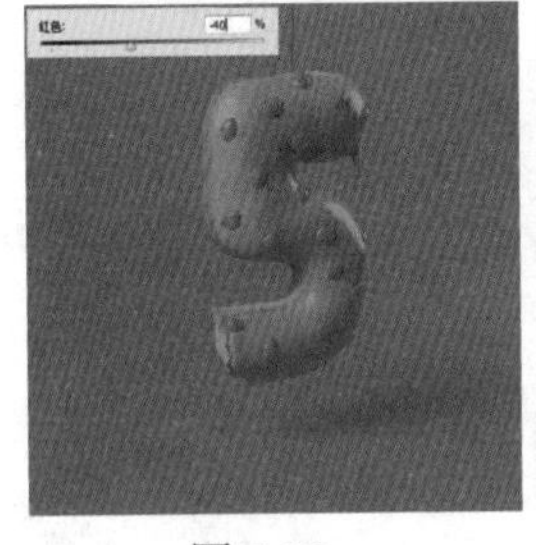

图 7-99

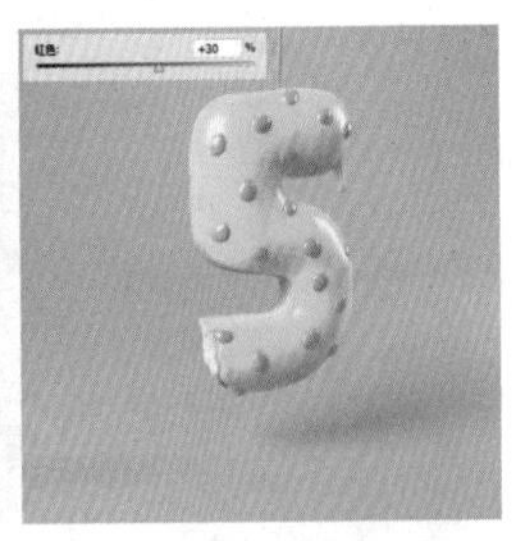

图 7-100

- 总计：显示源通道的计数值。如果计数值大于 100%，则有可能会丢失一些阴影和高光细节。
- 常数：用来设置输出通道的灰度值，负值可以在通道中增加黑色，正值可以在通道中增加白色。
- 单色：选中该复选框以后，图像将变成黑白效果。

7.13 颜色查找

要点速查：数字图像输入或输出设备都有自己特定的色彩空间，这就导致了色彩在不同的设备之间传输时会出现不匹配的现象。“颜色查找”命令可以使画面颜色在不同的设备之间精确传递和再现。

打开图像文件，如图 7-101 所示。执行“图像”→“调整”→“颜色查找”命令，在弹出的对话框中可以从 3DLUT 文件、摘要、设备链接这三种方式中选择用于颜色查找的方式，并在每种方式的下拉列表中选择合适的类型，如图 7-102 所示。选择完成后可以看到图像整体颜色产生了风格化的效果，如图 7-103 所示。

图 7-101

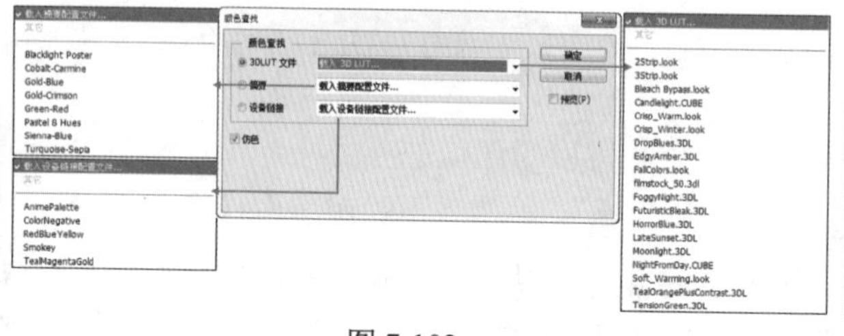

图 7-102

图 7-103

7.14 反相

要点速查：“反相”命令可以将图像中的某种颜色转换为它的补色，即将原来的黑色变成白色，将原来的白色变成黑色，从而创建出负片效果。

打开一张图片，如图 7-104 所示。执行“图像”→“调整”→“反相”命令或按 Ctrl+I 快捷键，即可得到反相效果，效果如图 7-105 所示。

图 7-104

图 7-105

7.15 色调分离

要点速查：“色调分离”命令可以指定图像中通道的色阶数目，然后将像素映射到最接近的匹配级别。

打开一张图片，如图 7-106 所示。执行“图像”→“调整”→“色调分离”命令，打开“色调分离”对话框，“色阶”值越大，保留的图像细节就越多；“色阶”值越小，分离的色调越多，如图 7-107 所示，色调分离效果如图 7-108 所示。

图 7-106

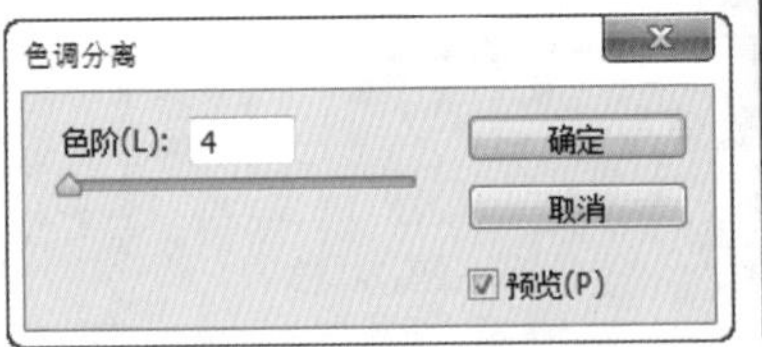

图 7-107

图 7-108

7.16　阈值

要点速查：“阈值”是基于图片亮度的一个黑白分界值。在 Photoshop 中使用“阈值”命令可以删除图像中的色彩信息，将其转换为只有黑白两种颜色的图像。

打开一张图片，如图 7-109 所示。执行“图像”→“调整”→“阈值”命令，在“阈值”对话框中拖曳直方图下面的滑块或输入“阈值色阶”数值，可以指定一个色阶作为阈值，如图 7-110 所示。比阈值亮的像素将转换为白色，比阈值暗的像素将转换为黑色，效果如图 7-111 所示。

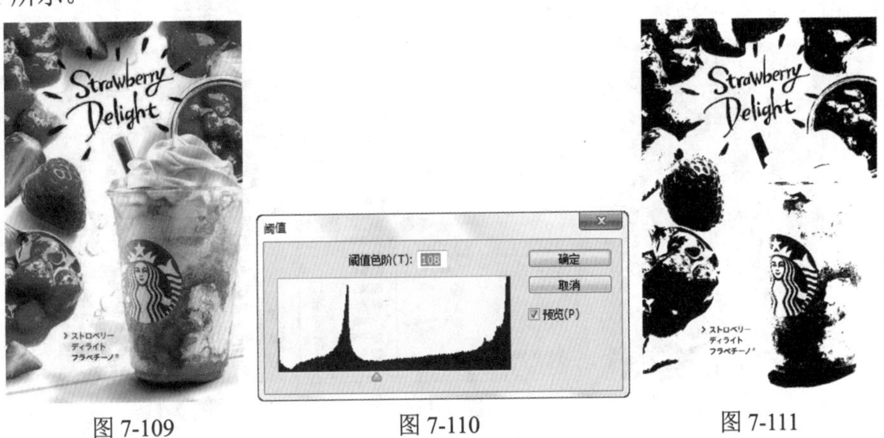

图 7-109　　图 7-110　　图 7-111

7.17　渐变映射

要点速查：“渐变映射”的工作原理是先将图像转换为灰度图像，然后将相等的图像灰度范围映射到指定的渐变填充色，从而映射到图像上。

打开一张图片，如图 7-112 所示。执行“图像”→“调整”→“渐变映射”菜单命令，打开“渐变映射”对话框。在该对话框中，单击渐变色条可以打开“渐变编辑器”对话框，然后编辑渐变颜色，或者单击按钮▼，在下拉面板中选择一个预设的渐变，渐变编辑完成后单击“确定”按钮，如图 7-113 所示，画面效果如图 7-114 所示。

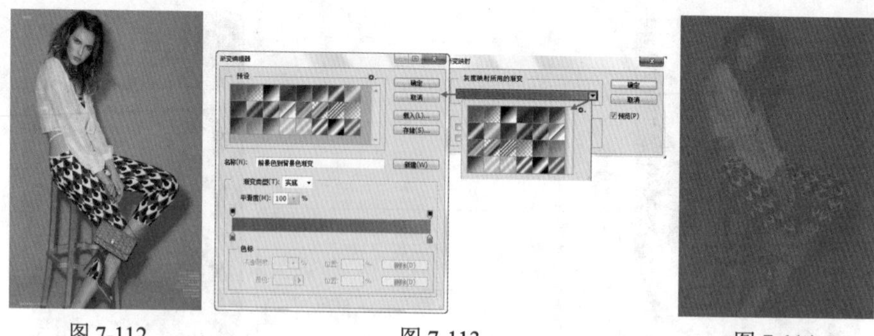

图 7-112　　图 7-113　　图 7-114

- 仿色：选中该复选框后，Photoshop 会添加一些随机的杂色来平滑渐变效果。
- 反向：选中该复选框以后，可以反转渐变的填充方向，映射出的渐变效果也会发生变化。

7.18　可选颜色

要点速查：“可选颜色”命令可以在图像中的每个主要原色成分中更改印刷色的数量，也可以在不影响其他主要颜色的情况下有选择地修改任何主要颜色中的印刷色数量。

打开一张图片，如图 7-115 所示。执行“图像”→“调整”→“可选颜色”菜单命令，打开“可选颜色”对话框。首先在“颜色”列表中选择一个需要调整的颜色，然后在下方调整各个颜色的百分比数值，如图 7-116 所示，效果如图 7-117 所示。

图 7-115

图 7-116

图 7-117

- 颜色：在下拉列表中选择要修改的颜色，然后在下面的颜色中进行调整，可以调整该颜色中青色、洋红、黄色和黑色所占的百分比。
- 方法：选择“相对”方式，可以根据颜色总量的百分比来修改青色、洋红、黄色和黑色的数量；选择“绝对”方式，可以采用绝对值来调整颜色。

视频陪练：夕阳火烧云

案例文件 / 第 7 章 / 夕阳火烧云 .psd

视频教学 / 第 7 章 / 夕阳火烧云 .flv

视频陪练：夕阳火烧云

案例效果：

本案例首先为风景照片更换了一个夕阳的背景，并通过对建筑和水面进行可选颜色、色阶、曲线等调色操作，模拟出与背景相协调的夕阳色调，如图 7-118 和图 7-119 所示。

图 7-118

图 7-119

7.19　阴影 / 高光

要点速查：“阴影 / 高光”命令可以基于阴影 / 高光中的局部相邻像素来校正每个像素，常用于还原图像阴影区域过暗或高光区域过亮造成的细节损失。

打开一张图像，从图像中可以直观地看出高光区域与阴影区域的分布情况，如图 7-120 所示。执行“图像”→“调整”→“阴影 / 高光”菜单命令，打开“阴影 / 高光”对话框，在这里可以针对画面中的阴影区域和高光区域分别进行调整。选中“显示更多选项”复选框以后，可以将“阴影 / 高光”对话框中的参数完整显示出来，如图 7-121 所示。调整完成后单击“确定”按钮，效果如图 7-122 所示。

图 7-120

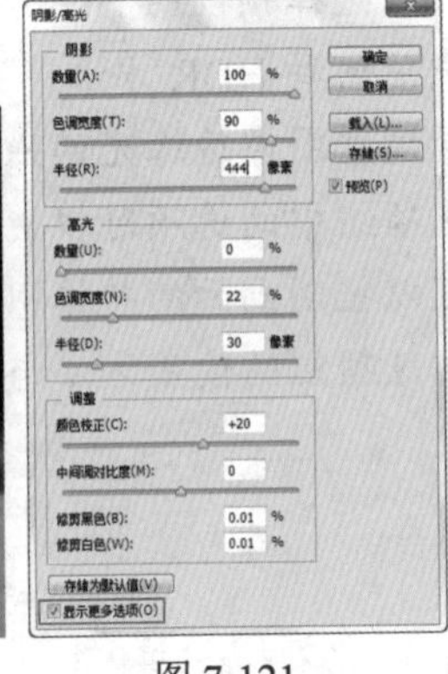

图 7-121

图 7-122

- 阴影：“数量”选项用来控制阴影区域的亮度，值越大，阴影区域就越亮；“色调宽度”选项用来控制色调的修改范围，值越小，修改的范围将只针对较暗的区域；“半径”选项用来控制像素是在阴影中还是在高光中。
- 高光：“数量”用来控制高光区域的黑暗程度，值越大，高光区域越暗；“色调宽度”选项用来控制色调的修改范围，值越小，修改的范围将只针对较亮的区域；“半径”选项用来控制像素是在阴影中还是在高光中。
- 调整：“颜色校正”选项用来调整已修改区域的颜色；“中间调对比度”选项用来调整中间调的对比度；“修剪黑色”和“修剪白色”决定了在图像中将多少阴影和高光剪到新的阴影中。
- 存储为默认值：如果要将对话框中的参数设置存储为默认值，可以单击该按钮。存储为默认值以后，再次打开“阴影 / 高光”对话框时，就会显示该参数。

7.20 HDR 色调

要点速查：HDR 的全称是 High Dynamic Range，即高动态范围。“HDR 色调”命令可以用来修补太亮或太暗的图像，制作出高动态范围的图像效果，对于处理风景图像非常有用。

打开一张图片，如图 7-123 所示。执行“图像”→“调整”→“HDR 色调”菜单命令，打开“HDR 色调”对话框，在该对话框中可以使用预设选项，也可以自行设定参数，如图 7-124 所示，效果如图 7-125 所示。

图 7-123

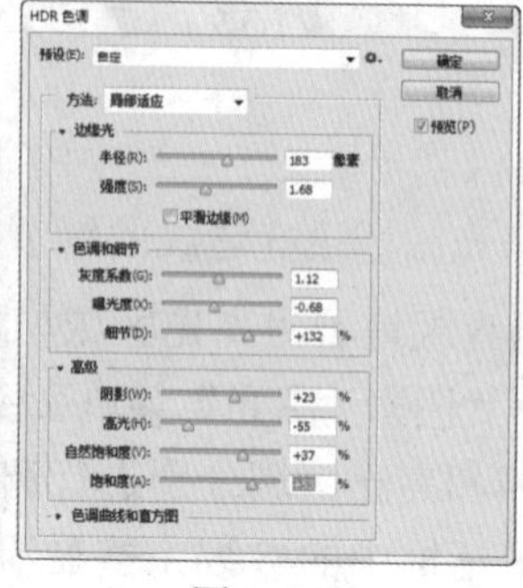
图 7-124

图 7-125

- 预设：在下拉列表中可以选择预设的 HDR 效果，既有黑白效果，也有彩色效果。
- 方法：选择调整图像采用何种 HDR 方法。
- 边缘光：该选项组用于调整图像边缘光的强度。
- 色调和细节：调节该选项组中的选项可以使图像的色调和细节更加丰富细腻。
- 高级：在该选项组中可以控制画面的整体阴影、高光以及饱和度。
- 色调曲线和直方图：该选项组的使用方法与“曲线”命令的使用方法相同。

7.21 变化

要点速查：“变化”命令可以从提供的多种效果中挑选，并通过简单地单击即可调整图像的色彩、饱和度和明度。

打开一张图片，如图 7-126 所示。执行“图像”→“调整”→“变化”菜单命令，打开“变化”对话框，在该对话框中首先指定需要调整的区域是“阴影”、“中间调”、“高光”还是“饱和度”。然后单击“加深绿色”、“加深黄色”、“加深青色”、“加深红色”、“加深蓝色”和“加深洋红”等调整缩略图，即可看到画面产生颜色变化。在使用变化命令时，连续单击调整缩略图所产生的效果是累积性的，如图 7-127 所示。如图 7-128 所示为多次“加深黄色”的调色效果。

图 7-126

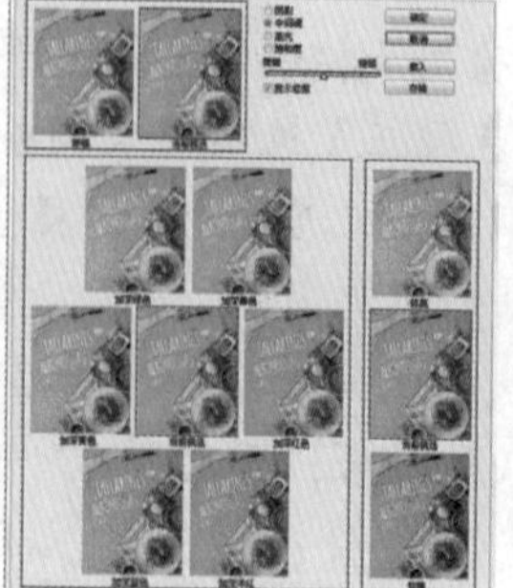
图 7-127

图 7-128

- 原稿 / 当前挑选："原稿"缩略图显示的是原始图像；"当前挑选"缩略图显示的是图像调整结果。
- 阴影 / 中间调 / 高光：可以分别对图像的阴影、中间调和高光进行调节。
- 饱和度 / 显示修剪：专门用于调节图像的饱和度。选中该选项以后，在对话框的下面会显示出"减少饱和度"、"当前挑选"和"增加饱和度"3 个缩略图，单击"减少饱和度"缩略图可以减少图像的饱和度，单击"增加饱和度"缩略图可以增加图像的饱和度。另外，选中"显示修剪"复选框，可以警告超出饱和度范围的最高限度。
- 精细 - 粗糙：该选项用来控制每次进行调整的量。特别注意，每移动一个滑块，调整数量会双倍增加。
- 各种调整缩略图：单击相应的缩略图，可以进行相应颜色的调整，如单击"加深绿色"缩略图，可以应用一次加深绿色效果。

实战案例：使用"变化"命令制作视觉杂志

实战案例：使用"变化"命令制作视觉杂志

案例文件 / 第 7 章 / 使用"变化"命令制作视觉杂志 .psd

视频教学 / 第 7 章 / 使用"变化"命令制作视觉杂志 .flv

案例效果：

"变化"命令是非常简单的调色方法，在本案例中是对 3 张照片使用"变化"命令进行调色，使其与页面的色调更加协调，案例效果如图 7-129 所示。

操作步骤：

（1）执行"文件"→"打开"命令，打开背景素材文件，如图 7-130 所示。执行"文件"→"置入"命令，置入照片素材文件，执行"图层"→"栅格化"→"智能对象"命令，将置入的素材栅格化，调整好大小和位置，如图 7-131 所示。

图 7-129

图 7-130

图 7-131

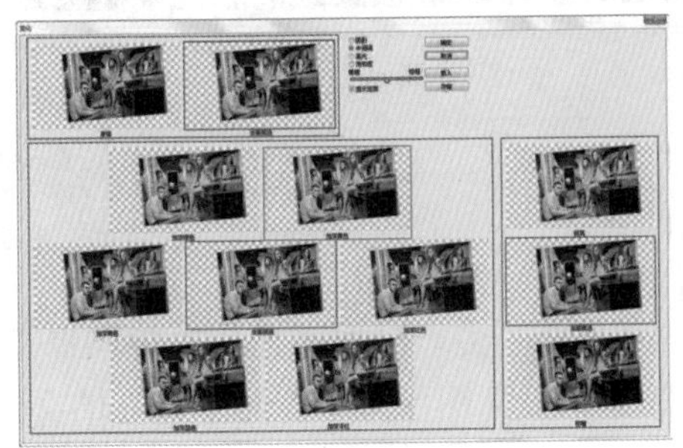
图 7-132

图 7-133

（2）选择素材照片图层，执行"图像"→"调整"→"变化"菜单命令，打开"变化"对话框，单击两次"加深黄色"缩略图，将黄色加深两个色阶，此时可以看到照片颜色明显倾向于黄色，如图 7-132 所示，效果如图 7-133 所示。

（3）置入第 2 张照片素材并栅格化，然后执行“图像”→“调整”→“变化”菜单命令，打开“变化”对话框。按住 Alt 键，“取消”按钮变为“复位”按钮，单击“复位”按钮，然后单击两次“加深蓝色”缩略图，将蓝色加深两个色阶，如图 7-134 所示，效果如图 7-135 所示。

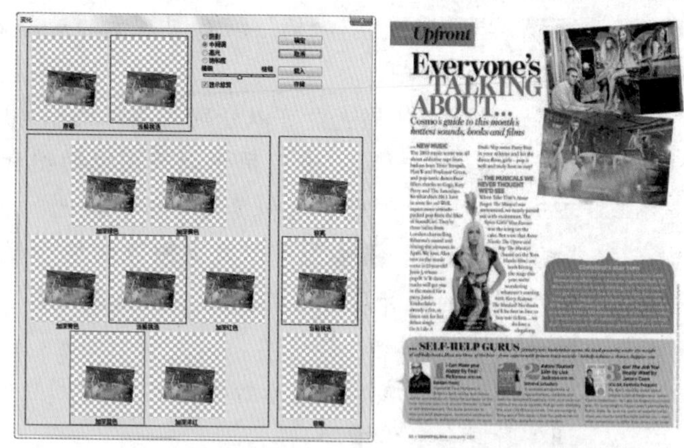

图 7-134　　图 7-135

（4）置入第 3 张照片文件并栅格化，执行“图像”→“调整”→“变化”菜单命令，按住 Alt 键，“取消”按钮变为“复位”按钮，单击“复位”按钮，然后单击两次“加深红色”缩略图，将红色加深两个色阶，效果如图 7-136 所示，最终效果如图 7-137 所示。

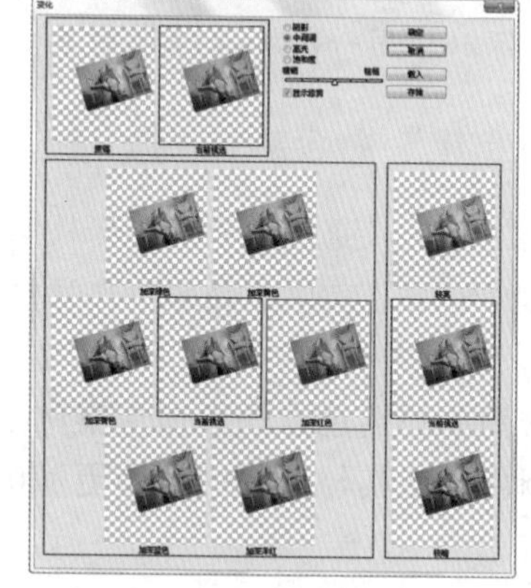

图 7-136

图 7-137

7.22　去色

要点速查：“去色”命令可以将图像中的颜色去掉，使其成为灰度图像。

打开一张图片，如图 7-138 所示。执行“图像”→“调整”→“去色”菜单命令或按 Shift+Ctrl+U 组合键，可以将其调整为灰度效果，如图 7-139 所示。

图 7-138

图 7-139

7.23　匹配颜色

要点速查：“匹配颜色”命令的原理是将一个图像作为源图像，另一个图像作为目标图像，然后以源图像的颜色与目标图像的颜色进行匹配。源图像和目标图像可以是两个独立的文件，也可以是同一个文件中不同图层之间的颜色。

（1）打开一张图片，可以选择色彩倾向比较明显的图片，如图 7-140 所示。接着置入另外一张图片，如图 7-141 所示。

（2）选择“人物”图层，执行“图像”→“调整”→“匹配颜色”菜单命令，在打开的对话框中设置“源”为本文档，图层为“背景”，然后调整“明亮度”“颜色强度”“渐隐”的参数，在调整中可以选中“预览”复选框，然后拖曳滑块随时观察效果，如图 7-142 所示，调整完成后单击“确定”按钮，效果如图 7-143 所示。

图 7-140

图 7-141

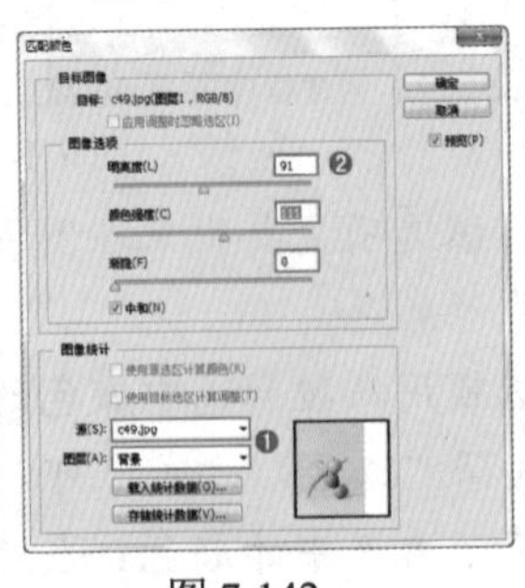

图 7-142

图 7-143

7.24　替换颜色

要点速查：“替换颜色”命令可以修改图像中选定颜色的色相、饱和度和明度，从而将选定的颜色替换为其他颜色。

打开一张图片，执行“图像”→“调整”→“替换颜色”命令，打开“替换颜色”对话框，然后将光标移动到画面中需要替换颜色的位置并单击，如图 7-144 所示。接着在“替换颜色”对话框中进行颜色的调整，如图 7-145 所示。调整完成后单击“确定”按钮，效果如图 7-146 所示。

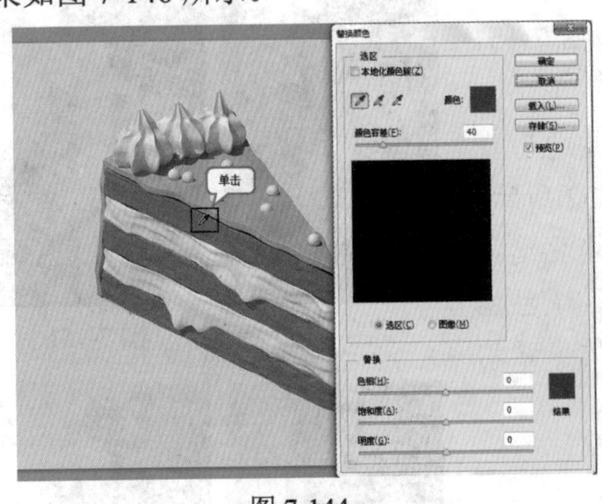

图 7-144

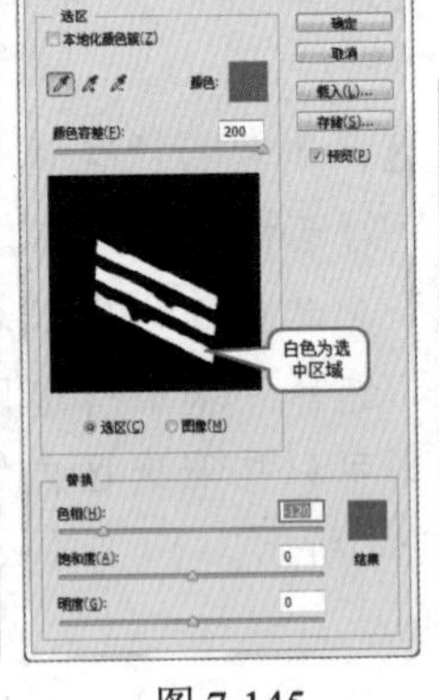

图 7-145

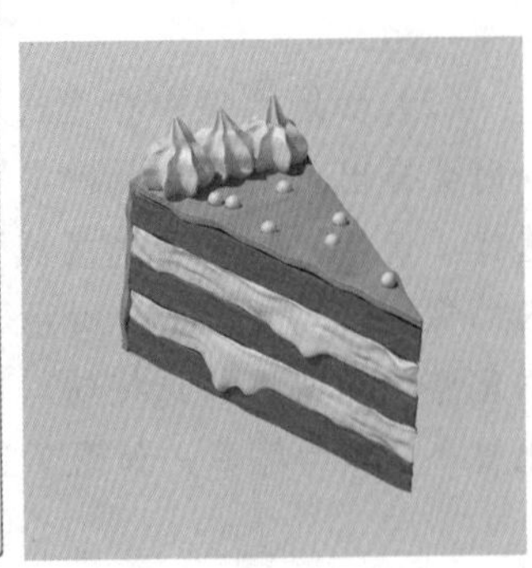

图 7-146

➘ 吸管：使用“吸管工具”在图像上单击，可以选中单击点处的颜色，同时在“选区”缩略图中也会显示出选中的颜色区域（白色代表选中的颜色，黑色代表未选中的颜色），如图 7-147 所示；使用“添加到取样”在图像上单击，可以将单击点处的颜色添加到选中的颜色中，如图 7-148 所示；使用“从取样中减去”在图像上单击，可以将单击点处的颜色从选定的颜色中减去，如图 7-149 所示。

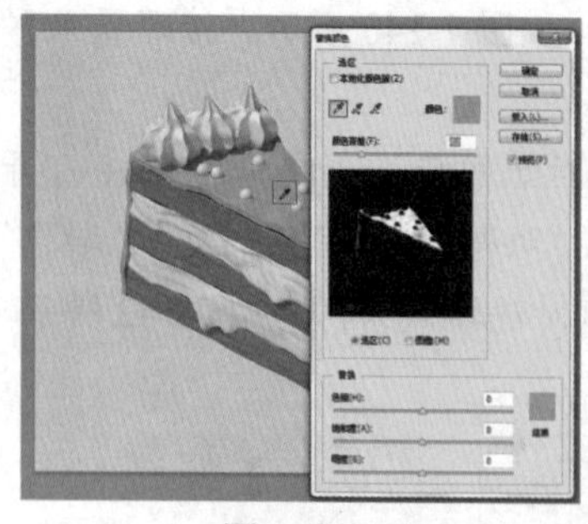
图 7-147

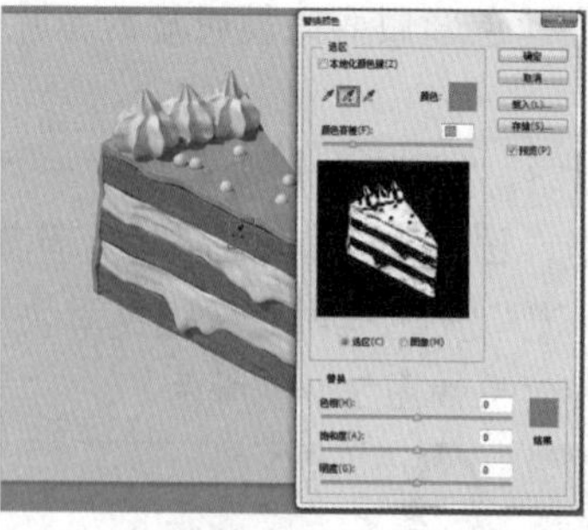
图 7-148

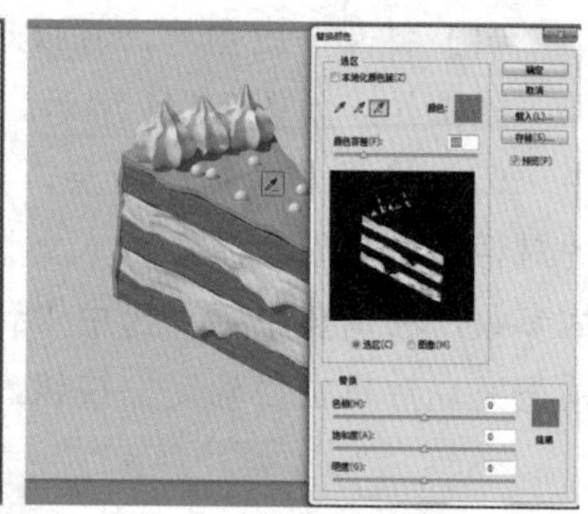
图 7-149

- 本地化颜色簇：该选项主要用来在图像上选择多种颜色。
- 颜色：显示选中的颜色。
- 颜色容差：该选项用来控制选中颜色的范围。数值越大，选中的颜色范围越广。
- 选区 / 图像：选择“选区”方式，可以以蒙版方式进行显示，其中白色表示选中的颜色，黑色表示未选中的颜色，灰色表示只选中了部分颜色；选择“图像”方式，则只显示图像。
- 色相 / 饱和度 / 明度：这 3 个选项与“色相 / 饱和度”命令的 3 个选项相同，可以调整选定颜色的色相、饱和度和明度。

7.25 色调均化

要点速查：“色调均化”命令是将图像中像素的亮度值进行重新分布，图像中最亮的值将变成白色，最暗的值将变成黑色，中间的值将分布在整个灰度范围内，使其更均匀地呈现所有范围的亮度级。

（1）打开一张图像，如图 7-150 所示。执行“图像”→“调整”→“色调均化”命令，效果如图 7-151 所示。

（2）如果图像中存在选区，则执行“色调均化”命令时会弹出一个“色调均化”对话框，如图 7-152 所示。选择“仅色调均化所选区域”单选按钮，则仅均化选区内的像素，如图 7-153 所示。选择“基于所选区域色调均化整个图像”单选按钮，则可以按照选区内的像素均化整个图像的像素，如图 7-154 所示。

图 7-150

图 7-151

图 7-152

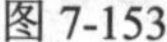
图 7-153

图 7-154

综合案例：金秋炫彩色调

综合案例：金秋炫彩色调

案例文件 / 第 7 章 / 金秋炫彩色调 .psd

视频教学 / 第 7 章 / 金秋炫彩色调 .flv

案例效果：

本案例通过使用“曲线”、“可选颜色”、“亮度 / 对比度”调整图层对画面中的背景以及人物皮肤部分分别进行调整，对画面颜色进行美化。利用渐变工具为画面填充七彩渐变，然后通过设置混合模式的方法，制作出炫彩的背景效果，如图 7-155 和图 7-156 所示。

图 7-155

图 7-156

操作步骤：

（1）打开素材文件，如图 7-157 所示。按 Ctrl+Shift+ Alt+2 组合键载入亮部选区，如图 7-158 所示。

图 7-157

图 7-158

（2）执行“图层”→“新建调整图层”→“曲线”命令，在“属性”面板中调整曲线形状，如图 7-159 所示，此时将只会对亮部进行调整，效果如图 7-160 所示。

（3）当前肤色偏黄。执行“图层”→“新建调整图层”→“可选颜色”命令，在“属性”面板中设置“颜色”为红色，设置“洋红”为 -8%，“黄色”为 -33%，如图 7-161 所示；设置“颜色”为黄色，设置“青色”为 -5，“洋红”为 +8%，“黄色”为 -42%，“黑色”为 -11%，如图 7-162 所示。在图层蒙版中填充黑色，使用白色画笔涂抹出皮肤部分，此时可以看到人像肤色变为粉嫩的效果，如图 7-163 所示。

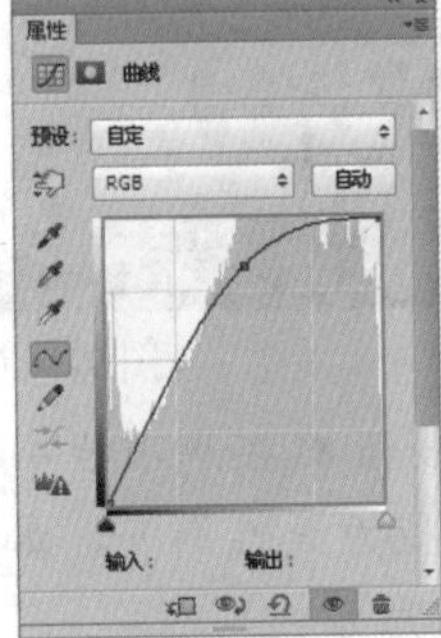

图 7-159

图 7-160

图 7-161

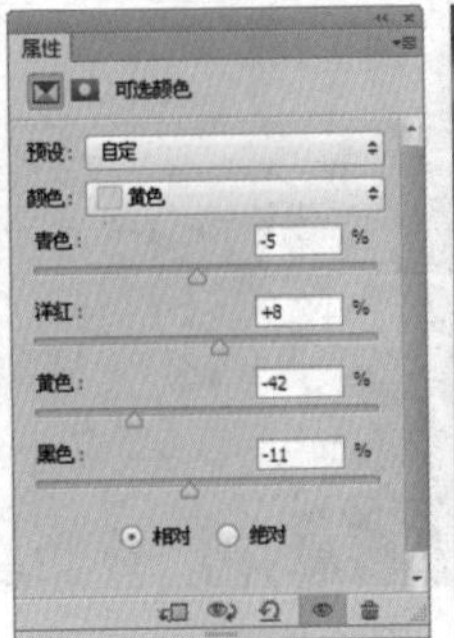

图 7-162

图 7-163

（4）再次创建新的“曲线”调整图层，调整好曲线的形状，如图 7-164 所示，将图像整体提亮，如图 7-165 所示。

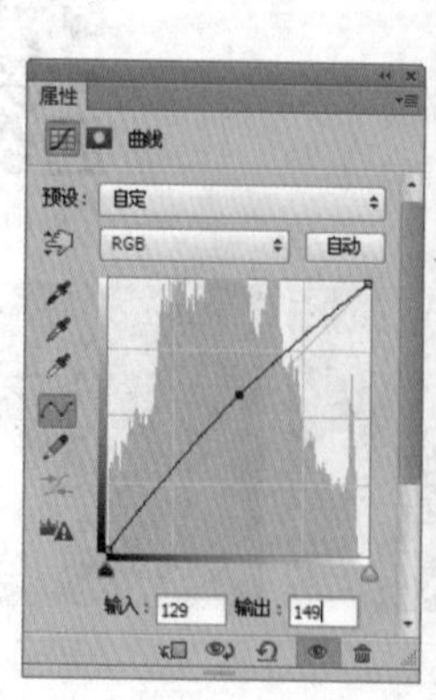

图 7-164

图 7-165

（5）执行“图层”→“新建调整图层”→“亮度 / 对比度”命令，在“属性”面板中设置“亮度”为 -18，“对比度”为 51，如图 7-166 所示。接着使用黑色画笔在蒙版中绘制原点，并按自由变换工具快捷键 Ctrl+T，将其放大变虚，使边角变暗，中间变亮，如图 7-167 所示。

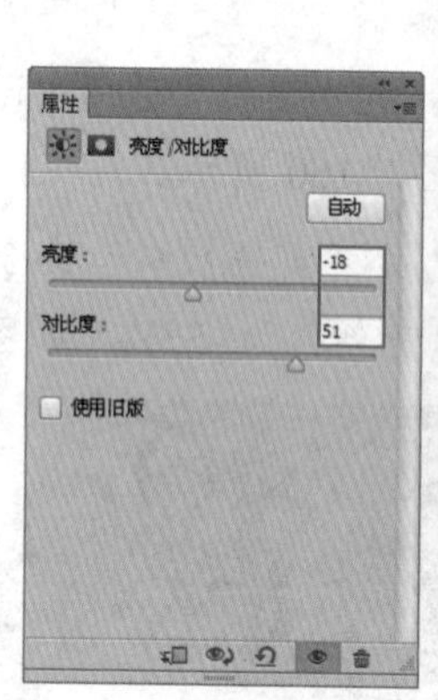

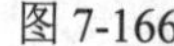

图 7-166

图 7-167

（6）新建图层，单击“渐变工具”按钮在选项栏中单击编辑渐变色条，单击滑块调整渐变颜色为彩色渐变，设置渐变类型为线性渐变，如图 7-168 所示，在图像中自左下向右上拖曳填充彩色渐变，如图 7-169 所示。

图 7-168

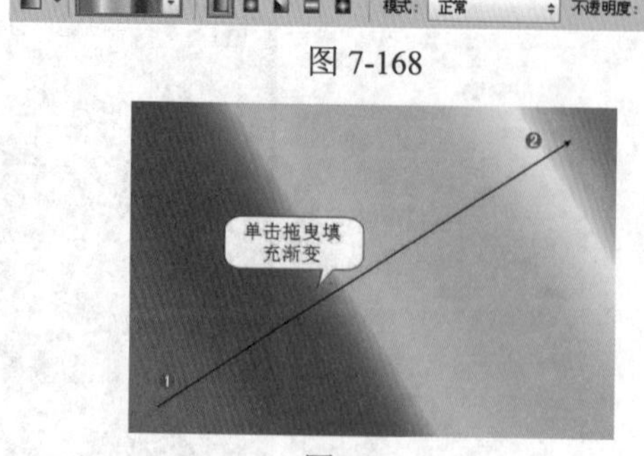

图 7-169

（7）设置该渐变图层的“混合模式”为“柔光”，并添加图层蒙版，在图层蒙版中使用黑色画笔涂抹去掉影响人像的部分，如图 7-170 所示。为了增强炫彩渐变的效果，复制渐变图层，然后设置其图层的不透明度为 48%，如图 7-171 所示。

图 7-170

图 7-171

（8）执行“文件”→“置入”命令，将文字素材置入到文档内，效果如图 7-172 所示。

图 7-172

Chapter 08

第 8 章

图层操作与高级应用

相对于传统绘画的“单一平面操作”模式而言，以 Photoshop 为代表的“多图层”模式数字制图则大大地增强了图像编辑的扩展空间。在 Photoshop 中，图层是图像处理时必备的承载元素。通过图层的堆叠与混合可以制作出多种多样的效果，用图层来实现效果是一种直观而简便的方法。

本章学习要点：

- 掌握图层链接、锁定、栅格化、对齐分布等基本操作
- 掌握图层混合模式的使用方法
- 掌握图层样式的使用方法
- 了解填充图层、调整图层、智能对象的运用

8.1　图层的管理

使用 Photoshop 进行较为复杂的照片处理或者设计项目时，通常要使用到大量的图层，所以对图层的管理至关重要。

8.1.1　链接图层

文档中经常有多个元素需要进行统一移动、变换等操作，所以将一些图层“链接”在一起，就能方便地对多个图层同时进行移动、应用变换或创建剪贴蒙版等操作。

（1）打开包含多个图层的文档，按 Ctrl 键选择需要链接的多个图层，然后执行“图层”→“链接图层”菜单命令，或单击“图层”面板底部的“链接图层”按钮，就可以将这些图层链接起来，如图 8-1 所示。

（2）若要取消全部链接图层，需要选中全部链接图层并单击“链接图层”按钮；如果要取消某一图层的链接，可以选择其中一个链接图层，然后单击“链接图层”按钮，如图 8-2 所示。

8.1.2　栅格化图层内容

文字图层、形状图层、矢量蒙版图层或智能对象等包含矢量数据的图层是不能直接进行编辑的，需要先将其栅格化，然后才能进行相应的编辑。选择需要栅格化的图层，单击鼠标右键执行“栅格化图层”命令，即可将其栅格化为普通图层，如图 8-3 所示。还可以执行“图层”→“栅格化”菜单下的子命令，也可以将所选图层转换为相应的图层，如图 8-4 所示。

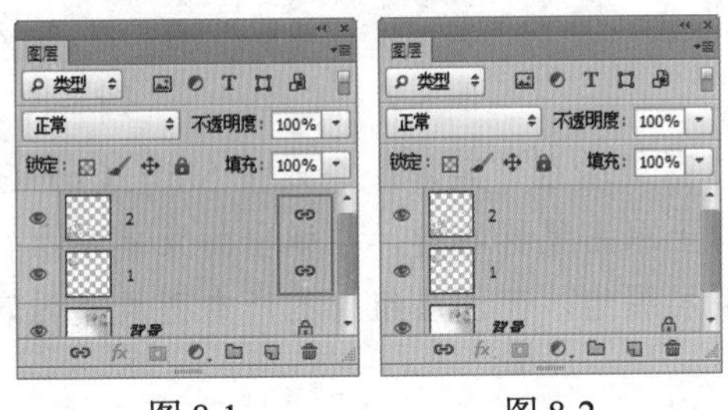

图 8-1　　图 8-2

图 8-3

文字(T)
形状(S)
填充内容(F)
矢量蒙版(V)
智能对象(O)
图层样式
图层(L)
所有图层(A)

图 8-4

8.1.3　对齐与分布

如果想要将多个图层对齐，可以选择两个或两个以上的图层，执行“图层”→“对齐”菜单下的子命令，还可以执行“图层”→“分布”菜单下的子命令，将这些图层按照一定的规律进行相应的分布。

（1）选择需要对齐的图层，如图 8-5 所示，执行“图层”→“对齐”命令，在子菜单中选择一种对齐方式进行对齐，如图 8-6 所示为“顶边”对齐的效果。

图 8-5

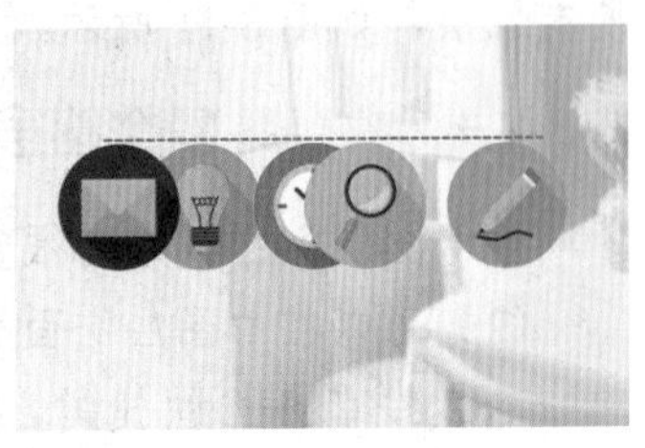

图 8-6

（2）如果执行“图层”→“分布”命令，可以在子菜单中选择一种分布方式，如图 8-7 所示为“水平居中”分布的效果。

图 8-7

技巧提示：快速对齐与分布的方式

在使用“移动工具”状态下，选中两个或两个以上的图层，在选项栏中有一排“对齐”和“分布”按钮分别与“图层”→“对齐 / 分布”菜单下的子命令相对应，如图 8-8 所示。

图 8-8

8.1.4　使用图层组管理图层

使用“图层组”可以方便快捷地管理图层，而且图层组还可以进行“嵌套”，也就是在图层组中继续创建图层组。

（1）单击“图层”面板底部的“创建新组”按钮，即可在“图层”面板中出现新的图层组，如图 8-9 所示。选择需要编组的图层，将其拖曳至“创建新组”按钮上，松开鼠标即可将所选图层放置在新创建的图层组中，如图 8-10 所示。选择图层组中的图层，将其拖曳到组外，即可将其从图层组中移出。

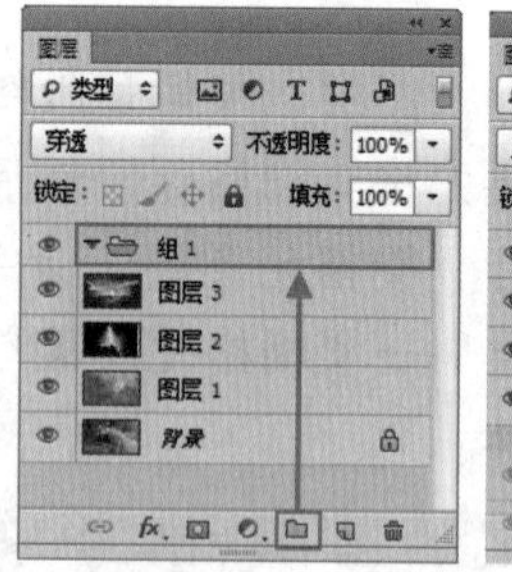

图 8-9

图 8-10

（2）选择图层组，执行“图层”→“取消图层编组”菜单命令或按 Shift+Ctrl+G 组合键，可以取消图层编组，也可以在图层组名称上单击鼠标右键，在弹出的菜单中执行“取消图层编组”命令。取消图层编组后只删除图层编组，而图层组内的所有图层及内容将会保留下来。

（3）选择图层组，将其拖曳到“删除图层”按钮上，接着在弹出的对话框中可选择删除的方式。单击“组和内容”按钮，可以将选中的图层组及组内的所有图层删除；单击“仅组”按钮，可以将选中的图层组删除，但是保留图层组内的所有图层，如图 8-11 所示。

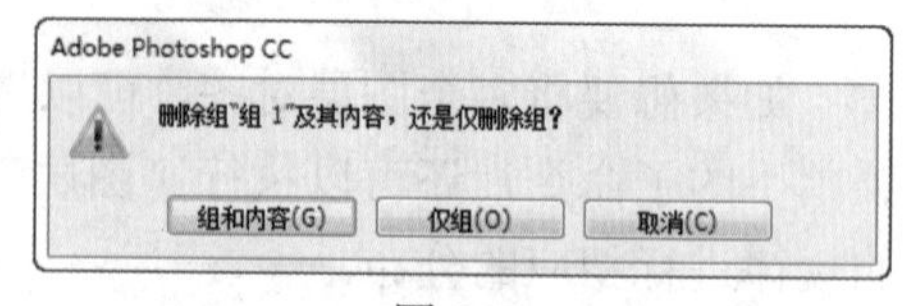

图 8-11

8.1.5　合并多个图层

当“图层”面板中有很多图层时，可以将部分相关图层进行合并、拼合和盖印。

（1）可以在“图层”面板中选择要合并的图层，然后执行“图层”→“合并图层”菜单命令或按 Ctrl+E 快捷键，即可将多个图层合并为一个图层，合并后的图层使用上面图层的名称。

（2）执行“图层”→“拼合图像”菜单命令可以将所有图层都拼合到“背景”图层中。如果有隐藏的图层则会弹出提示对话框，提醒用户是否要扔掉隐藏的图层，如图 8-12 所示。

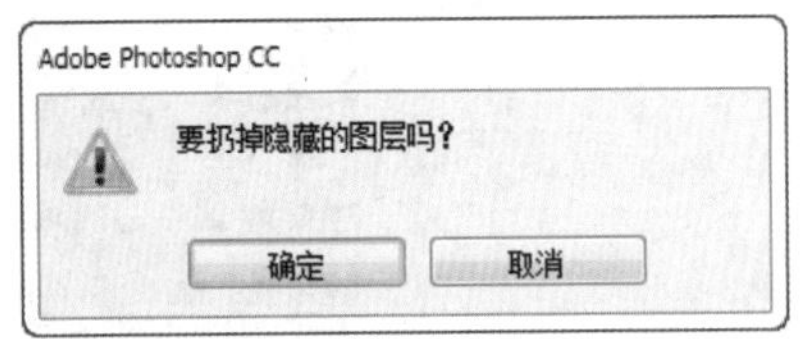

图 8-12

（3）盖印图层在实际工作中经常用到，“盖印”是一种合并图层的特殊方法，可以将多个图层的内容合并到一个新的图层中，同时保持其他图层不变。选择多个图层并按“盖印图层”组合键 Ctrl+Alt+E，可以将这些图层中的图像盖印到一个新的图层中，盖印图层将放置在所选图层的上一层，如图 8-13 所示。

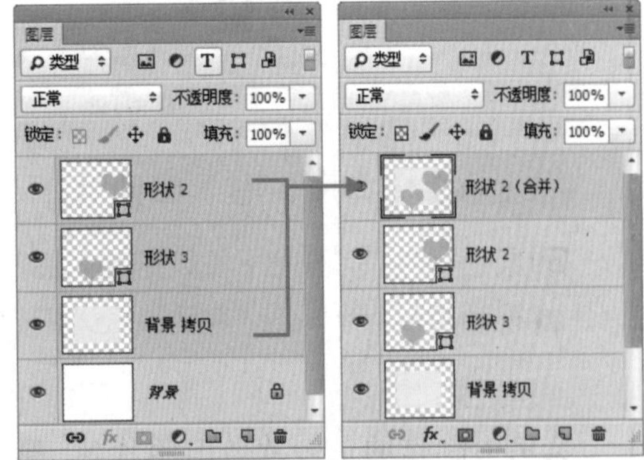

图 8-13

（4）若想将所有可见图层盖印到一个新的图层中，可以按 Shift+Ctrl+Alt+E 组合键。

8.2 调整图层不透明度与混合模式

图层的混合模式与不透明度是图层特效的核心功能，它不仅能合成图层、制作选区和特殊效果，最重要的是不会对图像造成任何影响。通过对图层不透明度与混合模式的调整，可以制作出多种多样的画面效果。

8.2.1 调整图层的不透明度和填充

要点速查：“不透明度”选项控制着整个图层的透明属性，包括图层中的形状、像素以及图层样式；而“填充”选项只影响图层中绘制的像素和形状的不透明度。

（1）选择一个带有图层样式的图层，如图 8-14 和图 8-15 所示。

图 8-14　图 8-15

（2）如果将“不透明度”调整为 50%，如图 8-16 所示。可以观察到图像以及图层样式都变为半透明效果，如图 8-17 所示。

（3）与“不透明度”调整不同，将“填充”数值调整为 50%，如图 8-18 所示，可以观察到图像部分变成半透明效果，而图层样式则没有发生任何变化，如图 8-19 所示。

图 8-16

图 8-17

图 8-18

图 8-19

视频陪练：将风景融入旧照片中

视频陪练：将风景融入旧照片中

案例文件 / 第 8 章 / 将风景融入旧照片中 .psd

视频教学 / 第 8 章 / 将风景融入旧照片中 .flv

案例效果：

案例中制作的是一款做旧照片效果，首先需要对图像进行去色，使其变为单色调。然后通过混合模式使其与背景进行融合。最后去除照片生硬的边缘，使其与背景融合在一起，如图 8-20 和图 8-21 所示。

图 8-20

图 8-21

8.2.2 认识图层“混合模式”

要点速查：图层混合模式是指一个图层与其下图层的色彩叠加方式。

图层的混合模式是 Photoshop 中的一项非常重要的功能，它不仅存在于“图层”面板中，甚至在使用绘画工具时也可以通过更改混合模式来调整绘制对象与下面图像的像素的混合方式。图层混合模式可以用来创建各种特效，并且不会损坏原始图像的任何内容，如图 8-22 ～图 8-25 所示为一些使用到混合模式制作的作品。

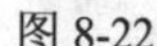
图 8-22

图 8-23

图 8-24

图 8-25

通常情况下，新建图层的混合模式为正常，除了正常以外，还有很多种混合模式，它们都可以产生迥异的合成效果。在“图层”面板中选择一个除“背景”以外的图层，单击面板顶部的下拉按钮，在弹出的下拉列表中可以选择一种混合模式。图层的“混合模式”分为 6 组，共 27 种，如图 8-26 所示。

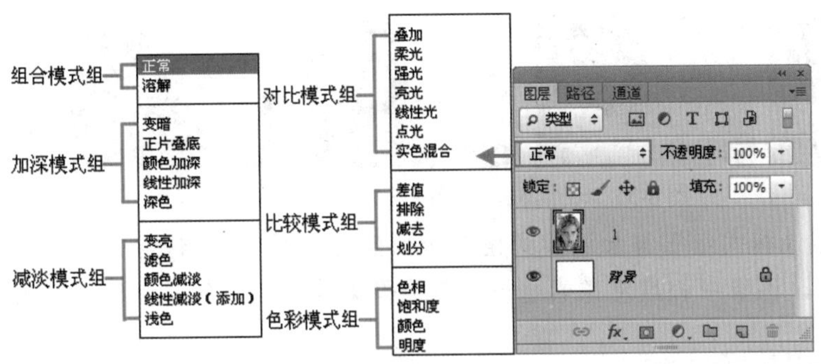

图 8-26

（1）“组合模式组”中的混合模式需要降低图层的“不透明度”或“填充”数值才能起作用，这两个参数的数值越低，就越能看到下面的图像。在文档内打开两张图片，选择上方的图层，如图 8-27 所示。

图 8-27

- 正常：这是 Photoshop 默认的模式。上层图像将完全遮盖住下层图像，降低“不透明度”数值以后才能与下层图像相混合，如图 8-28 所示是设置“不透明度”为 50% 时的混合效果。
- 溶解：在“不透明度”和“填充”数值均为 100% 时，该模式不会与下层图像相混合，只有这两个数值中的任何一个低于 100% 时才能产生效果，使透明区域上的像素离散，如图 8-29 所示。

图 8-28

图 8-29

（2）“加深模式组”中的混合模式可以使图像变暗。在混合过程中，当前图层的白色像素会被下层较暗的像素替代。

- 变暗：比较每个通道中的颜色信息，并选择基色或混合色中较暗的颜色作为结果色，同时替换比混合色亮的像素，而比混合色暗的像素保持不变，如图 8-30 所示。
- 正片叠底：任何颜色与黑色混合产生黑色，任何颜色与白色混合保持不变，如图 8-31 所示。
- 颜色加深：通过增加上下层图像之间的对比度来使像素变暗，与白色混合后不产生变化，如图 8-32 所示。
- 线性加深：通过减小亮度使像素变暗，与白色混合不产生变化，如图 8-33 所示。
- 深色：通过比较两个图像的所有通道的数值总和，然后显示数值较小的颜色，如图 8-34 所示。

图 8-30

图 8-31

图 8-32

图 8-33

图 8-34

(3)"减淡模式组"与加深模式组产生的混合效果完全相反，它们可以使图像变亮。在混合过程中，图像中的黑色像素会被较亮的像素替换，而任何比黑色亮的像素都可能提亮下层图像。

- 变亮：比较每个通道中的颜色信息，并选择基色或混合色中较亮的颜色作为结果色，同时替换比混合色暗的像素，而比混合色亮的像素保持不变，如图 8-35 所示。
- 滤色：与黑色混合时颜色保持不变，与白色混合时产生白色，如图 8-36 所示。
- 颜色减淡：通过减小上下层图像之间的对比度来提亮底层图像的像素，如图 8-37 所示。
- 线性减淡（添加）：与"线性加深"模式产生的效果相反，可以通过提高亮度来减淡颜色，如图 8-38 所示。
- 浅色：通过比较两个图像的所有通道的数值总和，然后显示数值较大的颜色，如图 8-39 所示。

图 8-35

图 8-36

图 8-37

图 8-38

图 8-39

(4)"对比模式组"中的混合模式可以加强图像的差异。在混合时，50% 的灰色会完全消失，任何亮度值高于 50% 灰色的像素都可能提亮下层的图像，亮度值低于 50% 灰色的像素则可能使下层图像变暗。

- 叠加：对颜色进行过滤并提亮上层图像，具体取决于底层颜色，同时保留底层图像的明暗对比，如图 8-40 所示。
- 柔光：使颜色变暗或变亮，具体取决于当前图像的颜色。如果上层图像比 50% 灰色亮，则图像变亮；如果上层图像比 50% 灰色暗，则图像变暗，如图 8-41 所示。
- 强光：对颜色进行过滤，具体取决于当前图像的颜色。如果上层图像比 50% 灰色亮，则图像变亮；如果上层图像比 50% 灰色暗，则图像变暗，如图 8-42 所示。
- 亮光：通过增加或减小对比度来加深或减淡颜色，具体取决于上层图像的颜色。如果上层图像比 50% 灰色亮，则图像变亮；如果上层图像比 50% 灰色暗，则图像变暗，如图 8-43 所示。

图 8-40

图 8-41

图 8-42

图 8-43

- 线性光：通过减小或增加亮度来加深或减淡颜色，具体取决于上层图像的颜色。如果上层图像比 50% 灰色亮，则图像变亮；如果上层图像比 50% 灰色暗，则图像变暗，如图 8-44 所示。
- 点光：根据上层图像的颜色来替换颜色。如果上层图像比 50% 灰色亮，则替换比较暗的像素；如果上层图像比 50% 灰色暗，则替换较亮的像素，如图 8-45 所示。
- 实色混合：将上层图像的 RGB 通道值添加到底层图像的 RGB 值上。如果上层图像比 50% 灰色亮，则使底层图像变亮；如果上层图像比 50% 灰色暗，则使底层图像变暗，如图 8-46 所示。

图 8-44

图 8-45

图 8-46

（5）“比较模式组”中的混合模式可以比较当前图像与下层图像，将相同的区域显示为黑色，不同的区域显示为灰色或彩色。如果当前图层中包含白色，那么白色区域会使下层图像反相，而黑色不会对下层图像产生影响。

- 差值：上层图像与白色混合将反转底层图像的颜色，与黑色混合则不产生变化，如图 8-47 所示。
- 排除：创建一种与“差值”模式相似，但对比度更低的混合效果，如图 8-48 所示。
- 减去：从目标通道中相应的像素上减去源通道中的像素值，如图 8-49 所示。
- 划分：比较每个通道中的颜色信息，然后从底层图像中划分上层图像，如图 8-50 所示。

图 8-47

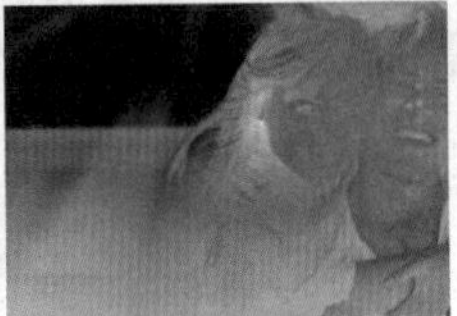
图 8-48

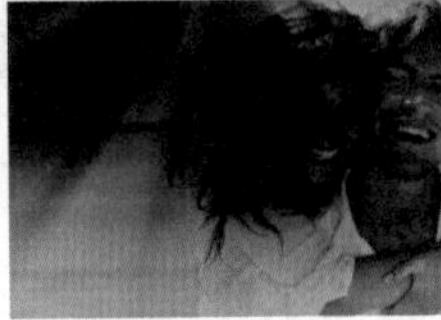
图 8-49

图 8-50

（6）使用“色彩模式组”中的混合模式时，Photoshop 会将色彩分为色相、饱和度和亮度 3 种成分，然后再将其中的一种或两种应用在混合后的图像中。

- 色相：用底层图像的明亮度、饱和度以及上层图像的色相来创建结果色，如图 8-51 所示。
- 饱和度：用底层图像的明亮度、色相以及上层图像的饱和度来创建结果色，在饱和度为 0 的灰度区域应用该模式不会产生任何变化，如图 8-52 所示。
- 颜色：用底层图像的明亮度以及上层图像的色相和饱和度来创建结果色，这样可以保留图像中的灰阶，对于为单色图像上色或给彩色图像着色非常有用，如图 8-53 所示。
- 明度：用底层图像的色相、饱和度以及上层图像的明亮度来创建结果色，如图 8-54 所示。

图 8-51

图 8-52

图 8-53

图 8-54

实战案例：使用混合模式合成愤怒的狮子

案例文件 / 第 8 章 / 使用混合模式合成愤怒的狮子 .psd

视频教学 / 第 8 章 / 使用混合模式合成愤怒的狮子 .flv

使用混合模式合成愤怒的狮子

案例效果：

本案例通过混合模式将火焰与烟雾混合到图像中，制作出狮子喷火的效果，如图 8-55 所示。

图 8-55

操作步骤：

（1）创建新的空白文件，使用“渐变工具”在背景中填充深绿色系的径向渐变，如图 8-56 所示。置入狮子素材“1.jpg”，从画面中可以看出狮子的边缘毛发非常细密，而背景大部分为黑色，所以可以考虑使用图层混合的方式将黑色的背景隐藏，实现合成的目的，如图 8-57 所示。

（2）将狮子图层命名为“动物”，单击“图层”面板中的混合模式选项，设置混合模式为“浅色”，如图 8-58 所示，此时图像中大部分的背景被隐藏了，但是仍有些许残留。而狮子身上的黑色区域也被隐藏了，如图 8-59 所示。

图 8-56

图 8-57

（3）由于混合模式的设置并没有使背景完全隐藏，所以需要用橡皮擦将左侧多余部分擦除，如图 8-60 所示。

图 5-58

图 8-59

（4）下面需要将狮子面部缺失的部分进行“找回”。复制“动物”图层作为“动物 - 副本”，并将混合模式更改为“正常”。使用橡皮擦工具擦除狮子五官以外的部分，缺失的五官成功被找回了，如图 8-61 所示。

图 8-60

图 8-61

（5）置入烟雾素材“2.jpg”，设置该图层混合模式为“滤色”，如图 8-62 所示，画面效果如图 8-63 所示。

（6）置入火焰素材“3.jpg”到文件中，如图 8-64 所示。为了使火焰融入到画面中，设置该图层的混合模式为“变亮”，并将多余部分擦除，一个活灵活现的狮子喷火效果就完成了，如图 8-65 所示。

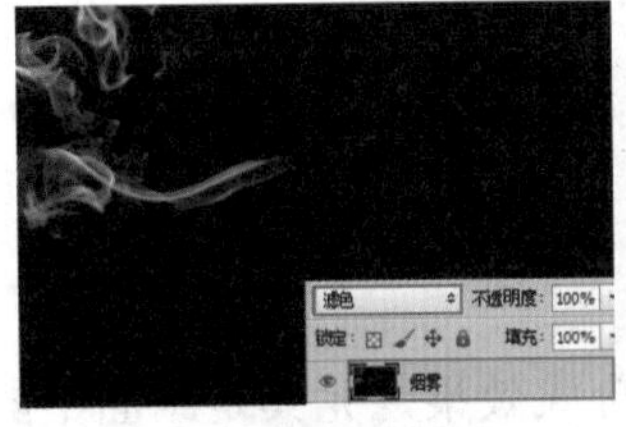

图 8-62

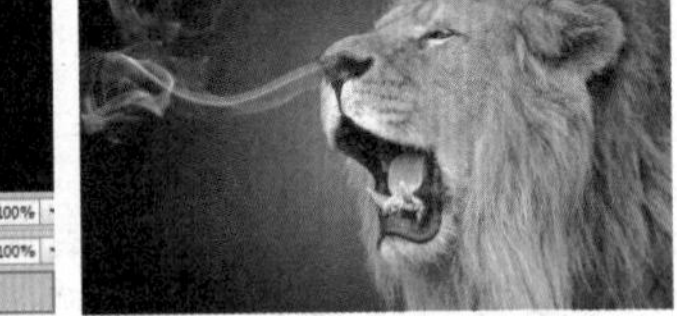

图 8-63

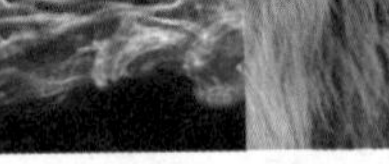

图 8-64

图 8-65

视频陪练：使用混合模式制作水果色嘴唇

案例文件 / 第 8 章 / 使用混合模式制作水果色嘴唇 .psd

视频教学 / 第 8 章 / 使用混合模式制作水果色嘴唇 .flv

案例效果：

本案例首先需要绘制嘴唇形状的纯色图层，然后在“图层”面板中设置混合模式，以此更改嘴唇的颜色。本案例选择了黄、绿两种颜色，两种颜色为类似色，搭配起来协调、自然，在制作时也可以尝试其他的配色方案，例如红色与紫色的搭配、青色与蓝色的搭配，本案例最终效果如图 8-66 所示。

图 8-66

视频陪练：使用混合模式制作水果色嘴唇

视频陪练：艳丽花朵风格彩妆

案例文件 / 第 8 章 / 艳丽花朵风格彩妆 .psd

视频教学 / 第 8 章 / 艳丽花朵风格彩妆 .flv

视频陪练：艳丽花朵风格彩妆

案例效果：

数码照片拍摄完成后，通常需要进行后期调整和润色。如果要添加妆容，使其自然协调，就可以使用混合模式。本案例就是使用画笔工具绘制眼妆和唇妆，然后设置图层的混合模式，使之混合到画面中，如图 8-67 和图 8-68 所示。

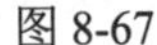

图 8-67

图 8-68

视频陪练：月色荷塘

案例文件 / 第 8 章 / 月色荷塘 .psd

视频教学 / 第 8 章 / 月色荷塘 .flv

案例效果：

这是一个较为复杂的合成效果，尤其是画面中的光效给人一种梦幻般的感觉。在本案例中需要置入相应的素材进行组合，然后使用“画笔工具”制作光效的图形，最后通过设置图层的混合模式制作半透明的光效效果，如图 8-69 所示。

图 8-69

视频陪练：月色荷塘

8.3 使用图层样式

图层样式是应用于图层或图层组的一种或多种效果，利用“图层样式”功能可以很方便地使图层产生“描边”、“内阴影”、“外发光”和“投影”等效果。使用图层样式不仅可以丰富画面效果，更是强化画面主体的常用方式。

8.3.1 为图层添加样式

（1）选择需要添加图层样式的图层，执行“图层”→“图层样式”命令，或者单击“图层”面板底部的“添加图层样式”按钮 fx，在子菜单中选择需要添加的样式，如图 8-70 和图 8-71 所示。

图 8-70

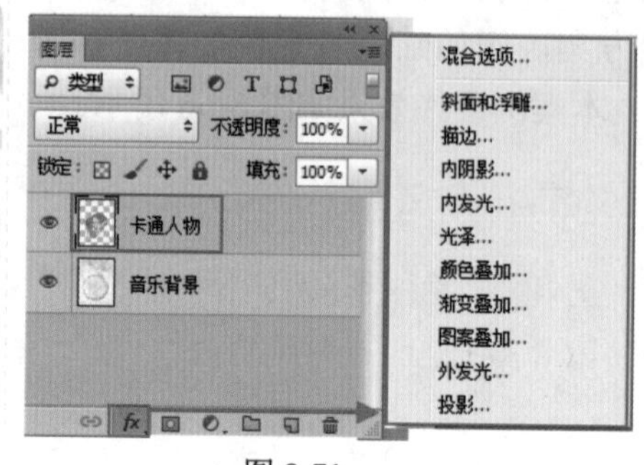

图 8-71

（2）打开“图层样式”对话框，在该对话框中进行相应的设置，单击“确定”按钮，如图 8-72 所示，即可添加图层样式，如图 8-73 所示为添加“投影”图层样式的效果。

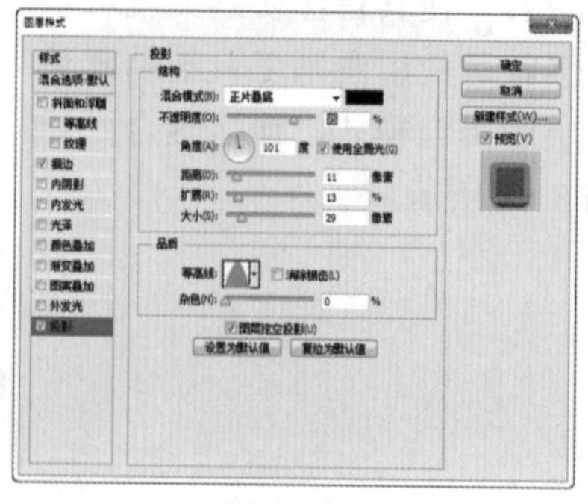

图 8-72

图 8-73

技巧提示：图层样式对话框的使用方法

在“图层样式”对话框的左侧列出了 10 种样式。样式名称前面的复选框内有标记，表示已在图层中添加了该样式。单击一个样式的名称，可以为选中图层添加该样式，同时切换到该样式的设置界面中。单击样式名称前面的复选框标记，即可取消当前样式。

（3）添加了样式的图层右侧会出现一个图标，如图 8-74 所示。再次对图层执行“图层”→“图层样式”命令或双击右侧图标，即可打开“图层样式”对话框。另外，双击图层下的图层样式名称，也可以打开“图层样式”对话框。在展开的图层样式堆栈中单击该样式前面的眼睛图标，可以隐藏或显示某一个样式，如图 8-75 所示。单击“效果”前面的眼睛图标，可以隐藏或显示图层的所有样式。

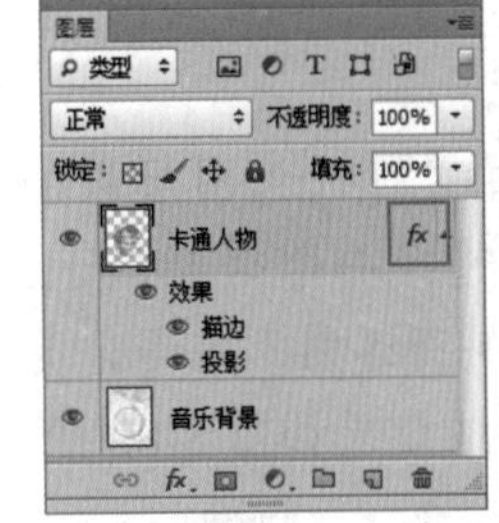

图 8-74

图 8-75

（4）当文档中有多个需要使用相同样式的图层时，可以选择需要拷贝的图层，然后执行“图层”→“图层样式”→“拷贝图层样式”命令，或者在图层名称上单击鼠标右键，在弹出的菜单中选择“拷贝图层样式”命令，如图 8-76 所示。接着选择目标图层，执行“图层”→“图层样式”→“粘贴图层样式”命令，或者在目标图层上单击鼠标右键，执行“粘贴图层样式”命令，如图 8-77 所示，这样就可以进行图层样式的复制。

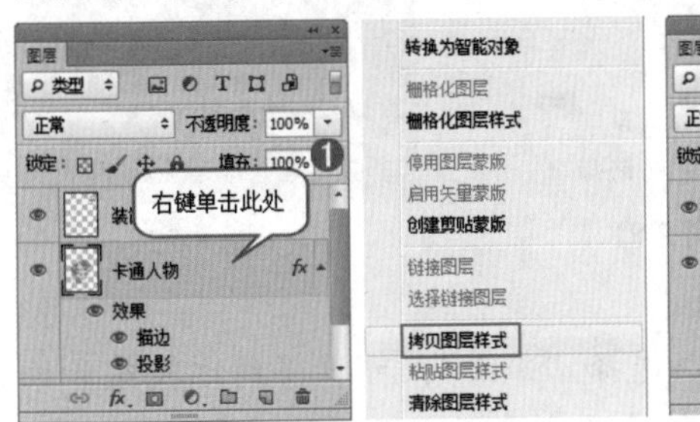

图 8-76

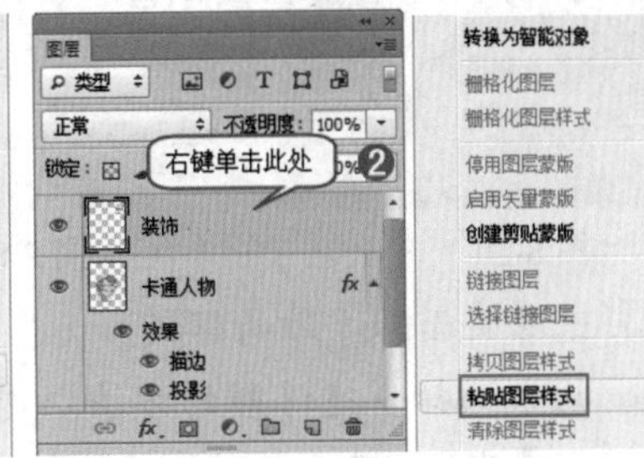

图 8-77

（5）如果要删除图层中的所有样式，可以选择该图层，然后执行“图层”→“图层样式”→“清除图层样式”菜单命令。也可以在图层面板中将图标或将某个图层样式拖曳至“删除图层”按钮上进行删除。

（6）若想将当前图层的图层样式栅格化到当前图层中，可以执行“图层”→“栅格化”→“图层样式”命令，栅格化的样式部分可以像普通图层一样进行编辑处理，但是不再具有可以调整图层参数的功能。

8.3.2 认识图层样式

在 Photoshop 中包含了斜面和浮雕、描边、内阴影、内发光、光泽、颜色叠加、渐变叠加、图案叠加、外发光与投影等 10 种图层样式。如图 8-78 和图 8-79 所示为原图和应用各图层样式的对比效果。

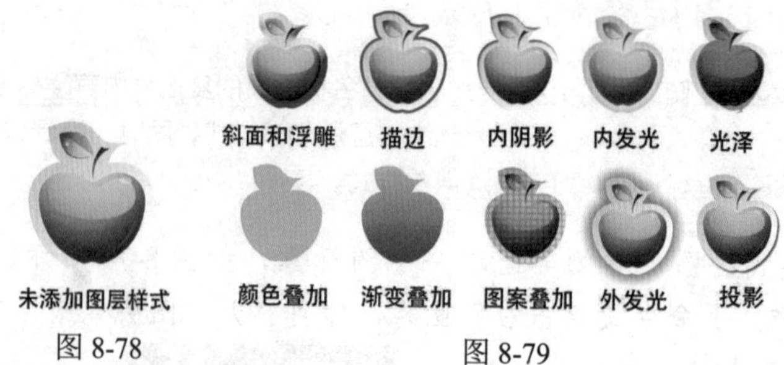

图 8-78　　图 8-79

1. 斜面和浮雕

（1）“斜面和浮雕”样式可以为图层添加高光与阴影，使图像产生立体的浮雕效果，常用于立体文字的模拟。选择一个需要赋予图层样式的图层，如图 8-80 所示。执行“图层”→“图层样式”→“斜面浮雕”命令，为该图层添加“斜面和浮雕”样式，具体设置如图 8-81 所示。斜面和浮雕效果如图 8-82 所示。

图 8-80

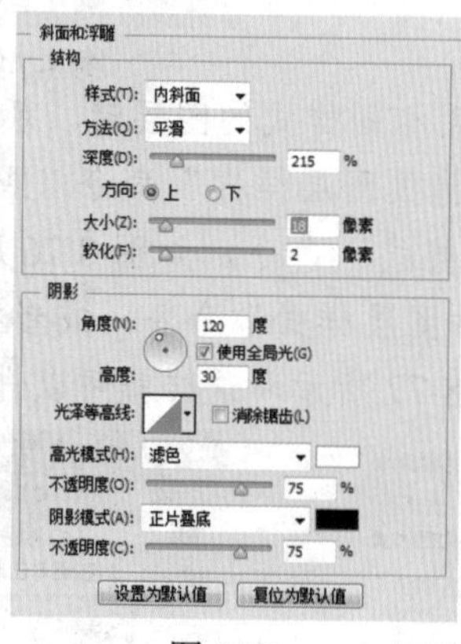

图 8-81

图 8-82

- 样式：选择斜面和浮雕的样式。
- 方法：用来选择创建浮雕的方法。选择“平滑”，可以得到比较柔和的边缘；选择“雕刻清晰”，可以得到最精确的浮雕边缘；选择“雕刻柔和”，可以得到中等水平的浮雕效果。
- 深度：用来设置浮雕斜面的应用深度，该值越高，浮雕的立体感越强。
- 方向：用来设置高光和阴影的位置，该选项与光源的角度有关。
- 大小：该选项表示斜面和浮雕阴影面积的大小。
- 软化：用来设置斜面和浮雕的平滑程度。
- 角度 / 高度：“角度”选项用来设置光源的发光角度；“高度”选项用来设置光源的高度。
- 使用全局光：如果选中该选项，那么所有浮雕样式的光照角度都将保持在同一个方向。
- 光泽等高线：选择不同的等高线样式，可以为斜面和浮雕的表面添加不同的光泽质感，也可以自己编辑等高线样式。
- 消除锯齿：当设置了光泽等高线时，斜面边缘可能会产生锯齿，选中该选项可以消除锯齿。

- 高光模式 / 不透明度：这两个选项用来设置高光的混合模式和不透明度，后面的色块用于设置高光的颜色。
- 阴影模式 / 不透明度：这两个选项用来设置阴影的混合模式和不透明度，后面的色块用于设置阴影的颜色。

（2）使用“等高线”可以在浮雕中创建凹凸起伏的效果。选中“斜面和浮雕”样式下面的“等高线”样式，切换到“等高线”设置窗口，如图 8-83 所示。设置等高线的样式和范围后效果如图 8-84 所示。

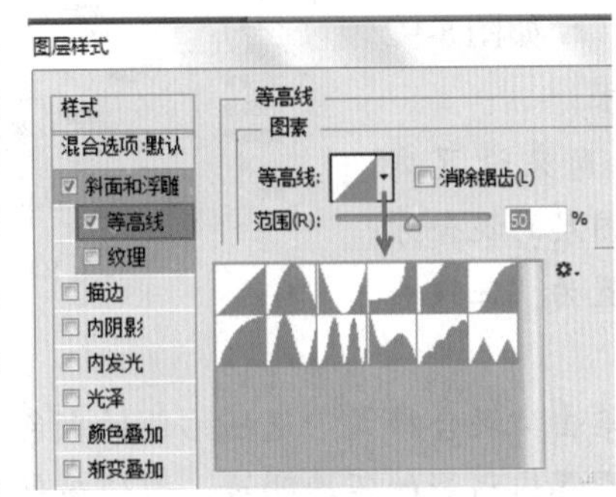

图 8-83

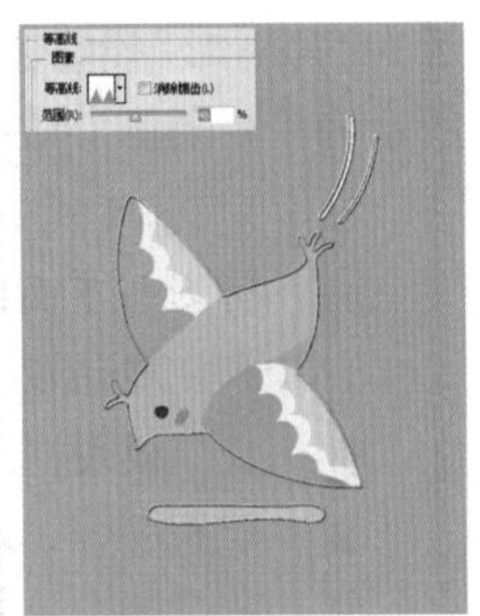

图 8-84

（3）选中“纹理”样式，切换到“纹理”设置窗口，如图 8-85 所示。设置纹理图案、纹理缩放和深度后的效果如图 8-86 所示。

- 图案：单击“图案”选项右侧的图标，可以在弹出的“图案”拾色器中选择一个图案，并将其应用到斜面和浮雕上。

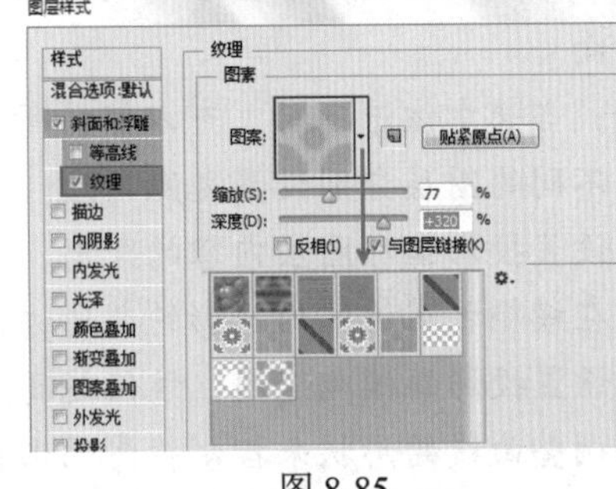

图 8-85

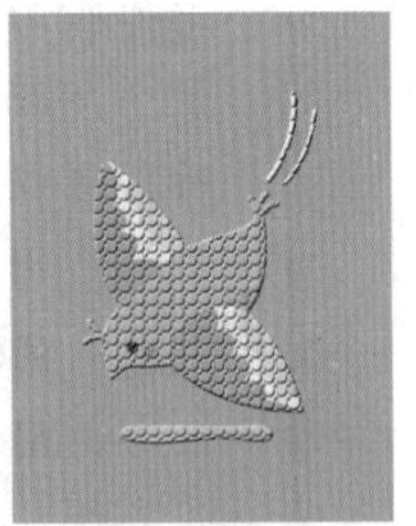

图 8-86

- 从当前图案创建新的预设：单击该按钮，可以将当前设置的图案创建为一个新的预设图案，同时新图案会保存在“图案”拾色器中。
- 贴紧原点：将原点对齐图层或文档的左上角。
- 缩放：用来设置图案的大小。
- 深度：用来设置图案纹理的使用程度。
- 反相：选中该选项以后，可以反转图案纹理的凹凸方向。
- 与图层链接：选中该选项以后，可以将图案和图层链接在一起，这样在对图层进行变换等操作时，图案也会跟着一同变换。

2. 描边

“描边”样式可以使用颜色、渐变以及图案来描绘图像的轮廓边缘。如图 8-87 所示为“描边”设置窗口。如图 8-88 ～ 图 8-90 所示分别为颜色描边、渐变描边和图案描边的效果。

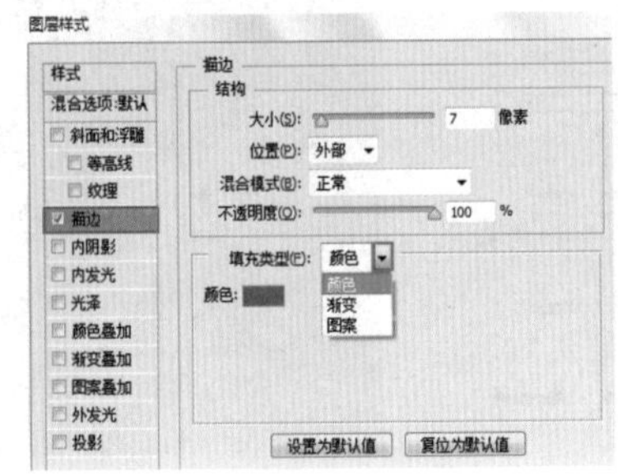

图 8-87

图 8-88

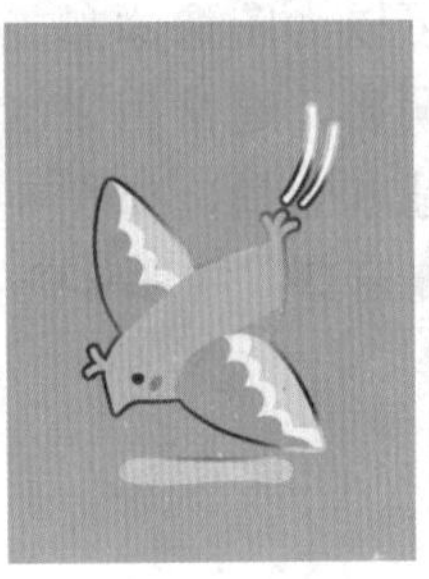

图 8-89

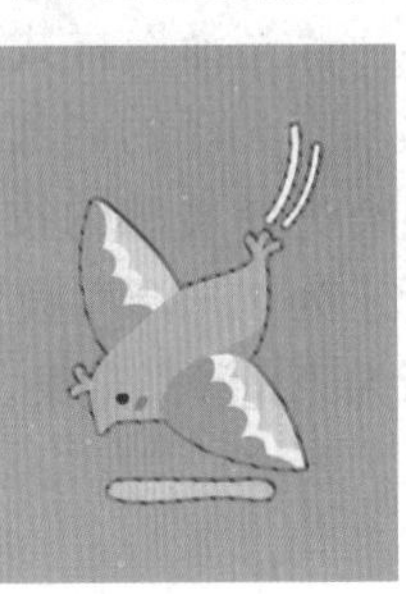

图 8-90

3. 内阴影

"内阴影"样式可以在紧靠图层内容的边缘内添加阴影，使图层内容产生凹陷效果，如图 8-91 所示为"内阴影"设置窗口，如图 8-92 所示为"内阴影"效果。

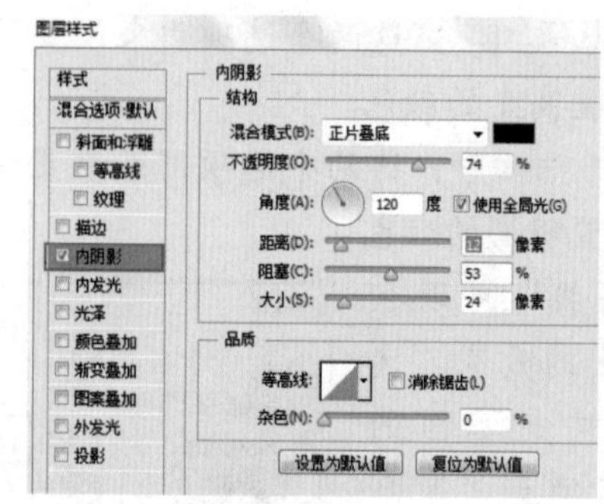

图 8-91

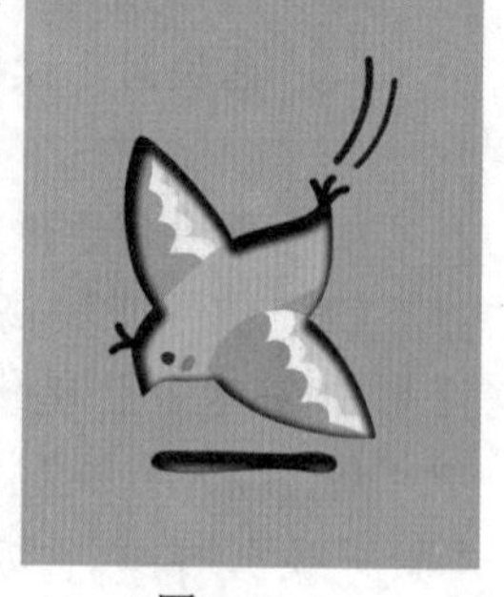

图 8-92

- 混合模式：用来设置内阴影与下面图层的混合方式，默认设置为"正片叠底"模式。
- 阴影颜色：单击"混合模式"选项右侧的颜色块，可以设置内阴影的颜色。
- 不透明度：设置内阴影的不透明度。数值越低，投影越淡。
- 角度：用来设置内阴影应用于图层时的光照角度，指针方向为光源方向，相反方向为投影方向。
- 使用全局光：当选中该选项时，可以保持所有光照的角度一致；取消选中该选项时，可以为不同的图层分别设置光照角度。
- 距离：用来设置投影偏移图层内容的距离。
- 阻塞：用来在模糊之前收缩内阴影的杂边边界。
- 大小：用来设置投影的模糊范围，该值越高，模糊范围越广，反之投影越清晰。
- 等高线：以调整曲线的形状来控制投影的形状，可以手动调整曲线形状，也可以选择内置的等高线预设。
- 消除锯齿：选中该选项时可以混合等高线边缘的像素，使投影更加平滑。该选项对于尺寸较小且具有复杂等高线的投影比较实用。
- 杂色：用来在内阴影中添加杂色的颗粒感效果，数值越大，颗粒感越强。

4. 内发光

"内发光"样式可以沿图层内容的边缘向内创建发光效果。内发光的参数选项中有很多与"内阴影"相同，不同的是"方法"用来设置发光的方式。选择"柔和"方法，发光效果比较柔和；选择"精确"方法，可以得到精确的发光边缘。"源"选项用来控制光源的位置。"范围"用于控制发光范围。"抖动"用于控制发光抖动数量，如图 8-93 所示为"内发光"样式设置窗口，如图 8-94 所示为"内发光"效果。

5. 光泽

"光泽"样式可以为图像添加光滑的具有光泽的内部阴影，通常用来制作具有光泽质感的按钮和金属，如图 8-95 所示为"光泽"设置窗口，如图 8-96 所示为"光泽"效果。

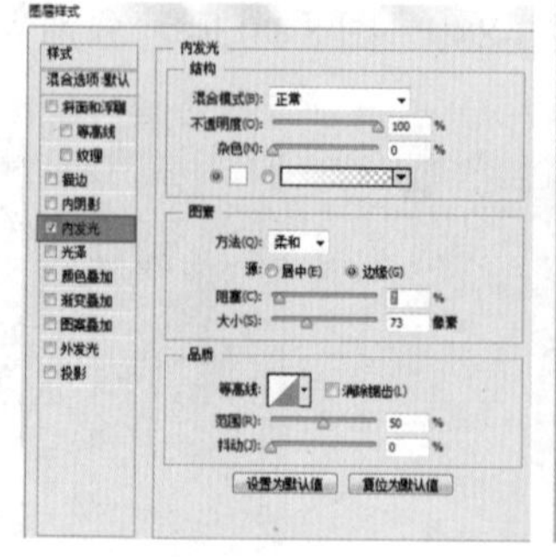

图 8-93

图 8-94

6. 颜色叠加

“颜色叠加”样式可以在图像上叠加设置的颜色，并且可以通过模式的修改调整图像与颜色的混合效果，如图 8-97 所示为“颜色叠加”设置窗口，如图 8-98 所示为“颜色叠加”效果。

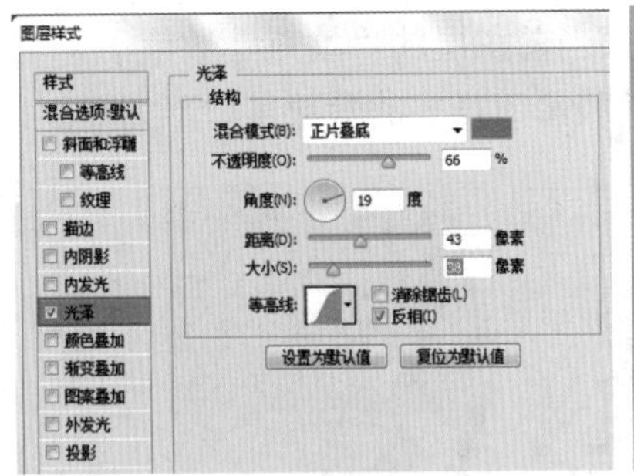

图 8-95

图 8-96

7. 渐变叠加

“渐变叠加”样式可以在图层上叠加指定的渐变色，不仅能够制作带有多种颜色的对象，更能够通过巧妙的渐变颜色设置制作出凸起、凹陷等三维效果以及带有反光的质感效果，如图 8-99 所示为“渐变叠加”设置窗口，如图 8-100 所示为“渐变叠加”效果。

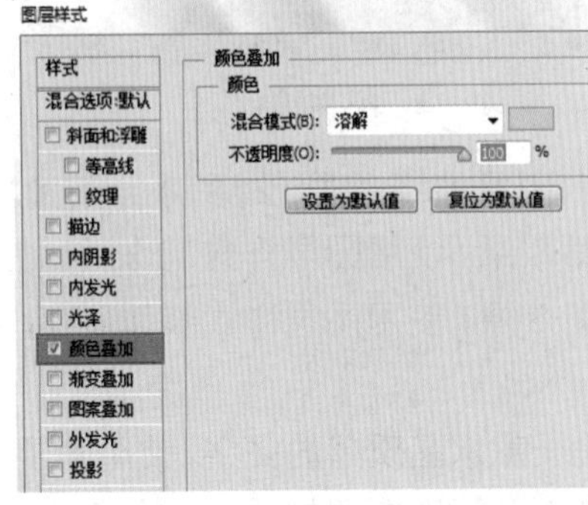

图 8-97

图 8-98

8. 图案叠加

“图案叠加”样式可以在图像上叠加图案，与“颜色叠加”、“渐变叠加”相同，也可以通过混合模式的设置使叠加的“图案”与原图像进行混合，如图 8-101 所示为“图案叠加”设置窗口，如图 8-102 所示为“图案叠加”效果。

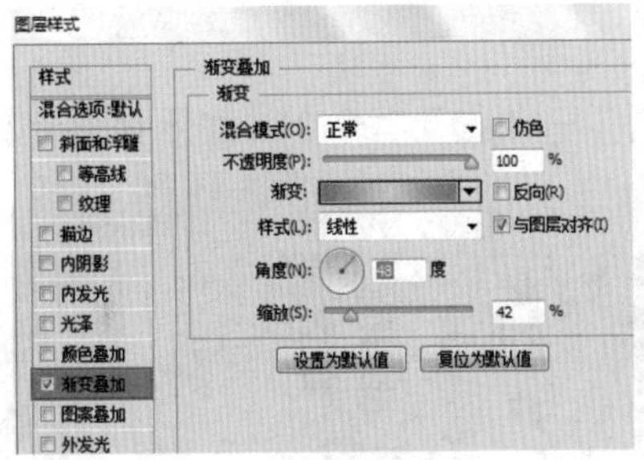

图 8-99

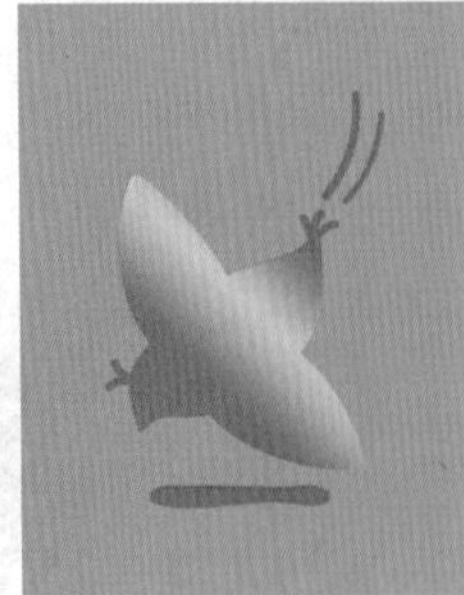

图 8-100

9. 外发光

“外发光”样式与“内发光”样式相同，都可以模拟发光效果，参数选项也基本相同，但是“外发光”样式可以沿图层内容的边缘向外创建发光效果，可用于制作自发光效果以及人像或者其他对象的梦幻般的光晕效果，如图 8-103 所示为“外发光”设置窗口，如图 8-104 所示为“外发光”效果。

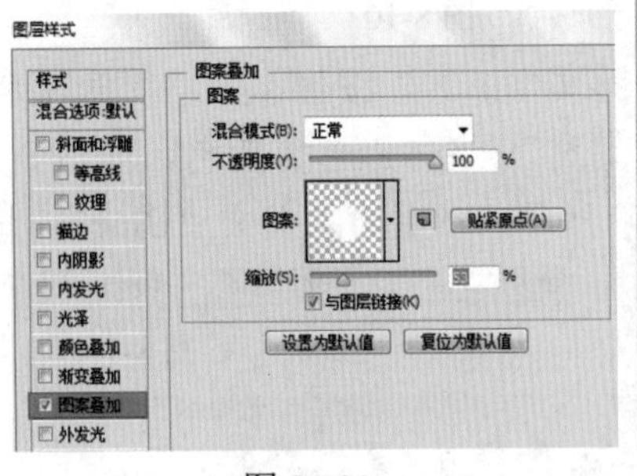

图 8-101

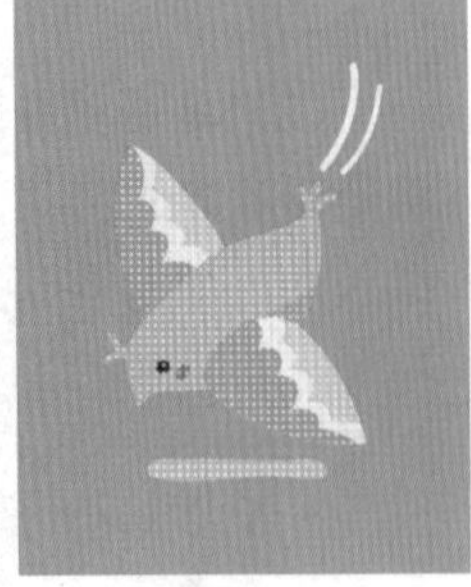

图 8-102

10. 投影

使用“投影”样式可以为图层模拟出向后的投影效果，可增强层次感和立体感，平面设计中常用于需要突显的文字中。“投影”与“内阴影”的参数设置基本相同，“投影”是用“扩展”选项来控制投影边缘的柔化程度。“图层挖空投影”则是用来控制半透明图层中投影的可见性。

选中该选项后，如果当前图层的“填充”数值小于100%，则半透明图层中的投影不可见，如图8-105所示为“投影”样式的参数窗口，如图8-106所示为投影效果。

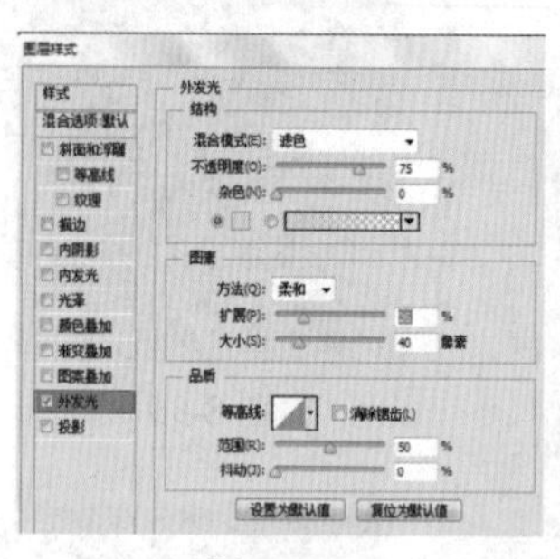
图8-103

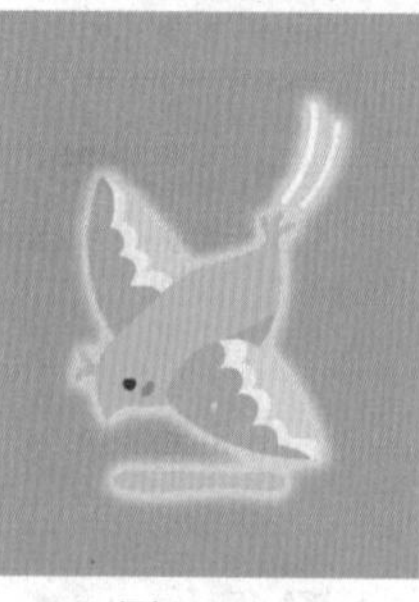
图8-104

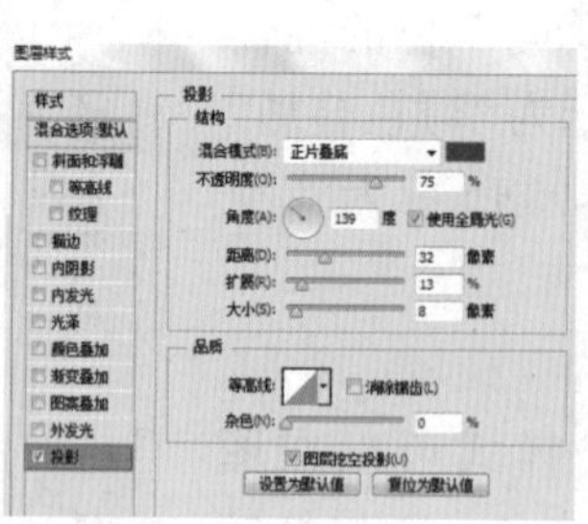
图8-105

图8-106

实战案例：使用图层样式制作质感晶莹文字

案例文件/第8章/使用图层样式制作质感晶莹文字.psd

视频教学/第8章/使用图层样式制作质感晶莹文字.flv

实战案例：使用图层样式制作质感晶莹文字

案例效果：

本案例制作的是一款水晶质感的文字，使用到了内阴影、外发光、内发光、斜面和浮雕图层样式。这种文字可以应用在标志设计、海报设计和网页设计中，如图8-107所示。

操作步骤：

（1）执行“文件”→“打开”命令，打开背景素材文件，如图8-108所示。

图8-107

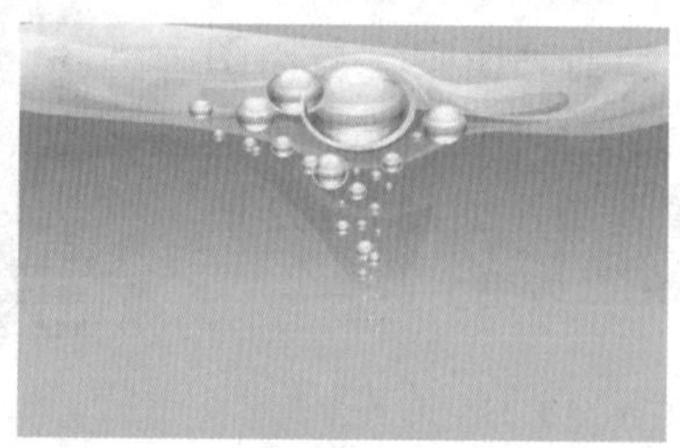
图8-108

（2）单击“横排文字工具”按钮T，在其选项栏中设置合适的字体、字号大小为7点、消除锯齿方式为“锐利”、字体颜色为蓝色，如图8-109所示。在画布中单击鼠标左键设置插入点，如图8-110所示，然后输入英文“Blue”，如图8-111所示。

图8-109

图8-110

图8-111

（3）选择图层“Blue”，单击“图层”面板底部的“添加图层样式”按钮，打开“图层样式”对话框，选择“内阴影”样式，设置其“混合模式”为“强光”，颜色为蓝色，“不透明度”数值为 71%，“距离”数值为 6 像素，“阻塞”数值为 26%，“大小”数值为 7 像素，如图 8-112 所示；再选中“外发光”样式，设置其“不透明度”数值为 44%，颜色设置为黄色到透明的渐变，“扩展”数值为 10%，“大小”数值为 13 像素，如图 8-113 所示。

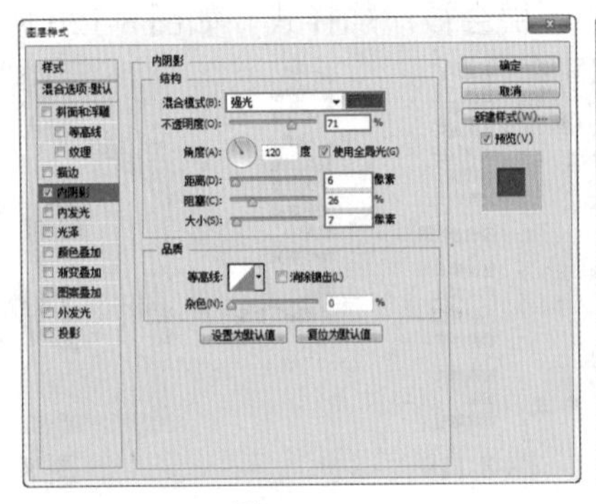

图 8-112

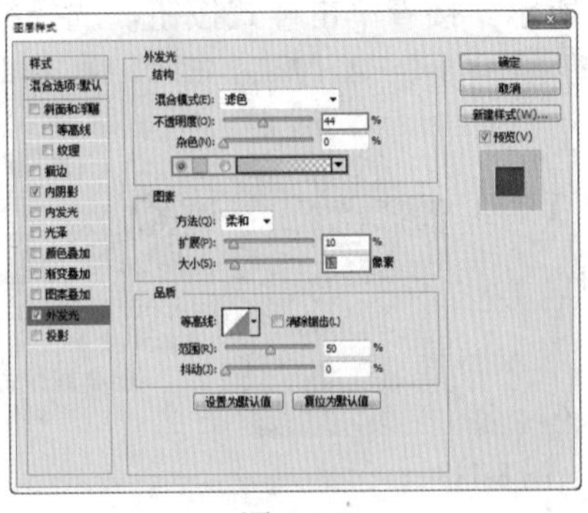

图 8-113

（4）选中“内发光”样式，设置其“混合模式”为“叠加”，“不透明度”数值为 100%，颜色设置为蓝色到透明的渐变，“源”为“居中”，“阻塞”数值为 6%，“大小”数值为 13 像素，如图 8-114 所示；再选中“斜面和浮雕”样式，设置其“大小”数值为 4 像素，取消选中“使用全局光”选项，“高度”数值为 30 度，“不透明度（O）”数值为 100%，“阴影模式（A）”设置为“颜色加深”，“不透明度（C）”数值为 19%，单击“确定”按钮结束操作，如图 8-115 所示。

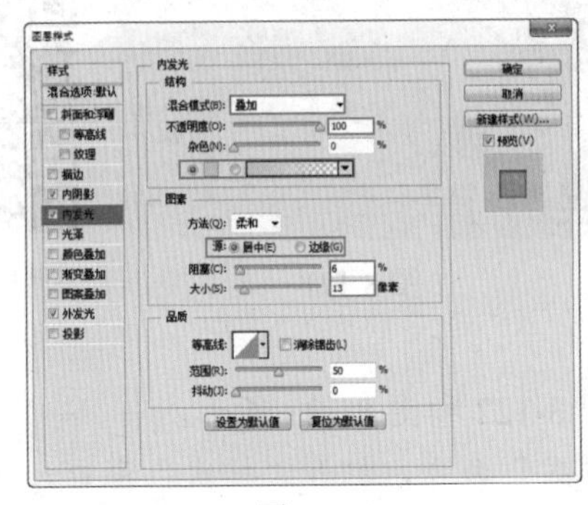

图 8-114

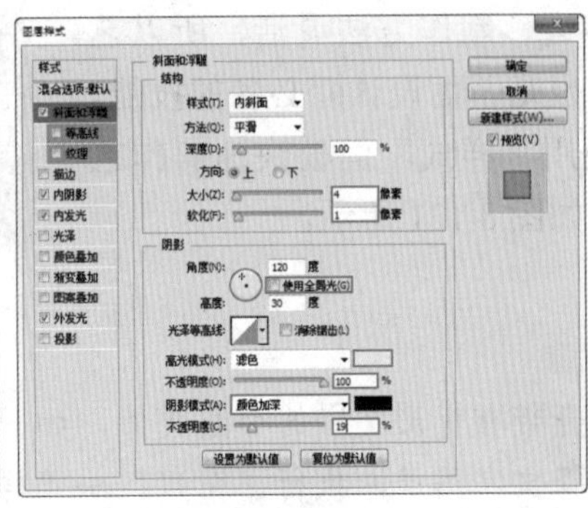

图 8-115

（5）文字“Blue”的完成效果如图 8-116 所示。置入前景素材文件，将素材放入相应位置，最终效果如图 8-117 所示。

图 8-116

图 8-117

8.3.3 使用“样式”面板

要点速查：“样式”面板中可以对创建好的图层样式进行储存，将其储存为一个独立的文件，便于调用和传输，同样，也可以进行载入、删除、重命名图层样式等操作。

选择一个图层，如图 8-118 所示。执行“窗口”→“样式”菜单命令，打开“样式”面板，如图 8-119 所示。接着单击样式按钮，选择的图层会被添加样式，如图 8-120 所示。

图 8-118

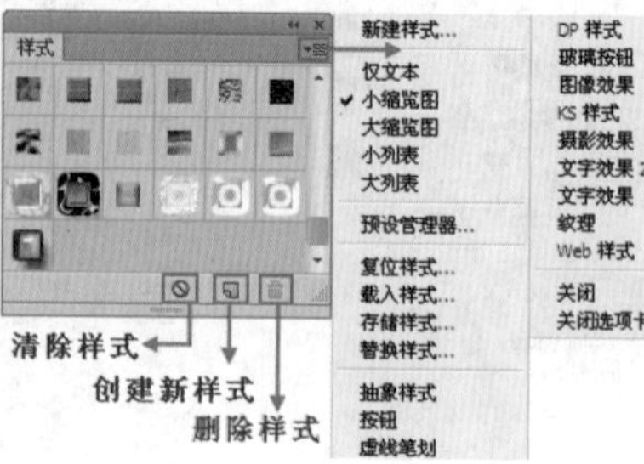

图 8-119

图 8-120

实战案例：快速为艺术字添加样式

案例文件 / 第 8 章 / 快速为艺术字添加样式 .psd

视频教学 / 第 8 章 / 快速为艺术字添加样式 .flv

案例效果：

艺术字应用的领域非常广泛，例如标志设计、海报设计、网页广告设计等，因其效果多变、制作方法灵活，所以艺术字的应用也是平面设计师必备的技能。本案例将使用“样式”面板快速制作艺术字效果，如图 8-121 所示。

图 8-121

实战案例：快速为艺术字添加样式

操作步骤：

（1）打开带有变形文字的分层文件，如图 8-122 和图 8-123 所示。

（2）选择文字图层，执行“窗口”→“样式”命令，打开“样式”窗口。接着在“样式”面板中单击需要应用的样式，如图 8-124 所示。

图 8-122

图 8-123

图 8-124

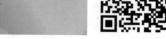

技巧提示：载入“外挂样式”的方法

执行“编辑”→“预设”→“预设管理器”命令，在“预设管理器”中设置“预设类型”为“样式”，单击“载入”按钮，选择样式文件，最后单击“完成”按钮。

（3）此时可以看到“图层”面板中变形文字图层上出现了多个图层样式，如图 8-125 所示，并且原图层外观也发生了变化，如图 8-126 所示。

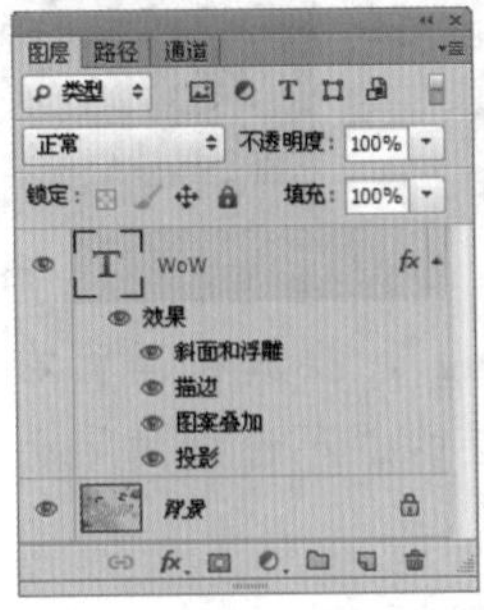

图 8-125

图 8-126

综合案例：打造朦胧的古典婚纱版式

案例文件 / 第 8 章 / 打造朦胧的古典婚纱版式 .psd

视频教学 / 第 8 章 / 打造朦胧的古典婚纱版式 .flv

案例效果：

合成讲究的是自然、协调，本案例就是通过对照片图层的不透明度进行调整，使照片与背景产生更好的混合效果，如图 8-127 所示。

图 8-127

综合案例：打造朦胧的古典婚纱版式

操作步骤：

（1）打开背景素材“1.jpg”，如图 8-128 所示。置入人像照片素材“2.jpg”，摆放在合适位置，如图 8-129 所示。

（2）选择人物图层，选择橡皮擦工具，在选项栏中设置合适的画笔大小，并降低橡皮擦的不透明度，在人像照片的右半部分进行涂抹，如图 8-130 所示。

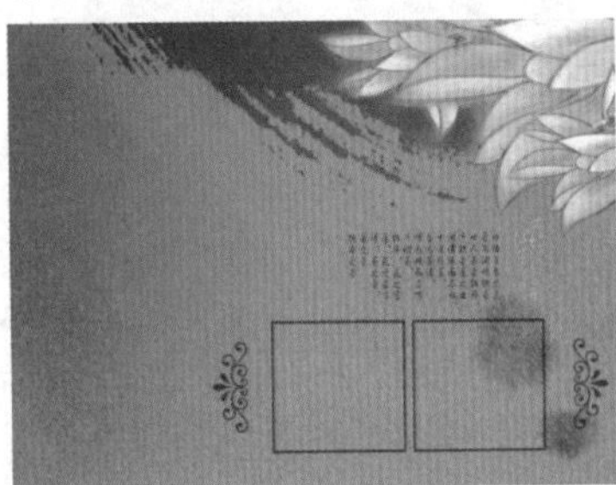

图 8-128

图 8-129

图 8-130

（3）为了使人像融合到画面中，需要在“图层”面板中选中该图层，并设置该图层“不透明度”为 75%，如图 8-131 所示。此时人像照片混合到背景中，显得非常柔和，效果如图 8-132 所示。

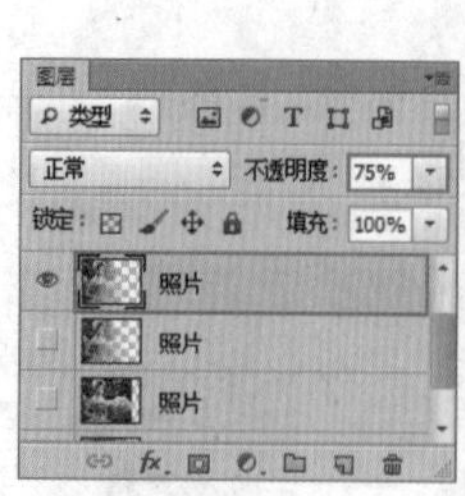

图 8-131

图 8-132

（4）置入小照片素材“3.png”，摆放在画面右下角，如图 8-133 所示。为了使其与画面的色调相混合，降低该图层的“不透明度”为 90%，如图 8-134 所示，最终效果如图 8-135 所示。

图 8-133

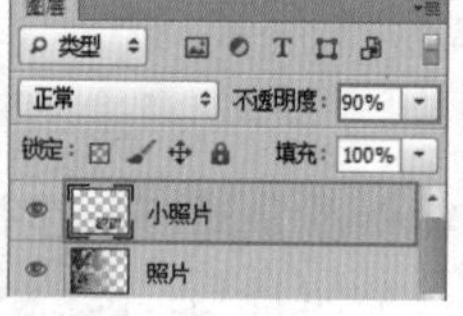

图 8-134

图 8-135

Chapter 09

第 9 章

蒙版

蒙版是 Photoshop 中合成图像的必备利器，使用蒙版可以遮盖住部分图像，使其避免受到操作的影响。这种隐藏而非删除的编辑方式是一种非常方便的非破坏性编辑方式。在 Photoshop 中，蒙版分为快速蒙版、剪贴蒙版、矢量蒙版和图层蒙版。使用蒙版编辑图像，不仅可以避免因使用橡皮擦或剪切、删除等造成的失误操作，还可以通过对蒙版应用滤镜，得到一些意想不到的特效。

本章学习要点：

- 熟练掌握图层蒙版的使用方法
- 掌握使用快速蒙版创建与编辑选区的方法
- 掌握剪贴蒙版的使用方法
- 掌握矢量蒙版的使用方法

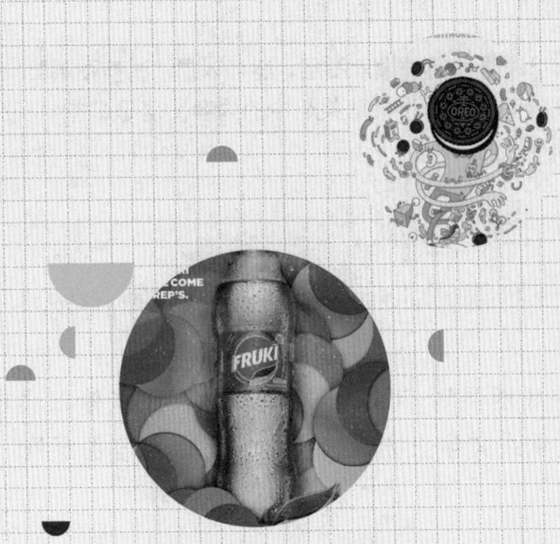

9.1 剪贴蒙版

剪贴蒙版是基于两个或两个以上的图层才能编辑使用。它可以在不破坏图层的情况下，将上层的内容只对其下层的内容起作用。

9.1.1 认识剪贴蒙版

要点速查：“剪贴蒙版”是通过使用处于下方的“基底图层”的形状来限制上方“内容图层”的显示状态，也就是说基底图层用于限定最终图像的形状，而内容图层则用于限定最终图像显示的颜色图案。

剪贴蒙板是由“基底图层”和“内容图层”两个部分组成，如图 9-1 所示。“基底图层”是位于剪贴蒙版最底端的一个图层，“内容图层”可以有多个。如图 9-2 所示为剪贴蒙版的原理图，效果如图 9-3 所示。

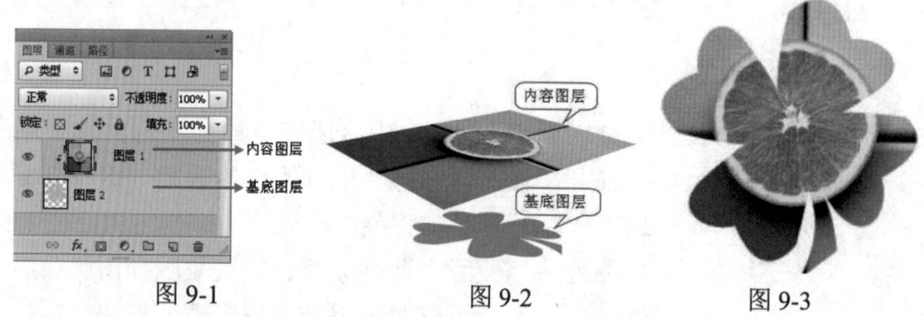

图 9-1　　图 9-2　　图 9-3

- 基底图层：基底图层只有一个，例如上图中的花朵图形。它决定了位于其上面的图像的显示范围。如果对基底图层进行移动、变换等操作，那么上面的图像也会随之受到影响。
- 内容图层：内容图层可以是一个或多个。对内容图层的操作不会影响基底图层，但是对其进行移动、变换等操作时，其显示范围就会随之而改变。需要注意的是，剪贴蒙版虽然可以应用在多个图层中，但是这些内容图层不能是隔开的，必须是相邻的图层。

技巧提示：可用于剪贴蒙版的内容图层

剪贴蒙版的内容图层不仅可以是普通的像素图层，还可以是“调整图层”、“形状图层”和“填充图层”等类型的图层。使用“调整图层”作为剪贴蒙版中的内容图层是非常常见的，主要用作对某一图层的调整而不影响其他图层。

9.1.2 创建与使用剪贴蒙版

要点速查：创建和使用剪贴蒙版可以轻松地将某一图层内容按照另外一个图层中的图形形状进行显示。

（1）首先创建“基底图层”，可以绘制一个形状或者输入文字，如图 9-4 所示。然后置入一张图片，将其放置在文字上方，该图层作为“内容图层”，如图 9-5 所示。

图 9-4

图 9-5

（2）接着选择“内容图层”，如图 9-6 所示，执行“图层”→“创建剪贴蒙版”命令，或者选择“内容图层”后单击鼠标右键执行“创建剪贴蒙版”命令，此时画面效果如图 9-7 所示。

图 9-6

图 9-7

（3）“内容图层”具有普通图层的属性，例如“不透明度”、“混合模式”和“图层样式”等，调整内容图层只影响该图层效果，如图 9-8 所示，而调整基底图层会影响整个剪贴蒙版组的效果，如图 9-9 所示。

图 9-8

图 9-9

（4）如果想要释放剪贴蒙版，可以选择需要释放的图层，然后执行“图层”→“释放剪贴蒙版”菜单命令，或在图层名称上单击鼠标右键，执行“释放剪贴蒙版”命令即可释放剪贴蒙版。

技巧提示：调整内容图层的顺序

也可以对剪贴蒙版组中的内容图层进行顺序的调整。需要注意的是，内容图层一旦移动到基底图层的下方就相当于释放剪贴蒙版。

实战案例：使用“剪贴蒙版”制作另类水果

案例文件 / 第 9 章 / 使用“剪贴蒙版”制作另类水果 .psd

视频教学 / 第 9 章 / 使用“剪贴蒙版”制作另类水果 .flv

案例效果：

通过对“剪贴蒙版”的学习，可以将两种不同的东西合成在一起，本案例将使用“剪贴蒙版”制作出有趣的“另类”水果，如图 9-10 所示。

图 9-10

实战案例：使用“剪贴蒙版”制作另类水果

操作步骤：

（1）打开素材文件“1.jpg”，如图 9-11 所示。新建“图层 1”，使用套索工具在右侧柠檬上绘制不规则选区，并填充黑色，如图 9-12 所示。

图 9-11

图 9-12

（2）接下来要给黑色区域加上一定的效果。选择“图层 1”，单击“图层”面板中的“添加图层样式”按钮，为该图层添加“描边”效果，设置参数“大小”为 4，“位置”为“外部”，“混合模式”为“正常”，“不透明度”为 30%，如图 9-13 所示。单击“确定”按钮，效果如图 9-14 所示。

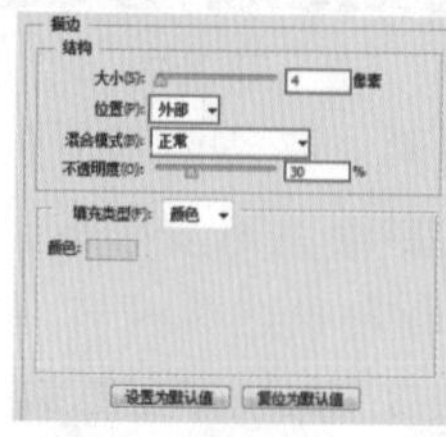

图 9-13

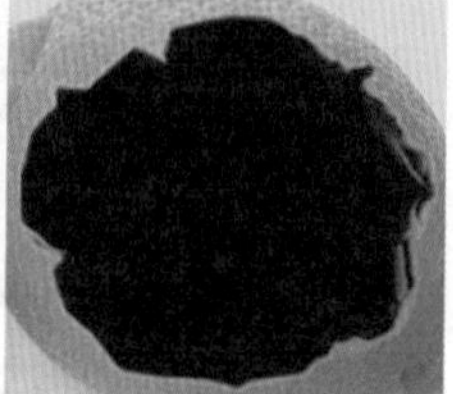

图 9-14

（3）执行“文件”→“置入”命令，置入猕猴桃素材“2.png”并栅格化，使用移动工具，将其摆放到合适位置，如图 9-15 所示。下面可以利用“剪贴蒙版”使猕猴桃只显示一部分，选择“猕猴桃”图层，单击鼠标右键执行“创建剪贴蒙版”命令，此时黑色区域以外的猕猴桃被隐藏了，如图 9-16 和图 9-17 所示。

图 9-15

图 9-16

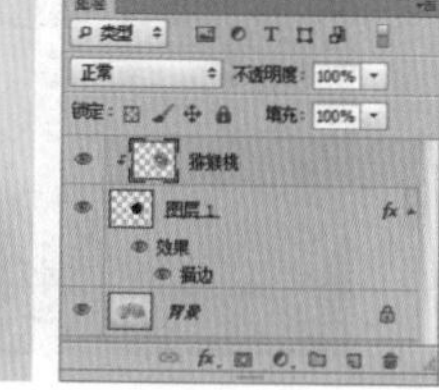

图 9-17

（4）最后添加装饰文字，另类水果就完成了，如图 9-18 所示。

图 9-18

视频陪练：使用剪贴蒙版制作花纹文字版式

案例文件 / 第 9 章 / 使用剪贴蒙版制作花纹文字版式 .psd

视频教学 / 第 9 章 / 使用剪贴蒙版制作花纹文字版式 .flv

案例效果：

本案例首先利用文字工具创建出一组文字，然后制作斑点、条纹等元素，并通过将斑点、条纹以及置入的光效素材等元素为文字创建剪贴蒙版来制作绚丽的花纹版式，如图 9-19 所示。

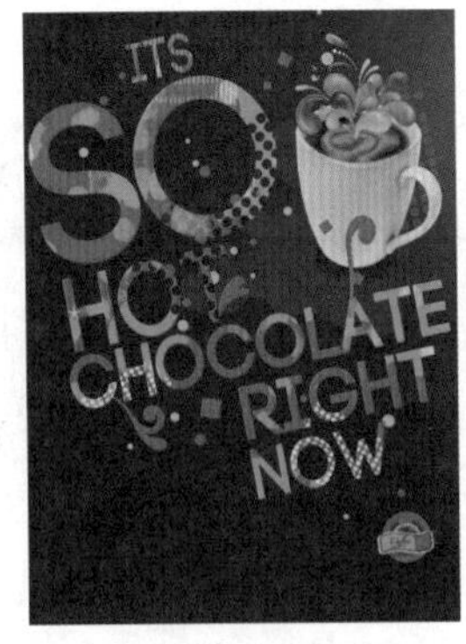

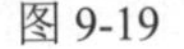

图 9-19

视频陪练：使用剪贴蒙版制作花纹文字版式

9.2　图层蒙版

图层蒙版是常用的图像编辑合成的工具之一，只需要通过控制蒙版的黑白关系即可控制图像的显示与隐藏，蒙版中黑色的区域表示图像为隐藏，白色的区域表示图像为显示，灰色为半透明显示。图层蒙版的特点是使用方法简单、易操作，同时也更加便捷、自由，如图 9-20 ～图 9-23 所示为使用图层蒙版制作的效果。

图 9-20

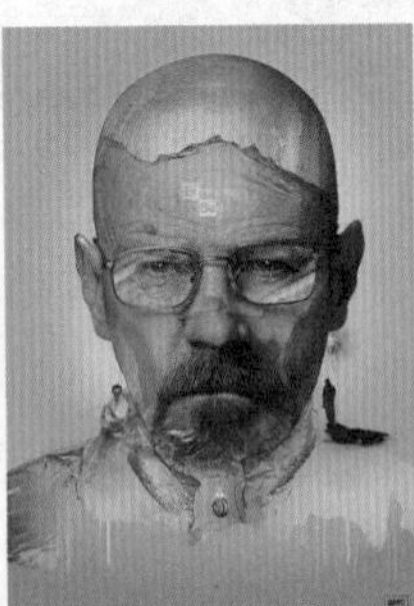

图 9-21

图 9-22

图 9-23

9.2.1　认识图层蒙版

要点速查：图层蒙版属于非破坏性编辑工具，通过黑白关系控制图层的显示或隐藏，在图层蒙版中黑色为隐藏、白色为显示、灰色为半透明显示。

准备两个图层，为上方的图层添加图层蒙版，如图 9-24 所示。此时图层蒙版为白色，按照图层蒙版“黑透、白不透”的工作原理，此时文档窗口中将完全显示“图层 1”的内容，如图 9-25 所示。

如果要全部显示“背景”图层的内容，可以选择“图层 1”的蒙版，然后用黑色填充蒙版，如图 9-26 和图 9-27 所示。

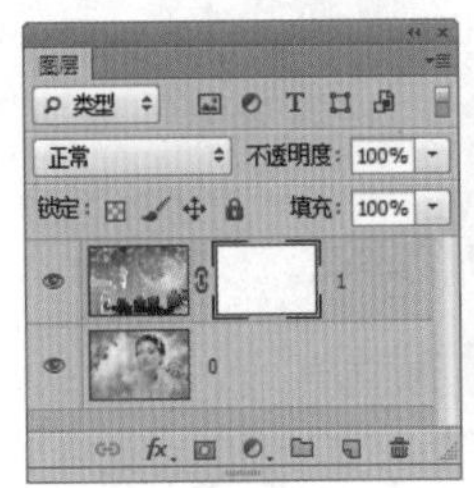

图 9-24

图 9-25

如果以半透明方式来显示当前图像，可以用灰色填充“图层 1”的蒙版，如图 9-28 和图 9-29 所示。

图 9-26

图 9-27

图 9-28

图 9-29

技巧提示：图层蒙版的其他填充方式

除了可以在图层蒙版中填充颜色以外，还可以填充渐变，使用不同的画笔工具来编辑蒙版。另外，还可以在图层蒙版中应用各种滤镜，如图 9-30 ~ 图 9-35 所示分别为填充渐变、使用画笔以及应用“纤维”滤镜以后的蒙版状态与图像效果。

图 9-30　图 9-31

图 9-32　图 9-33

图 9-34　图 9-35

9.2.2 创建图层蒙版

创建图层蒙版的方法有很多种，既可以直接在“图层”面板或“属性”面板中进行创建，也可以从选区中生成图层蒙版。

（1）选择要添加图层蒙版的图层，然后在“图层”面板下单击“添加图层蒙版”按钮，即可为当前图层添加一个图层蒙版，如图 9-36 所示。

（2）如果当前图像中存在选区，单击“图层”面板下的“添加图层蒙版”按钮，如图 9-37 所示。可以基于当前选区为图层添加图层蒙版，选区以外的图像将被蒙版隐藏，如图 9-38 所示。

图 9-36

图 9-37

图 9-38

实战案例：使用蒙版合成瓶中小世界

案例文件 / 第 9 章 / 使用蒙版合成瓶中小世界 .psd

视频教学 / 第 9 章 / 使用蒙版合成瓶中小世界 .flv

案例效果：

本案例使用图层蒙版将带有海星的沙滩素材的局部进行隐藏，使之与漂流瓶相融合，如图 9-39 和图 9-40 所示。

图 9-39

图 9-40

实战案例：使用蒙版合成瓶中小世界

操作步骤：

（1）执行“文件”→“打开”命令，打开背景文件，如图 9-41 所示。执行“文件”→“置入”命令，置入带有海星的素材并栅格化，然后对其执行“自由变换”命令，快捷键为 Ctrl+T，将其旋转到合适角度，如图 9-42 所示。

图 9-41

图 9-42

图 9-43

图 9-44

（2）单击“图层”面板底部的“添加图层蒙版”按钮，为当前图层添加图层蒙版，如图 9-43 所示。使用黑色柔角画笔在该图层蒙版上进行绘制，使多余的部分被隐藏，如图 9-44 所示。

（3）执行“文件”→“置入”命令，置入前景素材文件，然后执行“图层”→“栅格化”→“智能对象”命令，如图 9-45 所示。再使用“套索工具”按钮绘制一块蓝色海底区域，如图 9-46 所示。

（4）使用复制和粘贴的快捷键（Ctrl+C，Ctrl+V）复制出单独的蓝色海水，放在瓶子下半部分，如图 9-47 所示。设置“不透明度”为 30%，最终效果如图 9-48 所示。

图 9-45

图 9-46

图 9-47

图 9-48

9.2.3 复制与转移图层蒙版

在 Photoshop 中可以将制作好的图层蒙版快速地赋予到其他图层上，或将其移动到其他图层上，以便在不同的图层上使用同样的蒙版效果。

如果要将一个图层的蒙版复制到另一个图层上，可以按住 Alt 键将蒙版缩略图拖曳到另外一个图层上，如图 9-49 所示。此时图层上就会出现一个同样效果的蒙版，如图 9-50 所示。

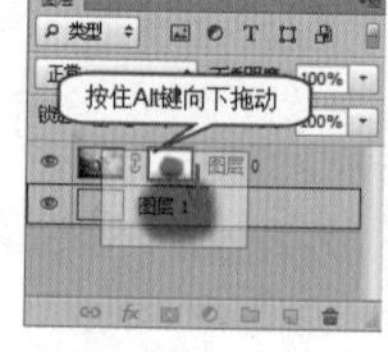

图 9-49

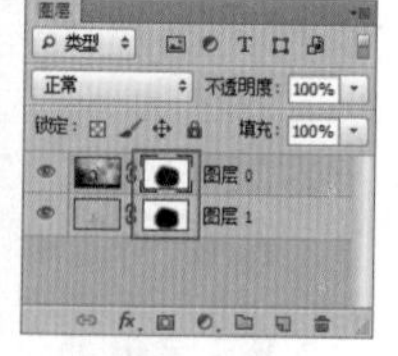
图 9-50

另外，单击选中要转移的图层蒙版的缩略图，并按住鼠标左键将蒙版拖曳到其他图层上，松开鼠标即可将该图层的蒙版转移到其他图层上。如果要将一个图层的蒙版替换掉另外一个图层的蒙版，可以将该图层的蒙版缩略图直接拖曳到另外一个图层的蒙版缩略图上，即可完成替换。

9.2.4 应用图层蒙版

应用图层蒙版是指将图像中对应蒙版中的黑色区域删除，白色区域保留下来，而灰色区域呈透明效果，并且删除图层蒙版。

在图层蒙版缩略图上单击鼠标右键，在弹出的菜单中执行“应用图层蒙版”命令，如图 9-51 所示。应用图层蒙版以后，蒙版效果将会应用到图像上，如图 9-52 所示。执行该命令后的图层相当于对该图层进行擦除或裁剪，而且不再存在可供编辑的蒙版，也不可还原缺失部分。

图 9-51

图 9-52

9.2.5　停用图层蒙版

停用图层蒙版可以暂时隐藏蒙版效果。当需要该蒙版时可以再次启用。如果要停用图层蒙版，可以执行“图层”→“图层蒙版”→“停用”菜单命令，或在图层蒙版缩略图上单击鼠标右键，执行“停用图层蒙版”命令。使用该命令后，在“属性”面板的缩略图和“图层”面板中的蒙版缩略图中都会出现一个红色的交叉线 ×。

如果要重新启用图层蒙版，可以再次执行“图层”→“图层蒙版”→“启用”菜单命令，或在蒙版缩略图上单击鼠标右键，执行“启用图层蒙版”命令。

9.2.6　删除图层蒙版

删除图层蒙版可以彻底释放蒙版对图层的影响。如果要删除图层蒙版，可以选中图层，执行“图层”→“图层蒙版”→“删除”菜单命令。

视频陪练：光效奇幻秀

案例文件 / 第 9 章 / 光效奇幻秀 .psd

视频教学 / 第 9 章 / 光效奇幻秀 .flv

案例效果：

本例主要使用大量的光效素材，通过设置混合模式，制作出奇幻的视觉效果，然后为画面中的元素添加图层蒙版隐藏局部，合成出完整的画面效果，如图 9-53 所示。

图 9-53

视频陪练：光效奇幻秀

9.3　矢量蒙版

矢量蒙版是以钢笔工具或形状工具在蒙版上绘制出的路径来控制图像的显示或隐藏。路径范围以内的区域为显示，路径范围以外的区域为隐藏，如图 9-54 ～图 9-57 所示为使用“矢量蒙版”制作的作品。

图 9-54

图 9-55

图 9-56

图 9-57

9.3.1　创建矢量蒙版

矢量蒙版可以通过调整路径节点，制作出精确的蒙版区域。使用钢笔工具绘制一个路径，如图 9-58 所示。然后选中该图层，执行“图层”→“矢量蒙版”→“当前路径”菜单命令，可以基于当前路径为图层创建一个矢量蒙版，路径以内的部分显示，路径以外的部分被隐藏，如图 9-59 所示。

图 9-58

图 9-59

9.3.2 栅格化矢量蒙版

在矢量蒙版缩略图上单击鼠标右键，在弹出的菜单中执行“栅格化矢量蒙版”命令，栅格化后矢量蒙版就会转换为图层蒙版，不再有矢量形状存在。

9.3.3 删除矢量蒙版

在矢量蒙版缩略图上单击鼠标右键，在弹出的菜单中执行“删除矢量蒙版”命令即可删除矢量蒙版。删除矢量蒙版后相当于释放矢量蒙版效果。

9.4 快速蒙版

要点速查：Photoshop 中的“快速蒙版”是一种创建与编辑选区的模式，在“快速蒙版”模式下可以将选区作为蒙版进行编辑。

（1）打开图像，在工具箱中单击底部的“以快速蒙版模式编辑”按钮◙或按 Q 键，可以进入快速蒙版编辑模式。使用黑色画笔绘制的区域将以红色的蒙版显示出来，使用白色画笔绘制则相当于擦除蒙版。红色区域表示未选中的区域，非红色区域表示选中的区域，如图 9-60 所示。编辑完成后再次单击“以快速蒙版模式编辑”按钮◙或按 Q 键可退出快速蒙版编辑模式，得到想要的选区，如图 9-61 所示。

图 9-60

图 9-61

（2）在快速蒙版模式下，还可以使用滤镜来编辑蒙版，如图 9-62 所示为对快速蒙版应用“拼贴”滤镜以后的效果。按 Q 键退出快速蒙版编辑模式以后，可以得到具有拼贴效果的选区，如图 9-63 所示。

图 9-62

图 9-63

9.5　在“属性”面板中编辑蒙版

要点速查：“属性”面板用来设置页面上正在被编辑的内容的属性，内容不同，“属性”面板上显示的选项也不同。当选中的对象为“蒙版”时，“属性”面板则显示与蒙版相关的参数设置。

执行“窗口”→“属性”命令，打开“属性”面板。当所选图层包含图层蒙版或矢量蒙版时，“属性”面板将显示蒙版的参数设置。在这里可以对所选图层的图层蒙版以及矢量蒙版的不透明度和羽化进行调整，如图 9-64 所示。

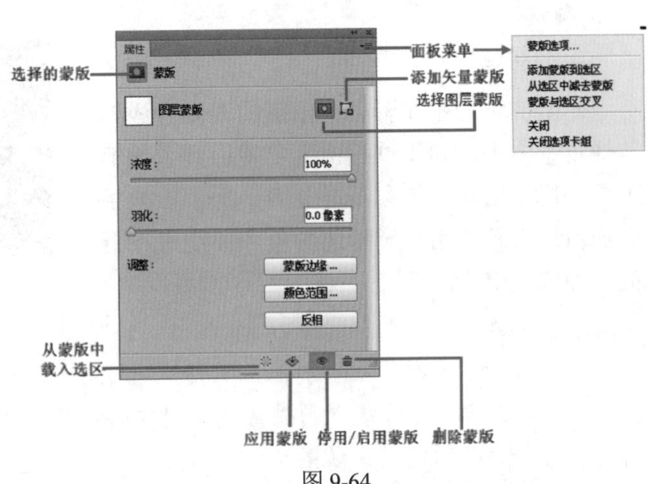

图 9-64

- 选择的蒙版：显示当前在“图层”面板中选择的蒙版。
- 选择图层蒙版 / 添加矢量蒙版：如果当前图层具有图层蒙版，单击按钮可以选中图层蒙版，单击“添加矢量蒙版”按钮可以为当前图层添加一个矢量蒙版。如果当前图层只有矢量蒙版，那么单击按钮可以为该图层添加图层蒙版，单击按钮可以选择该图层的矢量蒙版。
- 浓度：该选项类似于图层的“不透明度”，用来控制蒙版的不透明度，也就是蒙版遮盖图像的强度。
- 羽化：用来控制蒙版边缘的柔化程度。数值越大，蒙版边缘越柔和；数值越小，蒙版边缘越生硬。
- 蒙版边缘：单击该按钮，可以打开“调整蒙版”对话框。在该对话框中，可以修改蒙版边缘，也可以使用不同的背景来查看蒙版，其使用方法与“调整边缘”对话框相同。

- 颜色范围：单击该按钮，可以打开“色彩范围”对话框。在该对话框中可以通过修改“颜色容差”来修改蒙版的边缘范围。
- 反相：单击该按钮，可以反转蒙版的遮盖区域，即蒙版中黑色部分会变成白色，而白色部分会变成黑色，未遮盖的图像将调整为负片。
- 从蒙版中载入选区：单击该按钮，可以从蒙版中生成选区。另外，按住 Ctrl 键单击蒙版的缩略图，也可以载入蒙版的选区。
- 应用蒙版：单击该按钮，可将蒙版应用到图像中，同时删除蒙版以及被蒙版遮盖的区域。
- 停用 / 启用蒙版：单击该按钮，可以停用或重新启用蒙版。停用蒙版后，在“属性”面板的缩略图和“图层”面板的蒙版缩略图中都会出现一个红色的交叉线 ×。
- 删除蒙版：单击该按钮，可以删除当前选择的蒙版。

综合案例：巴黎夜玫瑰

案例文件 / 第 9 章 / 巴黎夜玫瑰 .psd

视频教学 / 第 9 章 / 巴黎夜玫瑰 .flv

案例效果：

本案例将一张在影棚中拍摄的人像合成到其他场景中去。制作过程中主要使用到了钢笔工具、快速选择工具和图层蒙版。为了让效果更加自然，还使用到了可选颜色和曲线进行调色，如图 9-65 所示。

图 9-65

综合案例：巴黎夜玫瑰

操作步骤：

（1）执行“文件”→“打开”命令，打开天空背景素材，如图 9-66 所示。执行“文件”→“置入”命令，置入前景建筑素材文件，执行“图层”“栅格化”“智能对象”命令，将其栅格化为普通图层，如图 9-67 所示。

图 9-66

图 9-67

（2）单击工具箱中的“钢笔工具”按钮，绘制建筑和地面部分的闭合路径，如图 9-68 所示。单击鼠标右键执行“建立选区”命令，然后为该图层添加图层蒙版，使背景部分隐藏，如图 9-69 所示。

图 9-68

图 9-69

（3）创建新的“可选颜色”调整图层，然后在调整图层上右击执行“创建剪贴蒙版”命令，只对城堡图层做调整。在“颜色”下拉列表中选择“青色”。设置“青色”为 -100%，“洋红”为 -100%，“黄色”为 +100%，如图 9-70 所示。在“颜色”下拉列表选择“蓝色”。设置“青色”为 -100%，“洋红”为 42%，“黄色”为 +100%，如图 9-71 和图 9-72 所示。

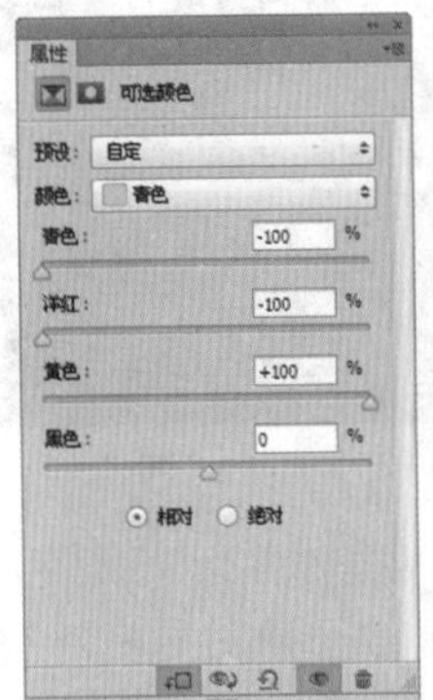

图 9-70

图 9-71

图 9-72

（4）置入人像素材并栅格化，单击工具箱中的“魔棒工具”，设置选项栏中的“容差”数值为 20，单击“添加到选区”按钮，选中“连续”选项，然后在图中多次单击灰色背景部分，载入背景部分选区，如图 9-73 所示。载入背景部分选区后单击鼠标右键执行“选择反向”命令，为该人像图层添加图层蒙版，使背景部分隐藏，如图 9-74 所示。

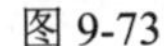

图 9-73

图 9-74

（5）创建新的“曲线”调整图层对图层的整体亮度进行调整，如图 9-75 所示。适当提亮图像，如图 9-76 所示。

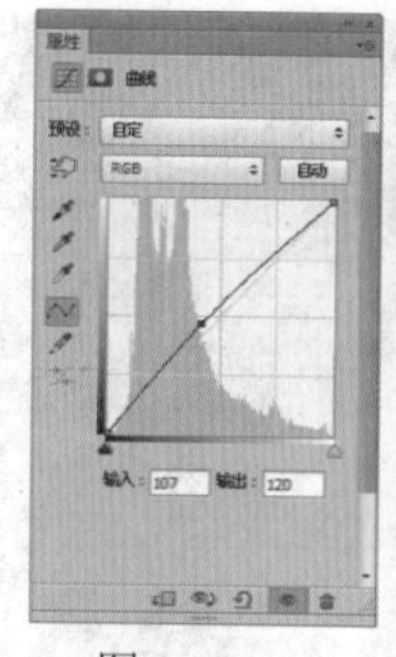
图 9-75

图 9-76

（6）新建一个“前景”图层组，接着置入前景花瓣素材文件，将其放置在裙子底部的位置，如图 9-77 所示。然后置入光效素材文件，适当旋转，放到左下角的位置，如图 9-78 所示。设置图层的“混合模式”为“滤色”，并为图层添加“图层蒙版”，再使用黑色画笔涂抹多余部分，如图 9-79 所示。

图 9-77

图 9-78

图 9-79

（7）制作前景雪花效果。创建新图层，选择“画笔工具”，设置前景色为白色，然后按 F5 键打开“画笔”面板，接着调整好“画笔笔尖形状”“形状动态”和“散布”选项的相关设置，如图 9-80～图 9-82 所示。在画布中绘制雪花效果，如图 9-83 所示。

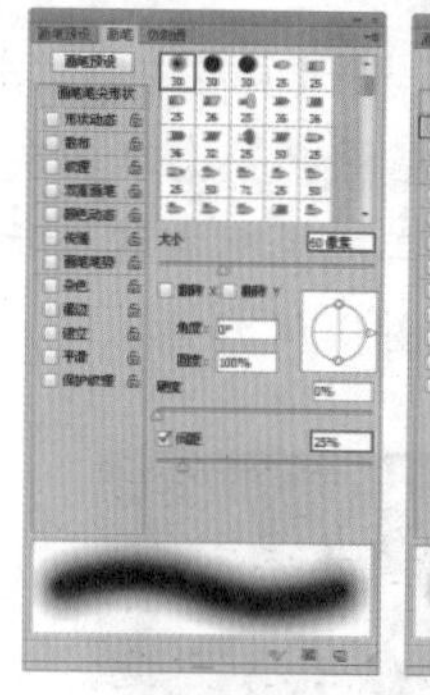
图 9-80

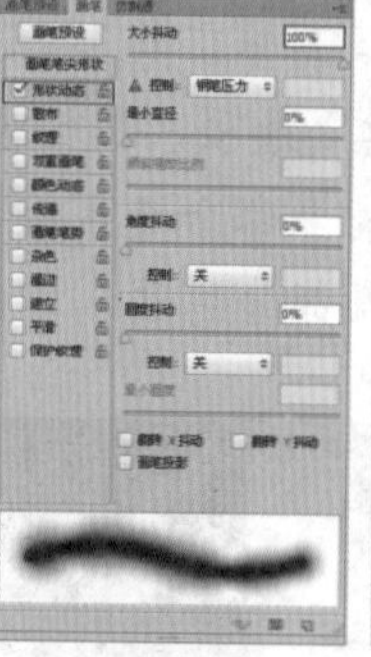
图 9-81

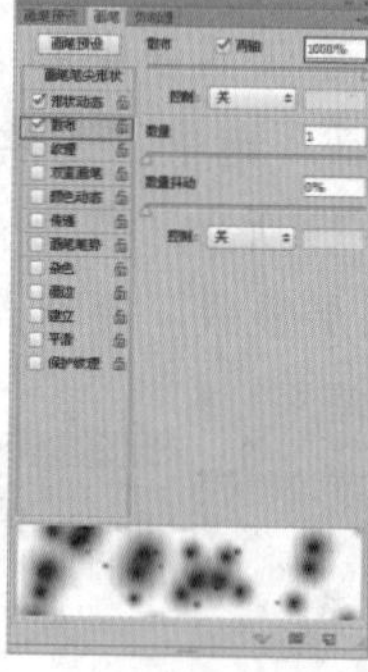
图 9-82

图 9-83

（8）新建图层，设置前景色为黄色（R：255，G：178，B：57），使用颜色填充快捷键 Alt+Delete 填充颜色，如图 9-84 所示。然后将“混合模式”设置为“正片叠底”，设置其图层的“不透明度”为 70%，如图 9-85 所示。然后为图层添加“图层蒙版”，并使用黑色画笔涂抹多余部分，如图 9-86 所示。

图 9-84

图 9-85

图 9-86

（9）调整画面的整体明暗关系。创建新的“曲线”调整图层，然后调整曲线的样式，如图 9-87 所示。接着使用黑色画笔工具在蒙版的中间区域进行涂抹，如图 9-88 所示，使四周变暗，而中间变亮。置入前景以及艺术字素材并栅格化，最终效果如图 9-89 所示。

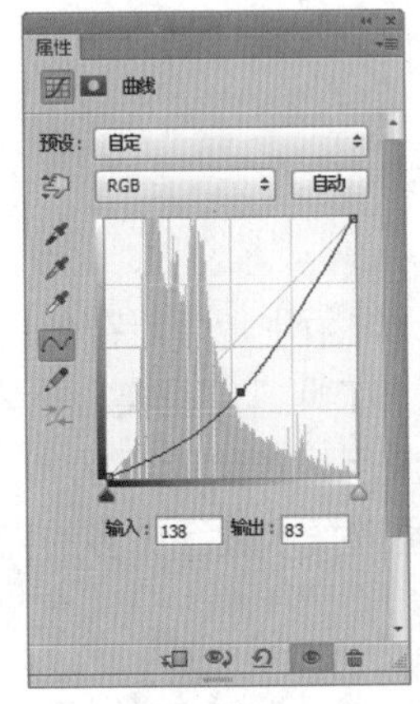

图 9-87

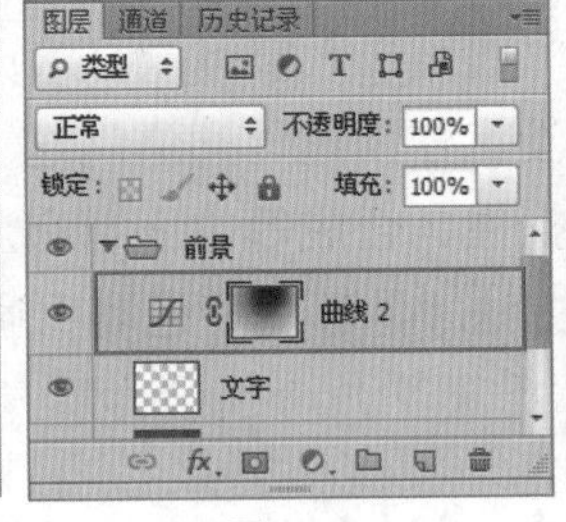

图 9-88

图 9-89

Chapter 10

第 10 章

通道

提到“通道”大家可能会感觉很陌生，可能在使用 Photoshop 制图时并没有使用过“通道”这一工具。但是实际上，通道技术在调色、抠像、合成等方面都有应用，理解通道的本质，掌握通道的操作方法才能够更好地利用通道技术进行更多的操作。

本章学习要点：

- 掌握通道的基本操作方法
- 掌握通道调色的思路与技巧
- 熟练掌握通道抠图法

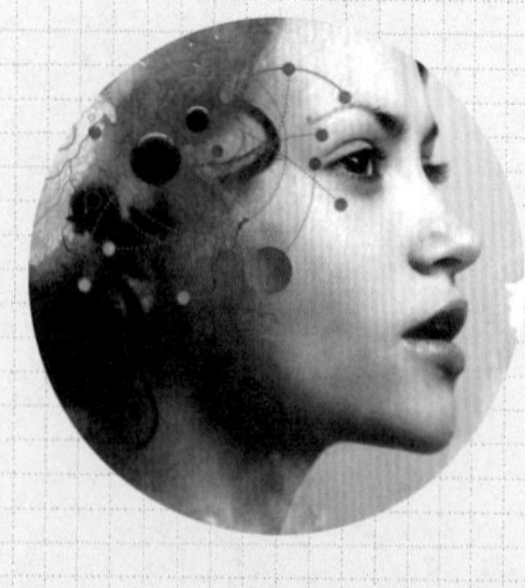

10.1 认识通道

“通道”面板不仅用于查看或管理颜色通道，还可以使用“通道”功能打造图片绚丽的色彩，或者进行抠图。

10.1.1 通道是什么

要点速查：通道是用于存储图像颜色信息和选区信息等不同类型信息的灰度图像。

一个图像最多可有 56 个通道。所有的新通道都具有与原始图像相同的尺寸和像素数目。在 Photoshop 中包含 3 种类型的通道，分别是颜色通道、Alpha 通道和专色通道。只要是支持图像颜色模式的格式，都可以保留颜色通道；如果要保存 Alpha 通道，可以将文件存储为 PDF、TIFF、PSB、或 RAW 格式；如果要保存专色通道，可以将文件存储为 DCS2.0 格式。打开一张图像，如图 10-1 所示。执行“窗口”→“通道”命令，即可调出“通道”面板，如图 10-2 所示。

图 10-1

图 10-2

10.1.2 认识“颜色通道”

要点速查：颜色通道是将构成整体图像的颜色信息整理并表现为单色图像的工具。

根据图像颜色模式的不同，颜色通道的数量也不同，例如，RGB 模式的图像有 RGB、红、绿、蓝 4 个通道，如图 10-3 所示；CMYK 颜色模式的图像有 CMYK、青色、洋红、黄色、黑色 5 个通道，如图 10-4 所示；而位图颜色模式的图像只有一个位图通道和一个索引通道，如图 10-5 所示。

图 10-3

图 10-4

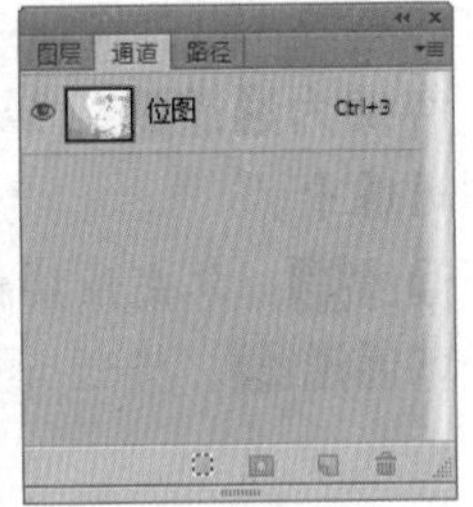

图 10-5

10.1.3 认识“Alpha 通道”

要点速查：Alpha 通道主要用于选区的储存、编辑与调用。

Alpha 通道是一个 8 位的灰度通道，该通道用 256 级灰度来记录图像中的透明度信息，定义透明、不透明和半透明区域。其中，黑色处于未选中的状态，白色处于完全选择状态，灰色则表示部分被选择状态（即羽化区域）。使用白色涂抹 Alpha 通道可以扩大选区范围；使用黑色涂抹则收缩选区；使用灰色涂抹可以增加羽化范围，如图 10-6 所示。

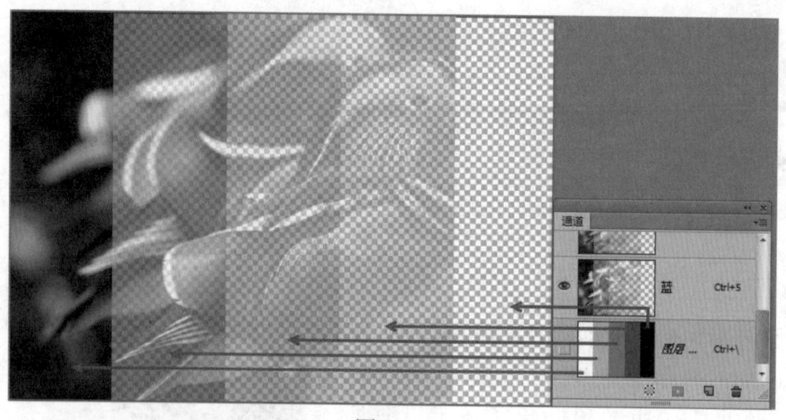

图 10-6

10.1.4　认识“通道”面板

要点速查：“通道”面板主要用于创建、存储、编辑和管理通道。

打开任意一张RGB颜色模式的图像，执行“窗口”→“通道”菜单命令，可以打开“通道”面板，在该面板中能够看到 Photoshop 自动为这张图像创建颜色信息通道，如图 10-7 所示。

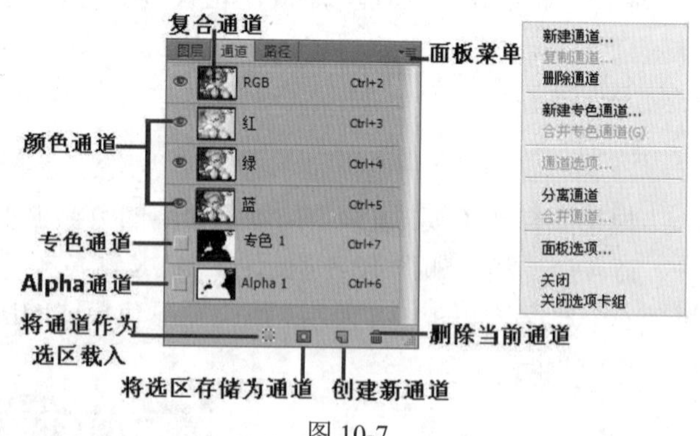

图 10-7

- 颜色通道：用来记录图像颜色信息。
- 复合通道：该通道用来记录图像的所有颜色信息。
- Alpha 通道：用来保存选区和灰度图像的通道。
- 将通道作为选区载入：单击该按钮，可以载入所选通道图像的选区。
- 将选区存储为通道：如果图像中有选区，单击该按钮，可以将选区中的内容存储到通道中。
- 创建新通道：单击该按钮可以新建一个 Alpha 通道。
- 删除当前通道：将通道拖曳到该按钮上，可以删除选择的通道。

10.2　通道的基本操作

在“通道”面板中可以选择某个通道进行单独操作，也可以切换某个通道的隐藏和显示，或对其进行复制、删除、分离、合并等操作。

10.2.1　显示和隐藏通道

执行“窗口”→“通道”命令，打开“通道”面板，如图 10-8 所示。如果想要查看某个通道，单击通道名称即可隐藏其他通道，只显示选择的通道，例如单击“红”通道，此时画面效果如图 10-9 所示。如果要隐藏某个通道，单击该通道缩略图前的 按钮，即可隐藏该通道，显示其他几个通道的混合效果，如图 10-10 所示。

图 10-8

图 10-9

图 10-10

10.2.2　新建 Alpha 通道

打开一张图片，在“通道”面板下单击“创建新通道”按钮，新建 Alpha 通道，如图 10-11 所示。默认情况下，编辑 Alpha 通道时，文档窗口中只显示通道中的图像。为了能够更精确地编辑 Alpha 通道，可以将复合通道显示出来。

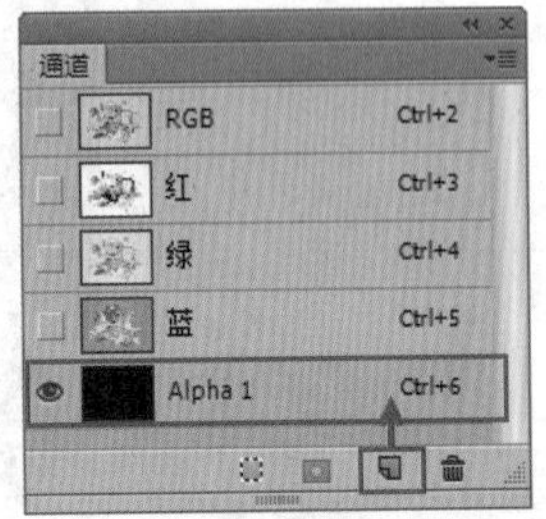

图 10-11

10.2.3　复制通道

在通道上单击鼠标右键，在弹出的菜单中选择“复制通道”命令，如图 10-12 所示。或者直接将通道拖曳到“创建新通道”按钮上，如图 10-13 所示。

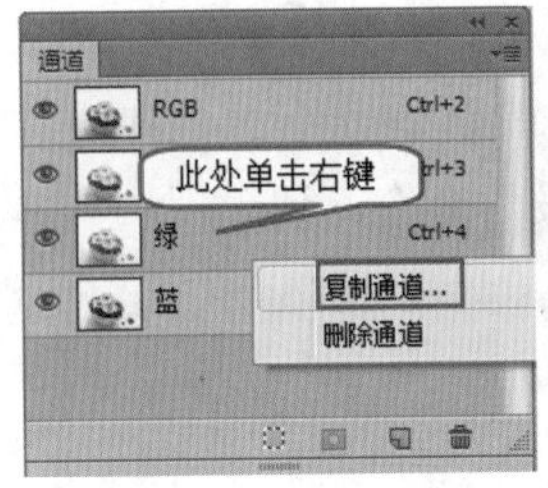

图 10-12

图 10-13

技巧提示：删除通道

将通道拖曳到“通道”面板下面的“删除当前通道”按钮 上，即可删除通道。在删除颜色通道时，特别要注意，如果删除的是红、绿、蓝通道中的其中一个，那么 RGB 通道也会被删除；如果删除的是 RGB 通道，那么将删除 Alpha 通道和专色通道以外的所有通道。

实战案例：使用通道制作水彩画效果

案例文件 / 第 10 章 / 使用通道制作水彩画效果 .psd

视频教学 / 第 10 章 / 使用通道制作水彩画效果 .flv

实战案例：使用通道制作水彩画效果

案例效果：

制作本案例首先要通过对“通道”进行调色，制作出人物剪影的选区，然后利用“图层蒙版”制作水彩画的效果。在本案例中使用了曲线、通道和图层蒙版，对比效果如图 10-14 和图 10-15 所示。

操作步骤：

（1）打开背景素材，如图 10-16 所示。执行“文件”→“置入”命令，置入人像素材文件并将其栅格化，如图 10-17 所示。

（2）进入“通道”面板中，拖曳“绿”通道到“新建 Alpha 通道”按钮上，复制出绿通道副本，如图 10-18 所示，效果如图 10-19 所示。

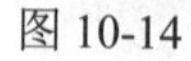

图 10-14

图 10-15

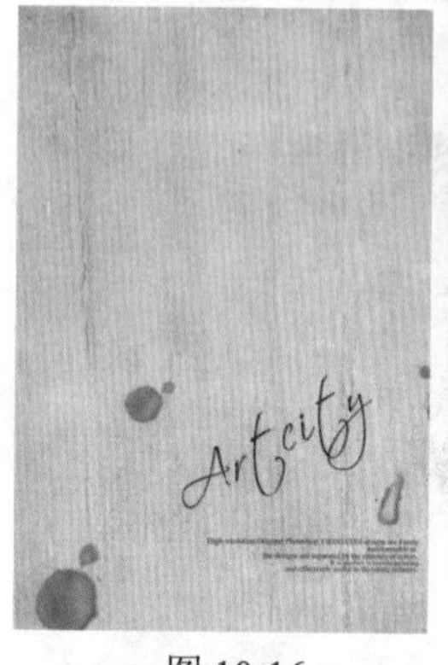

图 10-16

图 10-17

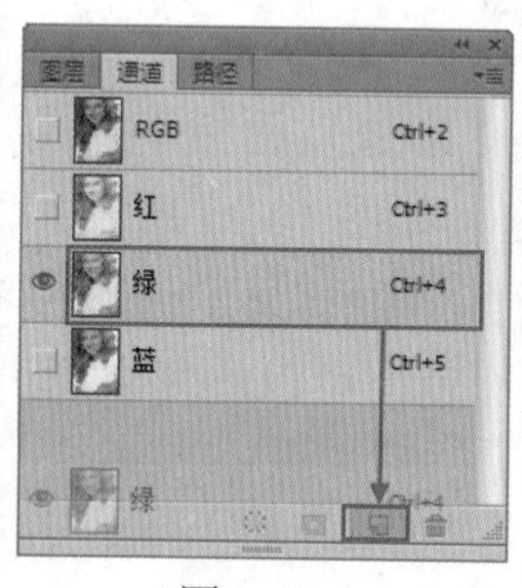

图 10-18

图 10-19

（3）对复制出的绿通道副本执行“图像”→“调整”→“曲线”命令，调整曲线形状，强化黑白对比，如图 10-20 所示，效果如图 10-21 所示。

（4）继续执行“图像”→“调整”→“阈值”命令，设置“阈值色阶”为 135，如图 10-22 和图 10-23 所示。

（5）置入水彩斑点素材并栅格化，调整好大小和位置，并将该图层隐藏，如图 10-24 所示。回到“通道”面板中，单击“将通道作为选区载入”按钮 载入当前选区，并按反向选择快捷键 Ctrl+Shift+I 进行反选，如图 10-25 所示。回到图层面板中，隐藏其他图层，把水彩素材显示出来，然后以当前选区为水彩图层添加图层蒙版，如图 10-26 所示。

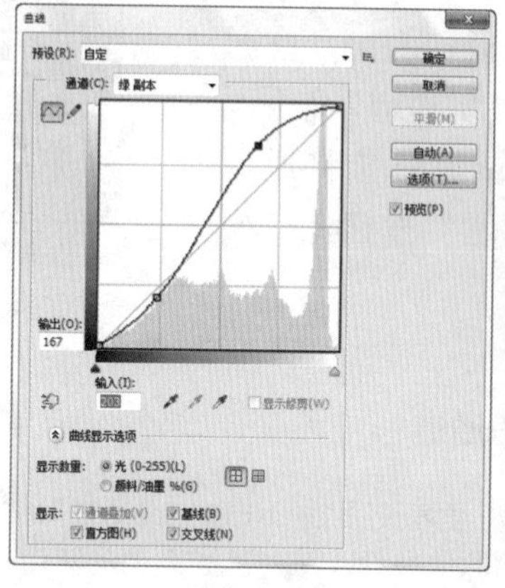

图 10-20

图 10-21

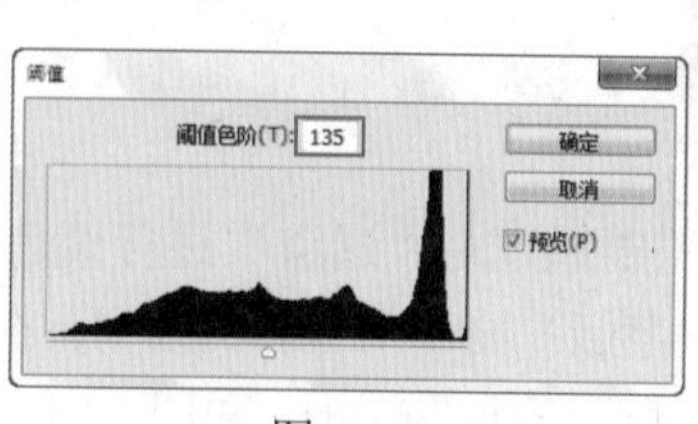

图 10-22

图 10-23

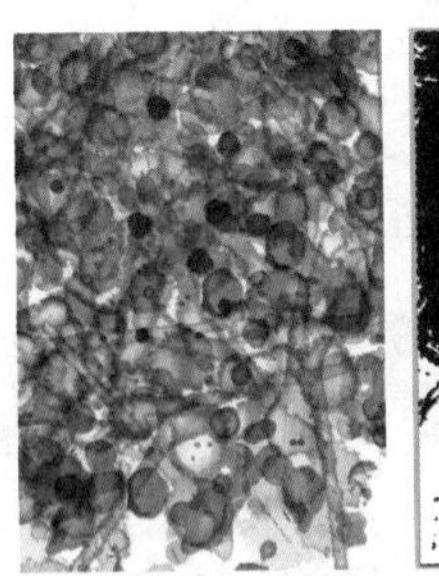

图 10-24

图 10-25

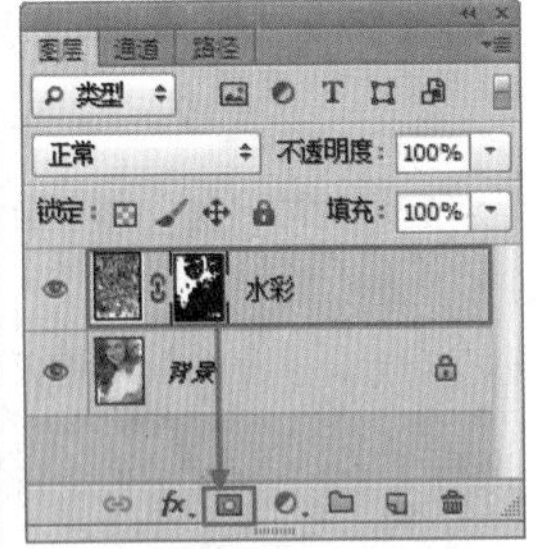

图 10-26

（6）效果如图 10-27 所示。接着将该图层的“混合模式”设置为“正片叠底”，如图 10-28 所示，最终效果如图 10-29 所示。

图 10-27

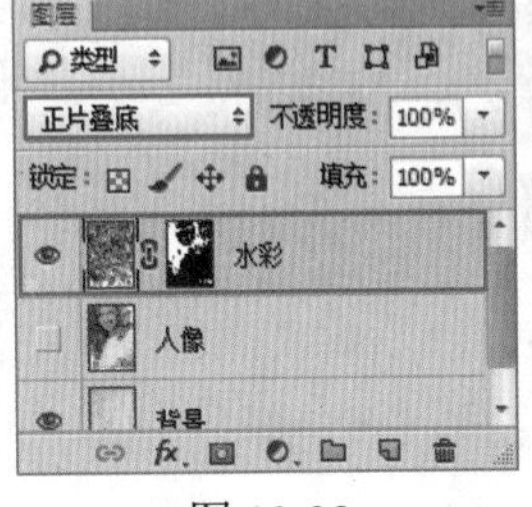

图 10-28

图 10-29

10.3　专色通道

10.3.1　什么是“专色通道”

要点速查：“专色通道”主要用来指定用于专色油墨印刷的附加印版。

专色通道可以保存专色信息，同时也具有 Alpha 通道的特点。每个专色通道只能存储一种专色信息，而且是以灰度形式来存储的。除了位图模式以外，其余所有的色彩模式图像都可以建立专色通道。

10.3.2　新建和编辑专色通道

（1）选择一个图层或者创建一个选区，如图 10-30 所示。进入到“通道”面板中，单击“通道”面板的菜单按钮，执行“新建专色通道”命令，如图 10-31 所示。在弹出的“新建专色通道”窗口中设置合适的“颜色”和“密度”，设置完成后单击“确定”按钮，如图 10-32 所示。

图 10-30

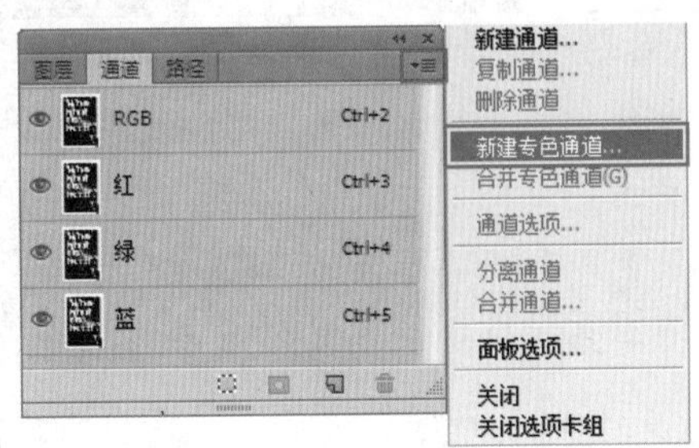

图 10-31

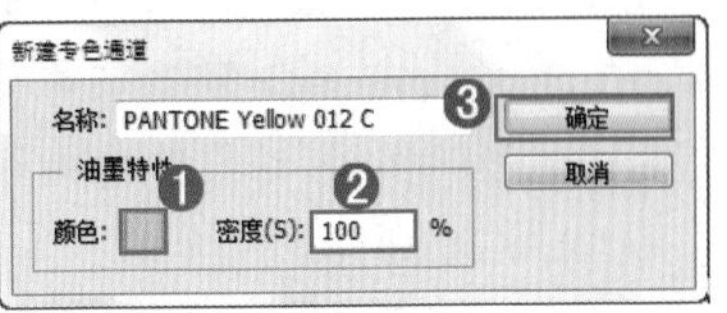

图 10-32

（2）此时在“通道”面板最底部出现新建的专色通道，如图 10-33 所示，并且当前图像中的黑色部分被刚才所选的黄色专色填充，如图 10-34 所示。

图 10-33

图 10-34

技巧提示：专色通道的编辑方式

创建专色通道以后，也可以通过使用绘画或编辑工具在图像中以绘画的方式编辑专色。使用黑色绘制的为有专色的区域；用白色涂抹的区域无专色；用灰色绘画可添加不透明度较低的专色；绘制时该工具的“不透明度”选项决定了用于打印输出的实际油墨浓度。

（3）如果要修改专色设置，可以双击专色通道的缩略图，即可重新打开“专色通道选项”对话框。如图 10-35 所示，可以修改通道的名称、颜色和密度。

10.4 通道抠图

在抠图时遇到简单对象可以使用套索工具，遇到主体与背景颜色差异较大的情况可以使用快速选择工具，遇到轮廓非常复杂的对象时可以用钢笔工具。但是遇到透明对象、半透明对象、毛发对象、植物对象时就需要使用到“通道抠图”。本节以一张带有细密发丝的照片为例进行讲解。

图 10-35

（1）首先按住 Alt 键双击背景图层，将其转换为普通图层，如图 10-36 所示。接下来利用通道制作“人物”选区。进入通道，观察红、绿、蓝通道的特点，可以看出蓝通道人像颜色与背景颜色差异最大，右键单击“蓝”通道，执行“复制通道”命令，如图 10-37 所示。得到“蓝副本”通道，后面的操作都会针对该通道进行，如图 10-38 所示。

图 10-36

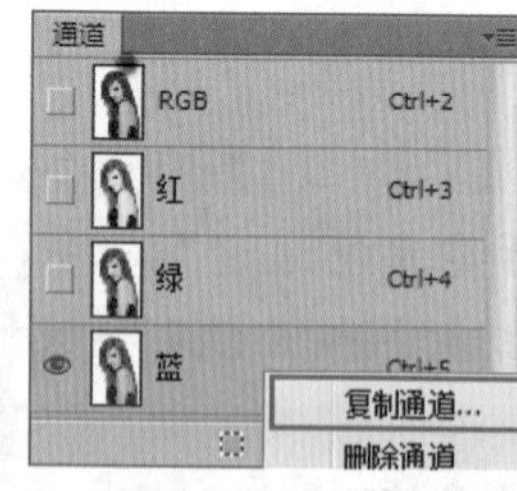

图 10-37

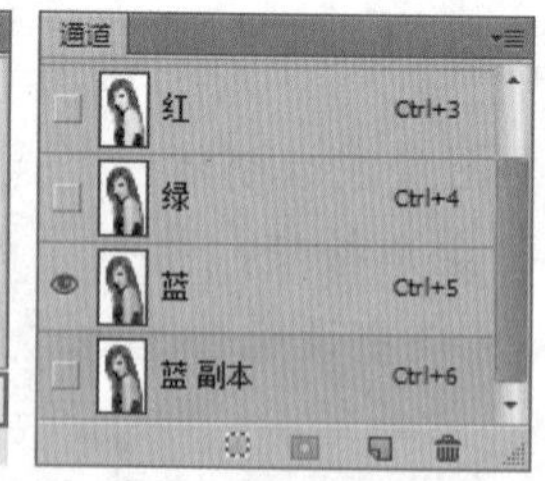

图 10-38

（2）使用通道将人物头发及身体从通道中提取出来。首先增强人物的对比度，使用快捷键 Ctrl+L 打开“色阶”窗口，拖动滑块增强图像的对比度，如图 10-39 和图 10-40 所示。此时人像的头发和衣服部分基本变为全黑色，但是皮肤部分仍然为灰色。为了得到完整的人物选区，可以使用工具箱中的画笔工具，将前景色更改为黑色，选择柔角画笔将人物涂黑，如图 10-41 所示。

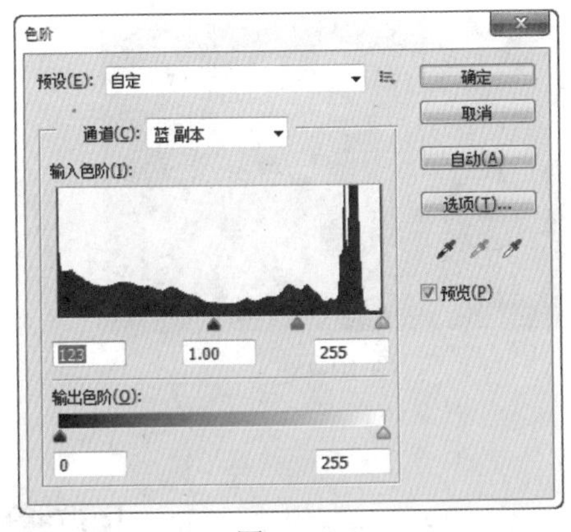

图 10-39

图 10-40

图 10-41

（3）在通道中，白色为选区，黑色为非选区，而此时人物为黑色，所以可以使用反相快捷键 Ctrl+I 将当前画面的黑白关系反相，如图 10-42 所示。按住 Ctrl 键的同时单击通道中的通道缩略图，得到人像选区，如图 10-43 所示。使用快捷键 Ctrl+2 显示出复合通道，如图 10-44 所示。

（4）利用图层蒙版将人物以外的背景图层隐藏。选中人物图层，单击“图层”面板下方的“添加图层蒙版”按钮，为其添加蒙版，此时人像背景被隐藏了，如图 10-45 所示。下面导入背景素材“2.jpg”以及前景素材“3.png”，摆放在合适位置，完成本案例的制作，如图 10-46 所示。

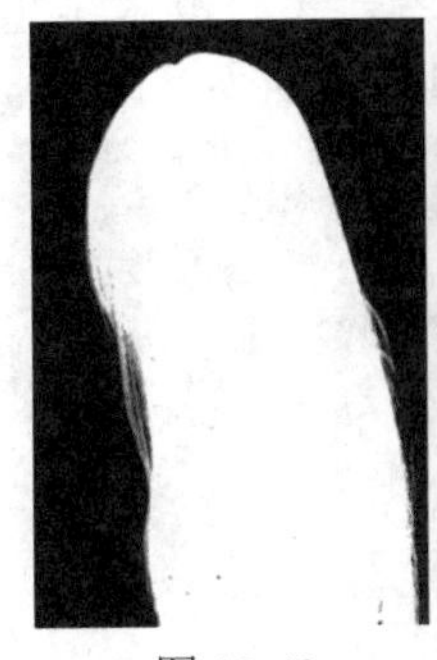

图 10-42

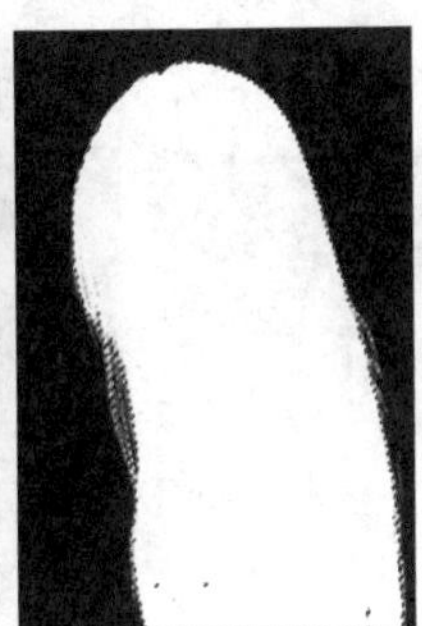

图 10-43

图 10-44

图 10-45

图 10-46

视频陪练：为毛茸茸的小动物换背景

案例文件 / 第 10 章 / 为毛茸茸的小动物换背景 .psd

视频教学 / 第 10 章 / 为毛茸茸的小动物换背景 .flv

案例效果：

视频陪练：为毛茸茸的小动物换背景

本案例将把毛茸茸的小动物从原图中分离出来，并为其更换室外的草地背景。这种边缘复杂并且具有半透明属性的对象抠图与人像长发抠图的思路较像，都可以使用边缘检测命令、色彩范围命令、通道抠图等方法，但是动物毛皮与人类头发相比边缘更加柔和一些，所以在抠图的过程中可以保留大量半透明的区域，对比效果如图 10-47 和图 10-48 所示。

图 10-47

图 10-48

综合案例：打造唯美梦幻感婚纱照

案例文件 / 第 10 章 / 打造唯美梦幻感婚纱照 .psd

视频教学 / 第 10 章 / 打造唯美梦幻感婚纱照 .flv

综合案例：打造唯美梦幻感婚纱照

案例效果：

对于抠取半透明对象，使用通道抠图法是最合适不过的。本案例就是利用通道的黑白关系抠取半透明的纱巾，这样抠取的纱巾既保留了原来的形状，也保留了半透明的效果，合成效果非常自然，如图 10-49 所示。

图 10-49

操作步骤：

（1）打开背景素材，如图 10-50 所示。置入人像照片并栅格化，本案例重点在于将半透明的白纱从背景中提取出来。首先需要使用钢笔工具绘制出人像外轮廓选区，并将其复制出来，如图 10-51 所示。

图 10-50

图 10-51

（2）对人像主体进行调整。进入通道面板，复制绿通道，如图 10-52 所示。使用快捷键 Ctrl+M 打开“曲线”窗口，在弹出的曲线调整面板中调整曲线形状，使暗的部分更暗，亮的部分更亮，如图 10-53 所示，效果如图 10-54 所示。

图 10-52

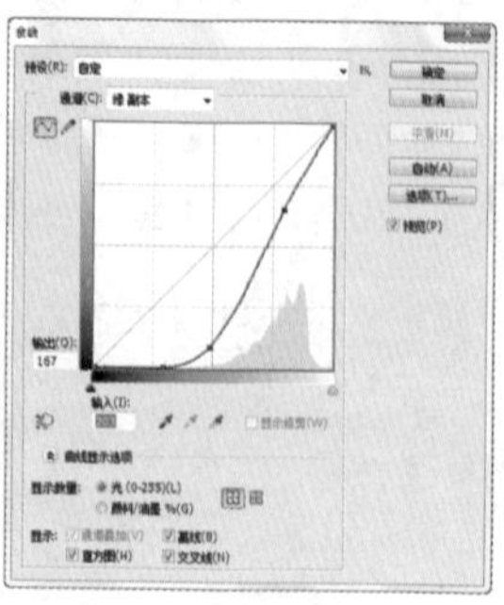
图 10-53

图 10-54

技巧提示：抠取半透明薄纱的技巧

为了制作出薄纱的半透明效果，在通道中透明度较高的区域需要体现出较深的灰色，而透明度较低的区域则需要体现出较浅的灰色，白色的区域为完全不透明，黑色的区域为完全透明。

（3）按 Ctrl 键的同时，单击绿通道副本，载入选区，进入“图层”面板，单击“图层”面板中的“添加图层蒙版”按钮，如图 10-55 所示。此时可以看到身体两侧的薄纱效果非常好，但是人像部分却变为透明了，如图 10-56 所示。下面需要还原人像身上不透明的部分，这里可以使用钢笔工具绘制精确选区，并在蒙版中填充白色，使人像部分显示出来且保持薄纱部分半透明的效果，如图 10-57 所示。

图 10-55

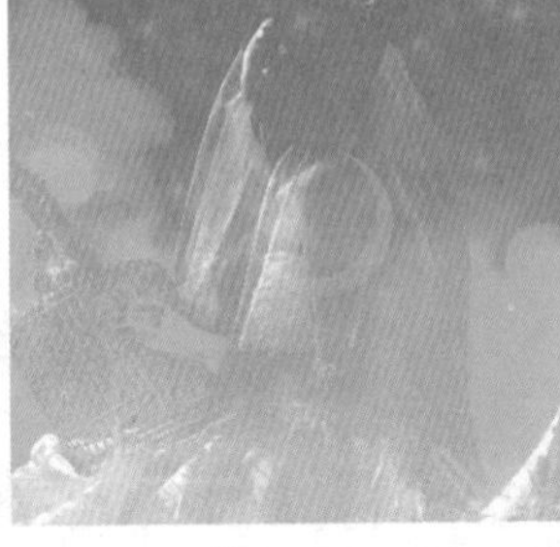
图 10-56

图 10-57

（4）对人像进行适当调色。执行“图层”→“新建调整图层”→“曲线”命令，在弹出的曲线调整面板中调整曲线形状，如图 10-58 所示。使用画笔工具，适当调整画笔的大小，涂抹调整图层对人像皮肤以外的影响，并且在“曲线”调整图层上单击鼠标右键，执行“创建剪贴蒙版”命令，使其只对人像图层起作用，效果如图 10-59 所示。

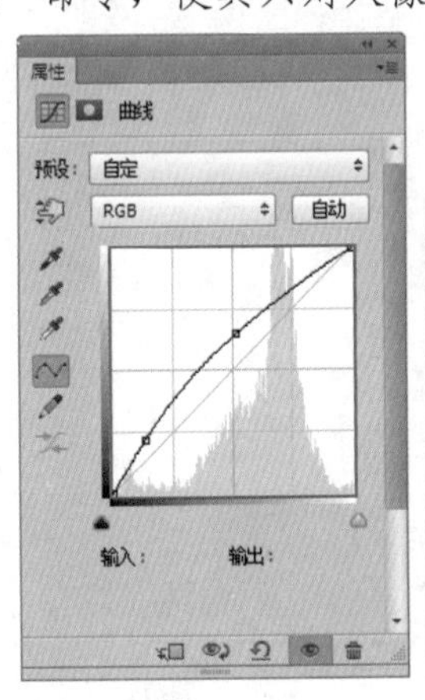

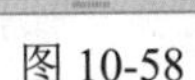
图 10-58

图 10-59

（5）创建“可选颜色”调整图层，单击鼠标右键执行“创建剪贴蒙版”命令，选择“白色”，设置其“洋红”数值为 -100%，“黄色”数值为 -100%。使用画笔工具，适当调整画笔的大小，涂抹调整图层对婚纱以外的影响，如图 10-60 所示。建立“自然饱和度”调整图层，设置“自然饱和度”数值为 -100，如图 10-61 所示。单击鼠标右键执行“创建剪贴蒙版”命令，效果如图 10-62 所示。

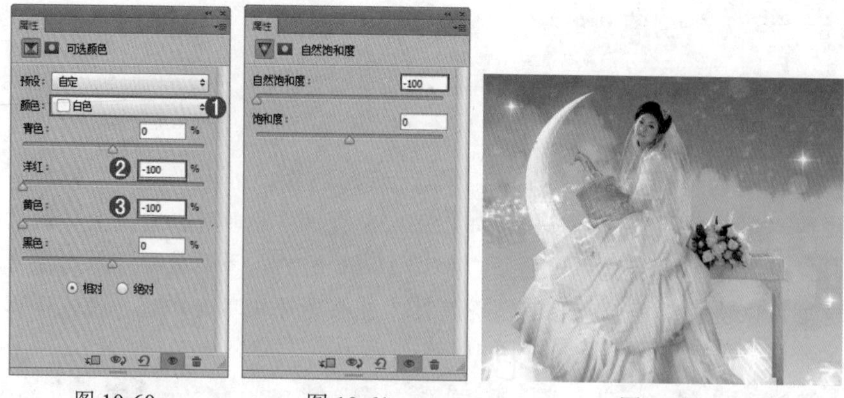

图 10-60　　图 10-61　　图 10-62

（6）用同样的方法单独对桌子上的白纱进行通道抠图，如图 10-63 所示。置入前景素材，最终效果如图 10-64 所示。

图 10-63

图 10-64

滤镜

在摄影的世界中，为了丰富照片的图像效果，摄影师们经常在相机的镜头前加上各种特殊的“镜片”，这样拍摄得到的照片就包含了所加镜片的特殊效果，这个镜片就是我们所说的“滤镜”。而在 Photoshop 中，滤镜的功能却不仅仅局限于摄影中的一些效果，Photoshop 滤镜菜单中的内容非常丰富，其中包含很多种滤镜，这些滤镜可以单独使用，也可以多个滤镜配合使用制作出奇妙的视觉效果。

本章学习要点：

- 了解常用滤镜的使用方法
- 熟练掌握液化滤镜的使用方法
- 熟练掌握模糊滤镜组与锐化滤镜组的使用方法
- 了解各个滤镜组的功能与特点

11.1 滤镜的使用方法

在“滤镜”菜单中包括特殊滤镜、滤镜组以及外挂滤镜三大类滤镜。“滤镜库”、“自适应广角”、“Camera Raw滤镜”、“镜头校正”、“液化”、“油画”和“消失点”属于特殊滤镜，“风格化”、“模糊”、“扭曲”、“锐化”、“视频”、“像素化”、“渲染”、“杂色”和“其他”属于滤镜组，如果安装了外挂滤镜，在“滤镜”菜单的底部会显示出来，如图 11-1 所示。

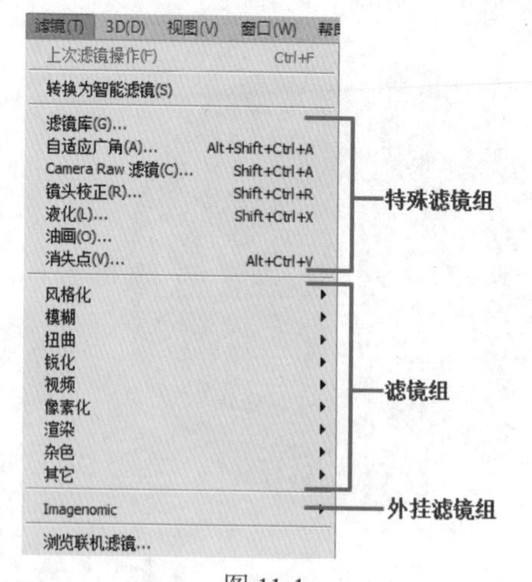

图 11-1

在Photoshop中滤镜的数量有很多种，作用也各有不同，但是使用滤镜的方法大致相同，都是在“滤镜”菜单中选择相应的滤镜组，然后在弹出的子菜单中选择需要的滤镜，有些滤镜有独立的对话框，可以在对话框中输入参数进行设置，个别的滤镜无须设置参数。

11.1.1 使用“滤镜库”

要点速查：“滤镜库”是一个集合了多个滤镜的滤镜合集。在滤镜库中，可以对一张图像应用一个或多个滤镜，或对同一图像多次应用同一滤镜，另外还可以使用其他滤镜替换原有的滤镜。

（1）打开一张图片，如图 11-2 所示。执行“滤镜”→“滤镜库”命令，打开滤镜库窗口，如图 11-3 所示。

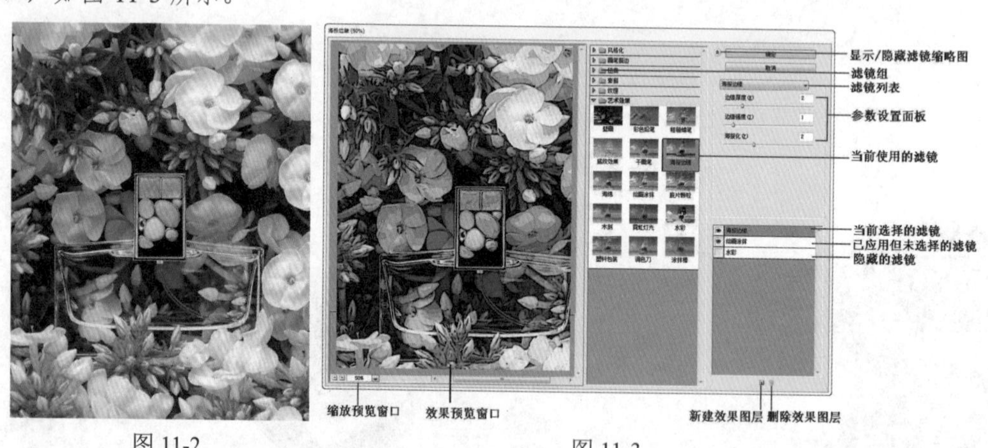

图 11-2　　图 11-3

（2）单击“滤镜组”名称展开滤镜组，然后单击选择一个滤镜，接着在右侧设置相应的参数。在设置过程中可以在左侧的窗口查看预览效果，设置完成后单击“确定”按钮，如图 11-4 所示，效果如图 11-5 所示。

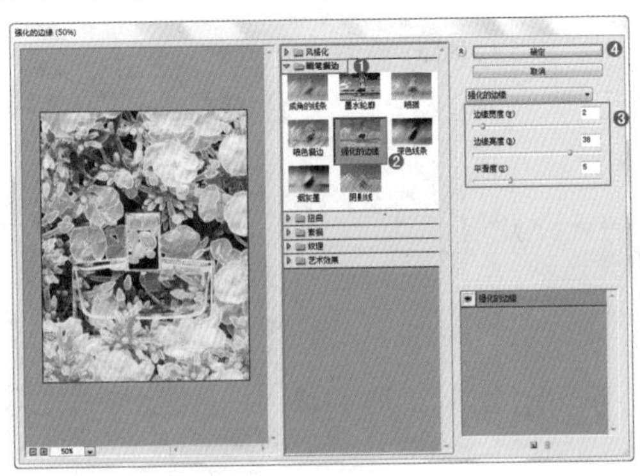

图 11-4

图 11-5

11.1.2　使用“液化”滤镜

“液化”滤镜是修饰图像和创建艺术效果的强大工具，常用于数码照片修饰，例如人像身型调整，面部结构调整等。“液化”命令的使用方法比较简单，但功能相当强大，可以创建推、拉、旋转、扭曲和收缩等变形效果。执行“滤镜”→“液化”菜单命令，打开“液化”窗口，默认情况下“液化”窗口以简洁的基础模式显示，很多功能处于隐藏状态，所以需要选中右侧面板中的“高级模式”，显示出完整的功能，如图 11-6 所示。

图 11-6

想要调整人物身形可以使用“液化”滤镜，单击左侧工具箱中的“向前变形工具”按钮，在右侧的工具选项中设置合适的画笔大小、密度及压力，设置完毕后将光标移动到人像腰部，并自右向左下涂抹，如图 11-7 所示。此时可以看到随着涂抹，腰部线条明显向左移动。用同样的方法适当调整画笔大小来调整腹部线条，如图 11-8 所示。

图 11-7

图 11-8

在处理细节部分时，为了避免影响其他区域，可以单击工具箱中的“冻结蒙版工具”按钮，设置合适的画笔大小，在不想被影响的区域涂抹，如图 11-9 所示。下面单击“膨胀工具”按钮，设置合适的画笔大小，在眼睛处单击即可使眼睛变大，如图 11-10 所示。

图 11-9

图 11-10

视频陪练：使用液化滤镜为美女瘦身

视频陪练：使用液化滤镜为美女瘦身

案例文件 / 第 11 章 / 使用液化滤镜为美女瘦身 .psd

视频教学 / 第 11 章 / 使用液化滤镜为美女瘦身 .flv

案例效果：

数码照片拍摄完成后，需要进行后期调整。对于身形的调整可以使用“液化”滤镜，例如本案例就是通过“液化”滤镜进行瘦身，让美女的身材更加完美，如图 11-11 和图 11-12 所示。

图 11-11

图 11-12

11.1.3 其他滤镜的使用方法

除了滤镜库中的滤镜以外，在“滤镜”菜单中还有很多种滤镜，有一些滤镜有设置窗口，有一些则没有。虽然滤镜的效果不同，使用方法却大同小异，接下来就讲解滤镜的基本使用方法。

（1）打开图像文件，如图 11-13 所示。执行“滤镜”→“像素化”→“马赛克”命令，如图 11-14 所示。

（2）在弹出的“马赛克”对话框中设置“单元格大小”为 25，在参数上方的预览图中可以观察到滤镜效果，如图 11-15 所示。单击“确定”按钮，完成为图像添加滤镜的操作，效果如图 11-16 所示。

图 11-13

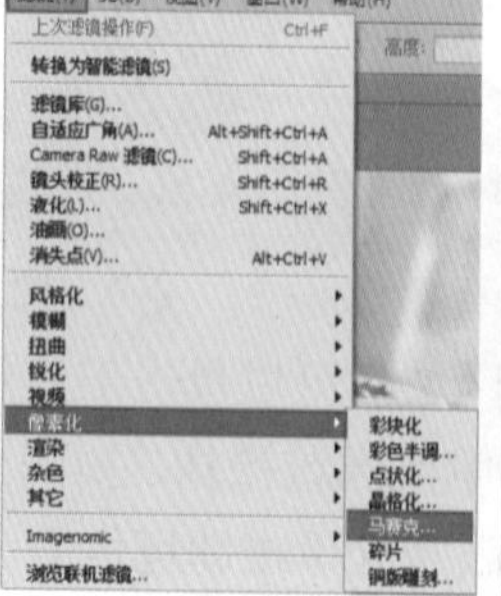

图 11-14

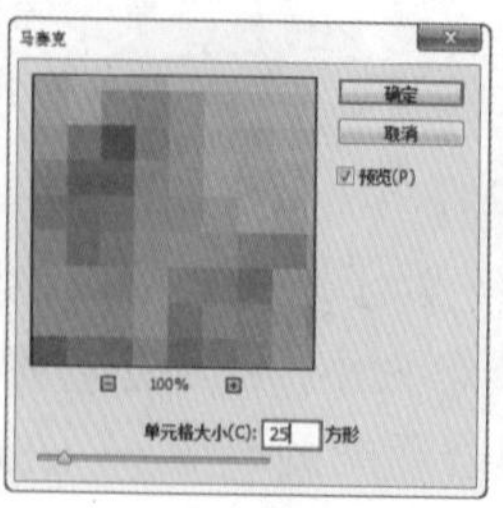

图 11-15

图 11-16

11.2　认识滤镜组

Photoshop 的滤镜菜单的下半部分包含多个滤镜组，每个滤镜组子菜单中又都包含多个滤镜，有一些滤镜有设置窗口，有一些则没有。执行相应的菜单命令即可进行该滤镜操作。由于篇幅限制，本章将简单介绍常见滤镜效果，具体滤镜参数请参阅光盘中赠送的《Photoshop 滤镜使用手册》电子文档。

11.2.1　风格化

“风格化”组可以通过置换图像的像素和增加图像的对比度产生不同的作品风格效果。执行“滤镜”→“风格化”命令，可以看到这一滤镜组中的 8 种不同风格的滤镜，如图 11-17 所示，如图 11-18 所示为一张图片的原始效果。

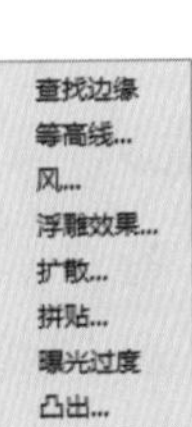

图 11-17　　图 11-18

- 查找边缘：该滤镜可以自动识别图像像素对比度变换强烈的边界，并在查找到的图像边缘勾勒出轮廓线，同时硬边会变成线条，柔边会变粗，从而形成一个清晰的轮廓，如图 11-19 所示。
- 等高线：该滤镜用于自动识别图像亮部区域和暗部区域的边界，并用颜色较浅较细的线条勾勒出来，使其产生线稿的效果，如图 11-20 所示。
- 风：通过移动像素位置，产生一些细小的水平线条来模拟风吹效果，如图 11-21 所示。
- 浮雕效果：该滤镜可以将图像的底色转换为灰色，使图像的边缘突出来，生成在木板或石板上凹陷或凸起的浮雕效果，如图 11-22 所示。

图 11-19　　图 11-20　　图 11-21　　图 11-22

- 扩散：该滤镜可以分散图像边缘的像素，让图像形成一种类似于透过磨砂玻璃观察物体时的模糊效果，如图 11-23 所示。
- 拼贴：该滤镜可以将图像分解为一系列块状，并使其偏离原来的位置，以产生不规则拼砖的图像效果，如图 11-24 所示。
- 曝光过度：该滤镜可以混合负片和正片图像，类似于将摄影照片短暂曝光的效果，如图 11-25 所示。
- 凸出：该滤镜可以使图像生成具有凸出感的块状或者锥状的立体效果。使用此滤镜，可以轻松为图像构建 3D 效果，如图 11-26 所示。

图 11-23

图 11-24

图 11-25

图 11-26

视频陪练：冰雪美人

案例文件 / 第 11 章 / 冰雪美人 .psd

视频教学 / 第 11 章 / 冰雪美人 .flv

视频陪练：冰雪美人

案例效果：

本案例将人物身体部分复制多个图层，并通过使用水彩滤镜、照亮边缘滤镜、铬黄渐变滤镜制作出独特质感，同时配合调色命令强化冰冻感，如图 11-27 ～图 11-29 所示。

图 11-27

图 11-28

图 11-29

11.2.2　模糊

“模糊”滤镜组可以使图像产生模糊效果。执行“滤镜”→“模糊”命令可以看到这一滤镜组中 14 个不同风格的滤镜，如图 11-30 所示。如图 11-31 所示为一张图片的原始效果。

- 场景模糊：该滤镜可以使画面呈现出不同区域不同模糊程度的效果，如图 11-32 所示。
- 光圈模糊：使用该滤镜可将一个或多个焦点添加到图像中。可以根据不同的要求对焦点的大小与形状、图像其余部分的模糊数量以及清晰区域与模糊区域之间的过渡效果进行相应地设置，如图 11-33 所示。
- 移轴模糊：使用“移轴模糊”滤镜能够轻松地模拟“移轴摄影”的效果，如图 11-34 所示。

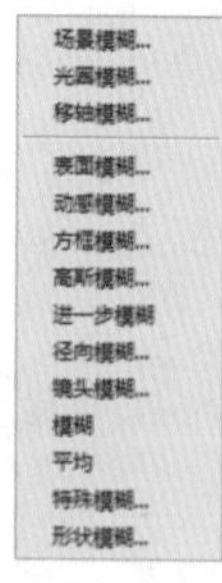

图 11-30

图 11-31

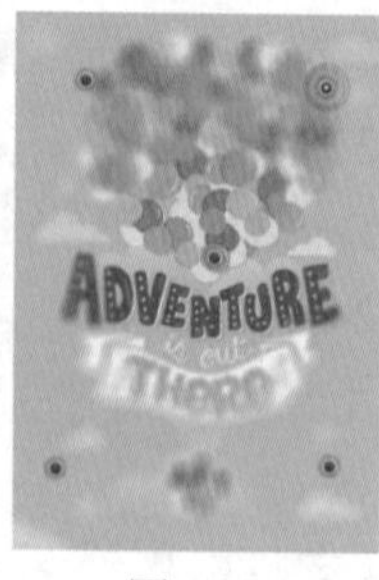

图 11-32

图 11-33

图 11-34

- 表面模糊：该滤镜可以在保留边缘的同时模糊图像，可以用该滤镜创建特殊效果并消除杂色或粒度，如图 11-35 所示。
- 动感模糊：该滤镜可以沿指定的方向（-360°～360°），以指定的距离（1~999）进行模糊，所产生的效果类似于在固定的曝光时间拍摄一个高速运动的对象，如图 11-36 所示。
- 方框模糊：该滤镜可以基于相邻像素的平均颜色值来模糊图像，生成的模糊效果类似于方块模糊，如图 11-37 所示。
- 高斯模糊：该滤镜可以向图像中添加低频细节，使图像产生一种朦胧的模糊效果，如图 11-38 所示。

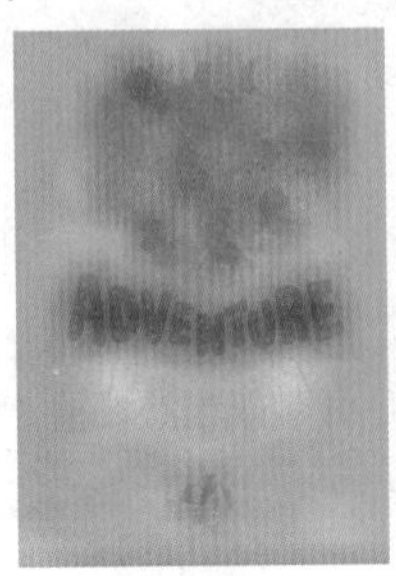

图 11-35

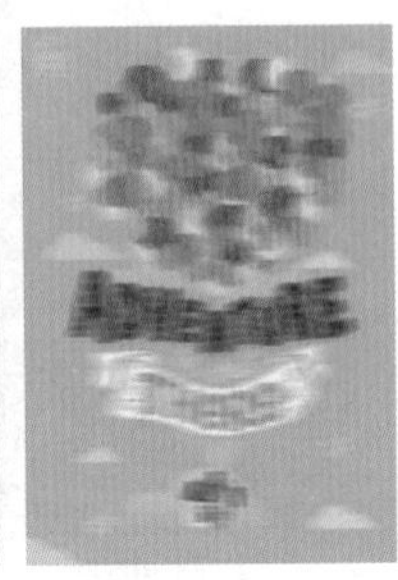

图 11-36

图 11-37

图 11-38

- 进一步模糊：该滤镜可以平衡已定义的线条和遮蔽区域的清晰边缘旁边的像素，使变化显得柔和（该滤镜属于轻微模糊滤镜，并且没有参数设置对话框），如图 11-39 所示。
- 径向模糊：该滤镜用于模拟缩放或旋转相机时所产生的模糊，产生的是一种柔化的模糊效果，如图 11-40 所示。
- 镜头模糊：该滤镜可以向图像中添加模糊，模糊效果取决于模糊的“源”设置。如果图像中存在 Alpha 通道或图层蒙版，则可以为图像中的特定对象创建景深效果，使这个对象在焦点内，而使另外的区域变得模糊，如图 11-41 所示。
- 模糊：该滤镜用于在图像中有显著颜色变化的地方消除杂色，它可以通过平衡已定义的线条和遮蔽区域的清晰边缘旁边的像素来使图像变得柔和（该滤镜没有参数设置对话框），如图 11-42 所示。

图 11-39

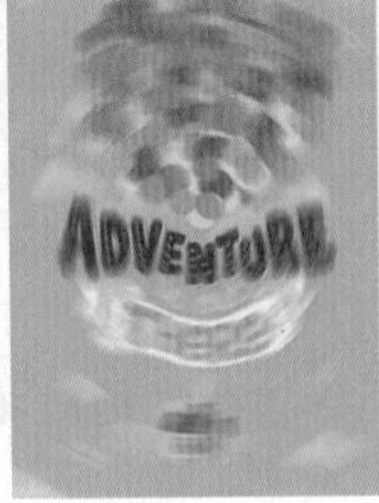

图 11-40

图 11-41

图 11-42

- 平均：该滤镜可以查找图像或选区的平均颜色，再用该颜色填充图像或选区，以创建平滑的外观效果，如图 11-43 所示。
- 特殊模糊：该滤镜可以精确地模糊图像，如图 11-44 所示。
- 形状模糊：该滤镜可以用设置的形状来创建特殊的模糊效果，如图 11-45 所示。

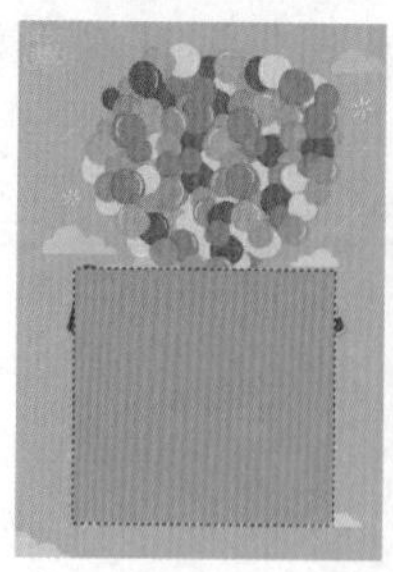

图 11-43

图 11-44

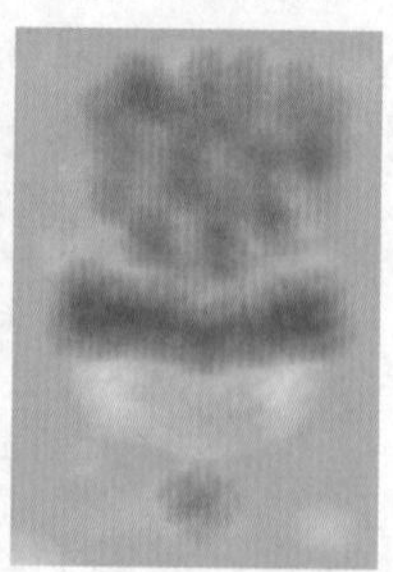

图 11-45

11.2.3 扭曲

“扭曲”滤镜组可以使图像变形，产生各种扭曲变形的效果。执行“滤镜”→“扭曲”命令可以看到这一滤镜组中有 9 个不同风格的滤镜，如图 11-46 所示。如图 11-47 所示为一张图片的原始效果。

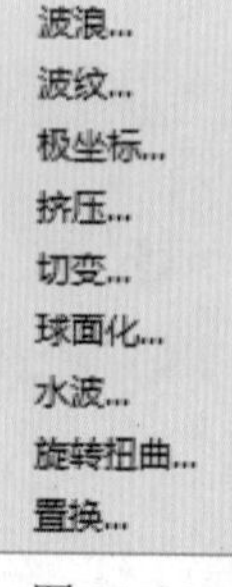

图 11-46

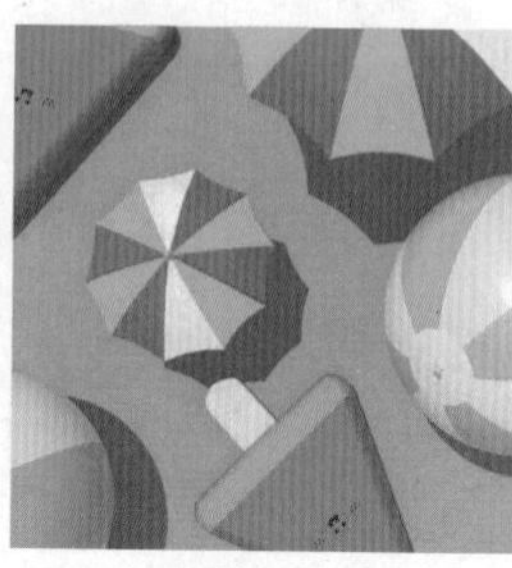

图 11-47

- 波浪：该滤镜是通过移动像素位置达到图像扭曲效果的，可以在图像上创建类似于波浪起伏的效果，如图 11-48 所示。
- 波纹：该滤镜能使图像产生类似水波的涟漪效果，常用于制作水面的倒影，如图 11-49 所示。
- 极坐标：该滤镜可以说是一种“极度变形”的滤镜，它可以将图像产生从拉直到弯曲，从弯曲至拉直的变形效果。也可以使平面坐标转换到极坐标，或从极坐标转换到平面坐标，如图 11-50 所示。

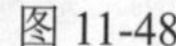

图 11-48

图 11-49

图 11-50

- 挤压：该滤镜可以将图像进行挤压变形。在弹出的对话框中，“数量”用于调整图像扭曲变形的程度和形式，如图 11-51 所示。
- 切变：该滤镜是将图像沿一条曲线进行扭曲，通过拖曳调整框中的曲线可以应用相应的扭曲效果，如图 11-52 所示。
- 球面化：该滤镜可以使图像产生映射在球面上的凸起或凹陷的效果，如图 11-53 所示。
- 水波：该滤镜可以使图像按各种设定产生抖动的扭曲，并按同心环状由中心向外排布，产生的效果就像透过荡起阵阵涟漪的湖面一样，如图 11-54 所示。

图 11-51

图 11-52

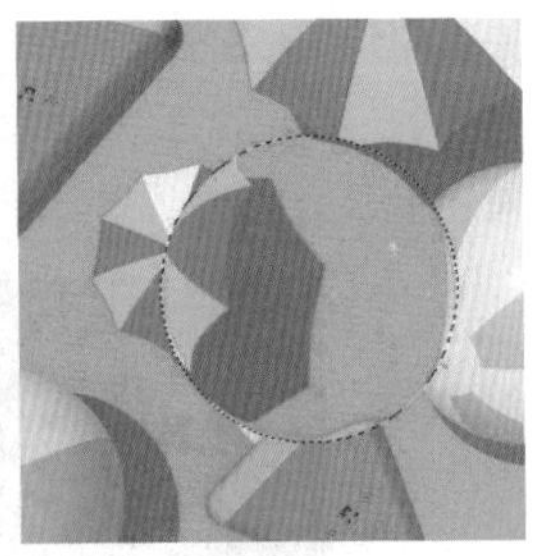
图 11-53

- 旋转扭曲：该滤镜是以画面中心为圆点，按照顺时针或逆时针的方向旋转图像，产生类似漩涡的旋转效果，如图 11-55 所示。
- 置换：该滤镜需要两个图像文件才能完成，一个是进行置换变形的图像文件，另一个则是决定如何进行置换变形的文件，且该文件必须是 psd 格式的文件。执行此滤镜时，它会按照这个“置换图”的像素颜色值对原图像文件进行变形，如图 11-56 所示。

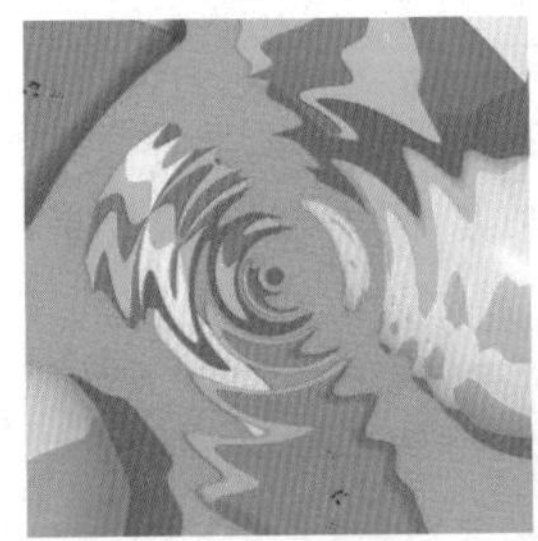
图 11-54

图 11-55

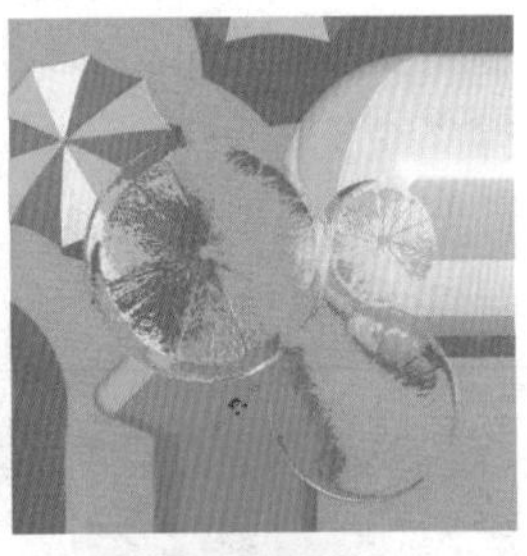
图 11-56

实战案例：奇妙的极地星球

实战案例：奇妙的极地星球

案例文件 / 第 11 章 / 奇妙的极地星球 .psd

视频教学 / 第 11 章 / 奇妙的极地星球 .flv

案例效果：

本案例制作的方法简单，但是效果却非常奇妙。主要是通过“极坐标”滤镜制作出变形效果，然后进行缩放制作“星球”效果，如图 11-57 和图 11-58 所示。

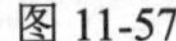
图 11-57

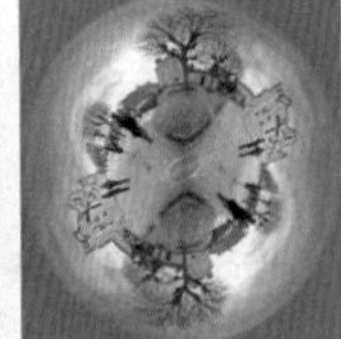
图 11-58

操作步骤：

（1）执行“文件”→“新建”命令，创建一个新的比较宽的文件，置入风景素材并栅格化，将其摆放在画面左侧如图 11-59 所示。

图 11-59

（2）由于制作极地星球效果需要一个宽度较大的素材，所以需要复制风景素材图层并向右移动，摆放在右侧。在“图层”面板按住 Ctrl 键选中两个图层，使用合并图层快捷键 Ctrl+E 将两个图层合并为一个图层，如图 11-60 所示。

图 11-60

（3）使用自由变换工具快捷键 Ctrl+T 或单击鼠标右键执行“垂直翻转”命令，如图 11-61 所示。

图 11-61

（4）执行“滤镜”→“扭曲”→“极坐标”命令，在弹出的“极坐标”对话框中设置方式为“平面坐标到极坐标”，在预览框中可以看到图中出现了拉伸的星球效果，如图 11-62 所示，效果如图 11-63 所示。

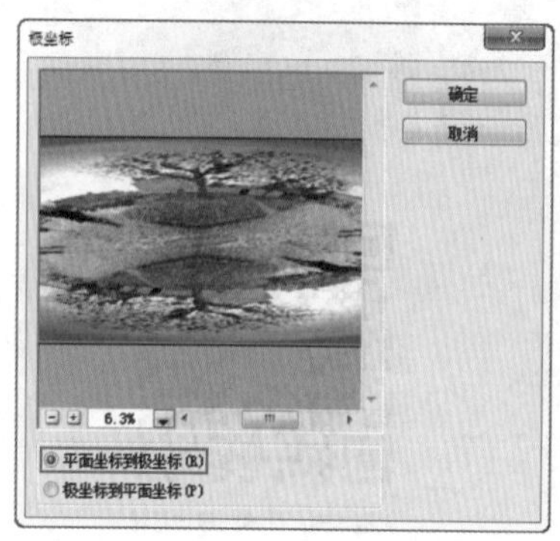

图 11-62

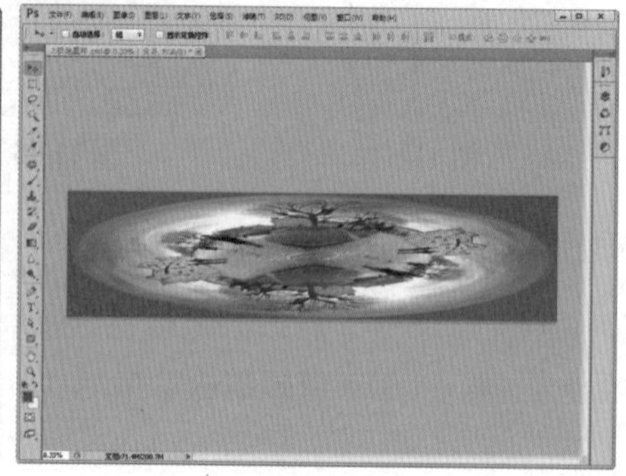

图 11-63

（5）下面再次使用自由变换工具快捷键 Ctrl+T，沿横向适当缩放，形成圆形地球形状，如图 11-64 所示。单击工具箱中的“裁剪工具”按钮，在画面中绘制出需要保留的区域，并按 Enter 键完成操作，裁切掉多余的部分，效果如图 11-65 所示。

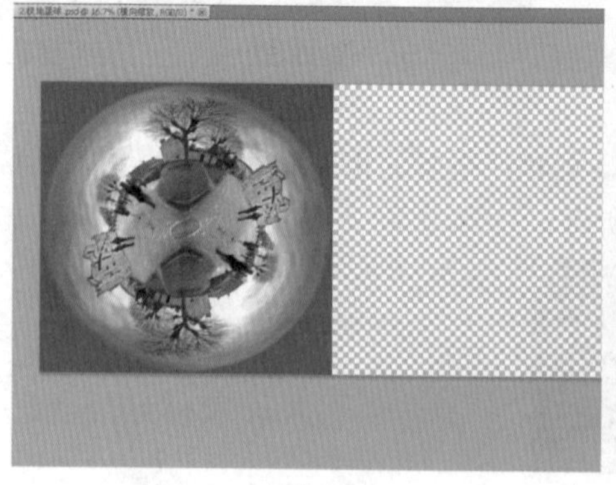

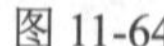

图 11-64

图 11-65

（6）执行“图层”→“新建调整图层”→“色相 / 饱和度”命令，在“属性”面板中设置“饱和度”为 39，如图 11-66 所示，效果如图 11-67 所示。

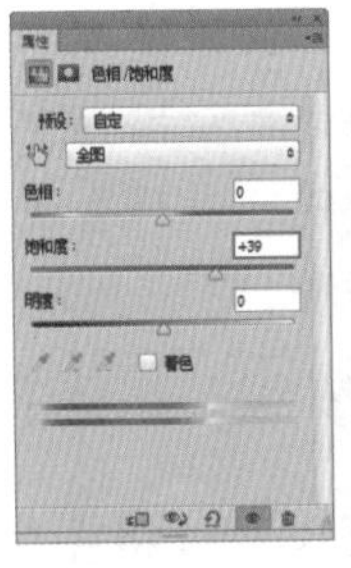

图 11-66

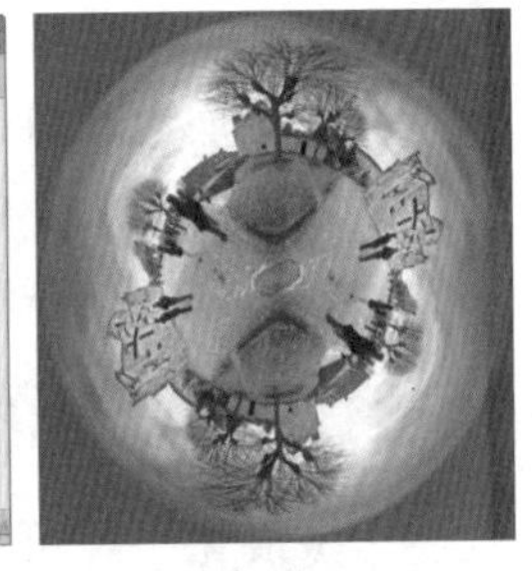

图 11-67

11.2.4 锐化

“锐化”滤镜组可以通过增强相邻像素之间的对比度来聚集模糊的图像。“锐化”滤镜组包含“USM 锐化”、“防抖”、“进一步锐化”、“锐化”、“锐化边缘”和“智能锐化”6 种滤镜，如图 11-68 所示为滤镜菜单。首先打开一张图片，如图 11-69 所示。

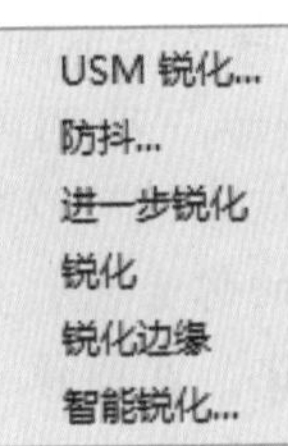

图 11-68

图 11-69

- USM 锐化：该滤镜可以查找图像颜色发生明显变化的区域，然后将其锐化，如图 11-70 所示。
- 防抖：“防抖”滤镜能够挽救因相机抖动而造成的画面模糊。软件会分析相机在拍摄过程中的移动方向，然后应用一个反向补偿，消除模糊画面。
- 进一步锐化：该滤镜可以通过增加像素之间的对比度使图像变得清晰，但锐化效果不是很明显（该滤镜没有参数设置对话框），如图 11-71 所示。
- 锐化：该滤镜与“进一步锐化”滤镜一样（该滤镜没有参数设置对话框），都可以通过增加像素之间的对比度使图像变得清晰，但是其锐化效果没有“进一步锐化”滤镜的锐化效果明显，应用一次“进一步锐化”滤镜，相当于应用了 3 次“锐化”滤镜，如图 11-72 所示。
- 锐化边缘：该滤镜只锐化图像的边缘，同时会保留图像整体的平滑度（该滤镜没有参数设置对话框），如图 11-73 所示。
- 智能锐化：该滤镜的功能比较强大，它具有独特的锐化选项，可以设置锐化算法、控制阴影和高光区域的锐化量，如图 11-74 所示。

图 11-70

图 11-71

图 11-72

图 11-73

图 11-74

11.2.5 视频滤镜组

“视频”滤镜组包含两种滤镜：“NTSC 颜色”和“逐行”。这两个滤镜可以处理以隔行扫描方式的设备中提取的图像，如图 11-75 所示。

图 11-75

- NTSC 颜色：该滤镜可以将色域限制在电视机重现可接受的范围内，以防止过饱和颜色渗到电视扫描行中。
- 逐行：该滤镜可以移去视频图像中的奇数或偶数隔行线，使在视频上捕捉的运动图像变得平滑。

11.2.6 像素化

“像素化”组可以通过将图像分成一定的区域，将这些区域转变为相应的色块，再由色块构成图像，能够创造出独特的艺术效果。执行“滤镜”→“像素化”命令可以看到这一滤镜组中有 7 个不同风格的滤镜，如图 11-76 所示。如图 11-77 所示为一张图片的原始效果。

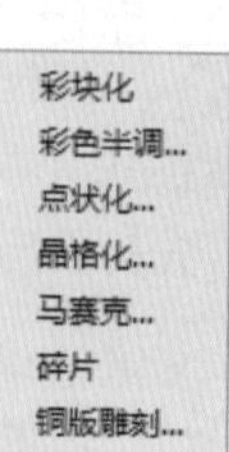

图 11-76

图 11-77

- 彩块化：该滤镜可以将纯色或相近色的像素结成相近颜色的像素块，使图像产生手绘的效果。由于“彩块化”在图像上产生的效果不明显，在使用该滤镜时，可以通过重复按下 Ctrl+F 键，多次使用该滤镜加强画面效果。“彩块化”常用来制作手绘图像、抽象派绘画等艺术效果，如图 11-78 所示。
- 彩色半调：该滤镜可以在图像中添加网版化的效果，模拟在图像的每个通道上使用放大的半调网屏的效果。应用“彩色半调”后，在图像的每个颜色通道都将转化为网点，网点的大小会受到图像亮度的影响，如图 11-79 所示。
- 点状化：该滤镜可以将图像中颜色相近的像素结合在一起，变成一个个的颜色点，并使用背景色作为颜色点之间的画布区域，如图 11-80 所示。
- 晶格化：该滤镜可以使图像中颜色相近的像素结块形成多边形纯色晶格化效果，如图 11-81 所示。

图 11-78

图 11-79

图 11-80

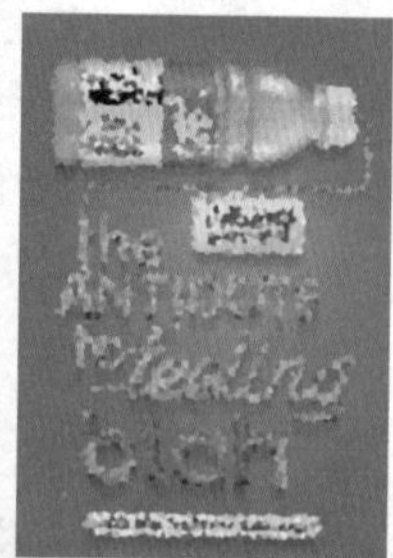

图 11-81

- 马赛克：该滤镜是比较常用的滤镜效果。使用该滤镜会将原有图像处理为以单元格为单位，而且每一个单元的所有像素颜色统一，从而使图像丧失原貌，只保留图像的轮廓，创建出类似于马赛克瓷砖的效果，如图 11-82 所示。
- 碎片：该滤镜可以将图像中的像素复制 4 次，然后将复制的像素平均分布，并使其相互偏移，产生一种类似于重影的效果，如图 11-83 所示。
- 铜版雕刻：该滤镜可以将图像用点、线条或笔划的样式转换为黑白区域的随机图案或彩色图像中完全饱和颜色的随机图案，如图 11-84 所示。

图 11-82

图 11-83

图 11-84

11.2.7　渲染

“渲染”组可以改变图像的光感效果，主要用来在图像中创建 3D 形状、云彩照片、折射照片和模拟光反射效果。执行“滤镜”→“渲染”命令可以看到这一滤镜组中有 5 个不同风格的滤镜，如图 11-85 所示，如图 11-86 所示为一张图片的原始效果。

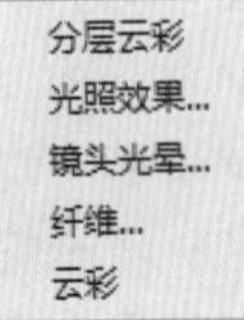

图 11-85

图 11-86

- 分层云彩：该滤镜使用随机生成的介于前景色与背景色之间的值，将云彩数据和原有的图像像素混合，生成云彩照片。多次应用该滤镜可创建出与大理石纹理相似的照片，如图 11-87 所示。
- 光照效果：该滤镜通过改变图像的光源方向、光照强度等使图像产生更加丰富的光效。“光照效果”不仅可以在 RGB 图像上产生多种光照效果。也可以使用灰度文件的凹凸纹理图产生类似 3D 的效果，并存储为自定样式，以在其他图像中使用，如图 11-88 所示。

图 11-87

图 11-88

图 11-89

- 镜头光晕：该滤镜可以模拟亮光照射到相机镜头所产生的折射效果，使图像产生炫光的效果，常用于创建星光、强烈的日光以及其他光芒效果，如图 11-89 所示。
- 纤维：该滤镜可以根据前景色和背景色来创建类似编织的纤维效果，原图像会被纤维效果代替，如图 11-90 所示。
- 云彩：该滤镜可以根据前景色和背景色随机生成云彩图案，如图 11-91 所示。

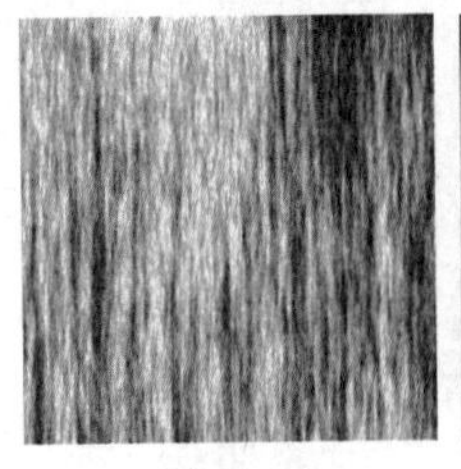
图 11-90

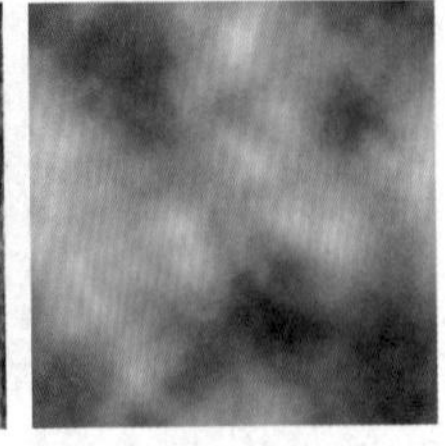
图 11-91

11.2.8　杂色

“杂色”是指图像中随机分布的彩色像素点，“杂色”滤镜组可以为图像添加或去掉杂点，有助于将选择的像素混合到周围的像素中，可以矫正图像的缺陷，移去图像中不需要的痕迹。执行“滤镜”→“杂色”命令可以看到这一滤镜组中有 5 个不同风格的滤镜，如图 11-92 所示。如图 11-93 所示为一张图片的原始效果。

减少杂色...
蒙尘与划痕...
去斑
添加杂色...
中间值...

图 11-92

图 11-93

- 减少杂色：该滤镜是通过融合颜色相似的像素实现杂色的减少，该滤镜还可以针对单个通道的杂色减少进行参数设置，如图 11-94 所示。
- 蒙尘与划痕：该滤镜可以根据亮度的过渡差值，找出与图像反差较大的区域，并用周围的颜色填充这些区域，可以有效地去除图像中的杂点和划痕。但是该滤镜会降低图像的清晰度，如图 11-95 所示。
- 祛斑：该滤镜自动探测图像中颜色变化较大的区域，然后模糊除边缘以外的部分，减少图像中的杂点。该滤镜可以用于为人物磨皮，如图 11-96 所示。
- 添加杂色：该滤镜可以在图像中添加随机像素，减少羽化选区或渐进填充中的条纹，使经过重大修饰的区域看起来更真实。并可以使混合时产生的色彩具有散漫的效果，如图 11-97 所示。
- 中间值：该滤镜可以搜索图像中亮度相近的像素，扔掉与相邻像素差异太大的像素，并用搜索到的像素的中间亮度值替换中心像素，使图像的区域平滑化，在消除或减少图像的动感效果时非常有用，如图 11-98 所示。

图 11-94

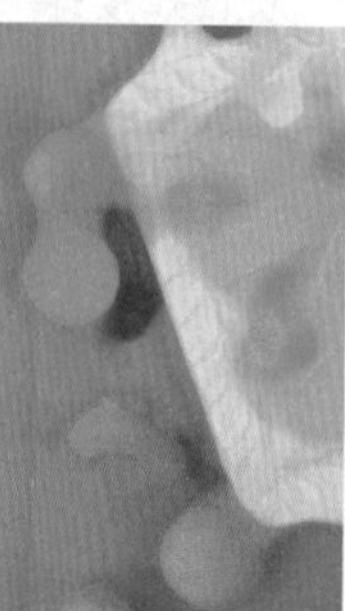

图 11-95

图 11-96

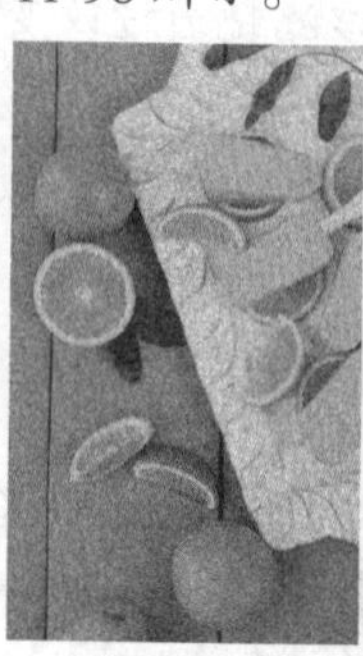

图 11-97

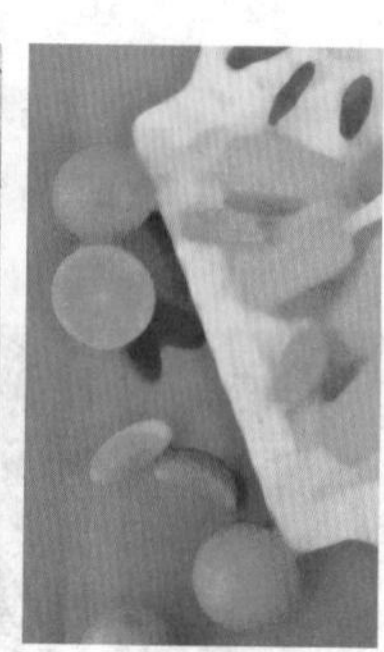

图 11-98

综合案例：使用滤镜库制作插画效果

综合案例：使用滤镜库制作插画效果

案例文件 / 第 11 章 / 使用滤镜库制作插画效果 .psd

视频教学 / 第 11 章 / 使用滤镜库制作插画效果 .flv

案例效果：

本案例是将一张普通的人像摄影通过使用“滤镜库”中的滤镜，将其制作成矢量插画效果，并通过混合模式制作出复古的感觉，如图 11-99 和图 11-100 所示。

图 11-99

图 11-100

操作步骤：

（1）打开素材“1.jpg ”。如图 11-101 所示。执行“滤镜”→“滤镜库”命令，打开“艺术效果”滤镜组，选择“海报边缘”滤镜，设置“边缘厚度”数值为 0，“边缘强度”数值为 1，“海报化”数值为 0，单击“确定”按钮返回文档窗口，此时照片产生了插画效果，如图 11-102 所示。

图 11-101

图 11-102

（2）继续置入纸张素材“2.jpg”，并栅格化，设置该图层的“混合模式”为“正片叠底”，如图 11-103 所示。最终制作效果如图 11-104 所示。

图 11-103

图 11-104

Chapter 12

第 12 章

视频编辑与动画制作

在 Photoshop 中可以进行类似于 Adobe Premiere 等视频软件的操作，即通过“帧动画”和“时间轴”两种方式进行动画的创建与视频文件的编辑处理。本章主要讲解通过使用“时间轴”面板以及相应命令进行视频动态文档的编辑处理操作方法。

本章学习要点：

- 掌握时间轴动画的制作方法
- 掌握帧动画的制作方法
- 掌握动画输出的方法

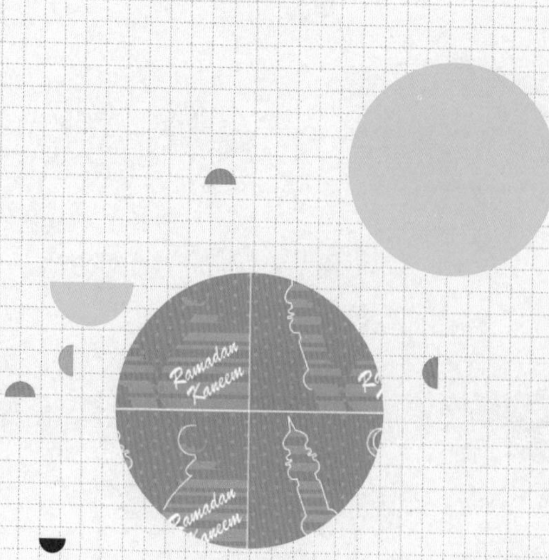

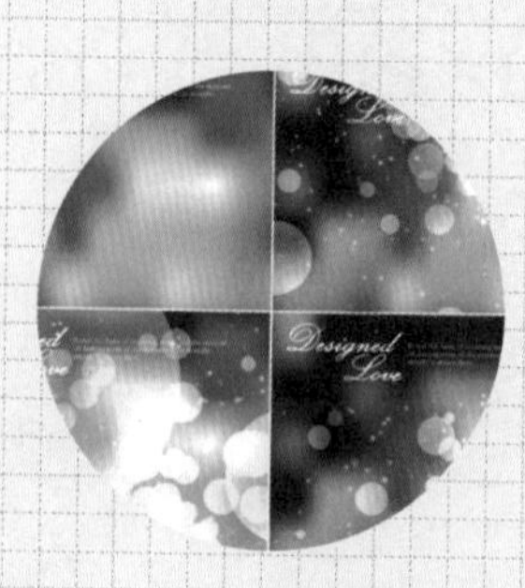

12.1　认识“时间轴”面板

动画是在一段时间内显示的一系列图像或帧。每一帧较前一帧都有轻微的变化，当连续、快速地浏览这些帧时就会产生运动或发生其他变化。在 Photoshop 中可以通过对时间轴的编辑与修改，来调整动画的效果，如图 12-1 所示为视频动画作品。

图 12-1

执行“窗口”→“时间轴”菜单命令，可以打开“时间轴”面板。该面板主要用于组织和控制影片中图层和帧的内容，使这些内容随着时间的推移而发生相应的变化。单击选项下拉按钮，选择“创建视频时间轴”或“创建帧动画”选项，即可创建相应模式的动画，如图 12-2 所示。

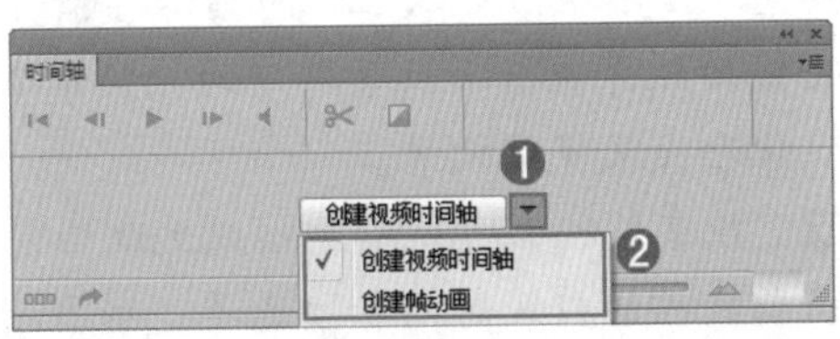

图 12-2

“时间轴”面板有“视频时间轴”与“帧动画”两种显示方式，如图 12-3 和图 12-4 所示。

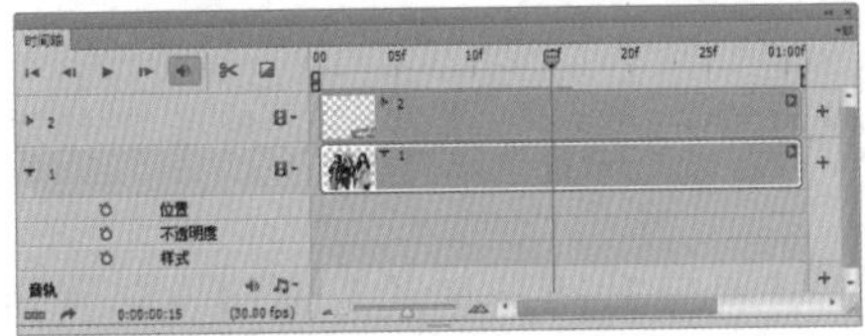

图 12-3

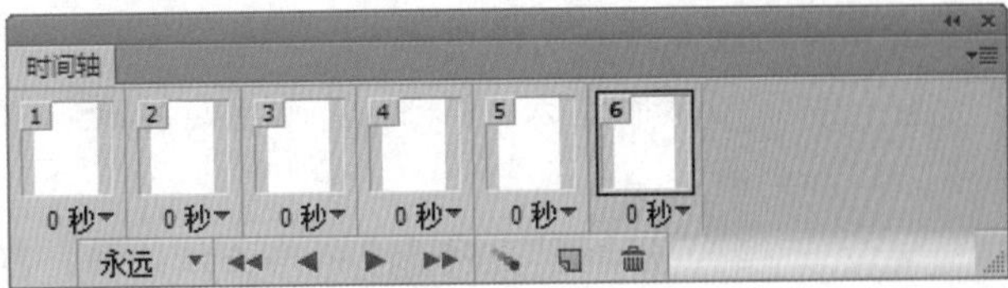

图 12-4

12.2　创建与编辑视频时间轴动画

12.2.1　“视频时间轴”面板

要点速查：视频时间轴模式下的“时间轴”面板显示了文档图层的帧的持续时间和动画属性。

执行“窗口”→“时间轴”菜单命令，打开“时间轴”面板，如图 12-5 所示。单击选项下拉按钮，选择“创建视频时间轴”选项，即可创建时间轴模式的动画。如果要观看图像序列的动画效果，可以在“时间轴”面板中拖曳“当前时间指示器”。

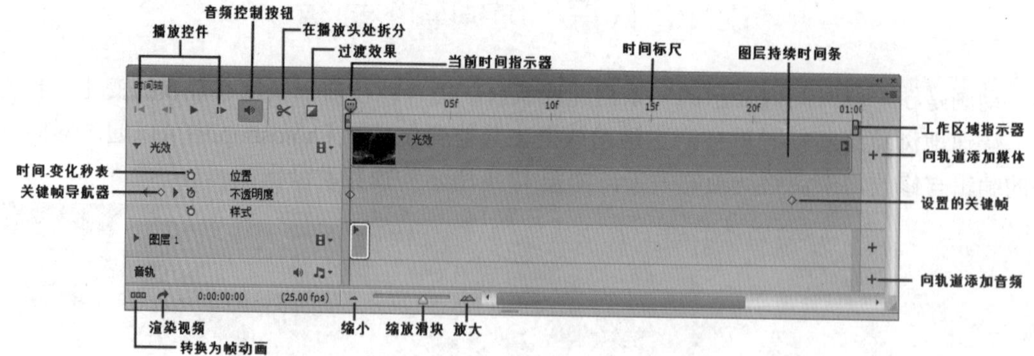

图 12-5

- 播放控件：其中包括转到第一帧、转到上一帧、播放和转到下一帧，是用于控制视频播放的按钮。
- 时间 - 变化秒表：启用或停用图层属性的关键帧设置。
- 关键帧导航器：轨道标签左侧的箭头按钮用于将当前时间指示器从当前位置移动到上一个或下一个关键帧。单击中间的按钮可添加或删除当前时间的关键帧。
- 音频控制按钮：单击该按钮可以关闭或启用音频的播放。
- 在播放头处拆分：单击该按钮可以在时间指示器所在位置拆分视频或音频。
- 过渡效果：单击该按钮并执行下拉菜单中的相应命令，可以为视频添加过渡效果，创建专业的淡化和交叉淡化效果。
- 当前时间指示器：拖曳该按钮可以浏览帧或更改当前时间或帧。
- 时间标尺：根据当前文档的持续时间和帧速率，水平测量持续时间 或帧计数。
- 图层持续时间条：指定图层在视频或动画中的时间位置。
- 工作区域指示器：拖曳位于顶部轨道任一端的蓝色标签，可以标记要预览或导出的动画或视频的特定部分。
- 向轨道添加媒体 / 音频：单击该按钮，可以打开一个对话框，将视频或音频添加到轨道中。
- “转换为帧动画”按钮：单击该按钮，可以将视频时间轴模式面板切换到帧动画模式。

实战案例：制作不透明度动画

案例文件 / 第 12 章 / 制作不透明度动画 .psd

视频教学 / 第 12 章 / 制作不透明度动画 .flv

案例效果：

实战案例：制作不透明度动画

本例主要是针对不透明度动画的制作方法进行练习，本案例使用到了“时间轴”面板，通过在不同的时间点中调整不同的不透明度设置，创建关键点，制作出不透明度动画，如图 12-6 所示。

图 12-6

操作步骤：

（1）按 Ctrl+O 快捷键，在弹出的“打开”对话框中打开“人像序列”文件夹，先在该文件夹中选择第 1 张图像，然后选中“图像序列”选项，如图 12-7 所示，接着在弹出的“帧速率”对话框中设置“帧速率”为 25，如图 12-8 所示。

图 12-7

图 12-8

（2）置入光效素材并栅格化，如图 12-9 所示，然后将其放置在“视频组 1”图层的上一层，并设置其“混合模式”为“滤色”，如图 12-10 所示，效果如图 12-11 所示。

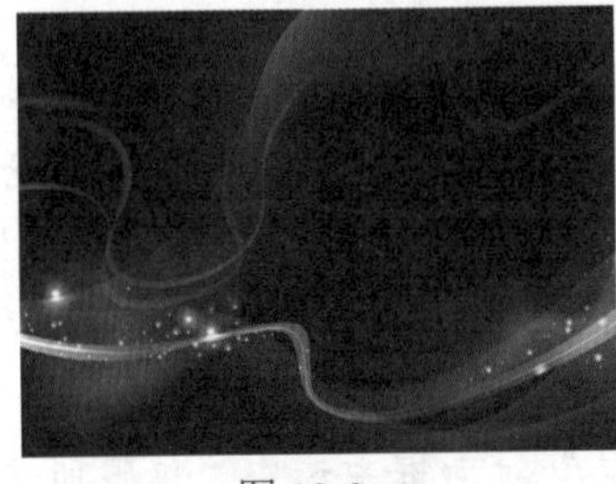

图 12-9

图 12-10

图 12-11

（3）首先设置光效图层的“不透明度”为 0%，如图 12-12 所示，然后在“动画”面板中选择“光效”图层，单击该图层前面的图标，展开其属性列表，接着将“当前时间指示器”拖曳到第 0:00:00:00 帧位置，最后单击“不透明度”属性前面的“时间 - 变化秒表”图标，为其设置一个关键帧，如图 12-13 所示。

图 12-12

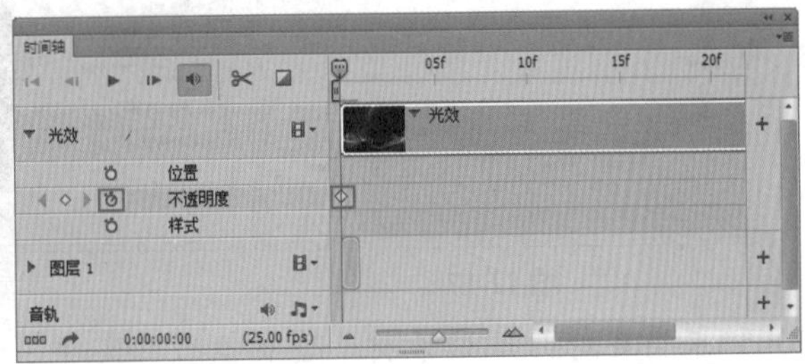

图 12-13

（4）将“当前时间指示器”拖曳到第 0:00:00:22 帧位置，然后在“图层”面板中设置光效图层的“不透明度”为 100%，如图 12-14 所示。此时“动画”面板中会自动生成一个关键帧，如图 12-15 所示。

图 12-14

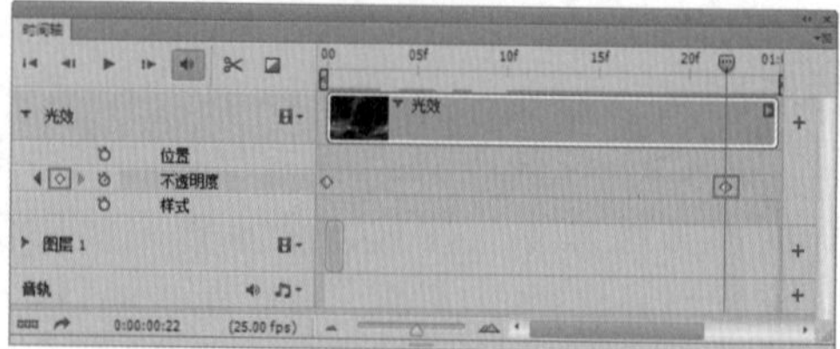

图 12-15

（5）单击“播放”按钮，可以观察到人像中的移动光效越来越明显，如图 12-16 所示。

图 12-16

12.2.2 导入视频文件和图像序列

在 Photoshop 中，可以直接打开视频或音频文件（例如 mov、flv、avi、mp3、wma 等格式），也可以将视频文件导入到已有文件中，还可以打开以图像序列形式存在的动态素材。

（1）执行“文件”→“导入”→“视频帧到图层”命令，在弹出的“打开”对话框中选择动态视频素材，如图 12-17 所示。单击“打开”按钮，Photoshop 会弹出“将视频导入图层”对话框，如图 12-18 所示。如果要导入所有的视频帧，可以在“将视频导入图层”对话框选中“从开始到结束”选项。在“将视频导入图层”对话框中选中“仅限所选范围”选项，然后按住 Shift 键的同时拖曳时间滑块，设置导入的帧范围，即可导入部分视频帧。

图 12-17

图 12-18

（2）如果需要打开序列素材，需要执行“文件”→“打开”命令，打开序列文件所在文件夹“序列图”，在图像序列文件夹中选择除最后一张图像以外的其他图像，并选中“图像序列”选项，单击“打开”按钮，如图 12-19 所示。在弹出的“帧速率”对话框中设置动画的帧速率为 25，如图 12-20 所示。

图 12-19

图 12-20

技巧提示：图像序列

当导入包含序列图像文件的文件夹时，每个图像都会变成视频图层中的帧。序列图像文件应该位于一个文件夹中（只包含要用作帧的图像），并按顺序命名（如 filename001、filename002、filename003 等）。如果所有文件具有相同的像素尺寸，则有可能成功创建动画。

视频陪练：制作位移动画飞翔的鸟

案例文件 / 第 12 章 / 制作位移动画飞翔的鸟 .psd

视频教学 / 第 12 章 / 制作位移动画飞翔的鸟 .flv

视频陪练：制作位移动画飞翔的鸟

案例效果：

本案例主要通过使用“动画轴”面板，在不同时间状态下对“位移”以及“不透明度”创建多个关键帧，来制作位移动画以及透明度动画，案例效果如图 12-21 所示。

图 12-21

12.2.3　保存视频文件

如果未将工程文件渲染输出为视频，则最好将工程文件存储为 PSD 文件，以保留之前所做的编辑操作。执行“文件”→“存储”或者“文件”→“存储为”命令均可储存为 .psd 格式文件。

12.2.4 渲染视频

在 Photoshop 中可以将视频导出为动态视频文件或图像序列。执行“文件”→“导出”→“渲染视频”菜单命令，弹出“渲染选项”对话框，如图 12-22 所示。

图 12-22

- 位置：在“位置”选项组下可以设置文件的名称和位置。
- 文件选项：在文件选项组中可以对渲染的类型进行设置，在下拉列表中选择 Adobe Media Encoder 可以将文件输出为动态影片，选择“Photoshop 图像序列”则可以将文件输出为图像序列。选择任何一种类型的输出模式都可以进行相应尺寸、质量等参数的调整。
- 范围：在“范围”选项组下可以设置要渲染的帧范围，包含“所有帧”、“帧内”和“当前所选帧”3 种方式。
- 渲染选项：在该选项组下可以设置 Alpha 通道的渲染方式以及视频的帧速率。

12.3 创建与编辑帧动画

帧动画是一种常见的动画形式。其原理是在“连续的关键帧”中分解动画动作，也就是在时间轴的每帧上逐帧绘制不同的内容，使其连续播放而成为动画。逐帧动画具有非常大的灵活性，适合于表演细腻的动画。同时帧动画也有一定的缺点，它不但增加了负担，并且最终输出的文件量也很大，如图 12-23 和图 12-24 所示为帧动画作品。

图 12-23

图 12-24

12.3.1 “帧动画”时间轴面板

想要制作帧动画就需要在“动画帧”面板中进行操作。“动画帧”面板显示动画中的每个帧的缩览图。使用面板底部的工具可浏览各个帧、设置循环选项、添加和删除帧以及预览动画。

执行“窗口”→“时间轴”菜单命令，打开“时间轴”面板，如图 12-25 所示。在帧模式“时间轴”面板中可以单击“转换为视频时间轴动画”按钮切换到时间轴“视频轴”面板。

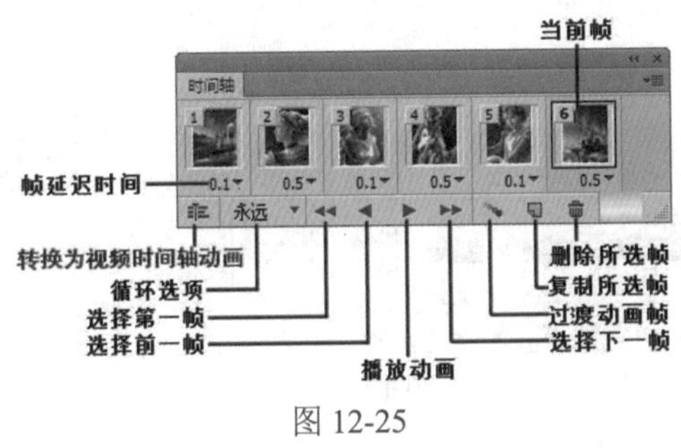

图 12-25

- 当前帧：当前选择的帧。
- 帧延迟时间：设置帧在回放过程中的持续时间。
- 循环选项：设置动画在作为动画 GIF 文件导出时的播放次数。
- “选择第一帧”按钮：单击该按钮，可以选择序列中的第 1 帧作为当前帧。
- “选择前一帧”按钮：单击该按钮，可以选择当前帧的前一帧。
- “播放动画”按钮：单击该按钮，可以在文档窗口中播放动画。如果要停止播放，可以再次单击该按钮。
- “选择下一帧”按钮：单击该按钮，可以选择当前帧的下一帧。
- 过渡动画帧：在两个现有帧之间添加一系列帧，通过插值方法使新帧之间的图层属性均匀。
- 复制所选帧：通过复制“时间轴”面板中的选定帧向动画添加帧。
- 删除所选帧：将所选择的帧删除。
- 转换为视频时间轴动画：将帧模式“时间轴”面板切换到视频时间轴模式“时间轴”面板。

12.3.2　创建帧动画

要点速查：在帧模式下，可以在“时间轴”面板中创建帧动画，每个帧表示一个图层配置。

（1）创建一个文档，将多张尺寸相同的图像依次置入其中并栅格化，如图 12-26 和图 12-27 所示。

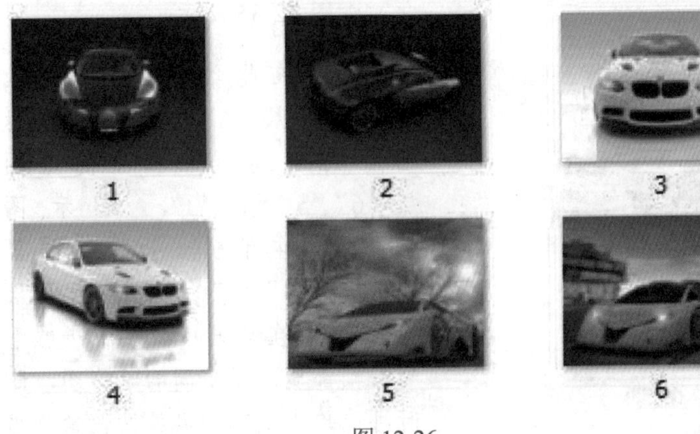

图 12-26

图 12-27

（2）执行“窗口”→“时间轴”命令，打开“时间轴”面板，选择“创建帧动画”。接着在打开的“帧动画”模式时间轴面板中设置“帧延迟时间”为0.1秒，并设置“循环模式”为“永远”，如图12-28所示。为了制作出动态的效果，下面需要创建更多的帧，在“时间轴”面板中单击5次“复制所选帧”按钮，创建出另外5帧，如图12-29所示。

图 12-28

图 12-29

（3）在“时间轴”面板中选择第2帧，回到“图层”面板中将图层“6”隐藏起来，如图12-30所示。此时可以看到画面显示的是图层“5”的效果，如图12-31所示。并且在“时间轴”面板中第2帧的缩略图也发生了变化，如图12-32所示。

图 12-30

图 12-31

图 12-32

（4）继续在“时间轴”面板中选择第3帧，回到“图层”面板中将图层“6”和“5”都隐藏起来，如图12-33所示。此时可以看到画面显示的是图层“4”的效果，如图12-34所示，并且在“时间轴”面板中第3帧的缩略图也发生了变化，如图12-35所示。

图 12-33

图 12-34

图 12-35

（5）依此类推，在第4帧上隐藏图层“6”“5”“4”，显示图层“3”；在第5帧上隐藏图层“6”“5”“4”“3”，显示图层“2”；在第6帧上隐藏图层“6”“5”“4”“3”“2”，显示图层“1”，并且在动画帧面板中能够看到每帧都显示了不同的缩略图，此时可以单击底部的播放按钮预览当前效果，如图12-36所示。

（6）单击底部的停止按钮，停止播放，如图 12-37 所示。如果需要更改某一帧的延迟时间，可以单击该帧缩略图下方的帧延迟时间下拉箭头，将其设置为 0.5，如图 12-38 所示。

（7）完成动画的设置后，执行“文件”→“存储为 Web 所用格式”命令，在弹出的“存储为 Web 所用格式”窗口中设置格式为 GIF，“颜色”为 256，“仿色”为 100%，单击底部的“存储”按钮，并选择输出路径即可，如图 12-39 所示。

图 12-36

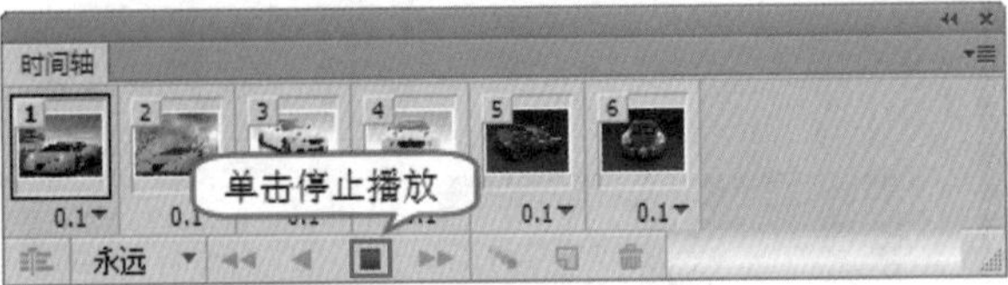

图 12-37

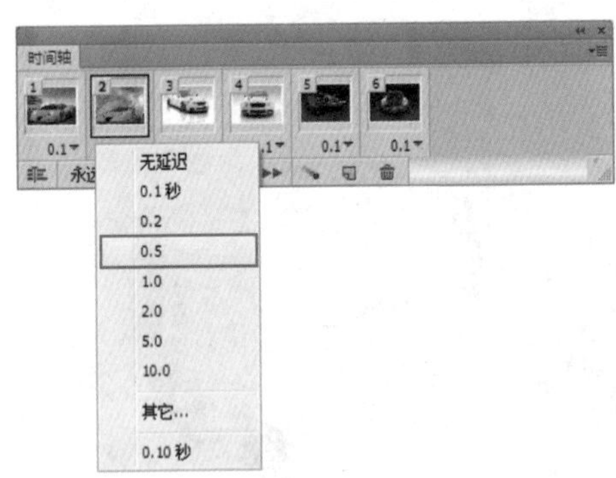

图 12-38

图 12-39

实战案例：创建帧动画

案例文件 / 第 12 章 / 创建帧动画 .psd

视频教学 / 第 12 章 / 创建帧动画 .flv

实战案例：创建帧动画

案例效果：

帧模式下可以在“动画”面板中创建帧动画，每个帧表示一个图层配置。本例主要是针对帧动画的制作方法进行练习，如图 12-40 所示。

操作步骤：

（1）打开背景素材文件，如图 12-41 所示。置入金鱼素材并栅格化，放在杯子底部，并将新生成的图层命名为“金鱼”，如图 12-42 所示。

图 12-40　　图 12-41　　图 12-42

（2）执行“窗口”→“动画”命令，打开“时间轴”动画面板，单击下拉箭头，选择“创建帧动画”选项，然后单击“创建帧动画”按钮，如图 12-43 所示。

（3）在“时间轴”面板中设置帧延迟时间为 0.5 秒，如图 12-44 所示。然后设置循环次数为“永远”，如图 12-45 所示。

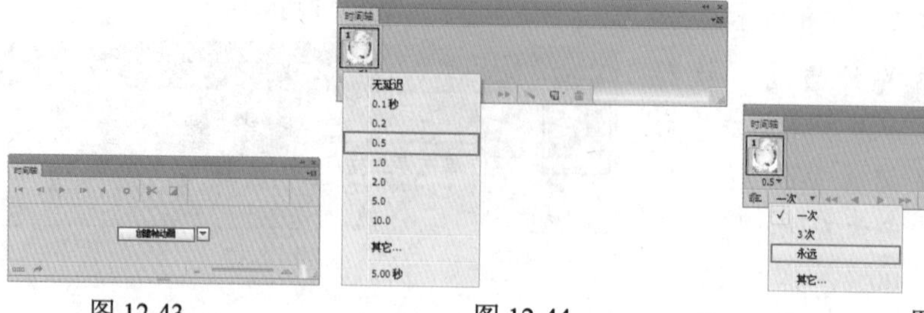

图 12-43　　图 12-44　　图 12-45

（4）单击“复制所选帧”按钮，复制一个动画帧，如图 12-46 所示。

（5）在“图层”面板中按 Ctrl+J 快捷键复制一个“金鱼副本”图层，如图 12-47 所示。按 Ctrl+T 快捷键进行自由变换，将金鱼进行水平翻转并旋转到合适角度，如图 12-48 所示。

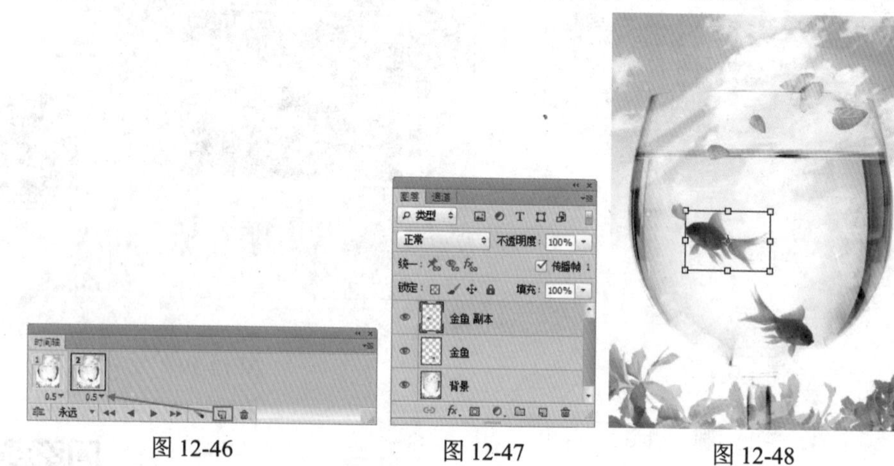

图 12-46　　图 12-47　　图 12-48

（6）继续单击“复制所选帧”按钮，复制一个动画帧，然后在“图层”面板中再次按 Ctrl+J 快捷键复制一个“金鱼副本 2”图层，接着按 Ctrl+T 快捷键进行自由变换，最后调整好“金鱼副本 2”图层的位置和大小，如图 12-49 所示。重复上面的操作，再次制作两个动画帧，如图 12-50 所示。

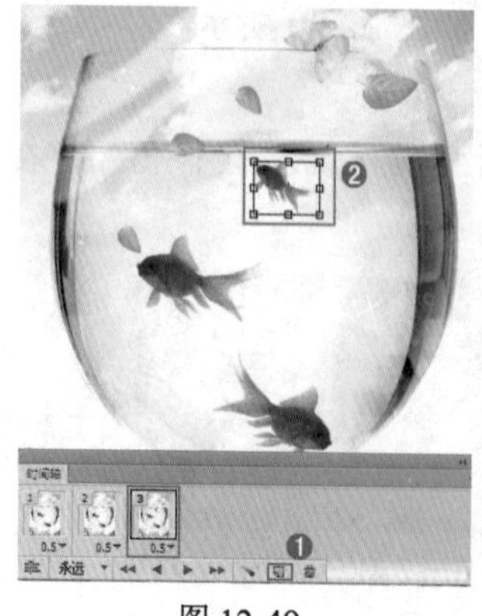

图 12-49

图 12-50

（7）单击“播放动画”按钮▶，可以进行动画的预览，效果如图 12-51 所示。

图 12-51

（8）执行“文件”→“存储为 Web 所用格式”菜单命令，将动画存储为 GIF 格式并适当优化图像，如图 12-52 所示。

图 12-52

12.3.3　储存为 GIF 格式动态图像

编辑完成视频图层之后，可以将动画存储为 GIF 文件，以便在 Web 上观看。执行“文件”→“存储为 Web 所用格式”命令，将制作的动态图像进行输出。在弹出的“存储为 Web 所用格式”窗口中设置格式为 GIF，“颜色”为 256，“仿色”为 100%。

在左下角单击“预览”按钮，可以在 Web 浏览器中预览该动画。通过这里可以更准确地查看为 Web 创建的预览效果。单击底部的“存储”按钮并选择输出路径，即可将文档储存为 GIF 格式的动态图像，如图 12-53 所示。

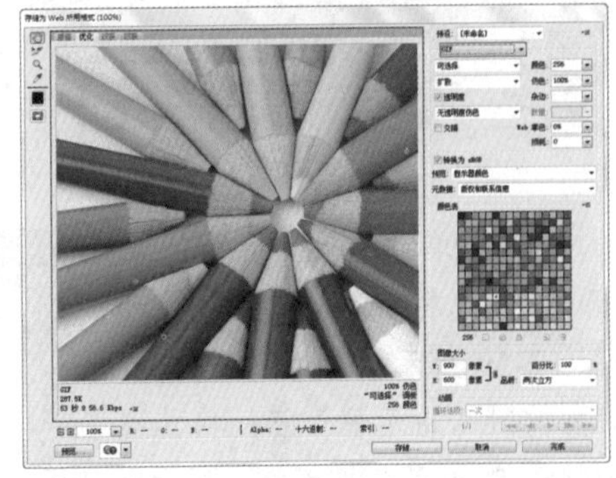

图 12-53

综合案例：宣传动画的制作

案例文件 / 第 12 章 / 宣传动画的制作 .psd

视频教学 / 第 12 章 / 宣传动画的制作 .flv

案例效果：

本案例制作的是一款娱乐主题的宣传动画，这样的动画可以应用在个人网站中，也可以作为广告应用。制作方法是通过“时间轴”面板制作出人物和文字逐渐出现的效果，如图 12-54 所示。

图 12-54

综合案例：宣传动画的制作

操作步骤：

（1）执行“文件”→“打开”命令，打开素材文件“1.psd”，素材中包含3个不同内容的图层，如图12-55和图12-56所示。

图12-55

图12-56

（2）执行“窗口”→“时间轴”命令，打开“时间轴”面板在该面板中单击选项下拉按钮，选择“创建视频时间轴”选项，如图12-57所示。接着单击“创建视频时间轴”按钮，如图12-58所示。

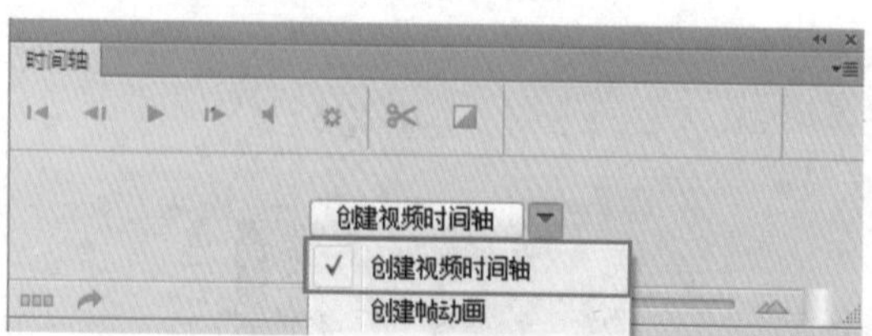

图12-57

图12-58

（3）单击图层“1”的展开按钮，展开操作面板，如图12-59所示。按住左键拖曳“当前时间指示器”，将其拖曳到15f上，如图12-60所示。

（4）执行“窗口”→“图层”命令，在“图层”面板中设置图层“1”的“不透明度”数值为0%，如图12-61所示。单击“时间轴”面板上“不透明度”前面的“启用关键帧动画”按钮，为图层“1”添加关键帧，如图12-62所示。

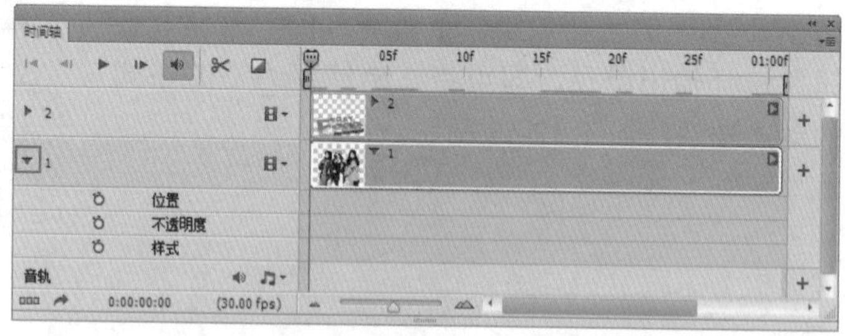

图12-59

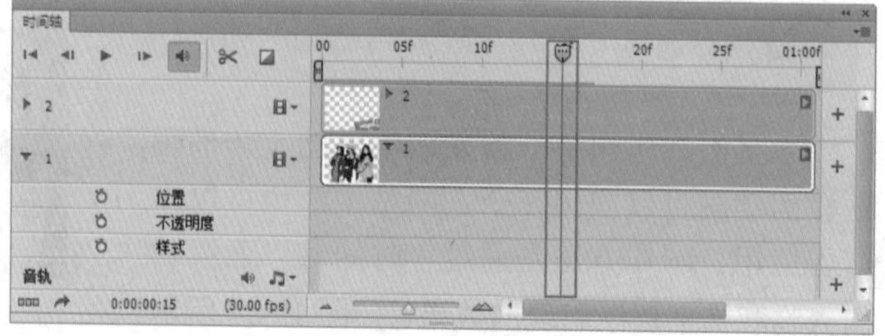

图12-60

图 12-61

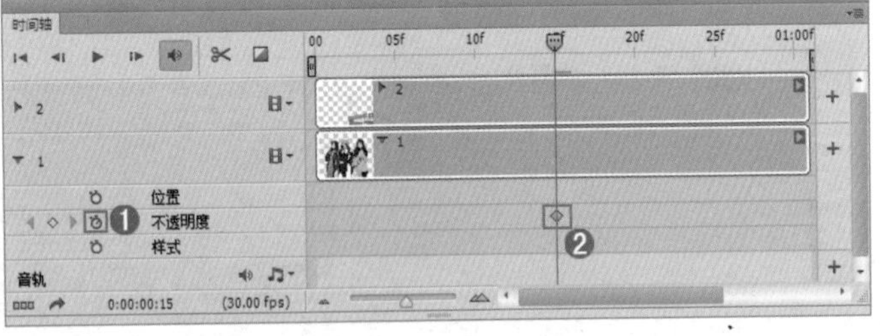

图 12-62

（5）在“时间轴”面板中将“当前时间指示器”拖曳到 01:00f 上，在“图层”面板中设置图层“1”的“不透明度”数值为 100%，单击“时间轴”面板上“不透明度”前面的“启用关键帧动画”按钮，添加关键帧，如图 12-63 所示。单击图层“2”的展开按钮，展开操作面板，在“时间轴”面板中将“当前时间指示器”拖曳到 01:00f 上，单击“时间轴”面板上“位置”前面的“启用关键帧动画”按钮，为图层“2”添加关键帧，如图 12-64 所示。

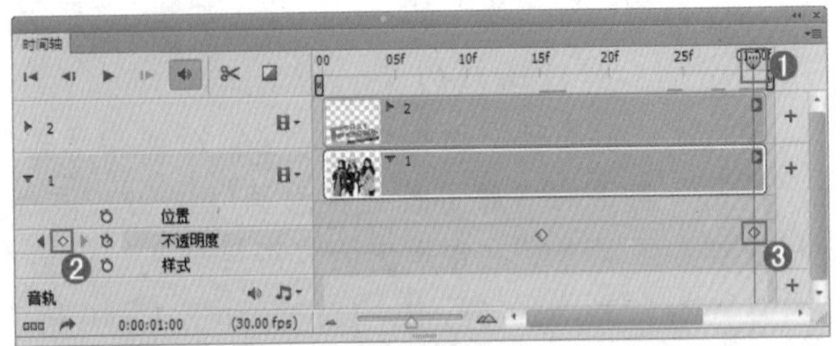

图 12-63

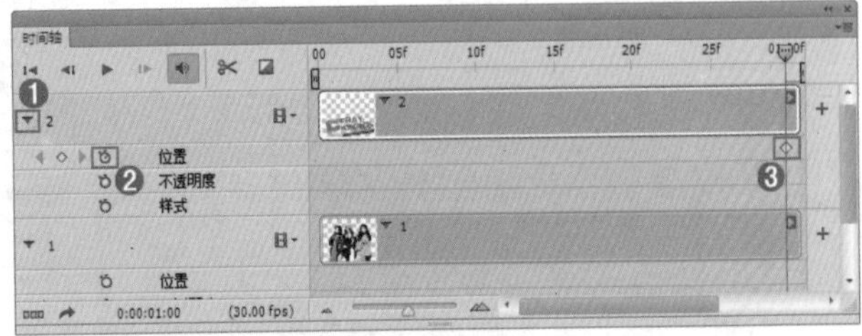

图 12-64

（6）在“时间轴”面板中将“当前时间指示器”拖曳到 00f 的位置上，单击“时间轴”面板上“位置”前面的“启用关键帧动画”按钮，添加关键帧，如图 12-65 所示。在“图层”面板上选择图层“2”，将文字向右下角进行拖曳，将其隐藏，画面效果如图 12-66 所示。

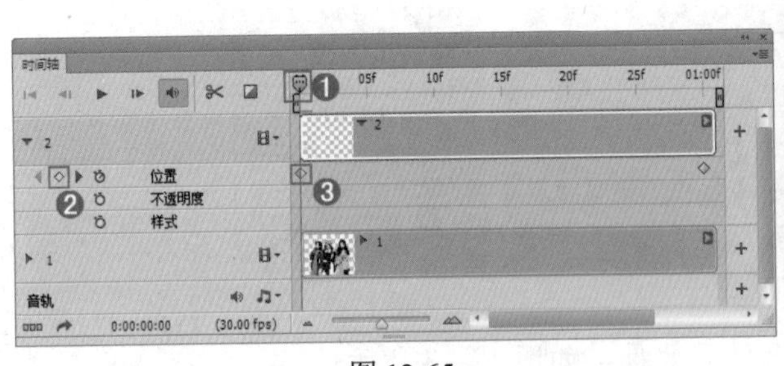

图 12-65

图 12-66

（7）执行“图层”→“图层样式”→“颜色叠加”命令，在“图层样式”对话框中设置颜色为蓝色（R：0 G：70 B：136），单击“确定”按钮完成操作，如图 12-67 所示。单击“时间轴”面板上“样式”前面的“启用关键帧动画”按钮，添加关键帧，如图 12-68 所示。

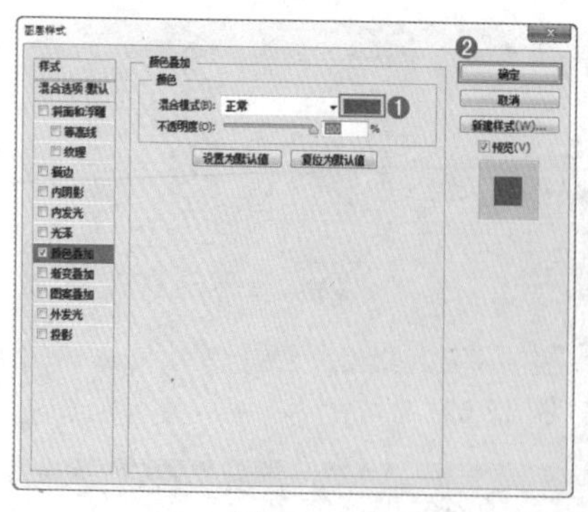

图 12-67

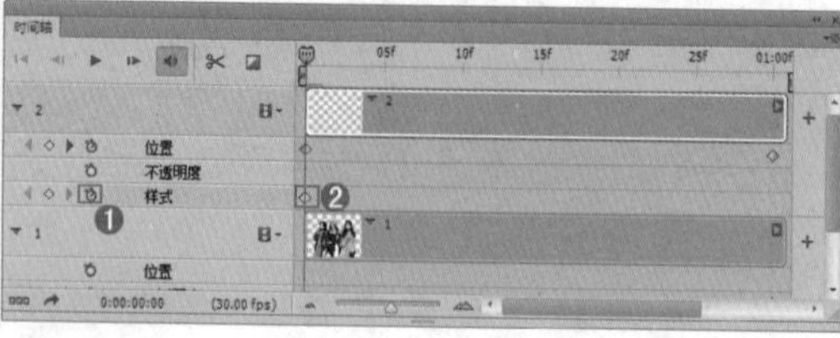

图 12-68

（8）在“时间轴”面板中将“当前时间指示器”拖曳到 25f 上，单击“时间轴”面板上“样式”前面的“启用关键帧动画”按钮，添加关键帧，如图 12-69 所示。在“图层”面板中双击图层“2”，在弹出的“图层样式”对话框中单击“颜色叠加”样式，设置颜色为粉色（R：238，G：58，B：156），如图 12-70 所示。

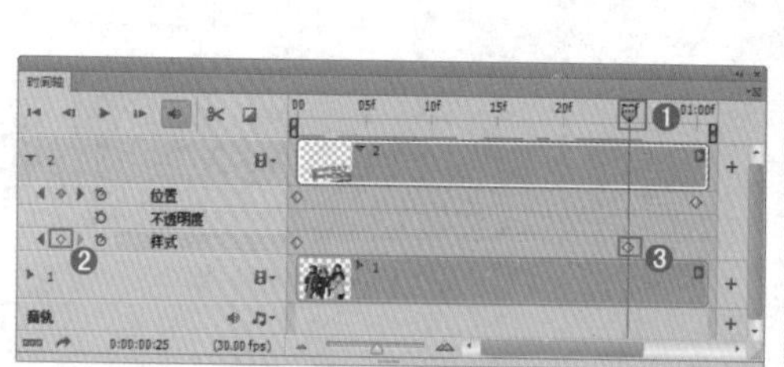

图 12-69

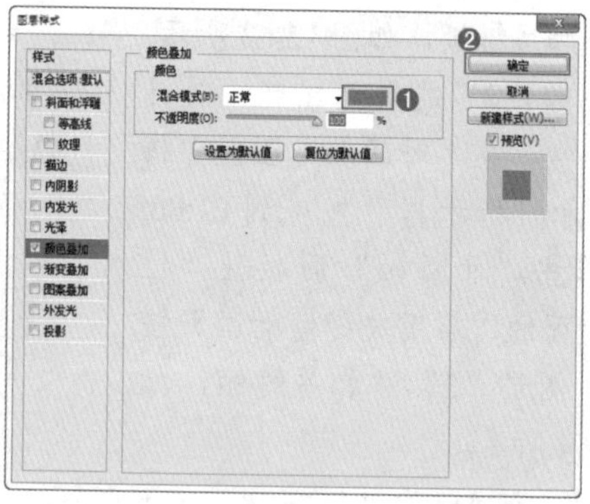

图 12-70

（9）在“时间轴”面板中将“当前时间指示器”拖曳到 01:00f 上，单击“时间轴”面板上“样式”前面的“启用关键帧动画”按钮，添加关键帧，如图 12-71 所示。在“图层”面板上选择图层“2”，按住鼠标左键拖曳图层样式按钮，将其拖曳到“删除图层”按钮上，将图层样式删除，如图 12-72 所示。

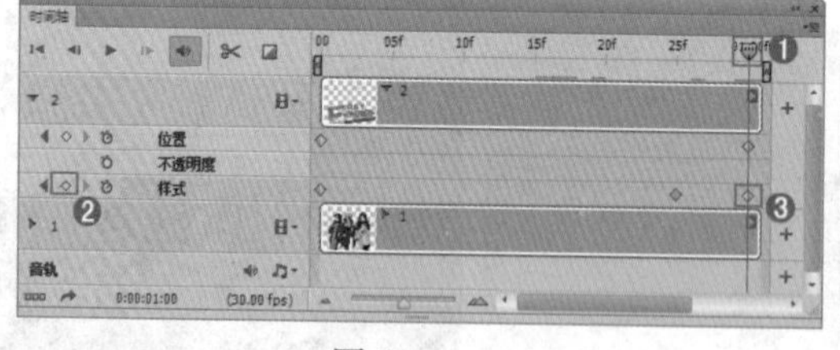

图 12-71

图 12-72

（10）单击“播放”按钮▶可以预览动画效果，如图 12-73 所示。

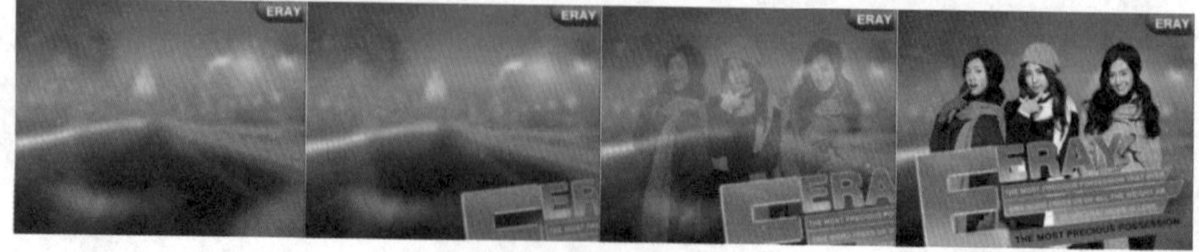

图 12-73

Photoshop 综合应用

13.1 广告设计——创意饮品广告

案例文件 / 第 13 章 / 广告设计——创意饮品广告 .psd

视频教学 / 第 13 章 / 广告设计——创意饮品广告 .flv

案例效果：

本案例使用渐变、画笔、钢笔等工具制作背景，通过使用“魔棒工具”为主体物抠图，利用多种抠图技法为画面添加装饰元素，并利用混合模式为画面添加绚丽的光效，如图 13-1 所示。

操作步骤：

Part 1 制作广告背景

广告设计——创意饮品广告

（1）按 Ctrl+N 快捷键，创建新的空白文件。单击工具箱中的渐变工具按钮，在选项栏中编辑一种绿色系渐变，如图 13-2 所示。设置渐变类型为“径向渐变”，在画面中进行填充作为背景色，如图 13-3 所示。

图 13-1

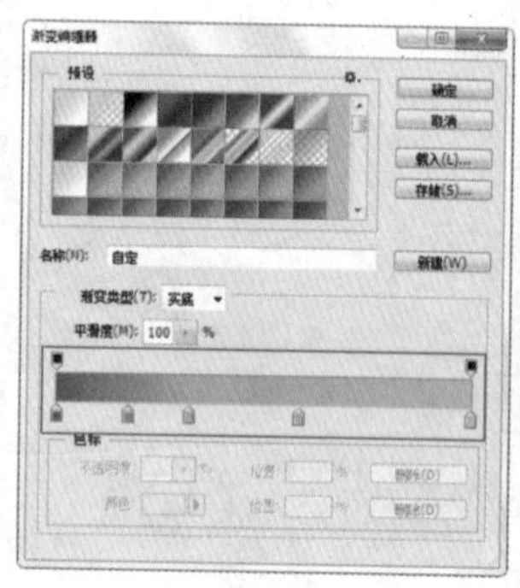
图 13-2

图 13-3

（2）下面开始绘制光线，首先新建图层，设置前景色为白色，单击工具箱中的画笔工具按钮，选择一个圆形画笔，设置“大小”为 1 像素，“硬度”为 100%，如图 13-4 所示。单击“自由钢笔工具”按钮，在选项栏中的自由钢笔选项中设置“曲线拟合”为 10 像素。由于曲线拟合的数值设置的较高，所以使用“自由钢笔工具”可以很轻易地绘制出比较圆滑的曲线。单击鼠标右键在弹出的快捷菜单中选择“描边路径”命令，设置工具为“画笔”，如图 13-5 所示。

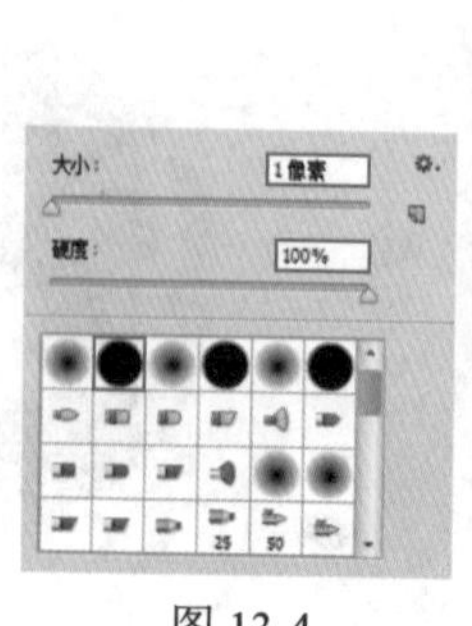

图 13-4

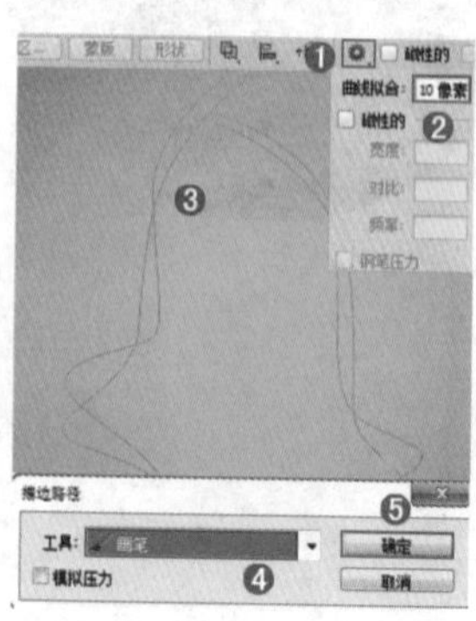

图 13-5

（3）此时可以看到路径上出现了白色的描边，单击右键执行“删除路径”命令，如图 13-6 所示。继续使用画笔工具，将笔尖大小调整稍大一些，并在光线上单击绘制出光斑，如图 13-7 所示。新建图层，设置前景色为黄色，单击工具箱中的“画笔工具”按钮，选择一个较大的圆形柔角画笔，设置其“不透明度”与“流量”均为 40%，并在画面中心绘制，如图 13-8 所示。

图 13-6

图 13-7

图 13-8

（4）执行“文件”→“置入”命令，置入素材“1.png”执行“图层”→“删格化”→“智能对象”命令，如图 13-9 所标。设置其“混合模式”为滤色，“不透明度”为 65%，为其添加图层蒙版，使用黑色半透明柔角画笔涂抹四周，如图 13-10 所示。效果如图 13-11 所示。

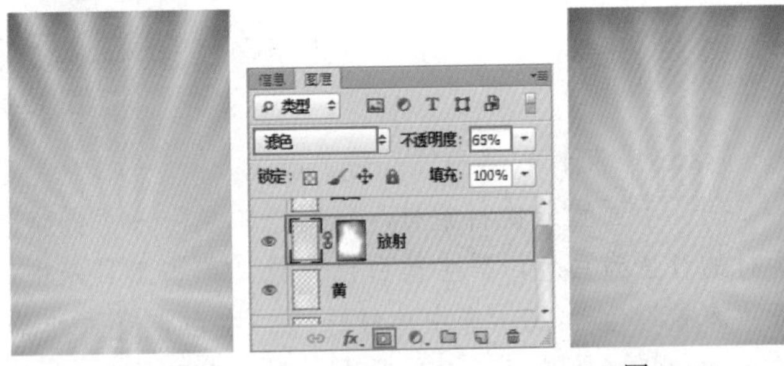

图 13-9 图 13-10 图 13-11

（5）新建图层“浅绿”，单击工具箱中的“钢笔工具”按钮，在画面的底部绘制如图 13-12 所示的路径，单击右键执行“建立选区”命令，转换为选区后为其 填充绿色，如图 13-13 所示。

图 13-12 图 13-13

（6）按 Ctrl+J 快捷键复制当前“浅绿”图层，命名为“深绿”，将该图层向下适当移动，载入选区并填充为较深的绿色，如图 13-14 所示。复制“浅绿”“深绿”图层，执行“编辑”→“变换”→“垂直翻转”命令，并移动到画面顶部，如图 13-15 所示。

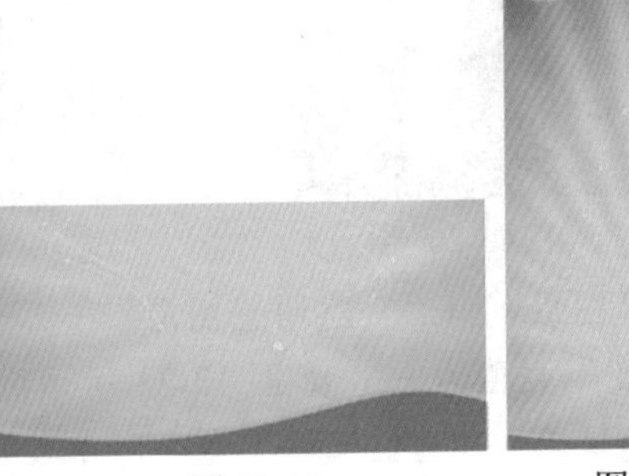

图 13-14 图 13-15

（7）置入商标素材，执行“图层”→“栅格化”→“智能对象”命令，放在左下角。单击工具箱中的“横排文字工具”按钮，在画面下半部分绘制出文本框，然后在选项栏中设置合适的字体、字号、对齐方式、颜色，并在文本框中输入段落文字，如图 13-16 所示。下面置入水花素材文件，执行“图层”→“栅格化”→“智能对象”命令，如图 13-17 所示。

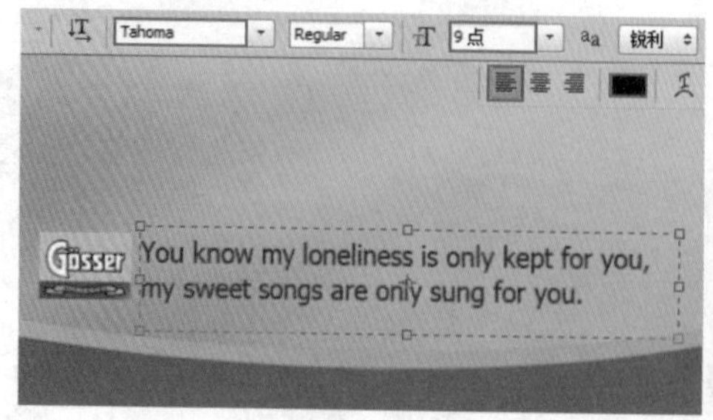

图 13-16

图 13-17

（8）在“图层”面板中设置其“混合模式”为变暗，为其添加图层蒙版，使用黑色画笔涂抹多余的部分使其隐藏，如图 13-18 和图 13-19 所示。

图 13-18

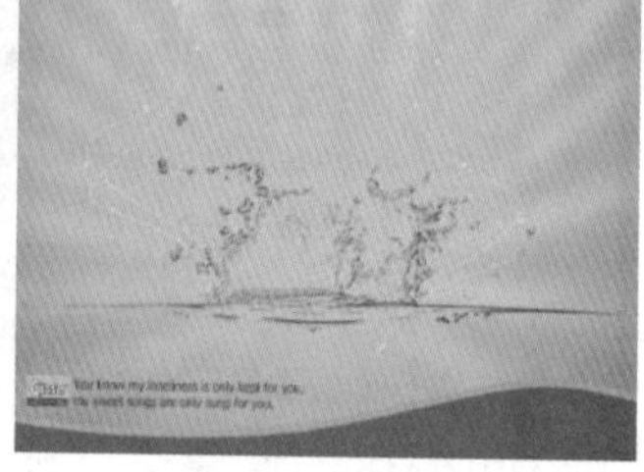
图 13-19

Part 2　制作饮品主体部分

（1）下面置入饮料素材，执行“图层”→“栅格化”→“智能对象”命令，由于瓶子素材的背景为白色，需去掉白色背景，单击工具箱中的“魔棒工具”按钮，在选项栏中设置“容差”值为 20，选中连续选项。在白色背景处单击载入背景选区，如图 13-20 所示。单击右键执行“选择反向”命令，得到瓶子选区，以当前选区为该图层添加图层蒙版，如图 13-21 所示。此时可以看到背景部分被隐藏，如图 13-22 所示。

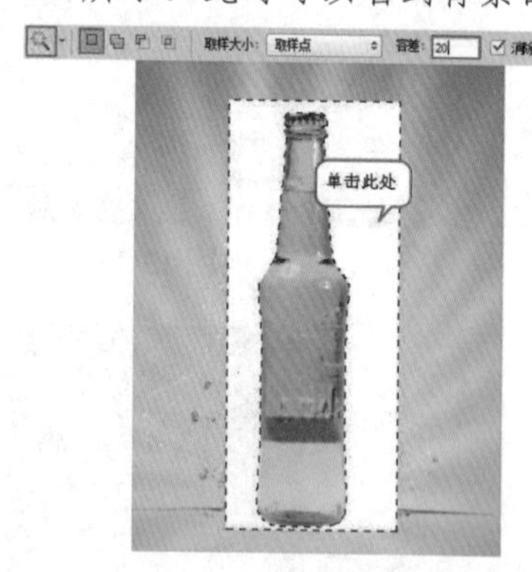

图 13-20

图 13-21

图 13-22

（2）执行“图层”→“新建调整图层”→“色相 / 饱和度”命令，设置“色相”数值为 -32，“饱和度”数值为 -2，如图 13-23 所示。在该调整图层上单击鼠标右键，在弹出的快捷菜单中选择“创建剪贴蒙版”命令，使其只对饮料图层起作用，如图 13-24 所示。

图 13-23

图 13-24

（3）复制并合并饮料图层和调整图层，命名为“倒影”，对其执行“编辑”→“变换”→“垂直翻转”命令，并将其摆放在饮料瓶的下方。设置其“不透明度”为 36%，并使用黑色画笔涂抹底部，如图 13-25 和图 13-26 所示。

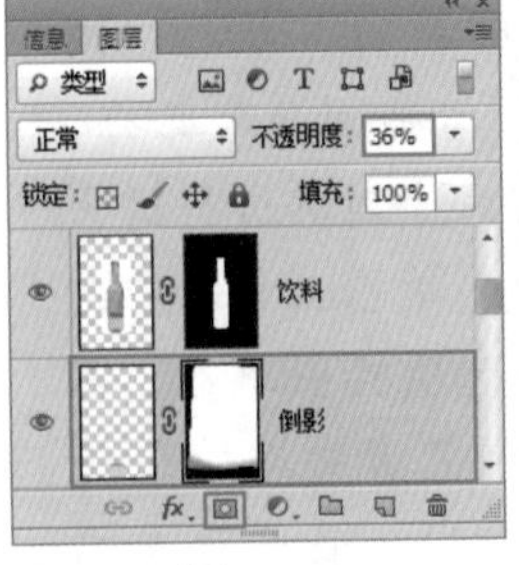

图 13-25

图 13-26

（4）下面置入商标素材，执行“图层”→“栅格化”→“智能对象”命令，摆放在饮料瓶上，如图 13-27 所示。设置该图层“混合模式”为浅色，并为其添加图层蒙版，使用黑色柔角画笔涂抹商标两侧，如图 13-28 所示。使其与饮料瓶的弧度相匹配，如图 13-29 所示。

图 13-27

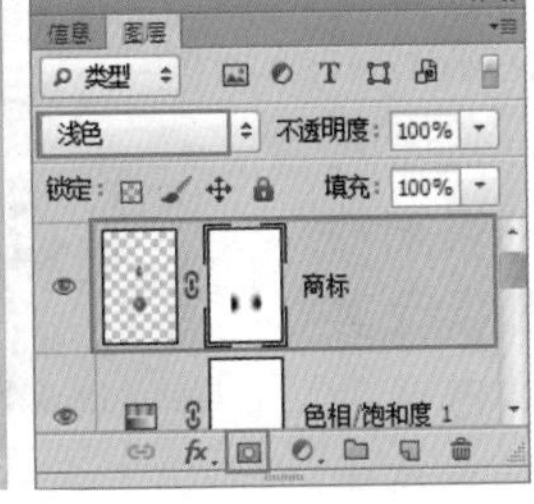

图 13-28

图 13-29

（5）置入柠檬水花素材，执行“图层”→“栅格化”→“智能对象”命令，摆放在瓶子的下半部分，如图 13-30 所示。设置该图层“混合模式”为变暗，“不透明度”为 53%，添加图层蒙版涂抹多余部分，如图 13-31 所示。使之融合到饮料瓶中，如图 13-32 所示。

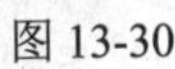

图 13-30

图 13-31

图 13-32

（6）单击工具箱中的“画笔工具”按钮，设置前景色为深灰色。在瓶子图层下方新建图层，选择一个圆形柔角画笔在瓶子底部绘制阴影效果，如图 13-33 所示。置入柠檬素材，执行“图层”→“栅格化”→“智能对象”命令，摆放在瓶子的后方，如图 13-34 所示。

图 13-33

图 13-34

（7）置入光效素材文件，执行“图层”→“栅格化”→“智能对象”命令，放在瓶子的右半部分，如图 13-35 所示。设置其“混合模式”为滤色，使黑色部分被隐藏，如图 13-36 所示。

图 13-35

图 13-36

（8）继续置入柠檬素材，执行“图层”→“栅格化”→“智能对象”命令，然后执行“自由变换”命令对其进行适当旋转，如图 13-37 所示。单击工具箱中的“魔棒工具”按钮，在选项栏中单击“添加到选区”按钮，设置“容差”数值为 20，选中连续选项，在白色背景处单击得到背景部分选区，按 Delete 键删除白色背景，如图 13-38 所示。

图 13-37

图 13-38

（9）下面开始为柠檬制作倒影，将柠檬复制出一个图层，进行垂直翻转后将其摆放在之前的柠檬的下方，使用透明度为 50% 的“橡皮擦工具”，将复制的柠檬擦除成为半透明效果（也可以为其添加图层蒙版，在蒙版中绘制半透明的黑色），如图 13-39 所示。单击工具箱中的“画笔工具”按钮，设置前景色为深灰色。在瓶子图层下方新建图层，单击工具箱中的“画笔工具”按钮，选择一个圆形柔角画笔在柠檬底部绘制阴影效果，如图 13-40 所示。

图 13-39

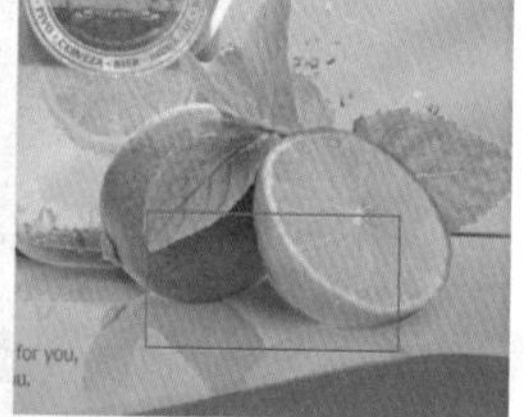

图 13-40

（10）置入树叶青蛙蝴蝶等前景素材文件，执行“图层”→“栅格化”→“智能对象”命令，如图 13-41 所示。置入水花素材文件，执行“图层”→“栅格化”→“智能对象”命令，如图 13-42 所示。由于水花素材文件大部分区域为白色，所以可以将其“混合模式”设置为划分，如图 13-43 和图 13-44 所示。

图 13-41

图 13-42

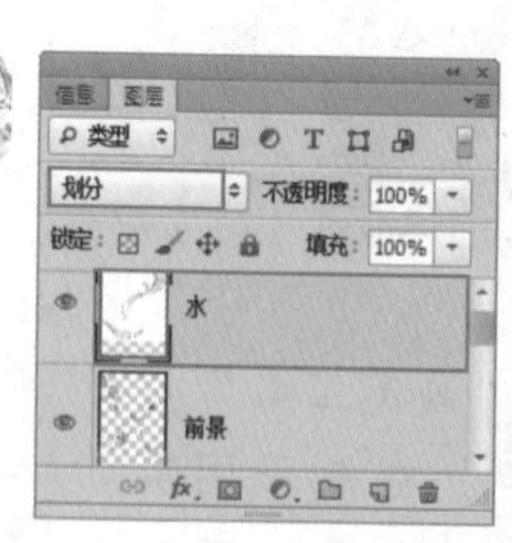

图 13-43

图 13-44

（11）继续置入光效素材文件，执行“图层”→“栅格化”→“智能对象”命令，如图 13-45 所示。设置其“混合模式”为滤色，“不透明度”为 66%，为其添加图层蒙版，如图 13-46 所示。使用黑色画笔涂抹光效素材图层，如图 13-47 所示。

图 13-45

图 13-46

图 13-47

（12）置入气泡素材，执行“图层”→“栅格化”→“智能对象”命令，由于气泡素材的背景也是黑色的，如图 13-48 所示，所以设置其“混合模式”为滤色将背景隐藏，如图 13-49 所示。最后创建一个曲线调整图层，调整曲线形状增强画面对比度，如图 13-50 所示。最终效果如图 13-51 所示。

图 13-48

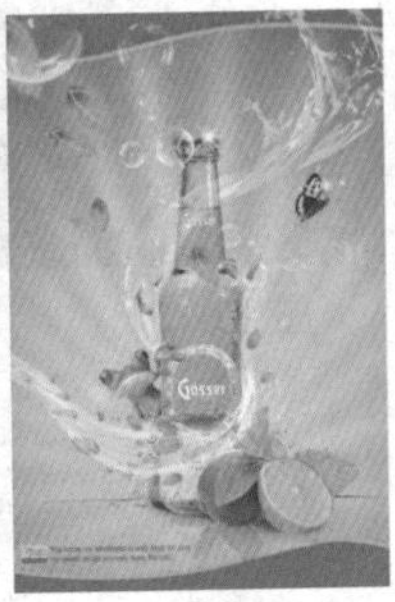

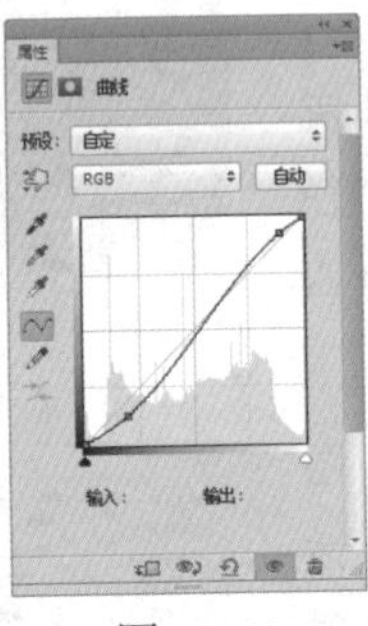

图 13-49

图 13-50

图 13-51

13.2 海报设计——卡通风格星球世界海报

案例文件 / 第 13 章 / 海报设计卡通风格星球世界海报 .psd

视频教学 / 第 13 章 / 海报设计卡通风格星球世界海报 .flv

案例效果：

本案例主要利用了文字工具以及 3D 功能制作顶部的立体文字，海报主体图形通过置入素材并配合钢笔工具、多边形套索工具、图层蒙版等功能制作出卡通星球效果，如图 13-52 所示。

图 13-52

海报设计——卡通风格星球世界海报

操作步骤：

Part 1 制作 3D 立体文字

（1）使用新建快捷键 Ctrl+N，在弹出的“新建”窗口中设置单位为“像素”，“宽度”为 2000 像素，“高度”为 2910 像素。单击“确定”按钮，创建一个新文档。单击工具箱中的“渐变工具”按钮，编辑一种蓝色系的渐变，如图 13-53 所示。在图像中填充，如图 13-54 所示。

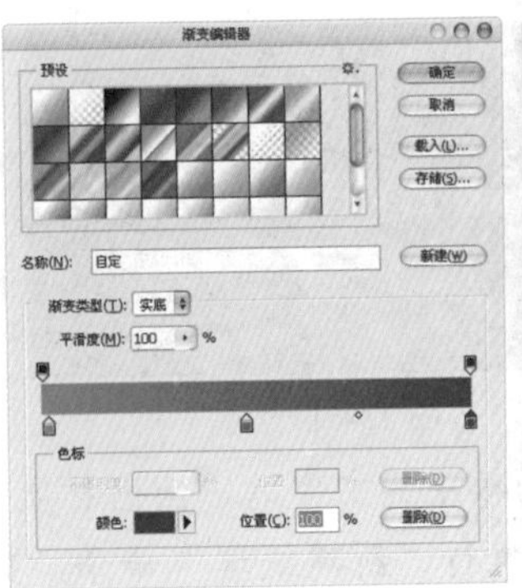

图 13-53

图 13-54

（2）创建新组，命名为“底”，选择“横排文字工具”，在选项栏中设置合适的字体、字号，在画面底部单击并输入文字，如图 13-55 所示。用同样的方法输入另外几组文字，如图 13-56 所示。

图 13-55

图 13-56

（3）下面选择“自定形状工具”，在选项栏中选择一种星形并在图像中绘制形状，按快捷键 Ctrl+Enter 建立选区，如图 13-57 所示。选择渐变工具，设置渐变颜色由浅灰色到深灰色。然后设置渐变类型为“径向渐变”，在选区内由中心向四周拖曳，如图 13-58 所示。

图 13-57

图 13-58

（4）下面为图形添加图层样式，在“图层样式”对话框中选中“投影”样式，设置“混合模式”为正片叠底，“不透明度”为 75%，“角度”为 120，“距离”为 14 像素，“大小”为 54 像素，如图 13-59 和图 13-60 所示。

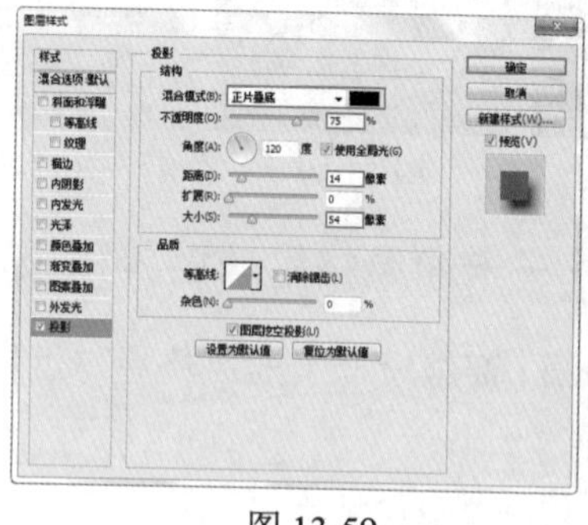

图 13-59

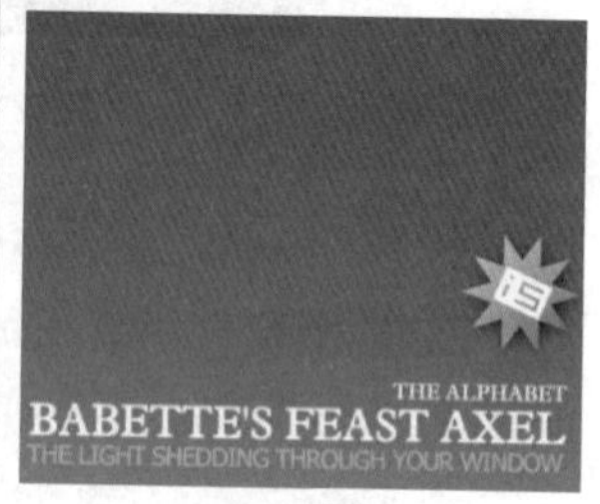

图 13-60

（5）创建新组，命名为“顶 -3D”，使用横排文字工具输入文字，如图 13-61 所示。执行 3D→“从所选图层新建 3D 模型”命令，在 3D 面板中单击文字条目，如图 13-62 所示。在“属性”面板中设置“凸出深度”数值为 -631，如图 13-63 所示。

图 13-61

图 13-62

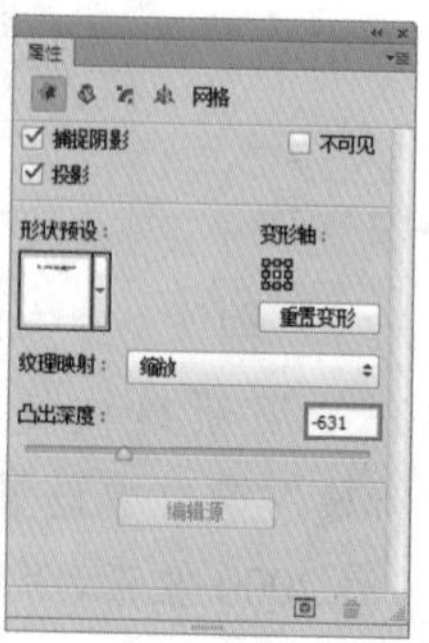

图 13-63

（6）单击 3D 面板中的文字的“凸出材质”条目，在“属性”面板中单击“漫射”的下拉菜单按钮，执行“新建纹理”命令，如图 13-64 所示。进入新文档后填充蓝色渐变，如图 13-65 所示。回到 3D 图层，文字侧面自动生成蓝色渐变效果，如图 13-66 所示。

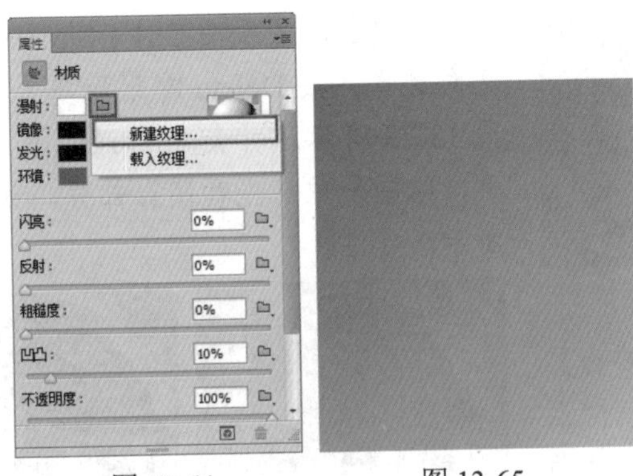

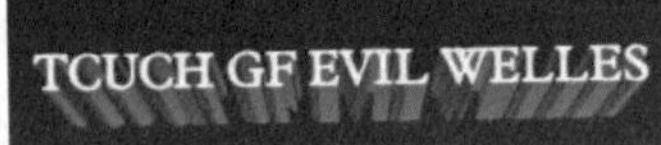

图 13-64　　图 13-65　　图 13-66

（7）同理，制作出其他文字的 3D 效果。接着使用“矩形工具”绘制白色矩形底色，并使用文字工具在上方输入“is”字母，如图 13-67 所示。使用“矩形选框工具”在文字上方绘制矩形选区，并填充白色。选择“圆角矩形工具”，绘制比较扁的圆角矩形，按快捷键 Ctrl+Enter 建立选区，填充颜色，如图 13-68 所示。使用矩形选框工具框选圆角矩形下半部分，按 Delete 键删除多余部分，如图 13-69 所示。

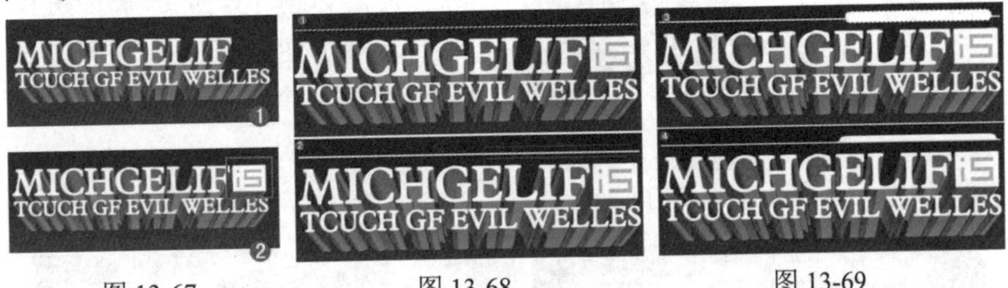

图 13-67　　图 13-68　　图 13-69

Part 2　制作主体部分

（1）置入矢量地球素材，执行“图层”→“栅格化”→“智能对象”命令，如图 13-70 所示。执行“图层”→“图层样式”→“外发光”命令，设置“混合模式”为滤色，“不透明度”为 75%，颜色为淡蓝色，“大小”为 120 像素，如图 13-71 和图 13-72 所示。

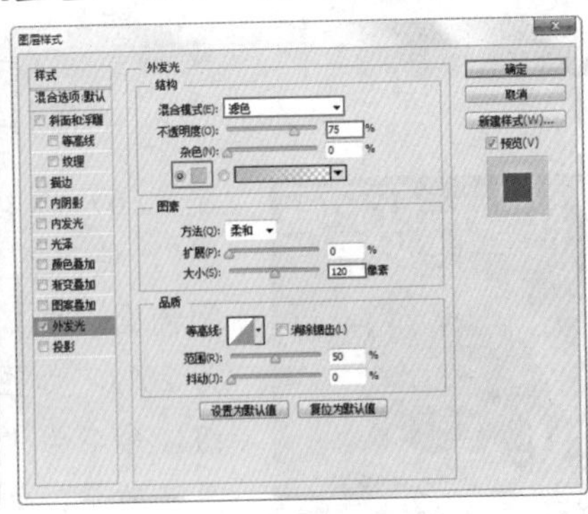

图 13-70　　图 13-71　　图 13-72

（2）置入草皮素材，执行“图层”→“栅格化”→“智能对象”命令，如图 13-73 所示。多次复制草地图层，平铺在地球上，如图 13-74 所示。

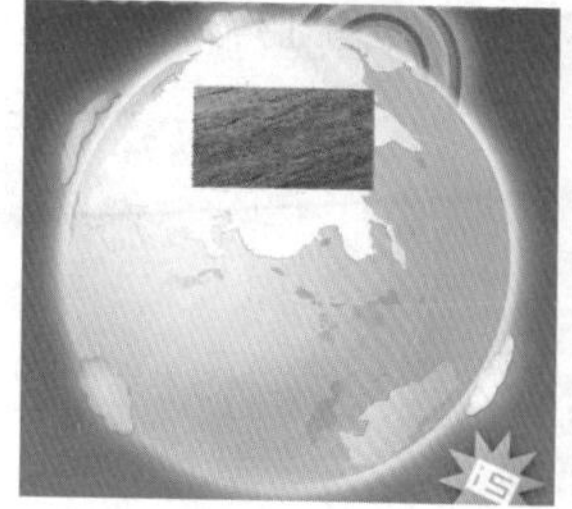

图 13-73

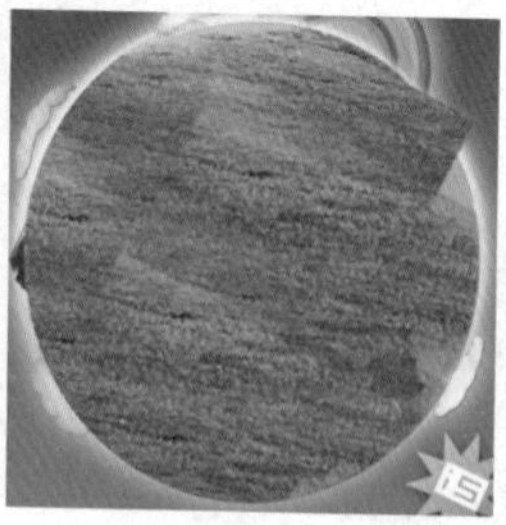

图 13-74

（3）使用钢笔工具绘制出地球板块的效果，建立选区后按 Ctrl + Shift + I 组合键反向选择，按 Delete 键删除多余部分，如图 13-75 所示。并使用加深工具和减淡工具，绘制地球高光和阴影部分，如图 13-76 所示。

图 13-75

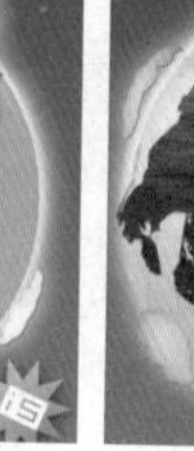

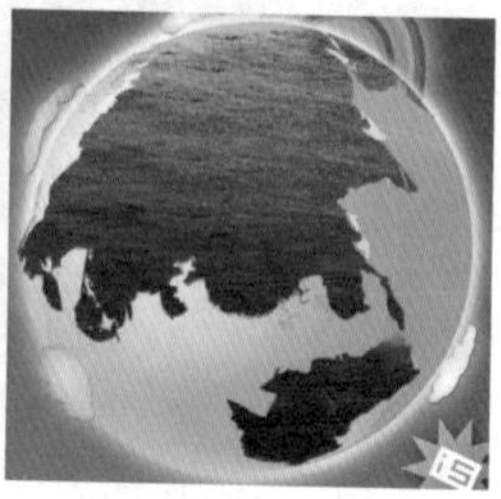

图 13-76

（4）为了使草皮更具有立体感，需要为其添加“投影”图层样式，设置颜色为黑色，“混合模式”为正片叠底，“不透明度”为 75%，“角度”为 120 度，“距离”为 5 像素，“大小”为 5 像素，如图 13-77 和图 13-78 所示。

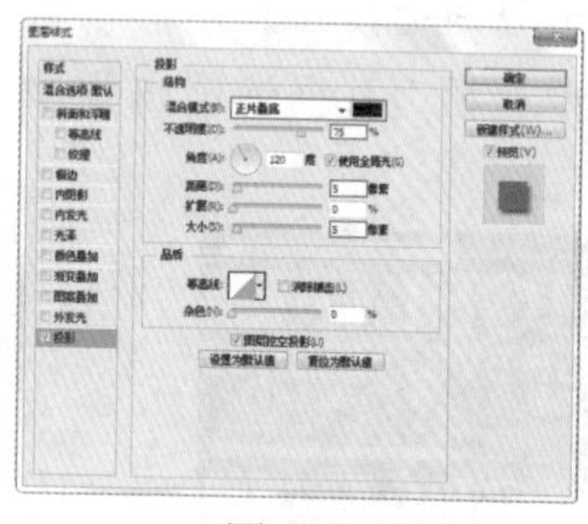

图 13-77

图 13-78

（5）在草皮图层下方添加图层，使用多边形套索工具绘制不规则图形并填充黑色，如图 13-79 所示。选择“地球”图层，添加图层蒙版，使用黑色画笔在黑色边缘处涂抹，模拟出海水效果，如图 13-80 所示。

图 13-79

图 13-80

（6）继续新建图层，命名为“阴影”。使用椭圆选框工具在地球下方绘制椭圆，填充为黑色，设置“不透明度”为 26%，如图 13-81（a）所示。创建新组，命名为“星光”。在图中绘制出多个星光效果，如图 13-81（b）所示。

（a）

（b）

图 13-81

技巧提示：如何制作星光

设置画笔“大小”为 5 像素，“硬度”为 0%，在图像上绘制白色圆点。使用自由变换工具快捷键 Ctrl+T 拉长圆点。再复制图层，使用自由变换工具快捷键 Ctrl+T 横向调整位置，如图 13-82 所示。

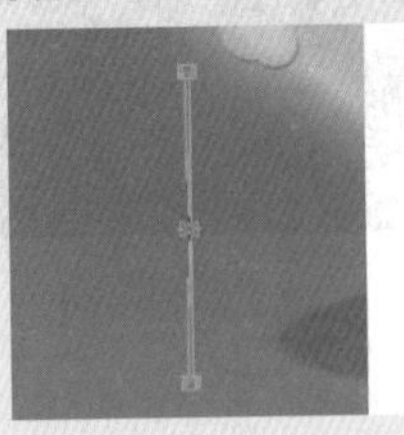
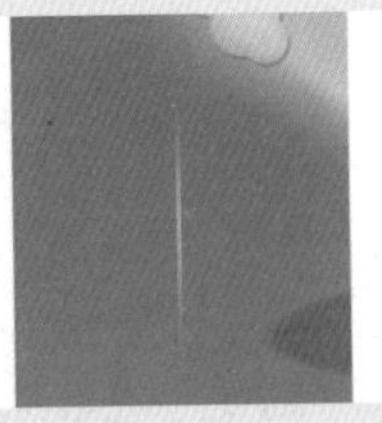
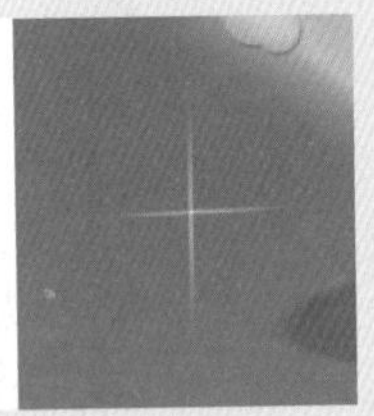

图 13-82

（7）使用椭圆选框工具绘制比地球稍大的圆形选区，单击右键执行“羽化”命令，设置“羽化半径”为 5 像素，如图 13-83 和图 13-84 所示。

（8）新建图层为当前圆形羽化选区填充白色，如图 13-85 所示。降低“不透明度”为 20%，如图 13-86 和图 13-87 所示。使用橡皮擦工具擦除中间部分制作反光效果，如图 13-88 所示。

图 13-83

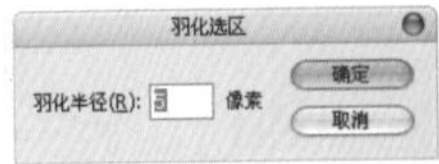

图 13-84

图 13-85

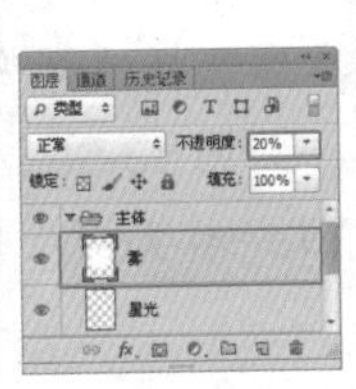

图 13-86

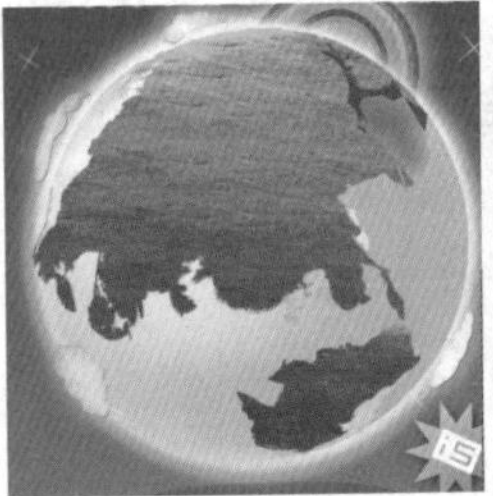

图 13-87

图 13-88

（9）置入前景卡通素材，执行“图层”→“栅格化”→“智能对象”命令，摆放到合适位置，如图 13-89 所示。

（10）使用钢笔工具绘制草叶形状，按 Ctrl+Enter 快捷键建立选区。为当前选区填充绿色（R：119，G：185，B：24），单击“加深工具”按钮，设置其选项面板如图 13-90 所示，然后在选区内涂抹出立体效果，如图 13-91 所示。

图 13-89

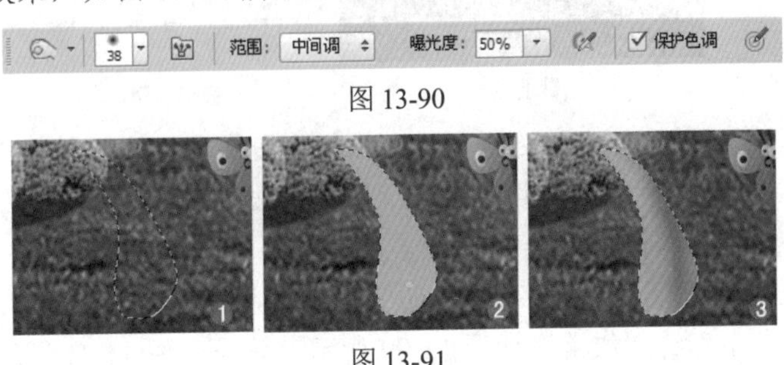

图 13-90

图 13-91

（11）多次复制草叶并适当变形，摆放在一起，如图 13-92 所示。最终效果如图 13-93 所示。

图 13-92

图 13-93

13.3 包装设计——月饼礼盒包装

案例文件 / 第 13 章 / 包装设计月饼礼盒包装 .psd

视频教学 / 第 13 章 / 包装设计月饼礼盒包装 .flv

案例效果：

本案例首先制作出月饼礼盒的平面设计图，并利用自由变换以及绘图工具绘制出礼盒的立体展示效果，如图 13-94 所示。

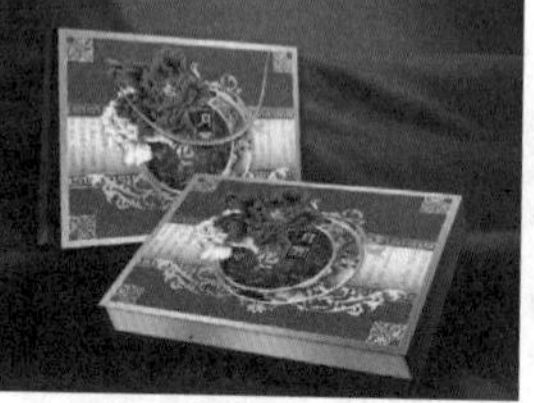
图 13-94

包装设计——月饼礼盒包装

操作步骤：

Part 1 制作月饼包装平面图

（1）按 Ctrl+N 快捷键新建一个大小为 2000×1500 像素的文档。首先制作月饼礼盒的顶面平面图。新建个图层命名为“底色”使用“矩形选框工具”，绘制一个矩形选框。然后设置前景色为红色，使用前景色填充快捷键 Alt+Delete 填充选区为红色，作为礼盒顶面的底色，按 Ctrl+D 快捷键取消选区，如图 13-95 所示。新建一个图层，命名为边框，接着使用矩形选框工具绘制一个比底色大的选框。然后选择“渐变工具”，在选项栏中单击渐变窗口，拖动滑块调整渐变颜色为金色渐变，如图 13-96 所示。设置类型为线性，拖曳填充选区。然后载入红色“底色”图层选区，回到渐变图层按 Delete 键删除中间区域。并将该层放置在下一层中，如图 13-97 所示。

图 13-95

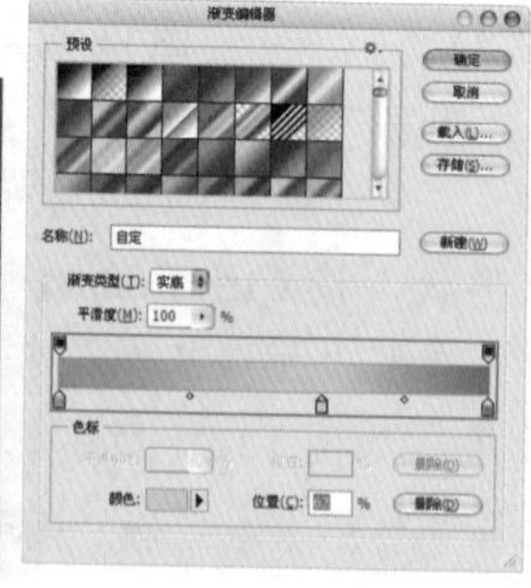
图 13-96

图 13-97

（2）选中金色边框图层，执行“图层”→“图层样式”→“外发光”命令，打开“图层样式”对话框，设置“不透明度”为 39%，“颜色”为黑色，“方法”为柔和，“大小”，为 7 像素，如图 13-98 所示。在“图层样式”对话框左侧选中“内发光”样式，设置“混合模式”为滤色，“不透明度”为 75%，“颜色”为黄色，“方法”为柔和，“阻塞”为 1%，“大小”为 7 像素，如图 13-99 所示。效果如图 13-100 所示。

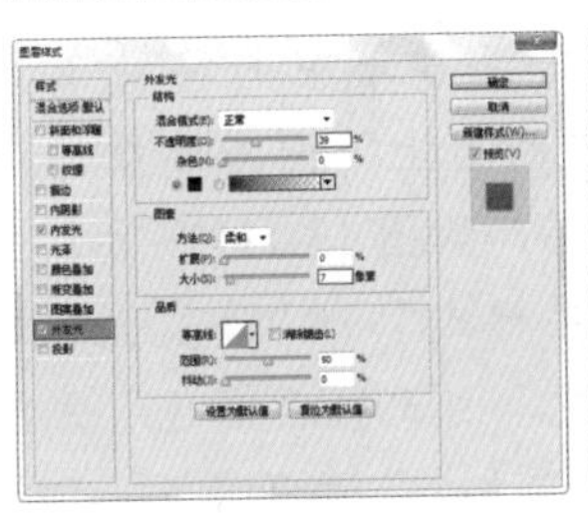

图 13-98

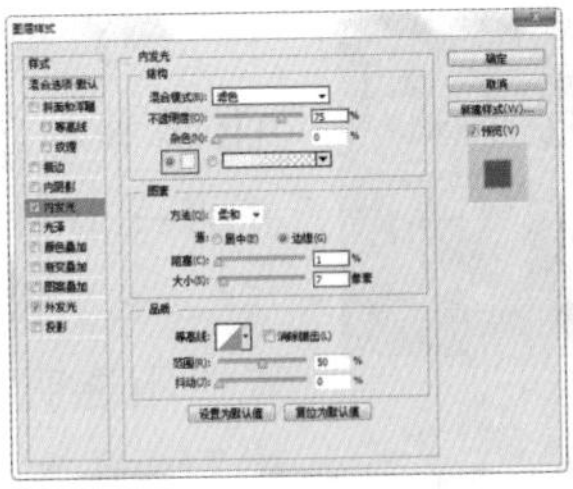

图 13-99

图 13-100

（3）置入底纹素材文件，执行“图层”→“栅格化”→“智能对象”命令，缩放到与底色图层相匹配的大小，将该图层的“混合模式”设置为滤色并创建剪切蒙版，如图 13-101 所示。效果如图 13-102 所示。

图 13-101

图 13-102

（4）接着置入转角处的花纹文件，执行“图层”→“栅格化”→“智能对象”命令，将其放置在右上角，选择移动工具并按住 Alt 键拖曳复制出 3 个副本，如图 13-103 所示。分别使用自由变换工具快捷键 Ctrl+T，进行水平翻转或垂直翻转命令后，依次放置在每个转角上，如图 13-104 所示。

图 13-103

图 13-104

（5）下面置入沙金质地素材文件，执行“图层”→“栅格化”→“智能对象”命令，放置在右侧，如图 13-105 所示。单击工具箱中的移动工具，按住 Alt 键移动复制到左侧，选中这两个图层，按 Ctrl+E 快捷键合并为一个图层，如图 13-106 所示。

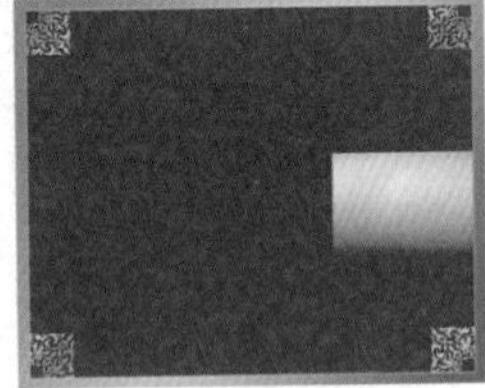

图 13-105

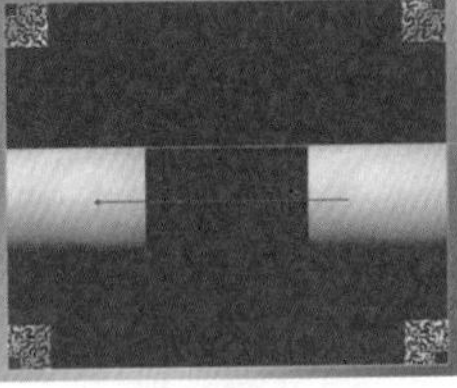

图 13-106

技巧提示：使用标尺

为了保证两个沙金素材在同一水平线上，可以按 Ctrl+R 快捷键打开标尺，然后自上而下拖曳出一条辅助线，使素材能精确对齐。

（6）由于沙金素材的颜色对比度太强，执行“图层”→“图层样式”→“渐变叠加”命令，打开“图层样式”对话框，设置“混合模式”为变亮，“不透明度”为 42%，“渐变”颜色为浅金色渐变，“样式”为线性，“角度”为 90 度，如图 13-107 所示。此时可以看到沙金素材部分的颜色明显柔和了很多，如图 13-108 所示。

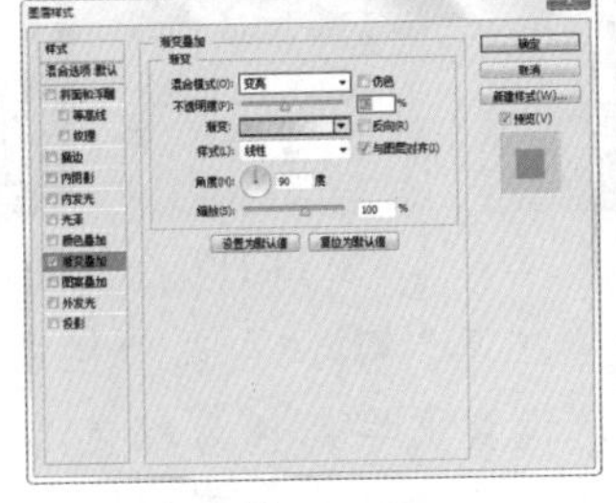

图 13-107

图 13-108

（7）使用“钢笔工具”绘制出 3 个闭合路径，如图 13-109 所示。右键执行“建立选区”命令，载入选区，设置前景色为黄色，按 Alt+Delete 快捷键填充选区为黄色，如图 13-110 所示。

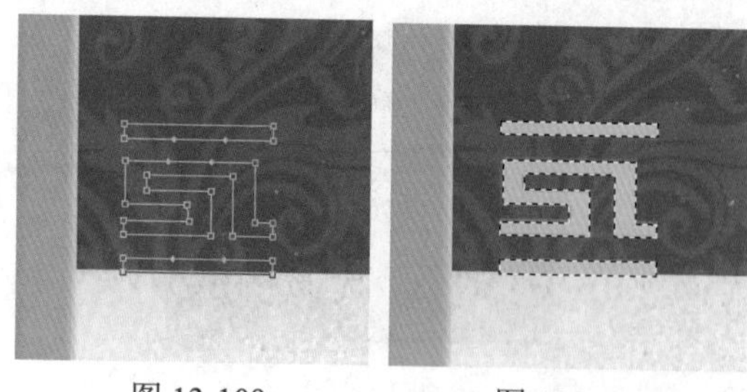

图 13-109　　图 13-110

（8）单击工具箱中的移动工具，按住 Alt 键移动复制出上下两排连续的花纹并合并为一个图层，如图 13-111 所示。执行“图层”→“图层样式”→“外发光”命令，设置“不透明度”为 39%，“颜色”为黑色，“方法”为柔和，“大小”为 7 像素，如图 13-112 所示。

图 13-111　　图 13-112

（9）在“图层样式”对话框左侧选中“内发光”样式，设置“混合模式”为滤色，“不透明度”为 75%，“颜色”为黄色，“方法”为柔和，“阻塞”为 1%，“大小”为 3 像素，如图 13-113 所示。继续在“图层样式”对话框左侧选中“渐变叠加”样式，设置“不透明度”为 93%，“渐变”颜色为金色渐变，“样式”为线性，“角度”为 115 度，“缩放”为 150%，如图 13-114 所示。效果如图 13-115 所示。

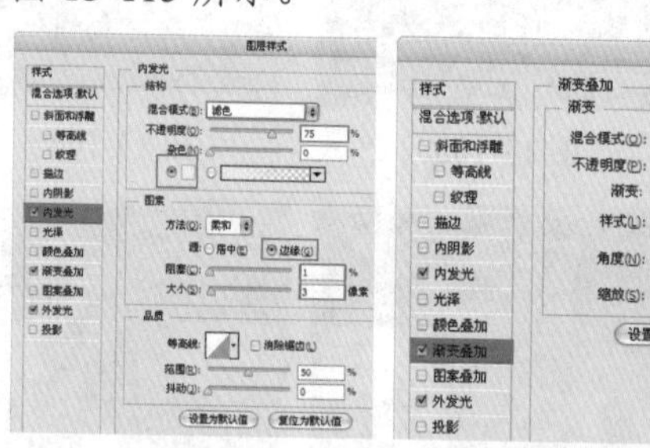

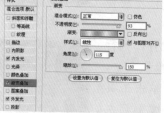

图 13-113　　图 13-114

图 13-115

（10）置入印章素材文件，执行“图层”→“栅格化”→“智能对象”命令，放在沙金图层上方，如图 13-116 所示。设置该图层的“混合模式”为叠加，如图 13-117 所示。可以看到印章素材与沙金质感融为一体，如图 13-118 所示。接着按 Ctrl+J 快捷键复制出一个印，放置在左侧。并按照同样的方法继续在上面添加印章，如图 13-119 所示。

图 13-116

图 13-117

图 13-118

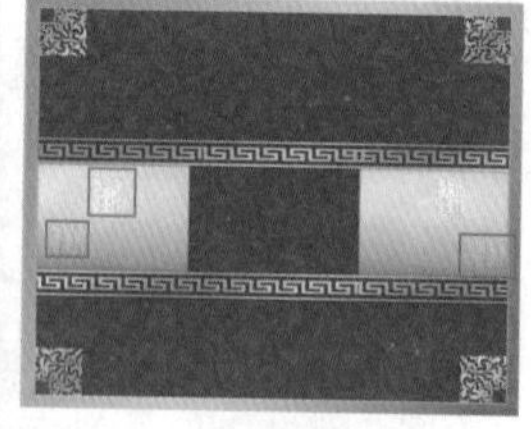

图 13-119

（11）选择“直排文字工具” ，在选项栏中选择一个合适字体，设置字号为 7 点，单击“顶端对齐”按钮，设置文字颜色为棕色，打开“字符”面板，单击“下画线”按钮，如图 13-120 所示。设置完毕后在画面中输入文字。然后载入沙金素材图层选区，回到文字图层添加一个图层蒙版，使多余的部分隐藏，并将文字图层的“混合模式”设置为正片叠底，设置不透明度为 59%，如图 13-121 所示。效果如图 13-122 所示。

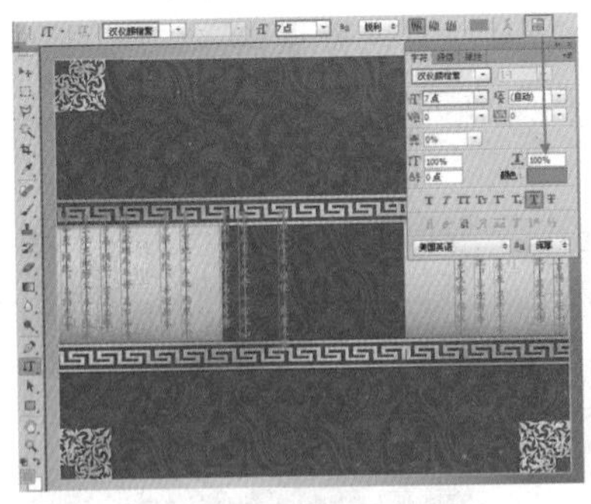

图 13-120

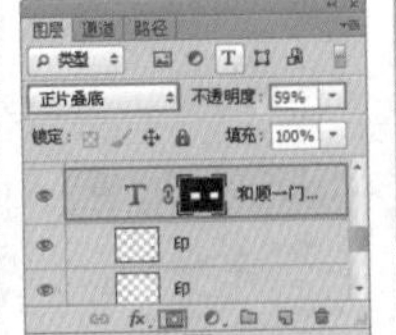

图 13-121

图 13-122

（12）下面新建一个“主体”图层组，置入花纹素材文件，执行“图层”→“栅格化”→“智能对象”命令，如图 13-123 所示。然后在“横纹”图层上单击右键执行“拷贝图层样式”命令，如图 13-124 所示。在回到“花纹”图层中单击右键执行“粘贴图层样式”命令，如图 13-125 所示。此时可以看到花纹图层上出现相同的图层样式，效果如图 13-126 所示。

图 13-123

图 13-124 图 13-125

图 13-126

（13）使用“椭圆选框工具”按钮，按住 Shift 键在中间绘制一个正圆形，设置前景色为暗红色，使用前景色填充快捷键 Alt+Delete 填充选区为深红色，如图 13-127 所示。接着绘制一个比深红色正圆大的正圆选区，填充选区为黑色。然后载入暗红小圆图层选区并回到大圆图层按 Delete 键删除中间区域，制作一个黑色环形，并将该层放置在下一层中。如图 13-128 所示。由于之前拷贝了横纹的图层样式，所以在黑色圆环图层上单击鼠标右键，在弹出的快键菜单中选择“粘贴图层样式”命令即可添加相同的图层样式，如图 13-129 所示。

图 13-127

图 13-128

图 13-129

（14）置入花朵底纹素材文件，执行“图层”→“栅格化”→“智能对象”命令，放在暗红圆形中央，执行“图层”→“图层样式”→“内阴影”命令，设置“混合模式”为滤色，“不透明度”为 63%，“颜色”为黄色，“方法”为柔和，“大小”为 24 像素，如图 13-130 所示。选中斜面和浮雕选项，设置样式为内斜面，“方法”为平滑，“大小”为 5 像素，“角度”

为 92 度，“高度”为 53 度，设置“高光模式”为线性加深，颜色为棕色，“不透明度”为 23%，“阴影模式”为正片叠底，颜色为黑色，“不透明度”为 71%，如图 13-131 所示。单击“确定”按钮，效果如图 13-132 所示。

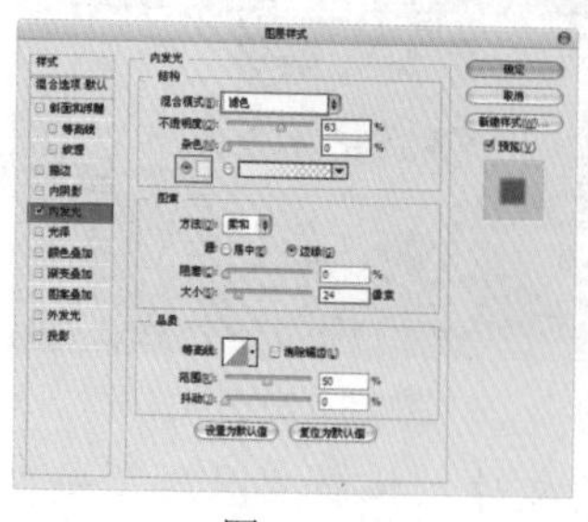
图 13-130

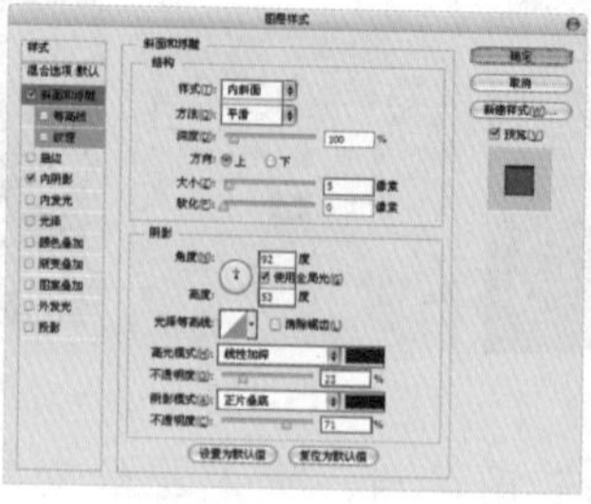
图 13-131

图 13-132

（15）再次置入圆形底纹素材文件，执行“图层”→“栅格化”→“智能对象”命令，并按照制作大环形的方法再制作出一个小环形，放在如图 13-133 所示的位置，如图 13-134 所示。接着置入手绘花朵素材，执行“图层”→“栅格化”→“智能对象”命令，放置在顶部位置，如图 13-135 所示。

图 13-133

图 13-134

图 13-135

（16）新建图层，使用“矩形选框工具”绘制一个矩形选框。填充选区为深红色，然后单击右键执行“描边”命令，设置“宽度”2px，“颜色”为深黄色，如图 13-136 所示。效果如图 13-137 所示。

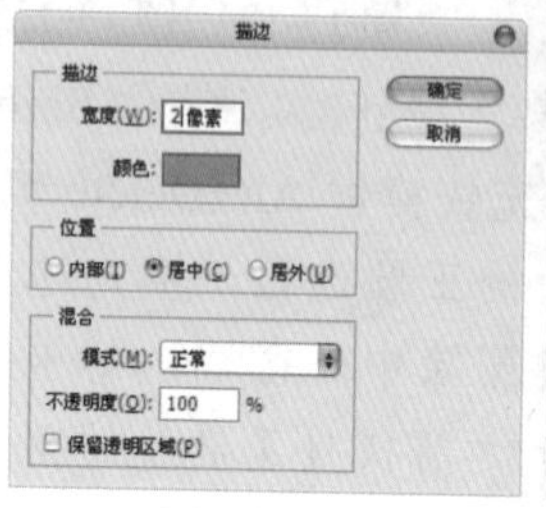

图 13-136

图 13-137

（17）接着执行“图层”→“图层样式”→“投影”命令，设置“混合模式”为正片叠底，“颜色”为“黑色”，“不透明度”为 75%，“角度”为 120 度，“距离”为 5 像素，“大小”为 5 像素，如图 13-138 所示。效果如图 13-139 所示。

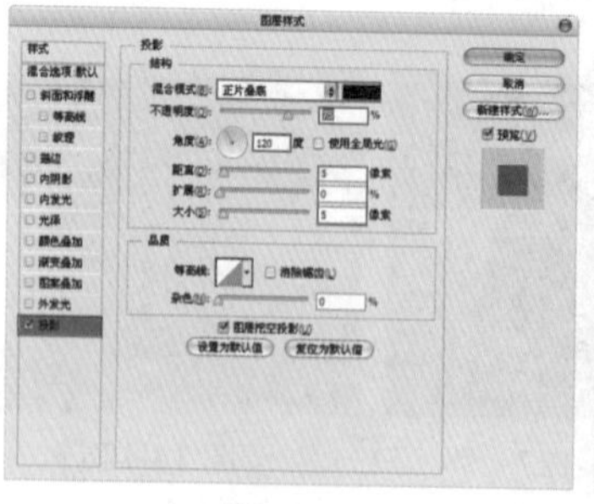
图 13-138

图 13-139

（18）置入底纹素材文件，执行“图层”→“栅格化”→“智能对象”命令，如图 13-140 所示。载入颜色图层选区，回到底纹图层上添加图层蒙版，将该图层的“混合模式”设置为颜色加深，如图 13-141 所示。效果如图 13-142 所示。

图 13-140

图 13-141

图 13-142

（19）选择“直排文字工具”，设置字体、大小，输入文字，再次置入沙金素材文件，执行“图层”→“栅格化”→“智能对象”命令，载入文字图层选区，回到沙金图层上添加图层蒙版，如图 13-143 所示，使画面中出现沙金质地的文字，如图 13-144 所示。

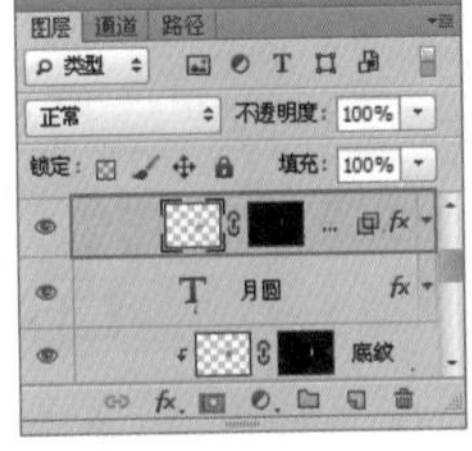
图 13-143

图 13-144

（20）执行“图层”“图层样式”“投影”命令，设置“混合模式”为正片叠底，“颜色”为“黑色”，“不透明度”为 75%，“角度”为 120 度，“距离”为 3 像素，“大小”为 5 像素，如图 13-145 所示。选择“描边”选项，然后设置“大小”为 2 像素，“位置”为居中，“填充类型”为渐变，单击渐变窗口，调整渐变颜色为金色渐变，类型为线性，角度为 90 度，如图 13-146 所示。单击“确定”按钮，效果如图 13-147 所示。

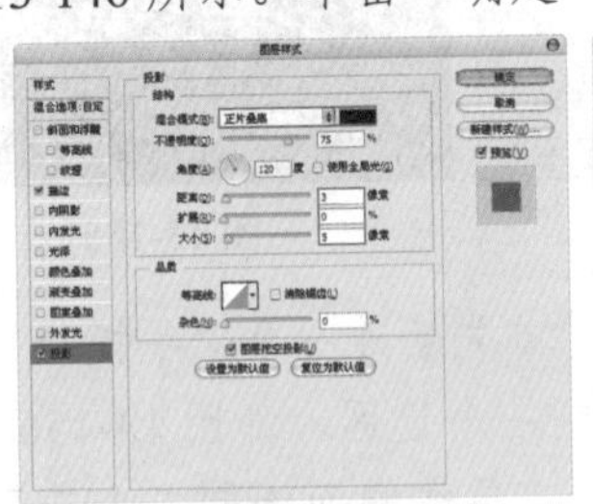
图 13-145

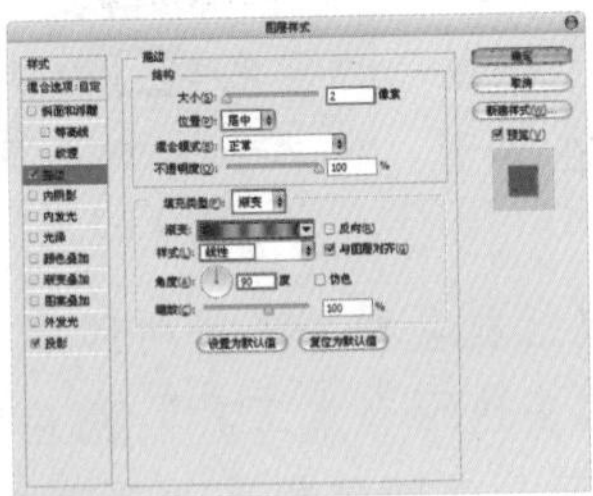
图 13-146

图 13-147

图 13-148

图 13-149

（21）选择“直排文字工具”，设置字体样式和大小，输入文字“花好”，执行“窗口”→“样式”命令，打开“样式”面板，单击金色样式按钮，如图 13-148 所示，为文字添加样式效果，如图 13-149 所示。

技巧提示：使用外挂样式库

执行“编辑”→“预设管理器”命令，打开“预设管理器”窗口，选中“样式”选项，单击“载入”按钮，载入样式素材，如图 13-150 所示。

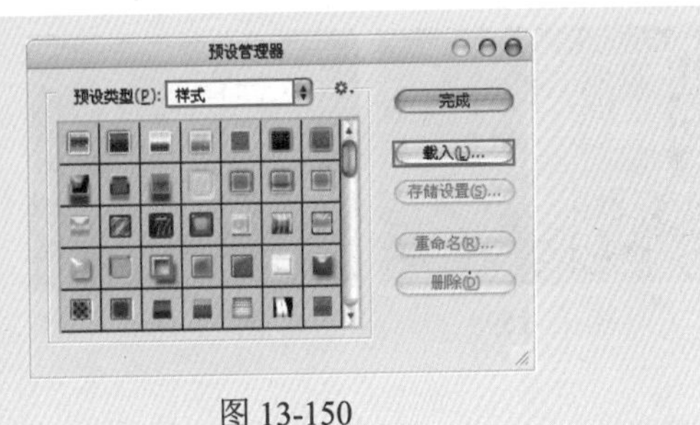

图 13-150

（22）创建新的“亮度 / 对比度”调整图层，设置“对比度”为 100，如图 13-151 所示。在图层蒙版中绘制一个与顶面大小相同的矩形选框，使用反向选择快捷键 Ctrl+Shift+I 进行反向，将选区填充为黑色，如图 13-152 所示。到这里平面图制作完成，如图 13-153 所示。

图 13-151

图 13-152

图 13-153

Part 2　制作月饼包装立体效果

（1）按 Ctrl+Alt+Shift+E 组合键盖印当前顶面图层效果，将新生成的图层命名为“月饼平面图”，如图 13-154 所示。置入背景素材，执行“图层”→“栅格化”→“智能对象”命令，放置在界面中，如图 13-155 所示。

图 13-154

图 13-155

（2）月饼包装立体效果主要包括礼盒和手提袋两部分，首先新建一个“手提袋”图层组，并在其中创建新图层，使用“多边形套索工具” 绘制一个选区，如图 13-156 所示。填充选区为红色，如图 13-157 所示。继续使用多边形套索工具在侧面绘制多个选区，依次填充为不同明度的红色，制作出立体效果，如图 13-158 所示。

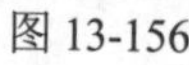
图 13-156

图 13-157

图 13-158

图 13-159

图 13-160

（3）复制一个“月饼平面图”图层，自由变换工具快捷键 Ctrl+T，单击右键执行“扭曲”命令，调整每个控制点的位置，使月饼平面图的形状与刚绘制的手提袋的正面形状相吻合，如图 13-159 所示。置入金色的绳子素材，执行“图层”→“栅格化”→“智能对象”命令，摆放在手提袋上半部分，如图 13-160 所示。

（4）选择金色绳子图层，执行“图层”→“图层样式”→“投影”命令，设置“混合模式”为正片叠底，“颜色”为“褐色”，“不透明度”为 75%，“角度”为 92 度，“距离”为 5 像素，“大小”为 5 像素，如图 13-161 所示。效果如图 13-162 所示。

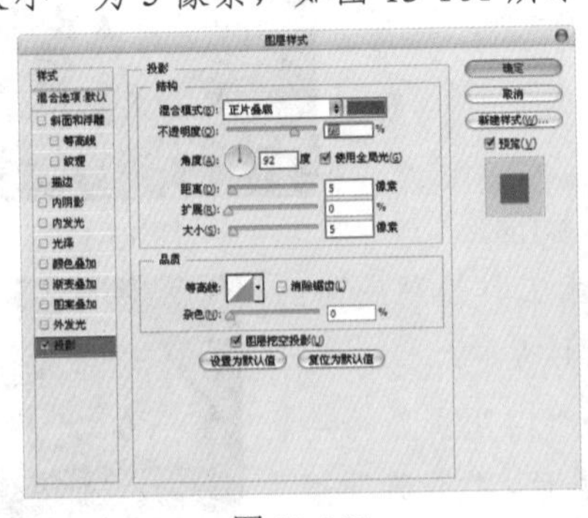

图 13-161

图 13-162

（5）载入平面图选区，单击工具箱中的渐变工具按钮，编辑一种白色到透明的渐变，设置类型为线性，自右上向左下拖曳填充渐变，如图 13-163 所示。然后将该图层的“混合模式”设置为柔光，如图 13-164 所示。效果如图 13-165 所示。

图 13-163

图 13-164

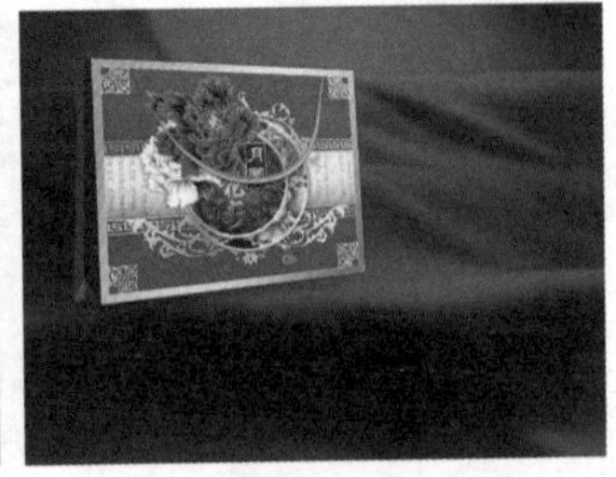

图 13-165

（6）新建一个“礼盒”图层组，在其中创建新图层，复制一个“月饼平面图”图层，同样使用自由变换工具快捷键 Ctrl+T，单击右键选择“扭曲”命令，调整形状与角度，将其放置在最顶层，如图 13-166 所示。使用多边形套索工具在右侧侧面绘制出一个礼盒侧面选区，填充为红色，如图 13-167 所示。

图 13-166

图 13-167

（7）执行“图层”→“图层样式”→“投影”命令，然后设置“混合模式”为正片叠底，“颜色”为“黑色”，“不透明度”为 75%，“角度”为 92 度，“距离”为 5 像素，“大小”为 5 像素，如图 13-168 所示。在“图层样式”对话框左侧选择“渐变叠加”样式，设置“渐变”颜色为深红到红色渐变，“样式”为线性，“角度”为 -4 度。“缩放”为 75%，如图 13-169 所示。单击“确定”按钮，效果如图 13-170 所示。

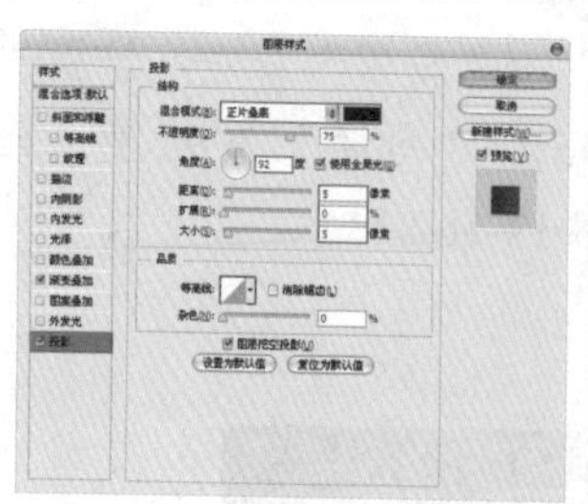
图 13-168

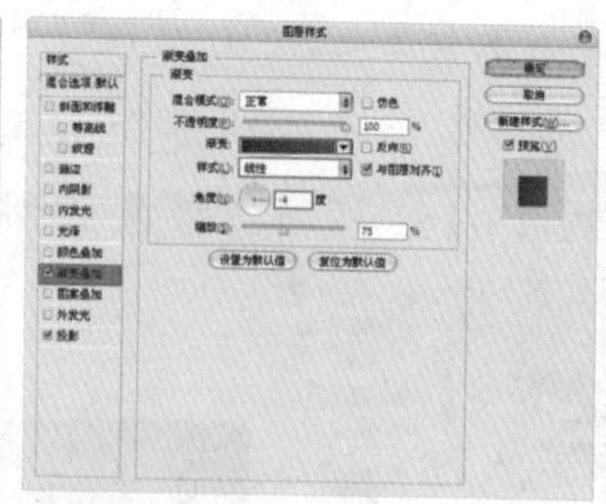
图 13-169

图 13-170

（8）用同样的方法再次使用多边形套索工具绘制底面的选区，并为其填充黄色系渐变，如图 13-171 所示。

图 13-171

（9）执行“图层”→“图层样式”→“内阴影”命令，设置“混合模式”为正片叠底，颜色为黑色，“不透明度”为 100%，“角度”为 92 度，“距离”为 10 像素，“大小”为 21 像素，如图 13-172 所示；选择“斜面和浮雕”选项，设置“样式”为内斜面，“深度”为 100，“大小”为 5 像素，“角度”为 92 度，“高度”为 53 度，如图 13-173 所示。单击“确定”按钮，效果如图 13-174 所示。

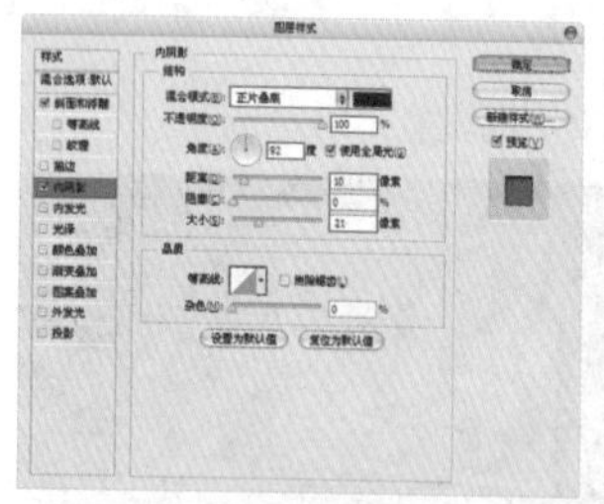
图 13-172

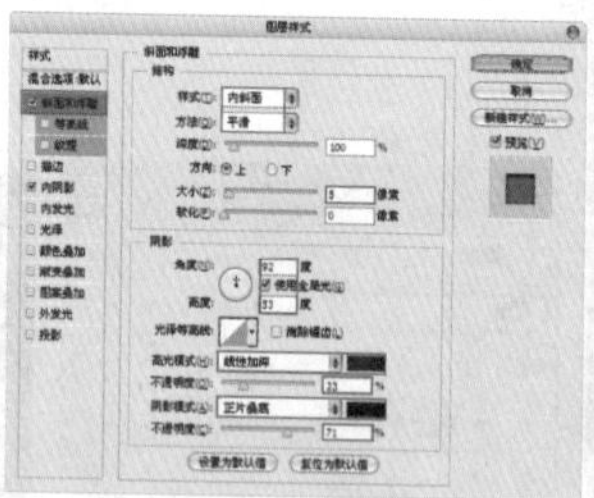
图 13-173

图 13-174

（10）在黄色图层下方新建图层，继续使用多边形套索工具绘制一个平行四边形，如图 13-175 所示。填充暗红色系渐变，并执行“图层”→“图层样式”→“内阴影”命令，设置“不透明度”为 83%，“角度”为 92 度，“距离”为 12 像素，“大小”为 59 像素，如图 13-176 所示。

图 13-175

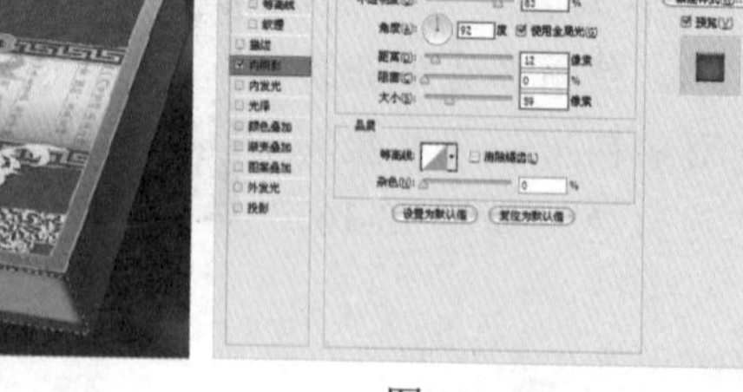
图 13-176

（11）选中“斜面和浮雕”选项，设置“样式”为内斜面，“方法”为雕刻清晰，“深度”为 806%，“大小”为 5 像素，“高光模式”为滤色，颜色为白色，“阴影模式”为正片叠底，颜色为红色，如图 13-177 所示。效果如图 13-178 所示。

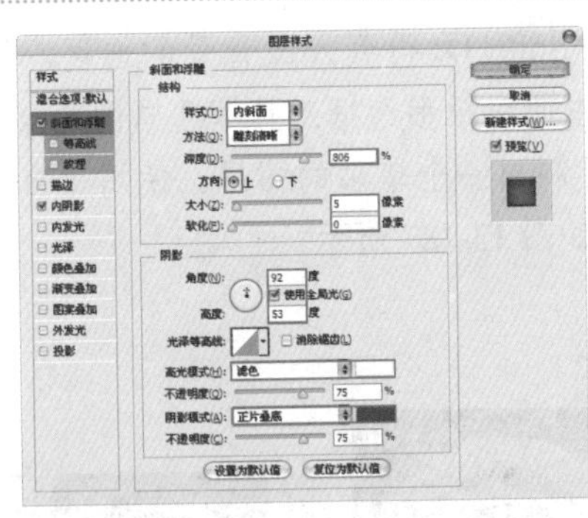
图 13-177

图 13-178

（12）载入平面图选区，单击工具箱中的渐变工具按钮，编辑一种白色到透明的渐变，设置类型为线性，自右上向左下拖曳填充渐变，如图 13-179 所示。效果如图 13-180 所示。

（13）然后将该图层的“混合模式”设置为柔光，如图 13-181 所示。最终效果如图 13-182 所示。

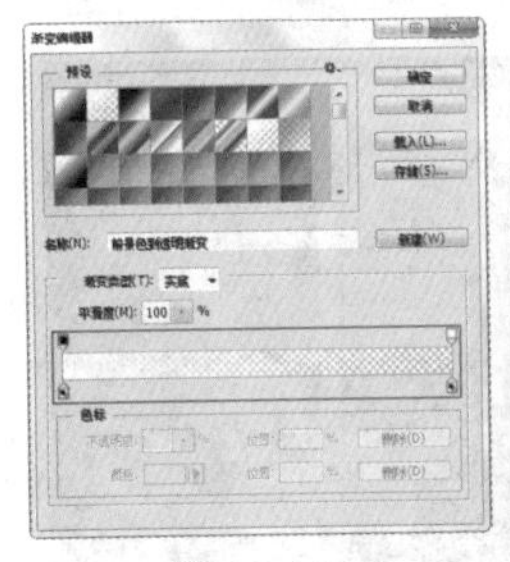
图 13-179

图 13-180

图 13-181

图 13-182

13.4　创意合成——夜的祈祷

案例文件 / 第 13 章 / 创意合成——夜的祈祷 .psd

视频教学 / 第 13 章 / 创意合成——夜的祈祷 .flv

案例效果：

本案例选择的人像素材像是在张望着什么，使画面有了很强的故事感。可以以此作为创意的起点，这里选择了经典的《夏娃与苹果》的故事作为雏形。画面以冷调的暗蓝色为主，站在半开的“世界之门”前，身着长裙的女性抽象为夏娃，将邪恶的毒蛇抽象成扭曲的藤蔓，藤蔓的末端有散发暖光的苹果，展现了与原著既接近又背离的情感氛围，效果如图 13-183 所示。

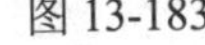
图 13-183

创意合成——夜的祈祷

操作步骤：

Part 1　编辑人像部分

（1）打开背景素材，如图 13-184 所示。置入人像素材，执行“图层”→“栅格化”→“智能对象”命令，使用钢笔工具绘制人像路径，单击鼠标右键执行“建立选区”命令，如图 13-185 所示。

（2）得到人像选区后，使用组合键 Ctrl+Shift+I，得到人像背景的选区，按下键盘上的 Delete 键删除背景，如图 13-186 所示。在图中使用矩形选框工具框选原图层裙尾部分，并使用复制快捷键 Ctrl+C 和粘贴快捷键 Ctrl+V 复制出一个单独的裙尾。使用“自由变换”快捷键 Ctrl+T 对裙尾部分进行透视和扭曲调整，如图 13-187 所示。

图 13-184

图 13-185

图 13-186

图 13-187

（3）按 Enter 键即可完成自由变换操作，由于新增的裙尾部分与原图的裙尾衔接处有明显接缝，需要为人像图层添加图层蒙版进行调整。使用黑色画笔在重合处进行涂抹，制作出柔和的连接效果，如图 13-188 所示。效果如图 13-189 所示。

（4）合并人像与裙子图层，执行“滤镜”→“液化”命令，使用向前变形工具适当调整人像身形，调整完成后单击“确定”按钮，如图 13-190 所示。置入翅膀素材，执行“图层”→“栅格化”→“智能对象”命令，放在人像图层的底部，如图 13-191 所示。

图 13-188

图 13-189

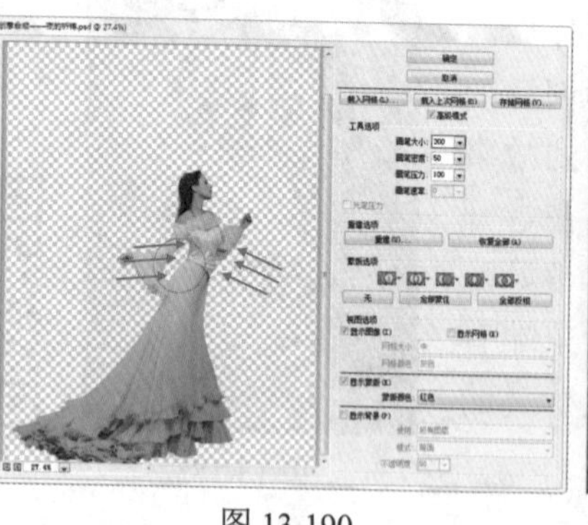

图 13-190

图 13-191

（5）在“人像”图层下面创建新图层，命名为“头发”。单击工具箱中的画笔工具，载入头发笔刷文件，设置前景色为黑色，选择载入的头发画笔在“头发”图层中单击绘制，然后执行自由变换快捷键 Ctrl+T，调整头发的大小与位置，如图 13-192 所示。

（6）由于背景倾向于蓝紫色，而人像服装则倾向于黄绿。创建新的“可选颜色”调整图层，单击鼠标右键，在弹出的快捷菜单中选择“创建剪贴蒙版”命令，然后在该图层蒙版中使用黑色画笔涂抹人像面部及手部，如图 13-193 所示。调整“可选颜色”对话框中的各颜色参数，如图 13-194 所示，和图 13-195 所示。此时人像服装变为偏蓝的白色，如图 13-196 所示。

图 13-192

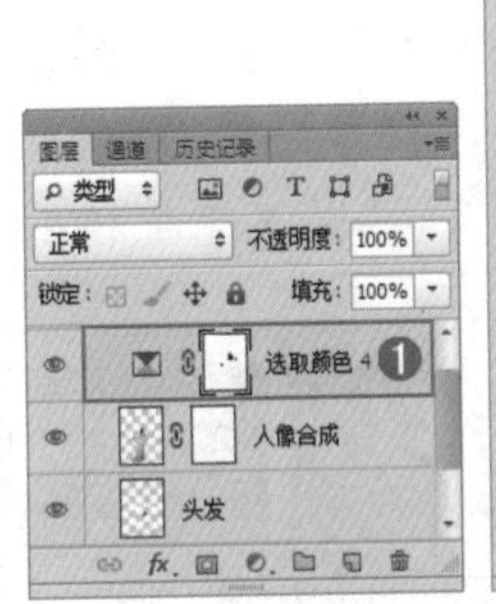

图 13-193

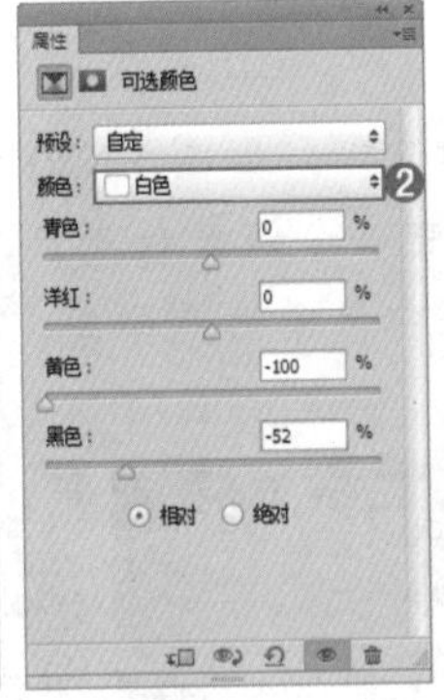

图 13-194

图 13-195

图 13-196

技巧提示：调色思路

在对这部分裙子颜色的调整中，从图像中能够直观地看出裙子主体为灰白色，所以首先在“可选颜色”调整图层中调整“白色”的数值，降低了白颜色中“黄”成分所占的比例，图像颜色自然会向着黄的反方向——紫色倾向，继而降低了“黑”的数值，则使这部分的颜色亮度增加。而调整“中性色”则能够快速并且直观地调整图像的颜色倾向。

（7）下面对皮肤进行调色。创建新的“曲线”调整图层，在弹出的“曲线”对话框中调整参数。右键执行“创建剪贴蒙版”命令，然后单击“曲线”图层蒙版，设置蒙版背景为黑色，画笔为白色，涂抹人像肤色，如图 13-197 所示。效果如图 13-198 所示。

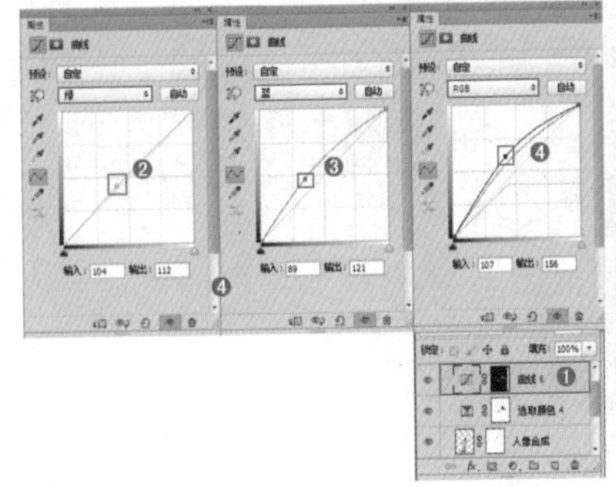

图 13-197

图 13-198

（8）创建新图层“纯色”，设置“混合模式”为正片叠底，设置前景色为红色，单击工具箱中的画笔工具，适当降低画笔不透明度与流量，设置合适的画笔大小，在人像嘴唇上进行涂抹绘制即可，如图 13-199 所示。置入头饰素材，执行“图层”→“栅格化”→“智能对象”命令，将头饰素材放置在人像头部，如图 13-200 所示。

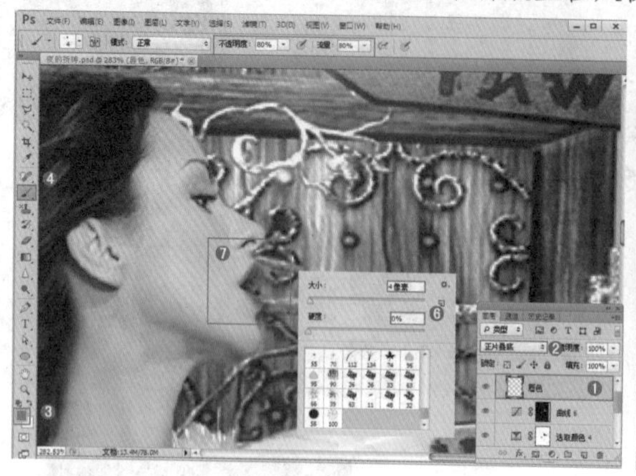

图 13-199

图 13-200

Part 2　制作前景

（1）创建新组，命名为“前景”。首先绘制光斑，如图 13-201 所示。创建新图层，绘制一个矩形选区并填充黑色，使用画笔工具绘制一个淡黄色光点，接着设置“混合模式”为滤色，如图 13-202 所示。创建新图层，使用白色柔边圆画笔，降低画笔流量和不透明度，绘制云雾效果，如图 13-203 所示。

图 13-201

图 13-202

图 13-203

（2）通过执行“图层”→“栅格化”→“智能对象”命令，置入藤蔓素材文件，如图 13-204 所示。

图 13-204

Part 3 整体颜色调整

（1）创建新的“色彩平衡”调整图层，如图 13-205 所示。在弹出的“色彩平衡”对话框中调整阴影与中间调的颜色参数，如图 13-206 和图 13-207 所示。效果如图 13-208 所示。

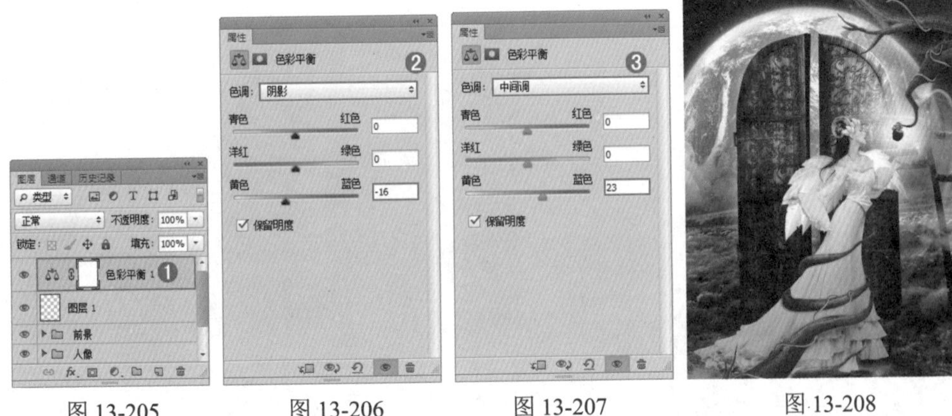

图 13-205　图 13-206　图 13-207　图 13-208

（2）下面制作暗角效果。创建新的“曲线”调整图层，在弹出的“曲线”对话框中调整曲线形状，如图 13-209 所示。单击“曲线”图层蒙版，设置蒙版背景为黑色，画笔为白色绘制四周，如图 13-210 所示。效果如图 13-211 所示。

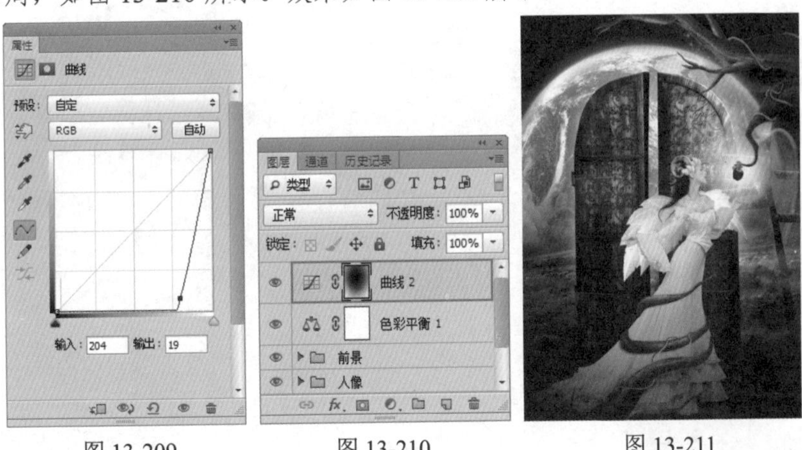

图 13-209　图 13-210　图 13-211

（3）最后置入光效素材文件。执行“图层”→“栅格化”→“智能对象”命令，设置“混合模式”为滤色，如图 13-212 所示。最终效果如图 13-213 所示。

图 13-212

图 13-213

Photoshop CC 中文版基础培训教程

小白手册

——Photoshop 工具速查

——Photoshop 版面设计

扫描二维码查看小白手册电子版

随书赠送

目 录

Photoshop 工具与面板速查 1

Photoshop 工具速查 1

Photoshop 面板速查 4

Photoshop 版面设计 7

常见视觉流程 7

5 种常见的视觉流程
单向视觉流程
曲线视觉流程
重心视觉流程
导向性视觉流程
反复视觉流程

流行构图方式 9

骨骼型
满版型
分割型
中轴型
对称型
曲线型
倾斜型
重心形
三角型
自由型

实用设计技巧 12

技巧 1：将文字进行分栏
技巧 2：将画面中元素旋转，活跃画面气氛
技巧 3：为画面添加曲线元素
技巧 4：利用破版增加版面设计感
技巧 5：利用分割线将版面自由分割
技巧 6：利用自由型构图增加画面动感
技巧 7：使标题文字更加突出
技巧 8：换个视角看世界

Photoshop 工具速查

如图所示是工具箱中所有隐藏的工具。

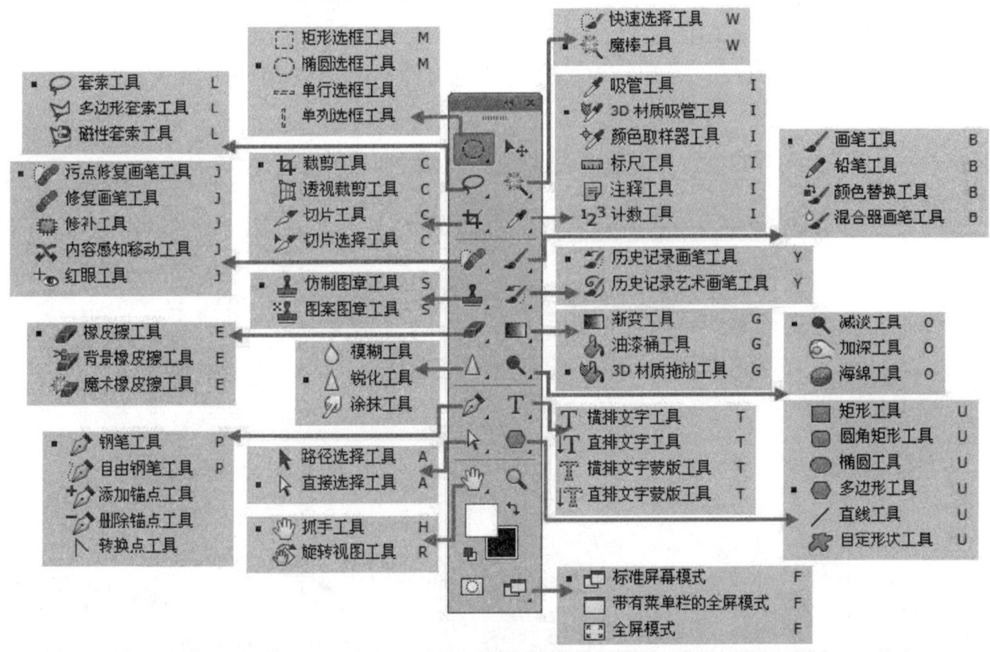

按钮	工具名称	说明	快捷键
	移动工具	移动图层、参考线、形状或选区内的像素	V
选框工具组			
	矩形选框工具	创建矩形选区和正方形选区，按住Shift键可以创建正方形选区	M
	椭圆选框工具	制作椭圆选区和正圆选区，按住Shift键可以创建正圆选区	M
	单行选框工具	创建高度为1像素的选区，常用来制作网格效果	
	单列选框工具	创建宽度为1像素的选区，常用来制作网格效果	
套索工具组			
	套索工具	自由地绘制出形状不规则的选区	L
	多边形套索工具	创建转角比较强烈的选区	L
	磁性套索工具	能够以颜色上的差异自动识别对象的边界，特别适合于快速选择与背景对比强烈且边缘复杂的对象	L
快速选择工具组			
	快速选择工具	利用可调整的圆形笔尖迅速地绘制出选区	W
	魔棒工具	使用魔棒工具在图像中单击就能选取颜色差别在容差值范围之内的区域	W
裁剪与切片工具组			
	裁剪工具	以任意尺寸裁剪图像	C
	透视裁剪工具	使用透视裁剪工具可以在需要裁剪的图像上制作出带有透视感的裁剪框，在应用裁剪后可以使图像带有明显的透视感	C

按钮	工具名称	说　明	快捷键
	切片工具	从一张图像创建切片图像	C
	切片选择工具	为改变切片的各种设置而选择切片	C
吸管与辅助工具组			
	吸管工具	拾取图像中的任意颜色作为前景色，按住Alt键进行拾取可将当前拾取的颜色作为背景色。可在打开图像的任何位置采集色样来作为前景色或背景色	I
	3D材质吸管工具	使用该工具可以快速地吸取3D模型中各个部分的材质	I
	颜色取样器工具	在信息浮动窗口显示取样的RGB值	I
	标尺工具	在信息浮动窗口显示拖曳的对角线距离和角度	I
	注释工具	在图像内加入注释，PSD、TIFF、PDF文件都有此功能	I
	计数工具	使用计数工具可以对图像中的元素进行计数，也可以自动对图像中的多个选定区域进行计数	I
修复画笔工具组			
	污点修复画笔工具	不需要设置取样点，自动从所修饰区域的周围进行取样，消除图像中的污点或某个对象	J
	修复画笔工具	用图像中的像素作为样本进行绘制	J
	修补工具	利用样本或图案来修复所选图像区域中不理想的部分	J
	内容感知移动工具	在用户整体移动图片中选中的某物体时，智能填充物体原来的位置	J
	红眼工具	可以去除由闪光灯导致的瞳孔红色反光	J
画笔工具组			
	画笔工具	使用前景色绘制出各种线条，同时也可以利用它来修改通道和蒙版	B
	铅笔工具	用无模糊效果的画笔进行绘制	B
	颜色替换工具	将选定的颜色替换为其他颜色	B
	混合器画笔工具	可以像传统绘画过程中混合颜料一样混合像素	B
图章工具组			
	仿制图章工具	将图像的一部分绘制到同一图像的另一个位置上，或绘制到具有相同颜色模式的任何打开的文档的另一部分，也可以将一个图层的一部分绘制到另一个图层上	S
	图案图章工具	使用预设图案或载入的图案进行绘画	S
历史记录画笔工具组			
	历史记录画笔工具	将标记的历史记录状态或快照用作源数据对图像进行修改	Y
	历史记录艺术画笔工具	将标记的历史记录状态或快照用作源数据，并以风格化的画笔进行绘画	Y
橡皮擦工具组			
	橡皮擦工具	以类似画笔描绘的方式将像素更改为背景色或透明	E
	背景橡皮擦工具	基于色彩差异的智能化擦除工具	E

按钮	工具名称	说明	快捷键
	魔术橡皮擦工具	清除与取样区域类似的像素范围	E
渐变与填充工具组			
	渐变工具	以渐变方式填充拖曳的范围，在渐变编辑器内可以设置渐变模式	G
	油漆桶工具	可以在图像中填充前景色或图案	G
	3D材质拖放工具	在选项栏中选择一种材质，在选中模型上单击可以为其填充材质	G
模糊锐化工具组			
	模糊工具	柔化硬边缘或减少图像中的细节	
	锐化工具	增强图像中相邻像素之间的对比，以提高图像的清晰度	
	涂抹工具	模拟手指划过湿油漆时所产生的效果。可以拾取鼠标单击处的颜色，并沿着拖曳的方向展开这种颜色	
加深减淡工具组			
	减淡工具	可以对图像进行减淡处理	O
	加深工具	可以对图像进行加深处理	O
	海绵工具	增加或降低图像中某个区域的饱和度。如果是灰度图像，该工具将通过灰阶远离或靠近中间灰色来增加或降低对比度	O
钢笔工具组			
	钢笔工具	以锚点方式创建区域路径，主要用于绘制矢量图形和选取对象	P
	自由钢笔工具	用于绘制比较随意的图形，使用方法与套索工具非常相似	P
	添加锚点工具	将光标放在路径上，单击即可添加一个锚点	
	删除锚点工具	删除路径上已经创建的锚点	
	转换点工具	用来转换锚点的类型（角点和平滑点）	
文字工具组			
	横排文字工具	创建横排文字图层	T
	直排文字工具	创建直排文字图层	T
	横排文字蒙版工具	创建水平文字形状的选区	T
	直排文字蒙版工具	创建垂直文字形状的选区	T
选择工具组			
	路径选择工具	在路径浮动窗口内选择路径，可以显示出锚点	A
	直接选择工具	只移动两个锚点之间的路径	A
形状工具组			
	矩形工具	创建长方形路径、形状图层或填充像素区域	U
	圆角矩形工具	创建圆角矩形路径、形状图层或填充像素区域	U
	椭圆工具	创建正圆或椭圆形路径、形状图层或填充像素区域	U
	多边形工具	创建多边形路径、形状图层或填充像素区域	U
	直线工具	创建直线路径、形状图层或填充像素区域	U
	自定形状工具	创建事先存储的形状路径、形状图层或填充像素区域	U
视图调整工具			
	抓手工具	拖曳并移动图像显示区域	H

按钮	工具名称	说　明	快捷键
	旋转视图工具	拖曳以及旋转视图	H
	缩放工具	放大、缩小显示的图像	Z
颜色设置工具			
	前景色/背景色	单击打开拾色器，设置前景色/背景色	无
	切换前景色和背景色	切换所设置的前景色和背景色	X
	默认前景色和背景色	恢复默认的前景色和背景色	D
快速蒙版			
	以快速蒙版模式编辑	切换快速蒙版模式和标准模式	Q
更改屏幕模式			
	标准屏幕模式	可以显示菜单栏、标题栏、滚动条和其他屏幕元素	F
	带有菜单栏的全屏模式	可以显示菜单栏、50%的灰色背景、无标题栏和滚动条的全屏窗口	F
	全屏模式	只显示黑色背景和图像窗口，如果要退出全屏模式，可以按Esc键。如果按Tab键，将切换到带有面板的全屏模式	F

Photoshop 面板速查

- “颜色”面板：采用类似于美术调色的方式来混合颜色，如果要编辑前景色，可单击前景色块；如果要编辑背景色，则单击背景色块，如图所示。
- “色板”面板：“色板”面板中的颜色都是预先设置好的，单击一个颜色样本，即可将其设置为前景色；按住Ctrl键单击，则可将其设置为背景色，如图所示。
- “样式”面板：提供了Photoshop提供的以及载入的各种预设的图层样式，如图所示。

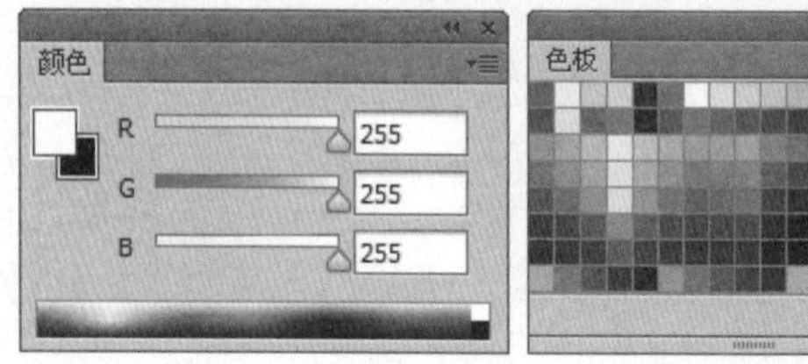

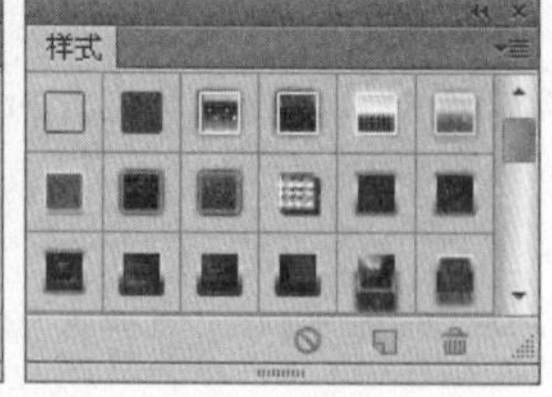

- “字符”面板：可额外设置文字的字体、大小、样式，如图所示。
- “段落”面板：可以设置文字的段落、位置、缩排、版面，以及避头尾法则和字间距组合，如图所示。
- “字符样式”面板：可以创建字符样式，更改字符属性，并将字符属性存储在“字符样式”面板中。在需要使用时，只需要选中文字图层并单击相应字符样式即可，如图所示。
- “段落样式”面板：“段落样式”面板与“字符样式”面板的使用方法相同，都可以进行样式的定义、编辑与调用。字符样式主要用于类似标题文字的较少文字的排版，而段落样式的设置选项多应用于类似正文的大段文字的排版，如图所示。

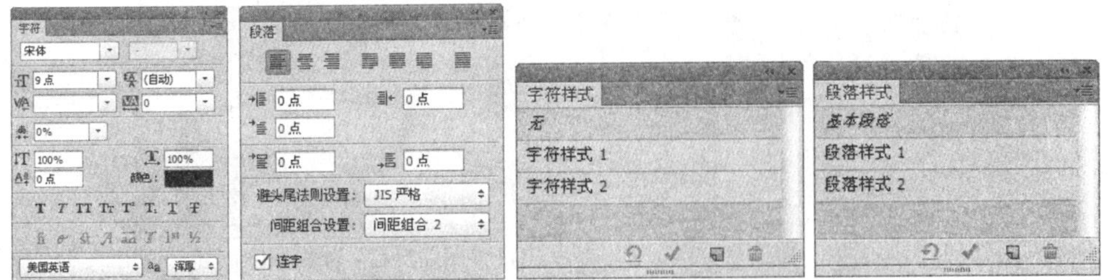

- “图层”面板：用于创建、编辑和管理图层，以及为图层添加样式。面板中列出了所有的图层、图层组和图层效果，如图所示。
- “通道”面板：可以创建、保存和管理通道，如图所示。
- “路径”面板：用于保存和管理路径，面板中显示了每条存储的路径、当前工作路径、当前矢量蒙版的名称和缩览图，如图所示。
- “调整”面板：包含用于调整颜色和色调的工具，如图所示。

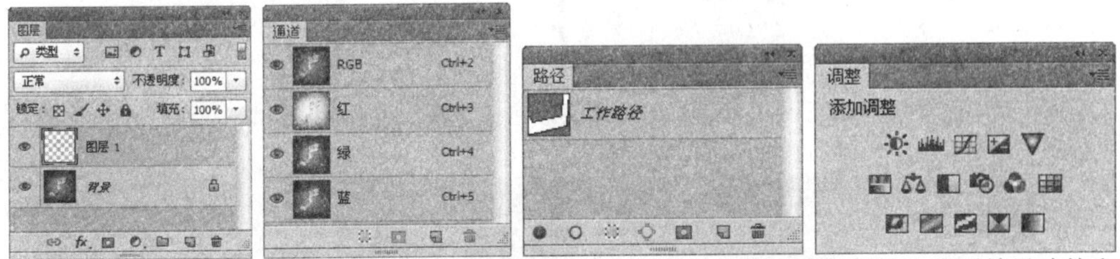

- “属性”面板：可以用于调整所选图层中的图层蒙版和矢量蒙版属性、光照效果滤镜和图层参数，如图所示。
- “信息”面板：显示图像的相关信息，如选区大小、光标所在位置的颜色及方位等。另外，还能显示颜色取样器工具和标尺工具等的测量值，如图所示。
- “画笔预设”面板：提供了各种预设的画笔。预设画笔带有诸如大小、形状和硬度等定义的特性，如图所示。
- “画笔”面板：可以设置绘画工具（画笔、铅笔、历史记录画笔等），以及修饰工具（涂抹、加深、减淡、模糊、锐化等）的笔尖种类、画笔大小和硬度，还可以创建自己需要的特殊画笔，如图所示。

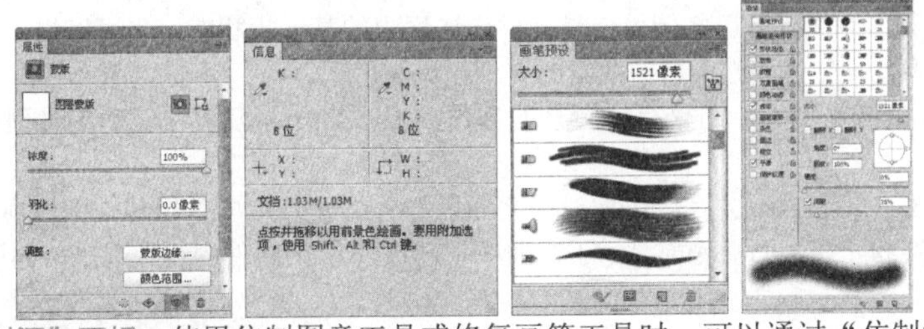

- “仿制源”面板：使用仿制图章工具或修复画笔工具时，可以通过“仿制源”面板设置不同的样本源、显示样本源的叠加，以帮助用户在特定位置仿制源。此外，还可以缩放或旋转样本源以更好地匹配目标的大小和方向，如图所示。
- “导航器”面板：包含图像的缩览图和各种窗口缩放工具，如图所示。
- “直方图”面板：直方图用图形表示了图像的每个亮度级别的像素数量，展现了像素在图像中的分布情况。通过观察直方图，可以判断出照片的阴影、中间调和高光中包含的细节是否充足，以便对其做出正确的调整，如图所示。

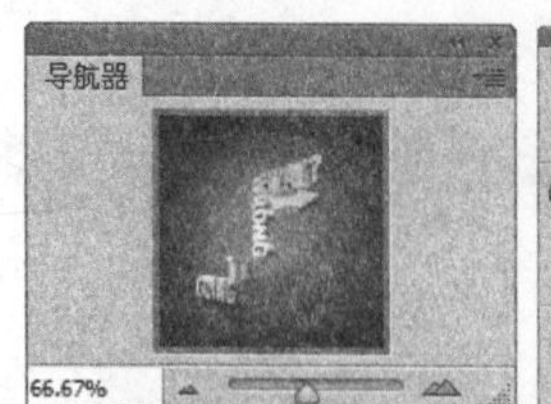

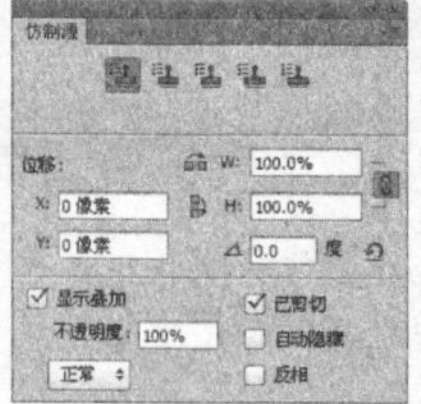

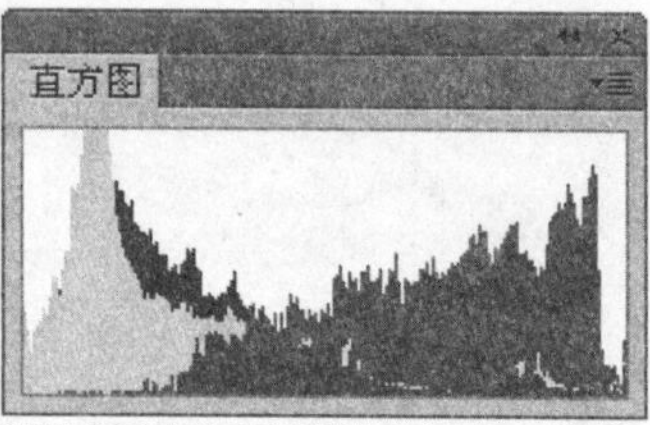

- “图层复合”面板：图层复合可保存图层状态，“图层复合”面板用来创建、编辑、显示和删除图层复合，如图所示。
- “注释”面板：可以在静态画面上新建、存储注释。注释的内容以图标方式显示在画面中，不是以图层方式显示，而是直接贴在图像上，如图所示。

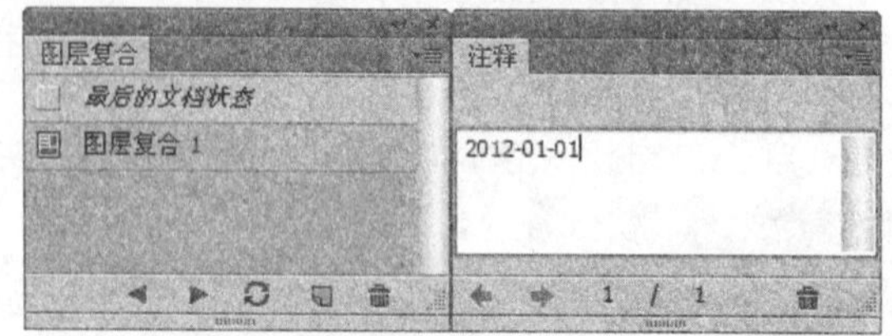

- “动画”面板：用于制作和编辑动态效果，包括“帧”动画面板和“时间轴”动画面板两种模式。“时间轴”动画面板如图所示。

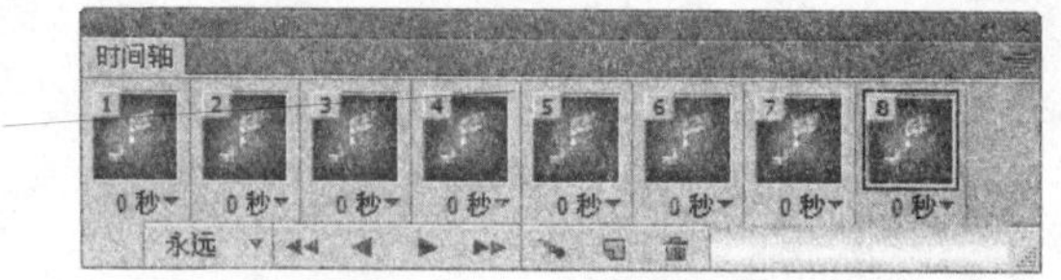

- “测量记录”面板：可以测量以套索工具或魔棒工具定义区域的高度、宽度、面积等，如图所示。

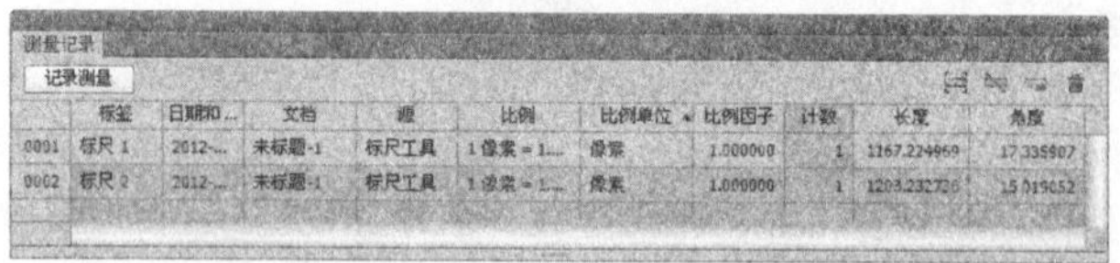

- “历史记录”面板：在编辑图像时，每进行一步操作，Photoshop都会将其记录在“历史记录”面板中。通过该面板可以将图像恢复到操作过程中的某一步状态，也可以再次回到当前的操作状态，或者将处理结果创建为快照或新的文件，如图所示。
- “工具预设”面板：用来存储工具的各项设置，载入、编辑和创建工具预设库，如图所示。
- 3D面板：选择3D图层后，3D面板中会显示与之关联的3D文件组件，面板顶部列出了文件中的网格、材料和光源，面板底部显示了在面板顶部选择的3D组件的相关选项，如图所示。

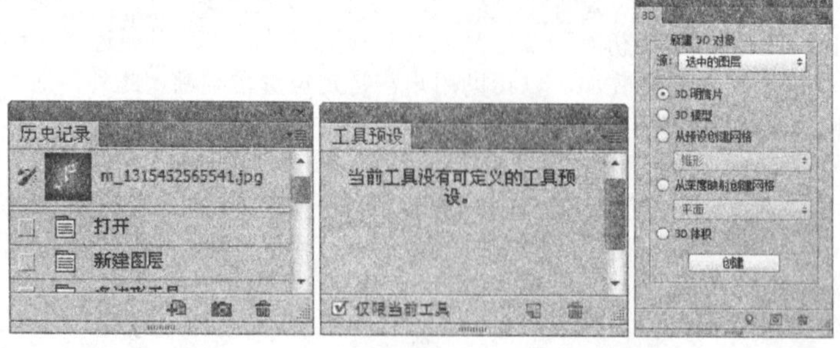

版面设计· 5种常见视觉流程

视觉流程是指视线的空间运动。当人的视线接触到版面中，视线会随着各种视觉元素在版面中沿一定轨迹进行运动。在版面中要使用不同的元素，在遵循特有的运动规律的前提下，引导读者随着设计元素进行组织有序、主次分明的阅读和观看。

1、5种常见的视觉流程

- ✧ 单向视觉流程：按照常规的视觉流程规律，引导读者的一种视觉走向。
- ✧ 曲线视觉流程：随着画面中的弧线或回旋线进行的视觉运动。
- ✧ 重心视觉流程：以版面中的某一点为视觉中心，达到吸引视线的目的。
- ✧ 导向性视觉流程：是设计师上采用的一种手法，引导读者视线流动。
- ✧ 反复视觉流程：以相同或相似元素反复进行排列在画面中，给人视觉上一种重复感。

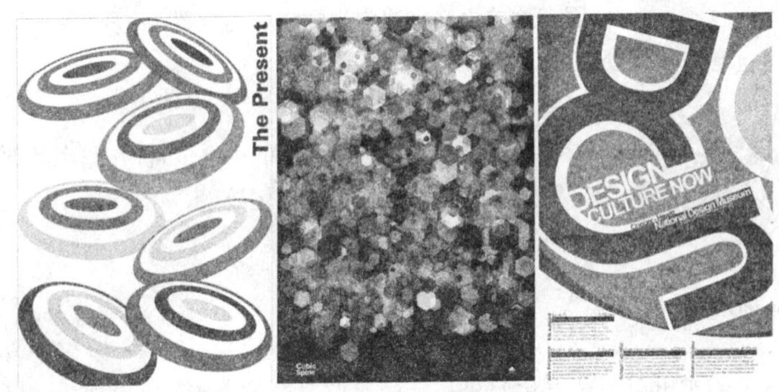

2、单向视觉流程

单向视觉流程可使版面中的视觉走向更加简洁明了，包括3种。

- ✧ 直线式视觉流程：视觉流向简洁、有力，画面构图简单、稳定，在引导视线的同时起到装饰和稳定版面的作用。
- ✧ 倾斜式视觉流程：可增加画面的动感，但会给人一种不平衡、不稳定的感觉。
- ✧ 横向式视觉流程：可引导视线进行水平移动，给人一种温和、安静的感觉。

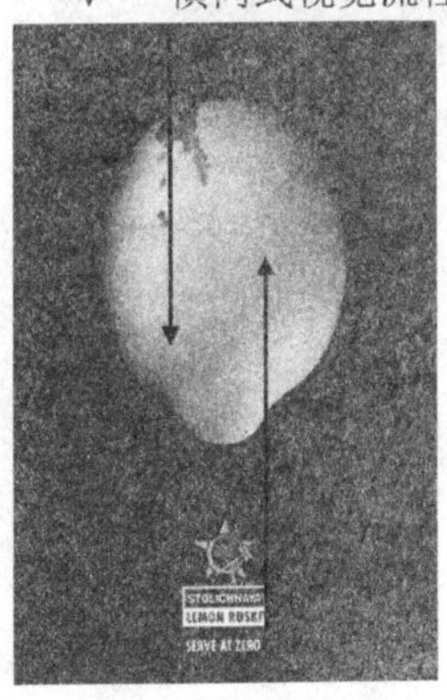

3、曲线视觉流程

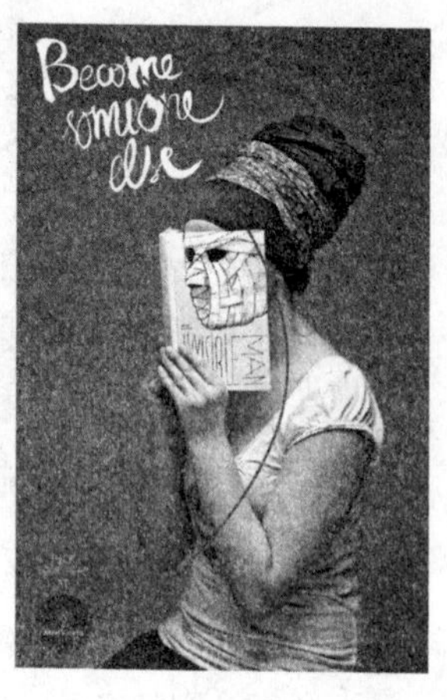

曲线视觉可以使版面产生一种微妙的韵律感和曲线美感，从而使整个版面更加活跃和流畅。

案例解析：

当人的视线落到作品中时首先被标题所吸引，然后会看创意的摄影作品，最后会看左下角的文字，这样的视觉流程给人一种迂回的感觉。

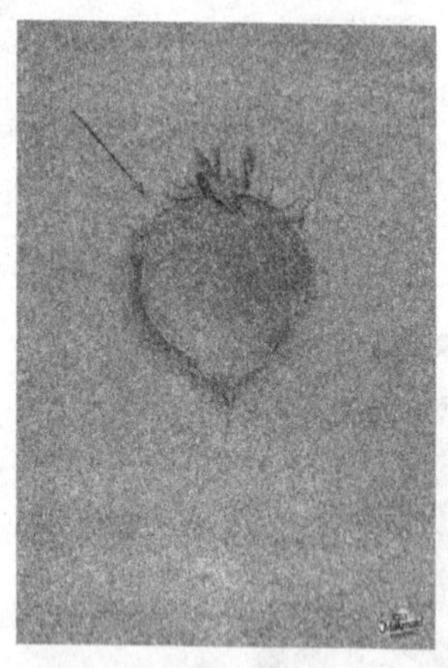

4、重心视觉流程

在版式中，视觉重心就是指整个版面最吸引人的位置。要根据版面所表达的含义来决定视觉重心的位置，这样才能更好、更准确地传达信息。

案例解析：

作品的视觉重心位于页面的中央位置，在整个版面中只有两种元素，简洁、生动，增加人的记忆效果。

5、导向性视觉流程

导向性视觉流程可以引导读者按照设计师的思路贯穿整个版面，形成一个整体、统一的画面。

案例解析：

作品制作成将右下角拉开的效果，引导人的视线向右下角流动。

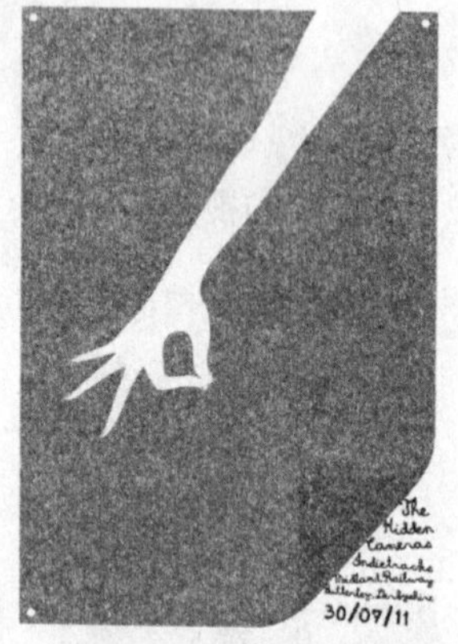

6、反复视觉流程

反复视觉流程可以增加图案的识别性，还可增加画面的动感。

案例解析：

将商品有机的排列给人一种重复，强调的感觉。设计者通过这种重复感觉增加了画面的识别性。

版面设计· 10种流行构图方式

1、骨骼型

骨骼型是一种类似于报刊的规范的、理性的版式。常见的骨骼有横向或竖向通栏、双栏、三栏、四栏等。

2、满版型

版面以图像充满整版，并根据版面需要将文字编排在版面的合适位置上。满版型版式设计层次清晰，传达信息准确明了，给人简洁大方的感觉。

3、分割型

分割型版式指把整个页面分成上下或左右两部分，分别安排图片或文字内容。两部分形成对比。分割也是版式设计中常用的表现手法，图案部分感性、活力，文案部分理性，规范。

4、中轴型

将图形做水平或垂直方向的排列，文案以上下或左右配置。水平排列的版面给人稳定、安静、和平与含蓄的感觉。垂直排列的版面给人强烈的动感。

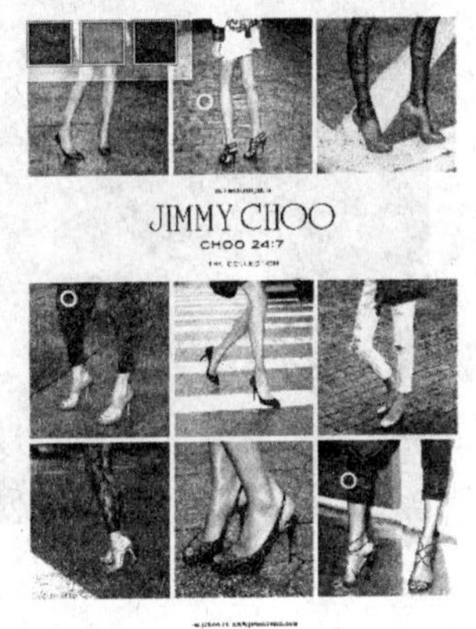

5、对称型

对称有绝对对称和相对对称两种。一般多采用相对对称，以避免过于严谨、死板的效果。

6、曲线型

曲线型版式设计就是将同一个版面中的图片或文字在排列结构上作曲线型编排，使画面产生一种节奏和韵律。曲线型排版方式会增加版面的趣味性，让人随着画面中元素的自由走向产生变化。

7、倾斜型

倾斜型的版式布局是将版面中的主体形象或多幅版图进行倾斜编排。这样的布局会给人一种不稳定的感觉，但是引人注意 ，画面有较强的视觉冲击力。

8、重心形

重心型的版式设计是将人的视线集中到某一处，产生视觉焦点，使主体突出。

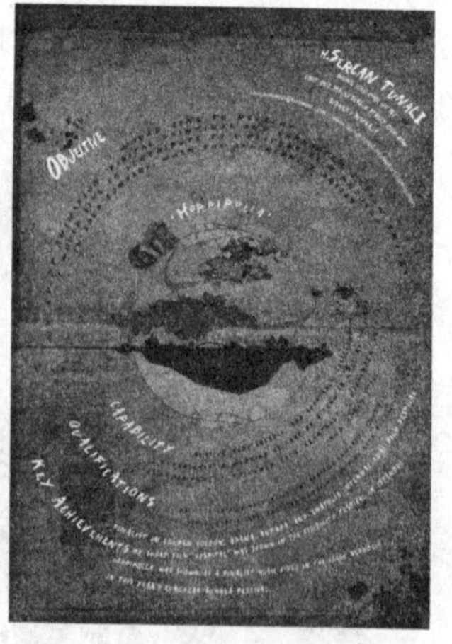

9、三角型

三角型版式是指见面各视觉元素呈三角形或多角形排列。在版式设计中三角形的版式给人一种创新、突破的感觉。

10、自由型

自由型的版式是无规律的、随意的编排构成，有活泼、轻快之感。

版面设计· 8种实用设计技巧

技巧1：将文字进行分栏

大面积的文字会使人产生一种压迫感，将文字进行分栏，有避免阅读疲劳，减轻阅读紧张感的目的。

技巧2：将画面中元素旋转，活跃画面气氛

在版式设计中，为了活跃画面气氛可以将画面中的元素适当的进行旋转。在该案例中，修改之前的作品过于死板、单调；经过修改后，将某一模块和照片进行旋转，版面的气氛变得活跃、灵动了。

技巧3：为画面添加曲线元素

曲线的种类繁多，变化丰富，具有极强的视觉表现力。在版面中添加曲线元素可以使作品产生活泼、丰富的感受，使作品妙趣横生。

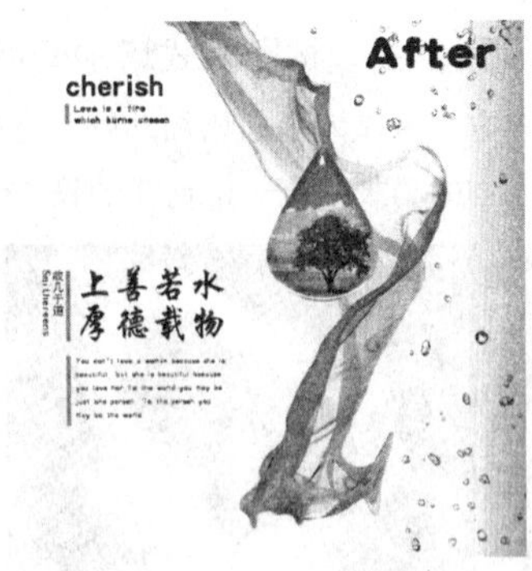

技巧 4：利用破版增加版面设计感

个性、独特的文字设计可以增加版面的吸引力，在本案例中，修改之前居左对齐的文字显得单调、乏味、平庸；经过修改后将文字进行破版处理，不仅保留了文字的信息性，还使版面富有变化，吸引力十足。

技巧 5：利用分割线将版面自由分割

平面设计中，线条不仅可以用于装饰，还可进行分割。修改之前的版面过于单调；经过修改后，线的添加不仅将版面进行分割，还使版面更加活跃、自由。

技巧 6：利用自由型构图方式增加画面动感

自由型构图方式可以为画面增加动感。修改之前的版面过于死板，经过修改后，将文字倾斜排放，文字与人物的动式相统一，这样的设计给人一种统一又富有变化的感觉。

技巧 7：使标题文字更加突出

标题文字主要的目的是吸引公众的注意，达到信息传递的功能。在版式设计中，过于单薄的标题文字是很难吸引公众的注意的。该作品修改之前，标题文字过于纤细，导致标题不够醒目。在修改之后，将文字加粗处理，还制作了立体效果，使标题文字更加凸出、醒目。

技巧 8：换个视角看世界

目录在排版中不仅要注意它的实用性，还要注意它的美观性。在本案例中，修改之前的目录的版面过于死板。经过修改后，目录的版式变得更加灵活、美观。

Before

28 What to eat now

36 Customize Your Soup

40 Smuttermill sandwich

64 Pumpkin pickin potluck

98 Quick&Easy Recipes

121 Appetizing AppLES

Photoshop CC 中文版基础培训教程

小白手册

——Photoshop 常见问题

扫描二维码查看小白手册电子版

随书赠送

目 录

Photoshop 常见问题 1

Photoshop 主要应用在哪些行业及领域?

Photoshop 难学吗，怎样才能学好它?

矢量图像主要应用在哪些领域?

怎么使 Photoshop 提速?

为什么置入素材后无法进行某些操作?

如何让历史记录面板能记录更多的步骤?

为什么对选区进行羽化操作后，选区不见了?

使用快速蒙版时该用什么颜色的画笔绘制?

“扩大选取”命令和“选取相似”命令有什么区别?

为什么无论将画笔调整到多大，笔尖都是十字形?

如何避免“红眼”的产生?

为什么有些文字无法使用变形效果?

使用钢笔工具绘制路径时需要注意什么?

调整图层与调色命令有什么区别?

怎么进行渐隐颜色调整?

剪贴蒙版与图层蒙版有什么区别?

如何提高滤镜性能?

怎么安装外挂滤镜?

……

更多 Photoshop 常见问题 8

绘图与图像编辑 8

校色调色 9

文字处理 10

特效制作 10

打印与输出 10

其他 10

Photoshop 常见问题

1. Photoshop 的主要功能有哪些？

答：Photoshop 的功能十分强大，主要体现在 4 个方面。

（1）图像编辑。对图像进行变换、修饰美化、修复处理等，常应用在数码照片处理上，如去除人物脸上的瑕疵、污点，修复旧照片中的破损等。

（2）图像合成。将几幅不同的图像合成为一幅完整的、自然融合的、可以传达明确意义的图像，从而展现丰富的创意，表现一种超现实的效果。

（3）校色调色。调整图像色调的明暗度，校正图像的偏色问题，制作特殊的颜色，及改变图像的色彩模式，以满足图像在印刷、多媒体、网页等不同领域的应用。

（4）特效制作。利用滤镜、通道、绘图工具等，制作特效文字，以及素描、油画、炭笔画、蜡笔画等具有绘画风格的图像效果，表现特殊的创意。

2. Photoshop 主要应用在哪些行业及领域？

答：作为一款优秀的设计软件，Photoshop 的应用非常广泛。

Photoshop 主要应用于广告、出版、游戏、影视、动漫、电商等多个行业，以及产品设计、广告设计、包装设计、版式设计、网页制作、影楼后期、影像创意、UI 设计、VI 设计、电商修图 P 图、手绘后期、艺术文字、游戏美工、动漫制作、视觉创意、三维贴图、建筑效果图后期等多个领域。

因此，学好用好 Photoshop 非常重要。

3. Photoshop 难学吗，怎样才能学好它？

答：Photoshop 的功能十分强大，内容也非常繁多，学起来有一定难度。最好的方法是跟着一本书，从基础操作开始，一步步系统、全面地学习。

对图层、选区、路径、通道、蒙版等概念一定要清晰，对修图、抠图、绘图、调色、合成等操作一定要熟练。然后，勤练习，多思考，反复揣摩，勤学好问，就一定能学好。

Photoshop 最有效的学习模式是：掌握扎实的基础知识+大量的中小实例实践练习+有针对性的综合案例实战。

4. 学完 Photoshop，还需要学习 Illustrator 或其他软件吗？

答：Photoshop 是图像处理软件，生成的图像为位图。位图能表现丰富的色彩、真实的画面；但放大到一定比例后，图像会发虚和出现锯齿。Illustrator 是矢量绘图软件，矢量图具有无级缩放特征，不论放大或缩小多少倍，都不会失真或不清晰；缺点是很难表现出逼真的画面效果，因此常用于制作标志、插图、图案等色块与线条特征比较明显的图形。在进行绘图或图像处理时，将这两个软件结合使用，可以更好地完成作品。

Photoshop 是学习其他二维、三维图像处理软件的基础。学好 Photoshop 后再学习其

他软件，会发现很多原理类似，比较容易学懂。

5. 什么是位图图像？

有些图片将其放大到原图的 8 倍，会发现图像发虚；放大到 32 倍时，可清晰看到图像中有很多小方块。这些方块就是构成图像的像素，放大发虚就是位图最显著的特点。

位图图像在技术上被称为栅格图像、点阵图像或绘制图像。位图图像由像素组成，每个像素都会被分配一个特定位置和颜色值。和矢量图像不同，编辑位图图像时，所编辑的对象是像素而不是对象或形状。

6. 什么是像素？

像素是构成位图图像的最基本单位。通常情况下，一张普通的数码相片必然有连续的色相和明暗过渡。如果把数字图像放大数倍，则会发现这些连续色调是由许多色彩相近的小方块组成的，这些小方块就是构成图像的最小单位——像素。

构成一幅图像的像素点越多，色彩信息越丰富，效果就越好。当然，文件所占的空间也就越大。

7. 什么是分辨率？

图像分辨率用于控制位图图像中的细节精细度，测量单位是 ppi（像素/英寸）。每英寸的像素越多，分辨率就越高。一般来说，图像的分辨率越高，印刷出来的质量就越好。

8. 矢量图像主要应用在哪些领域？

矢量图像的每一点都有自己的属性，因此放大后不会失真。位图由于受到像素的限制，放大后会失真模糊。

矢量图像在设计中应用比较广泛，常见的如室外大型喷绘。为了保证放大数倍后的喷绘质量，又需要在设备能够承受的尺寸内进行制作，所以使用矢量软件进行制作非常合适。另外，网络中常见的 Flash 动画也是矢量图像，其视觉效果独特，占用空间较小，广受欢迎。

9. 什么是图像的颜色模式？

颜色模式是指将某种颜色表现为数字形式的模型，或者说是一种记录图像颜色的方式。Photoshop 中颜色模式包括位图、灰度、双色调、索引颜色、RGB 颜色、CMYK 颜色、Lab 颜色和多通道 8 种。在“名称”栏中可以查看图像的颜色模式及颜色深度信息。

10. 怎么使 Photoshop 提速？

执行“编辑>清理”菜单下的命令，可以清理包括还原操作、历史记录、剪贴板以及内存在内的许多选项，这样可以缓解因编辑操作过多而导致的软件运行变慢的问题。

11. 怎么显示和隐藏额外内容工具？

Photoshop 中的辅助工具都可以进行显示或隐藏。执行“视图>显示额外内容”命令

（使该选项处于选中状态），然后执行“视图>显示”菜单下的命令，可以在画布中显示出图层边缘、选区边缘、目标路径、网格、参考线、数量、智能参考线、切片等额外内容。

12. 怎么将 Photoshop 界面设为自己喜欢的颜色方案？

Photoshop 默认的界面颜色为较暗的深色，如果想要更改界面的颜色方案，可以执行“编辑>首选项>界面”命令，在“外观”组中选择适合自己的颜色方案即可。

13. 如何自定义预设工具？

编辑创作图像的过程中，经常会用到一些外置素材，如渐变库、图案库、笔刷库等，这些外置素材需要提前载入才能够使用。

执行“编辑>预设>预设管理器”命令，打开预设管理器窗口，在这里可对 Photoshop 自带的预设画笔、色板、渐变、样式、图案、等高线、自定形状和预设工具进行管理。在预设管理器中载入某个库后，就可以在选项栏、面板、对话框等位置访问该库中的项目。同时可使用预设管理器来更改当前的预设项目集或创建新库。

14. 为什么打开文件时找不到需要的文件？

原因通常有两个：（1）Photoshop 不支持该文件格式；（2）文件类型设置得不正确。如设置了文件类型为 JPG 格式，那么在“打开”对话框中就只能显示 JPG 格式的图像文件。将文件类型设置为所有格式，就可以查看相应文件了（前提是计算机中存在该文件）。

15. 为什么置入素材后无法进行某些操作？

置入文件后，可以对智能对象图像进行缩放、定位、斜切、旋转、变形操作，且不会降低图像质量。但无法对智能对象进行局部的擦除、调色或者绘制等操作。

如要对图像本身进行操作，需在“图层”面板中右键单击智能对象，执行“栅格化图层”命令，将其转换为普通图层后再进行操作。

16. 想要存储去除了背景的素材，需要选择什么格式？

通常会将制作好的图像储存为 jpg 格式，但这种格式的图像无法保留透明像素。

PNG 格式支持 24 位图像，可产生无锯齿状的透明背景。也就是说，PNG 格式可以实现无损压缩，并且背景部分是透明的，因此常用来存储背景透明的素材。

17. 画布大小和图像大小有区别吗？

画布大小与图像大小有着本质的区别。画布大小是指工作区域的大小，它包含图像和空白区域；图像大小是指图像的像素大小。

18. 怎么查看图像的大小和分辨率？

图像的分辨率和尺寸一起决定文件的大小及输出质量。一般情况下，分辨率和尺寸越大，图形文件所占用的磁盘空间也就越多。

执行“图像 > 图像大小”命令，可打开“图像大小”对话框，在该对话框中可以查看图像的大小及分辨率。

19. 如何让历史记录面板能记录更多的步骤？

默认情况下，“历史记录”面板只能记录用户前 20 步的操作，执行“编辑 > 首选项 > 性能”命令，在弹出的“首选项”对话框中增大“历史记录状态”数值，可以让“历史记录”面板记录更多的操作步骤。但该数值设置得过大，会占用较多的系统内存。

20. 能否在不同的文档间移动图像？

可以。选择移动工具，将光标放置在其中一个画布中，单击并将其拖曳到另外一个文档的标题栏上，停留片刻后即可切换到目标文档中。接着，将图像移动到画面中并释放鼠标，即可将图像拖曳到文档中，同时 Photoshop 会生成一个新的图层。

21. 什么是选区？它有什么用途？

处理图像时，经常需要对局部效果进行调整。这时就需要为图像指定一个有效的编辑区域，而这个区域就是选区。有了选区，用户就可以自由地对该区域进行编辑，未被选定的区域则丝毫不受影响。

例如，只需要改变卡片的颜色，就可以使用磁性套索工具或钢笔工具绘制出需要调色的区域，然后对这些区域进行单独调色。

选区的另外一项重要功能是图像局部的分离，也就是抠图。要将图中的主体物分离出来，可以使用快速选择工具或磁性套索工具制作主体部分选区，接着将选区中的内容复制、粘贴到其他合适的背景文件中，并添加其他合成元素，即可完成一个合成作品。

22. 要小幅度移动选区，该怎么操作？

要小幅度移动选区，可通过按→、←、↑、↓键来进行。

23. 为什么对选区进行羽化操作后，选区不见了？

当设置的羽化数值过大，以至任何像素都不大于 50%选择时，Photoshop 会弹出一个警告框，提醒用户羽化后的选区将不可见（事实上此时选区仍然存在）。

24. 使用磁性套索勾画时远离了主体物，该怎么办？

遇到这种情况，可以按 Delete 键删除最近生成的一个锚点，然后继续进行绘制。

25. 使用快速蒙版时该用什么颜色的画笔绘制？

使用绘画工具绘制蒙版时，只有设置前景色为黑色，才能绘制出选区；如果设置前景色为白色，就相当于擦除蒙版。

26. “扩大选取”命令和“选取相似”命令有什么区别？

这两个命令都可用于扩大选区区域。不同的是，“扩大选取”命令只针对当前图像中连续的区域，非连续的区域不会被选择；“选取相似”命令针对的是整张图像，可选

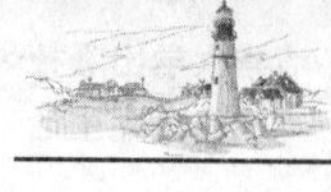

择图像中处于容差范围内的所有像素。

如果执行一次“扩大选取”或“选取相似”命令不能达到预期的效果，可以多执行几次来扩大选区范围。

27. 常用选区运算操作的快捷键有哪些？

“添加到选区”的快捷键为 Shift 键；“从选区减去”的快捷键为 Alt 键；“与选区交叉”的快捷键为 Alt+Shift 组合键。

28. 什么是前景色与背景色？

Photoshop 中，前景色通常用于绘制图像、填充和描边选区等；背景色常用于生成渐变填充和填充图像中已抹除的区域。一些特殊滤镜也需要使用前景色和背景色，如“纤维”滤镜、“云彩”滤镜等。

29. 吸管工具有哪些便捷的使用技巧？

使用绘画工具时，如果需要暂时使用吸管工具来拾取前景色，可按住 Alt 键将当前工具切换为吸管工具，松开 Alt 键后即可恢复到之前使用的工具。

使用吸管工具采集颜色时，按住鼠标左键并将光标拖拽出画布之外，可以采集 Photoshop 界面和界面以外的颜色信息。

30. 如何快速调整画笔的大小？

在英文输入法状态下，可以按“[”键和“]”键来减小或增大画笔笔尖的大小。

31. 打开“画笔”面板有哪些方法？

第 1 种：在工具箱中单击“画笔工具”按钮，然后在选项栏中单击“切换画笔面板”按钮。

第 2 种：执行“窗口 > 画笔”命令。

第 3 种：按画笔面板快捷键 F5。

第 4 种：在“画笔预设”面板中单击“切换画笔面板”按钮。

32. 为什么无论将画笔调整到多大，笔尖都是十字形？

使用画笔、橡皮擦等绘制工具时，如果不小心按下了键盘上的 CapsLock 键，光标就会变为十字形。再次按下 CapsLock 键，可使光标恢复原样。

33. 如何避免“红眼”的产生？

“红眼”是由于相机闪光灯在主体视网膜上反光引起的。为了避免出现红眼，除了可以在 Photoshop 中进行矫正以外，还可以使用相机的红眼消除功能来消除。

34. 如何在 Photoshop 中使用其他字体？

实际工作中，为了达到更好的效果，经常要用到一些特殊字体。这些特殊字体需要用户自行安装。事实上，Photoshop 调用的就是操作系统中的字体，所以用户只需要把字

体文件安装在操作系统的字体文件夹下即可。

35. 为什么有些文字无法使用变形效果？

对带有“仿粗体”样式的文字进行变形时，会弹出提示框，提示如下信息：“无法完成您的请求，因为文字图层使用了仿粗体样式。要移去属性并继续吗？”单击“确定”按钮，可去除文字的“仿粗体”样式。经过变形操作的文字无法再添加“仿粗体”样式。

36. 怎么快速地进行路径描边？

在存在路径的状态下，选择画笔工具并按 Enter 键，可快捷地为当前画笔预设描边路径。（普通方式是先设置好画笔属性，然后在钢笔工具状态下单击右键，执行“描边路径”命令）

37. 使用钢笔工具绘制路径时需要注意什么？

绘制复杂路径时，为了绘制得精细，通常会添加很多锚点。但锚点越多，编辑调整时就越麻烦。比较便捷的方式是：绘制路径时先在转折处添加尖角锚点，绘制出大体形状，之后再使用添加锚点工具增加细节，或使用转换锚点工具调整弧度。

38. 如何加载 Photoshop 的预设形状和外部形状？

在“自定形状”拾色器中，有时只能看到少量的形状选项。单击菜单按钮图标，在弹出的菜单中选择“全部”命令，可将 Photoshop 所有的预设形状都加载到“自定形状”拾色器中。

如果要加载外部形状，可在拾色器菜单中选择“载入形状”命令，然后在弹出的“载入”对话框中选择形状（格式为.csh）。

39. 什么是色彩的构成要素？

色彩在物理学中是指不同波段的光在人眼中的映射。在计算机中是用红、绿、蓝 3 种基色的相互混合来表现所有彩色。

色彩分为无彩色和有彩色两类。无彩色包括灰、白、黑 3 种颜色，有彩色则是除此以外的所有颜色。色相、明度、纯度 3 个性质又称为色彩三要素。色彩间发生作用时，除了色相、明度、纯度这 3 个基本条件外，各色彩间会形成色调，并显现出自己的特性。因此，色相、明度、纯度、色性及色调 5 项就构成了色彩的要素。

- ✧ 色相：色彩的“相貌”，是区别色彩种类的名称。
- ✧ 明度：色彩的明暗程度，即色彩的深浅差别。明度差别既可指同色的深浅变化，又可指不同色相之间存在的明度差别。
- ✧ 纯度：色彩的纯净程度，又称彩度或饱和度。某一纯净色加上白色或黑色，可以降低其纯度，或趋于柔和，或趋于沉重。
- ✧ 色性：指色彩的冷暖倾向。
- ✧ 色调：画面是由具有某种内在联系的各种色彩组成的一个完整统一的整体，画面色彩的总趋向就是色调。

40. 调整图层与调色命令有什么区别？

调整图像色彩的方式有 2 种。一种是直接执行“图像 > 调整”菜单下的调色命令，这种方式属于不可修改方式，即一旦调整了图像的色调，就无法再修改调色命令的参数；另一种是使用调整图层，这种方式属于可修改方式，即如果对调色效果不满意，还可以重新对调整图层参数进行修改，直到满意为止。

调整图层与调整命令相似，都可以对图像进行颜色调整。不同的是：调整命令每次只能对一个图层进行操作；而调整图层会影响该图层下方所有图层的效果，且可以重复修改参数而不破坏原图层。

41. 怎么进行渐隐颜色调整？

执行“编辑>渐隐”命令，可以修改操作结果的不透明度和混合模式。需注意的是，只要当使用画笔、滤镜编辑图像，或进行了填充、颜色调整、添加图层样式等操作以后，“编辑>渐隐”命令才可用。

42. 使用调色命令有哪些技巧？

在调色命令对话框中，如果对参数的设置不满意，可以按住 Alt 键，此时“取消”按钮将变成“复位”按钮，单击该按钮可以将参数设置恢复到默认值。

43. 怎样隐藏所有图层中的图层样式？

要隐藏整个文档中图层的图层样式，可执行“图层 > 图层样式 > 隐藏所有效果”命令。

44. 如何快速复制图层样式？

按住 Alt 键的同时，将单个样式拖拽到目标图层上，可以复制/粘贴该样式。

按住 Alt 键的同时，将“效果”拖拽到目标图层上，可以复制/粘贴所有样式。

45. 如何将当前图层的样式创建为可随时调用的样式？

在“图层”面板中选择一个图层，然后在“样式”面板中单击“创建新样式”按钮，接着在弹出的“新建样式”对话框中为样式设置一个名称，单击“确定”按钮后，新建的样式会保存在“样式”面板的末尾。若在“新建样式”对话框中选中“包含图层混合选项”复选框，创建的样式将具有图层中的混合模式。

46. Photoshop 共有几种蒙版？

蒙版包括快速蒙版、剪贴蒙版、矢量蒙版和图层蒙版 4 种。

✧ 快速蒙版：一种创建和编辑选区的功能。

✧ 剪贴蒙版：通过某个对象的形状控制其他图层的显示区域。

✧ 矢量蒙版：通过路径和矢量形状控制图像的显示区域。

✧ 图层蒙版：通过蒙版中的灰度信息控制图像的显示区域。

47. 剪贴蒙版与图层蒙版有什么区别？

普通的图层蒙版只作用于一个图层，类似于在图层上面进行遮挡。剪贴蒙版是对一组图层进行影响，且需位于被影响图层的最下面。

普通的图层蒙版本身不是被作用的对象，剪贴蒙版本身是被作用的对象。

普通的图层蒙版仅能影响作用对象的不透明度，剪贴蒙版除了可影响所有内容图层的不透明度外，其自身的混合模式及图层样式也会对内容图层产生直接影响。

48. 如何快速选择通道？

在“通道”面板中单击，即可选中某一通道。通道后面会显示对应的快捷键，一般为“Ctrl+数字”。例如，“红”通道后面有 Ctrl+3 组合键，这就表示按 Ctrl+3 组合键可以单独选择“红”通道。

49. 如何提高滤镜性能？

某些滤镜的应用会占用大量内存，如“铬黄渐变”滤镜、“光照效果”滤镜等。在处理高分辨率的图像时，软件的运行速度会变得非常慢。此时可尝试使用以下 3 种方法来提高处理速度。

- ✧ 关闭多余的应用程序。
- ✧ 在应用滤镜前先执行“编辑 > 清理”菜单下的命令，释放出部分内存。
- ✧ 将计算机内存多分配给 Photoshop 一些。执行“编辑 > 首选项 >性能”命令，打开“首选项”对话框，在“内存使用情况”选项组下将 Photoshop 的内容使用量设置得高一些。

50. 怎么安装外挂滤镜？

外挂滤镜就是通常所说的第三方滤镜，是由第三方厂商或个人开发的一类增效工具。外挂滤镜种类繁多，效果明显，备受用户喜爱。

外挂滤镜需要用户自行安装，方法有以下 2 种：

- ✧ 如果是封装的外挂滤镜，直接按正常软件方法安装。
- ✧ 如果是普通外挂滤镜，需将文件安装到 Photoshop 安装文件的 Plug-in 目录下。

安装完外挂滤镜后，在“滤镜”菜单的最底部即可看到外挂滤镜选项。

更多 Photoshop 常见问题（请扫描右侧二维码学习）

绘图与图像编辑

- ✧ 怎样新建透明背景的文档？
- ✧ Photoshop 中的图层主要有哪些？
- ✧ 怎样快速调整图层的顺序？
- ✧ 怎样同时显示或隐藏工具箱、工具选项栏和控制面板？
- ✧ 调整图像大小，为什么画面的空白区域没有增大？
- ✧ 几种橡皮擦工具到底有什么区别？
- ✧ 使用橡皮擦擦除非背景图层时，为什么

被擦除区域不透明？

- ✧ 用钢笔勾画的图像，怎样抠取到其他文件中？
- ✧ 怎样很快地画出虚线和曲线？
- ✧ 什么是工作路径？
- ✧ 钢笔工具不好控制，有没有什么好的方法或技巧？
- ✧ 怎样使用钢笔工具连续绘制多条开放式路径？
- ✧ 怎样调整选区的形状？
- ✧ 怎样绘制等腰梯形？
- ✧ 绘制直线后，怎样为其制作由淡到浓的渐变填充效果？
- ✧ 填充路径时可以进行羽化设置吗？
- ✧ 画笔工具的不透明度和流量有什么区别？
- ✧ 怎样使用画笔工具绘制圆点排列的笔触效果？
- ✧ 什么是Alpha通道？怎样查看其中存储的选区？
- ✧ 什么是形状图层？
- ✧ 快速蒙版的主要作用是什么？如何使用？
- ✧ 通道是什么？有什么用？
- ✧ 怎样使用修补工具？
- ✧ 使用污点修复画笔工具消除图像上的瑕疵时，需要进行像素取样吗？
- ✧ 怎样将两张图片很自然地融为一体？
- ✧ 想要淡化图片，有哪些有效的操作方法？
- ✧ 裁剪图像时，一靠近图像边界裁减框就会自动贴附到图像边界上，无法精确调整大小。怎么办？
- ✧ 进行过模糊操作的图像再经过锐化处理，能恢复到原始状态吗？
- ✧ 图层蒙版与图层之间的链接图标有什么作用？
- ✧ 添加图层蒙版后，为什么操作不能作用于图层蒙版？
- ✧ 矢量蒙版与图层蒙版的区别在哪里？
- ✧ 创建剪贴蒙版时，被剪贴的图层应放在基底图层的上方还是下方？
- ✧ 如何屏蔽而不删除选区以外的图像区域？
- ✧ 要显示图层被屏蔽的部分，该如何操作？
- ✧ 要增加图像被屏蔽的范围，该如何操作？
- ✧ 什么是智能对象？
- ✧ 智能对象可以编辑吗？
- ✧ 怎样编辑智能对象源文件？
- ✧ 是否可以单删除历史记录中的某一项操作？
- ✧ 查看历史记录状态时，怎样将当前状态下的图像创建为新文档？
- ✧ 怎样按透视角度裁剪图像？
- ✧ 为什么要创建动作？
- ✧ 怎样在创建的动作中插入菜单命令？
- ✧ 怎样在 Photoshop 中编辑视频文件？
- ✧ 能否只锁定组内图层的透明像素？
- ✧ 执行分布命令时，该命令显示为灰色不可用状态？
- ✧ 为图层添加“投影”“斜面和浮雕”图层样式后，修改投影角度时发现斜面和浮雕中阴影角度也会发生变化，为什么？
- ✧ 怎样将当前图层样式复制到其他图层或文档中？

校色调色

- ✧ 在“颜色”面板中选择颜色时，为什么有时会出现“!”标记？
- ✧ Photoshop 可以自动调整图像的颜色吗？
- ✧ 怎样制作高对比反差的黑白图像？
- ✧ 怎样快速调整局部图像的亮度？
- ✧ 怎样快速调整局部图像的饱和度？
- ✧ 图像缺乏对比度，怎样通过“曲线”命

令调整？

- ✧ 彩色图像转灰度图像时，怎样使转换后的灰度图像更细腻？
- ✧ 怎样使调整图层只作用于下方图层中的部分区域？
- ✧ 如何控制图像中的色彩平衡？
- ✧ 使用“变化”命令调整偏蓝的图像时，增加哪种颜色可达到色彩平衡？
- ✧ 怎样使用“色阶”命令实现图像的变亮或变暗？
- ✧ 怎么修复照片中逆光产生的阴影色调太暗问题？

文字处理

- ✧ 使用直排文本工具输入英文或数字时，英文或数字会倒立排列，怎样调整？
- ✧ 输入文字过程中，是否可以变换文字？
- ✧ 怎样为文字填充渐变色？
- ✧ 怎样使文字绕路径排列？
- ✧ 能否对文字图层应用滤镜效果？
- ✧ 将文字图层转换为普通图层后，怎样修改部分文本的颜色？
- ✧ 使用文字蒙版工具创建文字选区时，可以更改文本属性吗？
- ✧ 输入段落文本时，为什么不能完全显示输入的所有文本？
- ✧ 输入的段落文本因字符差异对不齐，怎样使各行（除段落的最后一行）对齐？
- ✧ 可否创建一个不规则的段落文本框，通过改变文本框形状改变文本排列效果？
- ✧ 为了设计需要，要编辑文字的字形，怎么操作？
- ✧ 是否可为段落文本应用变形文字效果？

特效制作

- ✧ 怎样为图像同时应用多种滤镜效果？
- ✧ 怎样为图像或文字添加渐变或图案的描边效果？
- ✧ 已安装外挂滤镜，为什么在 Photoshop 菜单中找不到对应命令？
- ✧ 文档分辨率太高，察看滤镜应用效果要等很长时间，怎么提高效率？
- ✧ 怎样为图像同时应用多种滤镜效果？
- ✧ 通过合成方法为人体制作纹身效果，怎样才能使纹身效果更逼真？
- ✧ 为什么有些图像无法应用滤镜效果？
- ✧ 怎样在 Alpha 通道中编辑珍珠状边缘的选区效果？
- ✧ 制作油画效果的图像需要用到哪些滤镜？

打印与输出

- ✧ 扫描图像时最容易丢失的色彩层次的是哪些？
- ✧ 扫描图像中经常出现网点，怎样消除？
- ✧ 为什么电脑上的图像效果打印出来看“很难看”？
- ✧ 印刷用的文件为什么必须是 CMYK 格式的？

其他

- ✧ 学会操作 Photoshop 后，离真正的设计高手还有多远？